新形态教材·数字课程（基础版）

中华农耕文明概论

主编　田阡　徐旺生

登录方法：
1. 电脑访问 http://abooks.hep.com.cn/59923，或微信扫描下方二维码，打开新形态教材小程序。
2. 注册并登录，进入"个人中心"。
3. 刮开封底数字课程账号涂层，手动输入 20 位密码或通过小程序扫描二维码，完成防伪码绑定。
4. 绑定成功后，即可开始本数字课程的学习。

绑定后一年为数字课程使用有效期。如有使用问题，请点击页面下方的"答疑"按钮。

关于我们 ｜ 联系我们　　登录/注册

中华农耕文明概论

田阡　徐旺生

开始学习　　收藏

中华农耕文明概论数字课程与纸质教材一体化设计，是纸质教材的扩展和补充，主要包括拓展阅读等参考资源，以供教师教学和学生自学时参考。

http://abooks.hep.com.cn/59923

新农科·新形态教材
耕读教育系列

中华农耕文明概论

田阡 徐旺生 主编

中国教育出版传媒集团
高等教育出版社·北京

内容简介

本教材是为了适应新时代涉农高校应当全面实现立德树人,强农兴农,培养知农爱农新型涉农人才,包括基层管理者、新型农民的目标编写而成。全书分为十章,共计52讲。系统论述了中国农耕文明的悠久历史,中国乡村社会的发展历程,以及在漫长历史发展过程中所创造的农耕文明成就及其对今天乡村振兴事业的现实意义。与纸质教材内容一体化设计的数字课程,可供读者学习时参考。

本教材适合作为涉农高校大学生耕读教育、通识教育课程教材,也适用于综合类和师范类等高校相关涉农专业的教学用书,还可作为广大农林从业者了解中华农耕文明成就的参考用书。

图书在版编目(CIP)数据

中华农耕文明概论/田阡,徐旺生主编. -- 北京:高等教育出版社,2024.9

ISBN 978-7-04-059923-7

Ⅰ. ①中… Ⅱ. ①田… ②徐… Ⅲ. ①农业史 - 中国 - 高等学校 - 教材 Ⅳ. ① S-092

中国国家版本馆 CIP 数据核字(2023)第 023997 号

Zhonghua Nonggeng Wenming Gailun

| 策划编辑 | 吴雪梅 赵晓玉 | 责任编辑 | 赵晓玉 | 装帧设计 | 赵 阳 | 责任印制 | 高 峰 |

出版发行	高等教育出版社	网　　址	http://www.hep.edu.cn
社　　址	北京市西城区德外大街4号		http://www.hep.com.cn
邮政编码	100120	网上订购	http://www.hepmall.com.cn
印　　刷	北京新华印刷有限公司		http://www.hepmall.com
开　　本	787mm×1092mm 1/16		http://www.hepmall.cn
印　　张	23.5		
字　　数	420 千字	版　　次	2024 年 9 月第 1 版
购书热线	010-58581118	印　　次	2024 年 9 月第 1 次印刷
咨询电话	400-810-0598	定　　价	46.00元

本书如有缺页、倒页、脱页等质量问题,请到所购图书销售部门联系调换

版权所有　侵权必究

物 料 号　59923-00

《中华农耕文明概论》编委会

主　编　田　阡　徐旺生

编　委　李建萍　中国农业博物馆农业历史研究部
　　　　　唐志强　中国农业博物馆农业历史研究部
　　　　　田　阡　西南大学历史文化学院
　　　　　　　　　云南民族大学社会学院
　　　　　包艳杰　青岛农业大学人文社会科学学院
　　　　　陈桂权　绵阳师范学院民间文化研究中心
　　　　　陈志国　华南农业大学人文与法学学院
　　　　　杜新豪　中国科学院自然科学史研究所
　　　　　付　娟　中国农业博物馆农业历史研究部
　　　　　高国金　山东农业大学公共管理学院
　　　　　李昕升　东南大学人文学院
　　　　　刘志国　潍坊科技学院农圣文化研究中心
　　　　　宋元明　北京科技大学科技史与文化遗产研究院
　　　　　王宇丰　华南农业大学公共管理学院
　　　　　卫　丽　西北农林科技大学人文社会发展学院
　　　　　徐建青　中国社会科学院经济研究所
　　　　　徐旺生　中国农业博物馆农业历史研究部
　　　　　尹北直　中国农业大学马克思主义学院
　　　　　于湛瑶　中国农业博物馆农业历史研究部
　　　　　张建军　中国农业博物馆农业历史研究部
　　　　　赵艳萍　华南农业大学人文与法学学院
　　　　　陈　明　西北大学科学史高等研究院
　　　　　陈加晋　南京农业大学马克思主义学院
　　　　　易　鹏　西南大学教务处

序　言

中国在农业文明时代，曾经走在世界前列，创造出辉煌灿烂的农耕文明。农耕文明是中国优秀传统文化的重要组成部分，也是在今天需要传承与发扬的文化。近些年来，国家领导人与党的重要文件，都强调传承农耕文明。如习近平总书记在2017年中央农村工作会议上强调"走中国特色社会主义乡村振兴道路，必须传承发展提升农耕文明，走乡村文化兴盛之路"。近些年的中央一号文件均强调农耕文化遗产的挖掘和保护。2020年中央一号文件提出保护好传统村落、农业文化遗产等。2021年强调要深入挖掘、继承创新优秀传统乡土文化，把保护传承和开发利用结合起来，赋予中华农耕文化新的时代内涵。2021年，中共中央、国务院印发的《关于全面推进乡村振兴加快农业农村现代化的意见》提出开展耕读教育。耕读是中国古代的优秀教育传统。尽管随着农耕时代日渐远去，依托于乡土的耕读文化逐渐式微，但其培养的尊农爱农、热爱劳动、吃苦耐劳等品质依然弥足珍贵。

在此背景下，农科教学为了响应指示，积极开展新农科耕读教育。新农科教育为乡村注入新的活力和动力，对于弘扬中国优秀传统文化、增强文化自信、推进乡村全面振兴具有重要意义。但是要发挥这个作用，首先必须对农耕文明进行全面展示与了解。基于传承农耕文明的需要，田阡与徐旺生共同主编的《中华农耕文明概论》是一部深入浅出、全面展示农耕文明的教材。在这里，读者可以看到中国古代独特的土地利用形式，优良的水利工程技术，精妙的循环利用方法，乡土气息的经济与生活，自我约束的乡村治理，以及传统的宗族、士绅，节日文化及现代化转型等。

本教材运用了专题的编写形式，能够适应课堂教学的特点。在总共54个专题中，分门别类地全面展示了中华农耕文明的全貌。这既方便了老师教学，同时也便于学生对中华农耕文明进行整体把握。较之此前通史式的著作，更容易获得对该专题的全面系统认识。

本教材在介绍中国传统农耕文明的同时，增加了乡村社会发展的内容，如乡村社会组织、乡村经济与生活两章，吸收了近些年来的研究成果，有利于在今天的乡村振兴中吸取利用传统农耕文明的优秀成分。

一本立足于教学的教材，一般主要是要介绍学术界已有的观点。但在本教材中，不乏一些新颖独特的观点，体现了编者在此领域的研究成果。例如关于农耕起源的论述，提出在新旧石器时代之间存在一个观念农业阶段。在新石器时代初期由于气候条件的具备，观念农业演变成为实体农业，于是农耕开始成为稳定地提供食物的生产方式。这一观点是目前学术界关于农业起源的观点中的最新表述，是作者长期研究的结果，比较具有说服力。其他关于乡村社会的方面的内容，也不乏具有真知灼见的内容。

本教材关于农耕文明内涵的总结也非常到位，特别是关于农耕文明与游牧文明对比的论述。本教材认为，历史上游牧文明对农耕文明发动战争是常态，但当战争告一段落，向土地要粮食总比向异族要粮食更符合自然法则与人性。农耕文明渐渐又重新复兴。"野火烧不尽，春风吹又生"，这是农耕文明与生俱来的能力，其他文明根本无法将它斩草除根。这一观点也是其他著作中所未见。

关于土壤类型对农耕文明的影响，编者全面阐释了黄土高原在早期农耕文明发展中的价值，同时特别强调隋唐以后南方低湿地的贡献。低湿地与水稻的共同作用，是中国经济中心由黄河流域转移至长江流域、整体中华农耕文明不曾中断的关键原因。

当然，应该知晓的是，中华农耕文明所依赖的载体是传统的小农经济，是日出而作、日落而息的生产生活方式，是聚族而居、守望相助、亲亲疏疏、安土重迁的家庭结构和熟人社会，这些都给农耕文明打上了古代农业社会的印记，相较今天的工业文明和中国特色社会主义文化，则具有一定的历史局限性，这都需要读者去辨别。

在《中华农耕文明概论》教材行将问世之际，特略抒数语，以示祝贺。

是为序。

中国社会科学院当代中国
研究所原副所长
中国社会科学院大学教授　武力

2024 年 6 月 14 日

序　言

2023年，田阡与徐旺生共同主编的《中华农耕文明概论》一书希望我写个序言。尽管我主要从事考古工作，研究领域是植物考古，主要关注农业起源及相关问题，但与农耕文明的关系非常密切，尤其是前些年受聘担任了农业农村部全球与中国重要农业文化遗产专家委员会委员，对农耕文明有了更多的了解，所以感觉责无旁贷。

随着现代化的不断向前推进，农耕文明已经无法与工业文明同日而语了，但是如果从历史的角度我们会发现，传统农耕文明有着重大的现实意义，这不仅表现在它是传统文化的延续，而且在现代社会的可持续发展中农耕文明仍然具有重要价值。工业文明所造成的气候变化，使得环境污染问题从20世纪70年代就开始为人们所诟病，不得不让我们重新检视历史，传承农耕文明应该是现实的选择。

现实需要一本详细展示农耕文明的教材。近年来，国家领导人与党的重要文件多次强调传承农耕文化，中央一号文件均强调农耕文化遗产的挖掘和保护。2021年，中共中央、国务院印发的《关于全面推进乡村振兴　加快农业农村现代化的意见》提出开展耕读教育，也是因为现实所需要。

本通过54个专题内容，分门别类地展示了中华农耕文明的全貌，读者可以看到中国古代独特的土地利用形式、精妙的循环利用技术、土壤改良技术和生态种养方法，这是现代农业所需要传承与发扬的。本书对乡村治理方面，传统的宗族、士绅，节日文化及现代化转型等也有论述。

本教材在阐述已有观点的同时，也提出许多独到见解。如关于农耕起源的论述，提出了观念农业阶段的概念，即在新旧石器时代之间，存在一个观念农业阶段。在新石器时代初期由于气候条件的具备，观念农业可以持续进行，演变成为实体农业，于是农耕开始成为稳定的提供食物的生产方式。

本教材关于农耕文明植根乡村社会发展的叙述非常新颖。例如乡村社会的人口与资金流动现象，书中认为从鸦片战争以后的五口通商开始，乡村与城市开始了由双向流动的态势向单向流动转变，从此乡村空心化成为一大问题，今天的乡村振兴应该从此着手。

  本教材特别阐述了稻作文明的价值，作者认为这是中华文明整体发展的重要依托。在低湿地南方，因为水稻的特殊价值，将南方的水热条件利用得淋漓尽致，承担了中国经济中心由黄河流域转移至长江流域的重任。书中从作物的角度，认为水稻是决定中华农耕文明发展的重要依靠。明清时期美洲作物的传入对于中国农业的贡献并没有想像得那么大，因为美洲作物只是在北方旱地农业地区替代了部分的小麦、小米等作物，并没有替代南方的水稻。

  在本教材即将出版之际，略掇数言，以示祝贺。

山东大学文化遗产研究院特聘教授
原中国社会科学院考古研究所研究员 赵志军

2024 年 6 月 20 日

前　言

"农耕文化是我国农业的宝贵财富,是中华文化的重要组成部分,不仅不能丢,而且要不断发扬光大",这是习近平总书记在2013年12月在中央农村工作会议上的讲话,道出了农耕文化的重要性与传承的迫切性。2018年中央一号文件《中共中央　国务院关于实施乡村振兴战略的意见》指出,要"切实保护好优秀农耕文化遗产,推动优秀农耕文化遗产合理适度利用"。2020年中央一号文件《中共中央　国务院关于抓好"三农"领域重点工作确保如期实现全面小康的意见》明确提出,要"保护好历史文化名镇(村)、传统村落、民族村寨、传统建筑、农业文化遗产、古树名木等",说明农耕文化遗产保护的重要性日益凸显。

中华农耕文明以和谐共生著称,试图亲近自然,孕育着可持续发展理念,充满了合作的智慧与包容理念。在全球化盛行,世界面临百年未有之变局,需要追求多元文化共存的今天,传承中华农耕文明,无论是从农业本身的发展角度看,还是从整个人类文明的可持续发展角度看,都具有重要的现实意义与历史意义。

2021年8月教育部印发《加强和改进涉农高校耕读教育工作方案》,强调要"加强学生传统农业文化教育,将耕读教育相关课程作为涉农专业学生必修课,编写中华农耕文明等教材,强化有关中华农耕文明、乡土民俗文化、乡村治理等课程教学。"要求"加强耕读教育实践基地建设,支持涉农高校依托农科教基地、农业文化遗产地、国家现代农业园等社会资源,以及农民丰收节、美丽乡村建设等活动,建设一批耕读文化教育实践基地,打造一批劳动教育品牌项目。"要求新编写的教材能够体现出加强农业特色通识教育课程体系建设,体现现代农业新技术新业态新变化,强化生态文明教育,培养学生"大国三农"情怀。

学习贯彻习近平总书记及中央一号文件的指示精神,并配合教育部《加强和改进涉农高校耕读教育工作方案》,我们编写了这本《中华农耕文明概论》教材。编写本教材的宗旨就是全面阐述中华农耕文明的内涵。本书共分十章,分别是:农耕文明的内涵、特点及价值，农耕文明的哲学思想政策及价值，节气与农谚、农书、农业人物，大田耕作相关技术，大田种植相关制度及技术，主要粮食作物栽培、加工及引进传播，主要园艺和经济作物栽培历史文化，主要畜禽及水产养殖历史与文化，乡村组织与社会，乡村经济与生活。

具体内容包括古代农耕文明起源，凝结着先人无数智慧的耕作与养殖技术结晶，独特土地利用形式，优良的水利工程技术，精妙的循环利用技术传统，同时兼顾乡土文化的乡村经济与生活，涉及乡村治理方面，传统的宗族、士绅，节日文化及现代化转型等。

本教材主编由中国农业历史学会顾问、中国农业博物馆研究员徐旺生，西南大学历史文化学院、云南民族大学教授田阡担任，编写人员还包括中国农业博物馆、中国农业大学、中国社会科学院经济研究所、中国科学院自然科技史研究所、北京科技大学、南京农业大学、西北农林科技大学、华南农业大学、青岛农业大学、东南大学、山东农业大学、西北大学、绵阳师范学院、潍坊科技学院等在农耕文明研究与教学方面具有丰富经验的高校优秀青年教师；审阅专家由中国农业历史学会副理事长、中国科学院自然科学史研究所资深研究员曾雄生担任。中国社会科学院当代中国研究所原副所长、中国社会科学院大学教授武力，中国社会科学院考古研究所赵志军研究员百忙之中为本书撰写序言。

上述编写队伍阵容强大，对农耕文明的理解深入，教材内容具有权威性与前瞻性，能够满足配合《加强和改进涉农高校耕读教育工作方案》的要求。

田阡　徐旺生
2024 年 8 月

目　录

001 ………… **第一章　农耕文明的内涵、特点及价值**
002 ………… 第一节　农耕起源的动因与过程
008 ………… 第二节　农耕文明的内涵与特点
014 ………… 第三节　农业结构特点形成的原因及影响
018 ………… 第四节　世界农耕历史视野中的中国农业

025 ………… **第二章　农耕文明思想、政策及价值**
026 ………… 第一节　传统农耕文明思想体系
033 ………… 第二节　重农政策
039 ………… 第三节　资源保护思想与利用
045 ………… 第四节　农耕文明的价值及其对乡村振兴的意义

052 ………… **第三章　节气与农谚、农书、农业人物**
053 ………… 第一节　农时、物候与二十四节气
061 ………… 第二节　农谚
065 ………… 第三节　农书
071 ………… 第四节　农学家及重要农业人物
078 ………… 第五节　农耕图像的类型与意义

084 ………… **第四章　大田耕作相关技术**
085 ………… 第一节　农具的发明与改进
090 ………… 第二节　农田水利工程与技术
096 ………… 第三节　独特的土地利用形式

| 103 | 第四节 | 盐碱地改良技术 |
| 107 | 第五节 | 精耕细作技术体系 |

113	**第五章**	**大田种植相关制度及技术**
114	第一节	作物种植制度
119	第二节	肥料利用技术
124	第三节	作物害虫防治技术
131	第四节	作物选种、繁殖技术
137	第五节	生态种养结合系统

143	**第六章**	**主要粮食作物栽培、引进传播及加工**
144	第一节	黍粟起源及其栽培利用
150	第二节	水稻起源及其栽培利用
156	第三节	麦类作物起源及其栽培利用
160	第四节	海外作物引进及其贡献
166	第五节	中国农业物种的外传及其贡献
173	第六节	农产品贮藏与加工技术

185	**第七章**	**主要园艺和经济作物栽培历史及文化**
186	第一节	豆类作物栽培
192	第二节	油料作物栽培
199	第三节	蔬菜栽培
205	第四节	花卉栽培
212	第五节	果树栽培
219	第六节	茶的栽培
226	第七节	葛麻棉等织物栽培

233	**第八章**	**主要畜禽及水产养殖历史及文化**
234	第一节	养马历史
240	第二节	养牛、羊历史

247 ………… 第三节　养猪历史
254 ………… 第四节　养禽历史
259 ………… 第五节　特种动物、禽类及昆虫养殖
266 ………… 第六节　兽医技术体系
272 ………… 第七节　水产养殖
277 ………… 第八节　栽桑养蚕历史

285 ………… **第九章　乡村组织与社会**
286 ………… 第一节　农村家庭结构与宗族
293 ………… 第二节　乡村基层组织与乡村市场
300 ………… 第三节　乡村的士绅与乡贤
306 ………… 第四节　鸦片战争以来乡村社会结构的演变
311 ………… 第五节　近代乡村建设运动

319 ………… **第十章　乡村经济与生活**
320 ………… 第一节　婚姻形式及财产分配制度
326 ………… 第二节　农民负担
334 ………… 第三节　郡县制度下国家与农民的关系
342 ………… 第四节　移民动因与模式
350 ………… 第五节　传统节日与生活民俗

357 ………… 后记

第一章

农耕文明的内涵、特点及价值

农耕文明是有别于游牧文明、工业文明的一种文化类型,具有明显的地域特色与人文特色。中国的农耕文明是植根于中华大地,数千年来不断演变的一种农业文化类型,它具有独特的社会组织、文化取向、技术路线与哲学思维,在世界文明体系中,形成了以精耕细作为特色,以与自然和谐共生为目标的独特文化类型。本章主要论述农耕的起源、农耕文明的特点,以及其在世界农耕文明史上的地位。

第一节 农耕起源的动因与过程
第二节 农耕文明的内涵与特点
第三节 农业结构特点形成的原因及影响
第四节 世界农耕历史视野中的中国农业

第一节
农耕起源的动因与过程

农耕的起源,是人类历史上的一场重要变革,对文明的产生起到了重要的推动作用。农耕是怎么起源的?在什么条件下起源的?起源的地域在哪里?什么人首先发明了这种方式?古往今来有很多人试图回答上述问题。世界各地各民族都有农耕起源的传说和神话,但不足以解释农耕是如何产生的。随着考古学的发展,以及对古代历史与文化研究的深入,国内外出现了很多解释农耕起源的学说,改变了停留在神话与传说主导的局面。

一、国内外关于农耕起源的各种学说

中国古代有神农氏尝百草、教民耕稼的传说,神农氏"因天之时,分地之利,制耒耜,教民农作"。

在国外,关于农耕起源存在多种论说,主要观点如下:

宗教说是19世纪末至20世纪初提出的一种起源学说。该学说认为动物和植物最初被驯化不是出于经济原因,而是出于宗教原因。例如,至今还保留着的从西班牙、葡萄牙延伸到东印度的一条"公牛带","公牛带"内的人们对牛有一种特殊的宗教情感。绵羊、山羊、猪和鸽子在古代世界都是供作牺牲的。许多植物,包括野生的和栽培的,都是用于祭祀、仪礼或巫术的。原始人很早就有了宗教的信仰,驯化的动植物和宗教发生联系是很自然的。但以宗教说来概括农耕起源还是很不全面的。

群集说是20世纪50年代戈登·蔡尔德(V. G. Childe)提出的一种理论。他从气候变迁的角度入手,指出北非和中东某些地区的气候从纪元前几千年开始一直处于不断干旱化之中。群集说认为,在这些地区的干旱化过程中,成群的动物和人类被迫离开干枯了的河流两岸,而迁移到终年有水的绿洲,从而造成人与动物的密切接触,引导人去驯化动物。原始人便依次经历了猎人、牧人和农人三个阶段。成为牧人以后,为了供应饲料，原始人开始把杂草转化为饲草，最后这些饲草转化成为人的粮食作物。这种三阶段论的设想虽然很合理，但并不能反映农耕起源的真正面貌，真实的农耕起源较上述三阶段论复杂得多。

发明说把栽培作物看成一种创造或发明，以19世纪英国生物学家、进化论的奠基人达尔文为代表。发明说认为，原始人经过许多艰难的尝试后知道哪些植物是有用的，人类在栽植植物之前必先定居下来，住所周围倾倒垃圾的地方是萌生种植观念的地方，因为垃圾堆比天然土地更肥沃，掉在其中的种子，生长得特别好。在人们尝试播种种子后，人工栽培走出了第一步。但是，先有定居、后有种植的观点与民族学的资料是相违背的。

扩散说是索尔（C. O. Sauer）在20世纪50年代提出的，他在《种植业起源与传播》一书中吸收了达尔文的先有定居、后有种植的观点，并加以具体化。他认为定居的生活是由捕鱼为生的种族先发展起来的。索尔在理论上增加了许多内容，主张农业先由一个最古老的地区起源，然后向其他地区扩散。他认为东南亚是农业的最古老中心，从那里向东北传至中国，向西横过印度和近东，到达非洲及地中海区域，最后进入北欧和西欧。在美洲的中心是南美东北部，农业从那里传播到墨西哥，然后到北美东部，向南沿安第斯山脉，向东到巴西等地。

采集扩展说是20世纪60年代后期宾福德（L. R. Binford）与弗兰纳里（K. V. Flannery）等提出的观点。该学说将民族学和考古学知识结合起来，指出最初走向食物生产的原因和场所；指出采集人是具有植物知识和经验的人，知道哪些植物的果实、种子可以食用，哪些植物有毒不能食用，哪些有毒的植物怎样去毒后可以食用。当人们认识到栽培能够带来利益时，栽培就开始了。但此时采集和栽培之间的差别很小。大量考古遗址表明，中石器时代独木舟、小船和木筏已经被发明出来，不少原始人已经定居下来成为渔猎人，渔猎人的人口较为稳定，没有发展为农业的动力，而从渔猎人分离出来的一些迁徙者，进入与原先以采集狩猎为业的地区的交界面，陷入了食物来源危机，被促使从事作物栽培。采集扩展说认为植物的驯化可能在世界许多地区独立发生，也可能同时发生，这一观点与扩散说恰恰相反。

驯化地理说从作物起源的地理学入手探讨种植业起源，以19世纪法国–瑞士植物学家德-康多尔（Alphonse de-Candolle）及20世纪苏联植物学家与遗传学家瓦维洛夫（Н. И. Вавилов）为代表。德–康多尔的《农艺植物起源》(*Origin of Cultivated Plants*)一书集中讲述了植物的地理分布，并设法把许多栽培植物的原产地确定下来。他综合利用野生亲缘的分布、历史名称、语言衍变、考古发掘等资料，论证栽培植物的起源。瓦维洛夫认为种植业的起源和遗传多样性有关。他在《论栽培植物的起源中心》一文中提出，只要在某一地理区域内找到最大的遗传变异性，该地理区域就是起源地。尤其是当遗传变异性受显性基因控制，同时该地理区域又含有作物的野生种系时，结论将特别可靠。1935年他还提出了有深远影响的植物栽培的8个起源中心学说。这8个中心为：①中国－东部亚洲；②印度－热带亚洲，包括马来亚补充区；③中亚细亚；④西部亚洲；⑤地中海沿岸及邻近区域；⑥埃塞俄比亚；⑦墨西哥南部和中美洲；⑧南美洲，包括秘鲁、厄瓜多尔、玻利维亚和智利契洛埃岛补充区。他认为这8个中心在古代由于山岳、沙漠或海洋的阻隔，其农业都是独立发展的，所用农具、耕畜、栽培方法各不相同，每个中心都有相当多的有价值作物和多样性变异，是作物育种家探寻新基因的宝库。

种植业起源于收割说认为，农业产生之前，原始人已经知道有规律地收割野生植物（有计划地采集一种甚至多种野生植物），他们被称为"收割民族"。这些人的活动中心和聚落就是这种野生植物的收割地区。他们已不是典型的狩猎与采集人群。收割者的聚落比采猎者要大，类似于早期的农业社会，可以看作是采集和种植农业之间的中间阶段。收割和种植的区别只在于前者没有整地播种，后者必须进行整地播种。但收割者也掌握管理植物的技能，知道什么时候可以收割，怎样对采集物进行加工（包括脱粒、去壳、磨粉、烤制）以及有毒物的去毒。在此阶段，已经有了灌溉的雏形，收割者会筑水坝防止土地在旱季干裂，并能促使对他们有用的植物生长，以吸引鸟类、鱼类等。所缺的只是土地备耕和栽培活动。在近东一些地区野生小麦和大麦以数平方千米计，在这些自然区内的人只要几个星期的采收，就可以满足家人一年的需用。因此种植农业不可能在这里产生，只能在野生区之外产生。

上面古代神话有关农耕起源的解释缺乏依据，而根据考古与研究提出的假设，存在一定科学性。但是要看到，农耕的产生是多种因素综合作用的结果，而非单一因素所为，而气候因素是最重要的诱因之一，促进了农耕的产生。

距今1万多年前的晚更新世冰期气温较低，而到了全新世，气温迅速回升，接着全球多数中纬度地区出现了农耕，这说明气候与农耕起源之间可能存在一定关系。具体来说，在晚更新世末期气温下降，食物普遍缺乏之际，中纬度地区的人们开始寻找解决办法，进而孕育出农耕观念，但是不能马上将这种观念付诸现实，需要等全新世来临，气候变暖以后，人们才有条件持续进行种植与畜养行为，实体农耕才能得以产生。

二、旧石器时代人类进步使得农耕诞生具备内在条件

在农耕未出现之前的旧石器时代，人类依靠采集与狩猎生活。旧石器时代考古发现表明，蓝田人使用的石器类型主要是打制石器，包括砍砸器、刮削器、尖状器、手斧和石球，这些石器丰富了原始人类的采集、狩猎手段。周口店人能够利用火，使得人类抗御自然灾害和野兽的能力大为提高，人们还可以吃到熟的食品，为当时人类智力发育创造了更好的条件。距今1.8万年的山顶洞人的脑量已经基本接近现代人的水平。距今2.8万年的山西峙峪遗址，以及后来的陕西沙苑遗址、东北扎赉诺尔遗址，都出土过石箭头，说明当时人们狩猎技术达到了很高的水平。

三、末次冰期来临促使人们贮藏食物

大约7万年前，地史上第四纪末次冰期来临，特点是全球性气温大幅度下降。这时中国有大理冰期，如蓝田人所在地区气温比现在平均低8℃。河北平原平均气温为4~5℃，多被冰原覆盖。中国华南地区以山麓冰川为主，某些植物得以幸存。而欧洲大陆则为大陆冰川所覆盖，欧洲魏克塞尔冰期最盛时期的平均气温为-2℃。北美威斯康星冰期的气温比现在低13~15℃。发源于北美的真马在新大陆全部灭绝，仅其中的一支在旧大陆幸存，成为今天我们所见的马的祖先。

面对环境的变化与挑战，人类必须做出反应。当然，不同地区所面临挑战的严峻程度不同，产生的影响不同，同时结局往往也不同。高纬度地区气候过于寒冷，人类无法生存；低纬度地区由于气温下降有限，采集与狩猎生活基本上能够满足人类对食物的基本需求，原有的生存方式没有必要改变。中纬度地区的原始人，勉强能够生存。其中部分人开始尝试一种新的生活方式——种植与畜养，即将某些植物进行试种，将某些动物圈养，是为种植与畜牧的前奏，亦可以称之为下文所说的观念农耕。

具体说来，中纬度地区由于温度下降，采集生活变得极其艰难，古人类为了生存必须使出浑身解数。其一是寻找新的食物来源。气温大幅度下降直接造成浆果类植物减少，但同时促成禾本科类植物大量发育，禾谷类种子便成为人类的主要采集对象。其二是贮藏食物以备食物匮乏季节食用。因为温度下降幅度太大，采集出现明显的淡季和旺季之分，这就要求人们在旺季采集足够多的食物以备淡季食用。比如，必须贮藏食物，以备冬天之用。那些没能贮藏足够食物的人很可能熬不过冬天而饿死。

中纬度地区贮藏什么食物最佳呢？一般来说，要寻找易于保存且不会腐烂变质的食物。浆果类食物显然不易保存，或者说不易较长时间保存，而禾谷类种子最易保存。较为常见的如水稻、粟、黍类植物种子和坚果，一般情况下常温保存一年左右没有问题。禾谷类是因为气候寒冷而大量发育的，是气候变冷后大自然带给人类的礼物，后来的农耕主要以禾谷类为主要种植对象。从距今1万年开始，在中国的北方，粟，也就是小米的野生种狗尾巴草，成为人们的主要采集对象；而在南方，沼泽地的野生稻成为主要采集对象。

四、在贮藏过程中产生观念农耕

贮藏行为开启了人类真正对驯化有价值的认识植物的过程。在食物缺乏的时代，人类认识动植物的需求远比第四纪末次冰期来临之前迫切。在采集和贮藏过程中，人们需要熟悉所采集植物的一般生活习性，例如何时结实，以便于及时采集，否则植物种子脱落入土，就无法利用了。人们在此过程中会了解植物种子的发芽现象——食物在贮藏过程中有时会有自动发芽、生长的现象。他们会思考这些"奇怪"现象是怎么回事。由此诱发人类有意识地把贮藏的种子播种在他们的周围，观念农耕开始产生。

但是观念农耕的产生，并不意味着农耕起源。将观念变成现实，需要其他物质条件作为保证。在晚冰期的寒冷气候中，贮藏食物以备食用并经常性有余的情况是极少的，即便偶尔有剩余，出现种植行为，也不能判定农耕已经产生。因为以种植为特征的农耕产生，必须要有长时间的连续性种植做保证，只有在种植行为能够持续进行，植物长时间被人类干预，发生相关特征变化的前提下，实体农耕才会真正产生，而第四纪末次冰期的贮藏或者偶尔播种行为，只能意味着观念农耕的产生。

五、全新世来临后观念农耕变成了实体农耕

大约在1万年前，全球性晚冰期退却，气温开始升高。可采集的果实和可猎取的动物变得相对丰富，越冬到第二年依然有剩余的情况会有时出现，据此人们才有条件连续开展种植与畜牧，实体农耕才开始具备起源条件，观念农耕阶段才得以结束。中纬度地区生存下来的某个小群体，具备了对植物的充分认识，同时找到了不间断种植的办法。

晚更新世末期的食物不足和全新世的食物有余，已得到考古发现的证实。考古发

现表明,晚更新世部分地区由于气候寒冷而食物不足,全新世气候温暖造成食物略有剩余的结论是可靠的。在晚更新世末期的遗址中,除了吃剩的兽骨外,一般很难见到食物遗存,如炭化的粮食作物等。而在新石器时代的许多遗址中,常有一些完整的炭化粮食遗存。说明温度的适宜与否与食物的充足与否存在直接关联。晚更新世末期贮藏的食物不足限制了农耕的产生,全新世某一时期相对的剩余,使得古人类具备了产生原始农耕的基本条件,即不像晚更新世末期那样仅仅偶尔从事种植活动,他们可以通过连续的种植、贮藏走上驯化作物道路。

因此,原始农耕和畜牧的产生时间,主要为第四纪冰期结束,全新世来临气温上升的时间。这可以解释在世界历史上,中国和西亚相隔如此遥远的地方,农耕是各自独立起源,而不是经传播而来的现象。三大起源中心之一的中国,包括长江流域与黄河流域,独立驯化了水稻、小米,驯养了猪与狗。

苏联遗传学和植物学家瓦维洛夫在研究驯化植物的起源时,将世界的栽培植物起源地区分为八大中心。这八大中心主要位于地球的中纬度地区,亦即观念农耕产生的地区。

原始农耕的产生是人类历史上一件意义深远的大事。它是人类经济方式由攫取经济转为生产经济的一次重大革命,这一革命最重要的结果是人类社会逐步脱离原始状态而进入文明时代。原始农耕与文明起源有着密切关系,主要表现在三个方面:一是原始农耕的发展奠定了人类进入文明时代的物质基础;二是不同地区古代文明形成的不同途径和不同模式,相当程度上是由该地区原始农耕的特点所决定的;三是原始农耕在相应该地区文明身上打下了自己深深的印记。总之,农耕塑造了文明的类型。

思考题:　1　农耕起源的动因是什么?
　　　　　　2　新石器时代出现的标志是什么?

参考文献:　1　游修龄. 中国农业通史:原始社会卷[M]. 北京:中国农业出版社,2008.
　　　　　　2　徐旺生. 中国农业本土起源新论[J]. 中国农史,1994(1):24-32.
　　　　　　3　徐旺生. 论原始农业起源过程中的"观念农业阶段"[J]. 中国农史,2001(1):3-10.
　　　　　　4　徐旺生. 农业起源——纬度地区冰后期贮藏行为的产物[J]. 古今农业,2013(3):44-49.

第二节
农耕文明的内涵与特点

农耕文明是植根于土壤耕作的有别于古代游牧文明、现代工业文明的一种文化类型。农耕文明应该包含农业生产过程所形成的农耕技术，以及相关联的哲学思想、社会组织、生活方式、风俗文化等。中国的农耕文明从新石器时代开始孕育，逐渐演变，形成了独特的具有地域特色的文化类型。一直到当代，农耕仍然是一种基本生存方式，只是形式稍有改变。本书所要展示的中国农耕文明，主要有农耕社会的物质与技术文化，以及与之相伴随的精神层面的文化，包括乡村社会的结构，婚姻、财产与生活方式等。

中国古代社会主要包含农耕文明与游牧文明两大形式，但是其主体是农耕文明。农耕文明主要分布于黄土高原、华北平原以及长江、珠江流域，游牧文明则主要分布于长城以北地区和青藏高原。

植根于农耕，并且以黄河流域为核心区域代表的早期农耕文明，由于作物生长的特性，受到自然环境的约束，春生、夏长、秋收、冬藏，即依附在土地上，晁错的《论贵粟疏》中有言："不农则不地著，不地著则离乡轻家，民如鸟兽。""地著"的意思是安土重迁。向土地要粮食意味着这是一个和平型农耕文明，它的生活方式就像在草丛中的一群鸡一样，母鸡只顾保护小鸡，让它们免于外界的侵害，但它从不想要对周围的其他动物发动什么攻击，获取食物。农耕文明是一种草食性文明，所以它常常被外来的游牧文明入侵摧残，从而导致文明进程被打断。但是中华农耕文明具有强大的韧性，总是能够在被冲击以后重新站立起来。

有人认为，中国的农耕文明是人类历史上唯一能够持续存在的文明形态，这是当前学术界所不断提到的观点。如果这个观点成立，那么其主要原因是农耕基因，即中国古代人们顽强地以农耕作为其生活方式，与自然和谐相处。历史进程表明，游牧文明总是在与农耕文明的争斗中占住上风，但是游牧文明的生活方式总是在其后在农耕区的发展历史中"不接地气"，总是存在向外武力扩张的欲望，因而往往难以为继。因为，当游牧文明与农耕文明的争斗告一段落，向土地要粮食总比向异族要粮食更符合自然法则与人性。被摧残的农耕文明渐渐又重新着生。"野火烧不尽，春风吹又生"，这是农耕文明与生俱来的能力，其他如游牧文明根本无法将它斩草除根。

一、中国古代农耕文明的地理与气候资源特点

自远古以来,中国的地理环境特点就是由四大高原——青藏高原、黄土高原、云贵高原和内蒙古高原组成一个半月形的屏障,环抱东部的平原。随着青藏高原隆起到一定高度,阻挡了大部分来自印度洋的水汽,亚洲内陆开始呈现出干旱少雨的特点。中国属于温带大陆性季风气候,夏季高温多雨,也就是雨热同期。影响中国的夏季风主要是来自太平洋的东南季风,也有部分来自印度洋的西南季风,但影响较小。季风气候给东部地区带来丰富降水,有利于农业生产,特别是有利于水稻生长。

中国农耕资源主要有以下几大特点:

其一是光、热条件优越,但干湿状况的地区差异大。中国南北相距5 500多千米,跨近50个纬度,大部分地区位于北纬20°~50°的中纬度地带。全年太阳辐射总量一般是西部地区大于东部地区,高原大于平原。

其二是土地资源的绝对数量大,但人均占有量少。中国各类土地资源的人均占有量显著低于世界平均水平。目前中国人均耕地面积仅约1 000平方米,为世界平均水平3 000平方米的1/3,是人均耕地面积最小的国家之一。

其三是生物种属繁多,群落类型丰富多样。造成这种多样性的原因是中国不同地区的自然条件差别大,由此导致生物种类不同,另外也与引起北半球温带许多第三纪动植物种系灭绝的第四纪冰川对中国的影响相对较小有关。发源于中国的栽培作物种类繁多,尽管我们今天饭桌上的食物很多是后来引进的,但是基本的粮食与蔬菜水果类作物,如小米、水稻、大豆、白菜、桃、梨等都起源于本土,是丰富生物群落的结晶。其中,主粮水稻、小米,主要油料作物及大豆,对中国农耕的发展起到重要的作用。

二、中国古代农耕文明的土壤环境特点

中国农耕文明存在中心迁移现象,这与中心地区的土壤特点及土地利用程度存在密切关联。王建革认为,回顾最近4 000年的历史就会发现,首先黄土高原成为早期的农耕文明繁荣地,支持了最初的大约1 500年。后来中心向华北平原转移,繁荣了长达1 000年。到了隋唐以后,南方的低湿地区成为中心,支持中国农耕文明后期的大约1 500年。这些变化受当地的土壤特性所支配。

在早期,北方黄土高原的特殊土壤性能支撑了农耕文明的发展及繁荣。黄土生成

于更新世。在黄土化过程中,发生次生碳酸盐化并使土壤疏松多孔,具有大孔隙结构,因而黄土特别细腻、疏松、肥沃。

黄土高原的黄土非常适合早期农业的发展,这是由它"自我加肥"的生物化学作用所决定的。据何炳棣研究发现,经典的砍倒烧光或者游耕制农业一般需要休耕 7 年以上才能恢复再耕,地力才能大致维持在可循环利用而不致衰竭的程度。游修龄则指出,先秦文献中反映的轮耕周期最多只有 3 年,说明黄土高原地带的远古农夫,每年最多只需要实耕 1/3 的土地,同时也证实黄土这种"自我加肥"的性能具有相当的优越性。

黄土高原的农业为旱作类型,为早期人类生活和生产提供了比较优越的地理条件和比较稳定的生态环境,为中国农耕文明的起源、发展和形成提供了坚实的物质基础。黄土高原支撑了中国农耕文明发展的前期,但是到了隋唐时期,经济中心开始南移,南方低湿地的水田农耕开始担起支撑人口增长的重任,其主要依赖水稻的高产特性,以及雨热同季的气候条件。这时北方黄河流域开始出现环境问题。黄土高原经过长时间的开垦,水土流失严重。具有明显指标的是,从诗经中可以看到,先秦时期开始出现泾渭分明一说,即源于甘肃、流经陕西进入黄河的渭水要比源于宁夏、流经陕西的泾水浊,说明出现了水土流失现象。在汉代以前,黄河被称为"河",没有"黄"字做定语。到了汉代,上游地区长期流失的土壤进入河流造成泥沙淤积,水质变浑浊,河也就被称为"黄河"了。环境的恶化直接造成了北方经济的萧条,加之魏晋南北朝时期北方游牧民族南侵,促使北方农耕人口大量向江南一带迁徙,转而依赖江南低湿地区,以低湿地的水稻为生。低湿地的价值主要体现在水稻农业上,如果没有水稻,南方沼泽地没有什么价值;有了水稻,它就是上等的农田。

江南地区的稻田基本上种植在地势比较低的地方,没有土壤流失问题。低湿地会沉积上游的各种有机质,土壤中的氮和有机质相当丰富,是水稻生长的养分。水田稻作可以提供比北方旱地高出一倍的产量。在南方,特别是宋代以后,尽管人口增加,人均耕地面积减少,地租在后期达到很高水平,剥削程度远超过北方,但一直到清末,南方水稻产区都未发生大规模动乱。历史上农民起义主要发生在北方的旱作农耕区,充分体现了以水稻为主体的稳定农耕生态系统对社会系统的支持作用。还有一个指标是,美洲作物在明清时期陆续引入,但只是在北方替代了小麦和小米,却没有在南方替代哪怕一亩的水稻。

中华农耕文明能够不断延续,早期是旱地黄土的功劳,后期更多应该归因于南方低湿地主要作物水稻的贡献。

三、中国古代农耕文明的经营主体——小农家庭的规模

中国古代至秦汉时期,已经出现以小规模家庭人口为主体的小农经济。自汉代以来,农户的小家庭一直维系在三代五口之家的规模上,这归因于诸子平均析产。诸子平均析产方式在商鞅变法后即成定制,并一直在民间通行,从而导致家庭拥有土地的规模很小,促使人数较少的核心家庭占比大,复合家庭基本上很少见。

诸子平均析产的结果是中国自秦汉时期开始,一直到晚清,小农家庭占整个社会的主流。均分的存在使得只要能够分割的东西,都将被均分。只有不能分的,如碾和磨等,还有王位、侯位,才不均分。不断分家而形成的小规模家庭的优点是产权明晰、劳动积极性高,而缺点是过于弱小,有时都难以备齐全套基本农具,更别说大型农具如碾、磨等。

四、中国古代农耕主要作物的构成特点

中国是世界作物起源中心之一,粟、稷、大豆、水稻等主要作物被驯化,同时通过汉唐陆地丝绸之路与后来的海上丝绸之路,不断引进海外作物,如小麦、蚕豆、豌豆、玉米、红薯、马铃薯等,这些作物在中国各地不断与本土作物重新组合,形成新的作物结构。

总体上,由于人地关系持续紧张,中国的作物构成体现出依赖高产作物的特点。选取作物主要看是否高产,品质要求则退居其次。但是,作物的高产性能能否发挥,由土壤、灌溉与工具等多种要素是否具备来决定。在外来作物引进之前,本土高产作物率先表现。所以,早期中国作物构成局面是南稻北粟。黄土便于耕作以及肥沃等特殊性能促进了粟的大量种植。小麦在距今 5 000 年左右被引进,尽管其产量要比粟高,但并没有立即取代粟的位置。因为灌溉条件还不太完备,而粟的抗旱性能决定了它比小麦优越。一位美国植物学家曾用粟、高粱、小麦、玉米、大豆等作物进行水分利用率对比实验,结果表明,粟的水分利用率最高,高粱次之,玉米又次之,而小麦耗水量最多,比粟的耗水量要高一倍多。从这一点来看,以粟类农作物为主的中国旱作农耕,可能是中国文明早期发展过程不曾中断的有利因素之一。世界上其他几个古文明的消失与距今 4 000 年左右的气候变化以及过分依靠灌溉农耕有关。但是这一局面至秦汉时期发生改变。在北方,小麦开始逐渐在局部地区占主导地位。郑国渠的修建就是因为灌溉对小

麦产生了重要的促进作用，能够"亩收一钟"。而韩国没有认识到灌溉对小麦产量有如此大的提升作用，所以献疲秦之计以修渠，最后被秦所灭。从汉代开始，小麦由春天播种改为冬天播种，避免了不利条件的制约，农业收成有了夏收和秋收两类，为一年两熟准备了时间。外来的小麦到了唐代取代本土粟跃居成为北方第一农作物。当然，小麦需要大量水分的特征与华北地区干旱化加剧有着密切联系。随着小麦的引进与栽培范围的扩大，华北地区的干旱化程度进一步不断加剧。明清时期引进的玉米与小麦需水情况相当，所以华北地区的干旱化进程，至少开始于早期小麦的引进，加剧于明清时期玉米的引进。20世纪后半叶，随着抽取地下水能力的不断增强，华北地区形成了一个大的漏斗，地下水位不断下降，而长期困扰人们的土壤盐碱化问题一度消失。

水稻一直是南方的首选作物，没有其他作物能替代它的地位，原因在于其独特的高产性能。水稻的地位没有在多次海外农作物引进的冲击下，特别是美洲作物引进后，受到威胁而被取代，并且水稻成为与其他物种进行生态组合的主导作物。水稻参与了南方人、牛、猪、土地的大循环过程。水稻同时参与了与鱼、鸭、虾、蟹种养的结合，鱼和鸭子等在田里生活，可以吃草和虫子，产生的粪便可以做肥料，相互利用，没有废物，形成了一个循环利用系统。水稻同时还参与了南方稻麦二熟水旱轮作组合，这是一种非常符合生态系统物质循环规律的种植方式，可以减少病虫害对作物的危害。在南方一直没有其他作物可以威胁水稻的地位，可以说水稻的种植是中国农耕文明不曾中断的关键因素。

美洲作物玉米、红薯与马铃薯成为南北方的共同旱作作物，对提高土地利用率，特别是南方山区灌溉条件较差地区的开发起了重要的作用。美洲作物在南北方旱作区迅速大量种植，其原因是相比小米，它们有产量优势；相比小麦，它们有抗旱优势。但是，它们对西南山区的生态环境产生了破坏，旱地水土流失问题严重。由于年复一年的淤积，长江的河床在多年前就已高出地面，成为继黄河之后的又一条"悬河"，夏天雨季长江沿岸经常面临洪水威胁，溃堤致灾。

五、中国古代农耕文明的技术演进路径

在人多地少的背景下，中国古代农耕技术只能朝节约土地的方向发展，而西欧人少地多，则向节约劳动力的方向发展。西欧孕育了工业革命，在农耕领域发明了机械、化肥与农药，这些都是替代人力、解决人手不足问题的产物。而中国则因为很早就表现

出人多地少的特征，所以中国的农耕技术演进路径非常明确，同时也没有其他选择，只能是提高单位面积土地的作物产量，选择高产作物与提高土地利用率，在有限的土地上通过施肥等措施进行循环利用。这非常符合拉坦的诱致性制度变迁理论。该理论认为，在人多地少的国家或地区，技术发明与选择通常朝节约土地的方向进行；而在地广人稀的国家或地区，技术发明与选择倾向于节约劳动力。

中国农耕技术变迁的方向主要是节约土地，中国近代以来完成了一大壮举，用仅占世界不到10%的耕地，养活了世界22%的人口，也就是说以少量的耕地产出了较多的粮食。具体而言，主要通过以下几个具体措施实现。

一是选择以种植业为主，养殖业为辅助。因为单位面积的土地上种粮食养活的人口数量肯定比饲养动物获取肉食的方式要多，所以历史上农耕民族的人口规模要比游牧民族大。我们的养殖业更多的是为种植业服务，如养牛是为了耕地，养猪是为了肥田。越到后来，中国农耕越依靠高产作物，如水稻。隋唐以后，中国经济重心转向江南地区，来自江南水稻产区的赋税占全国的一半以上。

二是在充分利用自然条件的基础上，寻求与自然的和谐相处。为了掌握农时，人们发明了二十四节气理念等。为了抗旱保墒，人们在北方构建了耕耙耱结合，辅以中耕除草保墒的精耕细作技术体系。

三是采取集约的方式从事生产，即利用有限的人力与物力在适当规模的土地上耕作，保证收成，而不是广种薄收。种子的投入与收成之间要有一个合理的比例关系。

四是认识到水利是农业的命脉。灌溉对于种植业的重要性不言而喻，所以历代王朝都强调修水利工程，著名的都江堰就是其中的代表与杰作。

五是努力提高复种指数。北方很早就连年种植，后来发展成为二年三熟，长江流域一年两熟；珠江流域则一年三熟，与西欧土地休闲的三圃种植制度不一样。

六是采取循环利用的方式。通过利用各种肥料以及动物粪便，过腹还田，利用各种有机物，如绿肥，达到循环利用的目的。

七是采取生态种养的方式。历史上存在两个层面上的种养结合。一是大的种养结合，即养牛养猪与种植作物如水稻的结合；二是小的种养结合，即水稻与鱼等动物共生。

思考题： 1 中国古代小农经济是在什么背景下形成的？
2 中国古代农耕技术的演进路径及其原因是什么？

参考文献:

1. 徐旺生，田阡，包艳杰，等. 中国农业发展简史[M]. 北京: 人民出版社，2020.
2. 王建萍. 从人口负载量的变迁看黄土高原农业和社会发展的生态制约[J]. 中国农史，1996（3）:77-84.
3. 吴文祥，刘冬生. 试论黄土、黄土高原与原始农业和文明的关系[A]. 北京: CCAST"原始农业对中华文明形成的影响"研讨会论文集，2001-03:16-22.

第三节
农业结构特点形成的原因及影响

一般认为，农业生产包括种植业与养殖业两大类。农业生产要两条腿并行，农业结构中种养要保持均衡。但是，在中国传统农业中，两者并非平行发展，种植业更占优势，故称为跛足农业。中国的主体民族汉族是一个农耕民族，大约在战国秦汉时期，就初步形成了这样的农业格局。这一格局背后有着深刻的历史文化原因，影响了后世经济与文化的发展。关于导致这一现象的原因，需要从远古的自然环境及先民的选择开始说起。

一、主体民族汉族具有悠久的农耕传统

考古发现，原始农业是种植业与畜牧业并行发展的格局。但是随着定居生活的发展，以及黄土优势的凸显，逐渐形成一种种植业占优势的生产结构。

在中国中纬度的黄河流域中下游地区发明了原始的种植业和养殖业后，当地特有的土壤环境很快使得当时的人们主要从事种植业。黄河流域中下游地区到处都是堆积的黄土，这种土壤非常适合于早期的比较简单的农耕工具，收获的粮食也较多。在距今约七千年的河北武安磁山文化遗址中，出土了大量的粟，足以说明这一点。因此，种植业对于当时的人们来说具有较大的吸引力，又由于种植业必然与定居紧密联系，而定居生活也是人类生活的一种趋势，狩猎和养殖的方式逐渐降到非常次要的地位。生活在这一地区的人们不大愿意迁移到别的地区生活。历史上商代可能具有相对多一点的畜牧业色

彩，到了周朝，周人的祖先以从事农业而著称。因此，中国农耕文明最早的起源和繁荣地在北方就是黄河流域中下游一带，到了秦汉时期，华夏民族已是比较典型的主要以种植业为生的民族，跛足农业大致形成。

二、商鞅变法促成畜牧业的边缘化

在古代中国很早就有纯粹农耕的传统，商鞅变法对小农经济格局的形成起了重要作用，从而对局部地区人多地少现象的形成起了直接作用，对家庭内部生产结构也产生了影响，边缘化了养殖业。商鞅在变法时规定，"家富子壮则出分"，法令明文规定"父子兄弟同室内息者为禁"。这一法律规定，导致了小农经济的特征更加明显。大家庭减少，复合家庭减小，小规模家庭，即核心家庭占主体。在汉代，一家五口成为主流。理论上小规模家庭应该从事种植业和畜牧业结合的生产，因为畜牧业所需要的劳动力比依靠体力的种植业要少一些。但是，这只是建立在土地面积没有限制的前提条件下。一旦土地面积有限，情况就会不一样。养殖家畜需要额外的土地，占用更多的资源，没有土地是无法以养殖业为主的。

秦汉时期是中国历史上的一个重要时期，这一时期的政治经济制度直接影响了以后的历史发展进程，特别是中国养殖业的发展进程。秦汉时期的重农思想在其中起了重要作用。重农思想在春秋时代已初露端倪，到了战国时代，诸子以重本抑末为核心的重农思想体系逐步形成。秦汉时期，由于社会经济条件的变化，重农思想在先秦的基础上有所发展和演变，呈现一定的时代特点。秦始皇统一天下以后，继续奉行法家的耕战政策，重农积粟，抑制工商业。"耕战论"所包含的严峻的刑法思想在实现国家统一、群雄夺取政权的斗争中，确实起了很大作用，但严重激化了社会矛盾，引发农民起义，秦王朝仅存在15年便被推翻了。汉初统治者吸取秦迅速灭亡的教训，推崇道家的黄老之学，无为而治，与民休息，采取了重农粟、轻徭薄赋、崇俭思安等一系列以发展农业生产为中心的经济改革。贾谊赞同管仲"仓廪实而知礼节，衣食足而知荣辱"的论点，主张"粟多而财有余"。晁错多次上疏言政，主张"贵粟疏""守边劝农疏""贵五谷而贱金玉"。这些对粮食生产特别重视的主张，使得畜牧业的规模不大可能超过孟子时代"鸡豚狗彘之畜，无失其时，七十者可以食肉矣"的较低水平。尽管秦律规定，无故不能杀耕牛，否则重罚。但是其出发点是牛的耕地性能，而不是其肉用性能，即养牛的目的首先是为耕田提供畜力。

可以说，中国畜牧业在中国农业史中的角色，在此时已经基本定形，以后的畜牧业发展，并没有超越秦汉时期所赋予的角色范围。中国的养殖业，被限定于一个从属于种植业的附庸地位。

婚姻、继承制度等固化了种植业的地位

三、中国历史上跛足农业格局的确立

从以上分析可知，多种因素促使中国人多地少，畜牧业在经济中的比重弱于种植业，中国人基本的生活模式以种植业为生。在畜牧业的发展过程中，养牛业处于重要的位置，而养猪业在养殖业中处于可有可无的地位。国家鼓励发展种植业，这样能够养活更多的人口，从而拥有更多的臣民，收取更多的税收，征用更多供打仗用的士兵。而老百姓则因为政府征收赋税的需要，有较固定的基层组织，不被允许随意迁移。而在家庭中，为了分得一份家产，多数男子不愿意离开家庭外出谋生，所以在土地面积有限的情况下，只能选择以种植业为主。因为在单位面积上，从事种植业比从事养殖要养活更多的人口。所以在秦汉时期，中国人以种植业为主要生活来源的生活模式已经基本确立。当然与农业有关的养殖业会因为种植业的需要而得到加强，如牛和马的养殖，猪的养殖则因为不会对农业生活产生较大的帮助，而没有受到重视。但在中国人的食物结构中，就不可避免地要由植物性食物来充当主角了。

实际上，早在春秋战国时期，在多数人的食物中占主要成分的就是植物性食品。《孟子·尽心上》说："五母鸡，二母彘，无失其时，老者足以无失肉矣。"这里记载的是孟子和梁惠王的对话内容，意思是说当时一个家庭的理想状态是，饲养五只母鸡，两头母猪，能够让老人有肉吃。赡养老人是优先选择，在理想状态下，只有老人能吃到肉，其他的人基本上素食为主。

畜牧业最初也有自己专门的放牧地，可是放牧地却慢慢地被种植业所蚕食，进而被迫与种植业轮流用地，但轮流用地也未能持续，随着种植业的发展，特别是复种指数的提高，牲畜最终被迫离开耕地，而被拴在一个固定的地方，例如，猪容易糟蹋田间的作物，所以被养殖在猪圈内。

在养殖业中，纯粹以肉食为目的的养殖业只有养鸡与养羊，汉代地方官在劝课农桑时，倡导一户养两头母猪、五只鸡，或者一头猪、四只母鸡。养猪的规模已经比较小了。而对于牛的养殖，基于其对于种植业的重要性，与养猪相比，养牛额外重视，以至于到了三国时期，杀牛者会被判死罪。唐、宋和明代均有类似的禁令，因为牛是种植业中动力的主要来源。这些政策都与秦汉时期农业结构中种植业占主导地位有关。

唐朝有"牧童遥指杏花村",这时牧童不是牧猪,而是牧牛了。牧牛采取什么方式呢?縻牛是一个很好的方案。因为当时存在一个严重的矛盾,一方面要将土地尽可能地种上农作物,以满足人们的饮食所需;另一方面,还必须保留一些土地来养牛。但牛要吃食物,自由放牧会吃掉禾苗。必须放牧,无人放牧,縻牛是为了解决这一矛盾而出现的。它的作用在于使牛只能在一定范围的土地上获得草料,不致危害庄稼,同时还不需要人专门随时看管。由于种种原因,一些贫苦之家选择了不养牛,而是种菽、麦、麻、蔬等。因此,縻牛开始之日,就是牛的数量减少之时。唐宋之际,已有人因无牛而被迫用铁搭代替牛耕。长江下游地区唐宋时期"已无莱牧之地",且随着以稻麦二熟为主的多熟制的实施,秋后放牧也逐渐废止,代之以"大为塍垄,俾牛可牧其上"的縻牛方式;长江中游的两湖地区,仍保留着秋后放牧的"抛牛放野"之俗,可能是因为作物已经收完。不过清代中叶以后,这一习俗还是逐渐废止了。縻牛取代放牛,放牛取代牧牛,畜牧业被种植业蚕食,是中国人口增长背景下农业发展的必然,也是当时中国经济发展农牧结构不平衡的反映。

思考题: 1 古代农业结构存在什么特点?
2 促成古代农业结构特点形成的原因主要有哪些?

参考文献: 1 中国农业遗产研究室. 中国农学史 [M]. 北京: 科学出版社, 1984.
2 张婷. 中国古今婚姻制度比较 [D]. 石家庄: 河北经贸大学, 2013.
3 赵冈. 传统农村社会的地权分散过程 [J]. 南京农业大学学报(社会科学版), 2002, 2(2): 56-63.
4 赵冈. 过密型农业生产的社会背景 [J]. 中国经济史研究, 1997(3): 130-135.
5 徐旺生. 从感恩节吃火鸡谈起 [J]. 古今农业, 2002(1): 63.
6 曾雄生. 跛足农业的形成——从牛的放牧方式看中国农区畜牧业的萎缩 [J]. 中国农史, 1999, 13(4): 35-44.

第四节
世界农耕历史视野中的中国农业

中国是世界农业最重要的发祥地和起源中心之一，对世界农业发展产生了重要的影响，并取得了无数举世瞩目的农业技术成就，领先域外地区数个世纪，近代之前，中国农业发展水平一直处在世界前列。在早期的世界历史上，中国农耕文明是向域外输出的主角。可以毫不夸张地说，农业交流作为中外交流最重要的一环，肩负着演绎世界农耕文明的重要责任。而这些农耕文化都是通过陆海丝绸之路向域外传播的。从这个意义上来说，中国人开拓的丝绸之路不仅是中外农业交流的桥梁，同时也将分散的农耕历史变成了全球历史的一部分。

一、世界农业三大起源中心之一

从现有的考古发现来看，世界农业存在多个起源中心。从起源作物的种类与影响力来看，世界农业有三大起源中心，其他的则是附属中心。这三大起源中心分别是中国、西亚和中南美洲。

在中国，起源中心位于黄河流域与长江流域，我们在第一章关于农耕起源的论述中提到，瓦维洛夫将三大中心再细分归纳为八大起源中心。其中以中国的栽培植物最为丰富，共136种，占全世界666种主要作物的20.4%。在这些关于起源中心再分的论述中，哈伦（J. R. Harlan）把全世界419种重要栽培植物重新加以分配，其中中国占64种，属于B1中心，其余的归入B2。齐文（A.C.Zeven）和茹可夫斯基的12个中心包括167科2 297种的栽培植物，其中中国占284种，占比为12.4%，居世界第二。近年来郑殿升等中国学者研究认为，起源于中国的栽培植物共420种以上。还有人根据古籍记载，参考国内外资料，统计发现有史以来的主要栽培植物共有236种。其中，粮食作物20种，蔬菜45种，果树53种，纤维作物11种，经济作物25种，药用植物42种，竹藤类21种，主要观赏植物19种。最为重要的栽培作物是水稻、粟、黍、大豆，以及桑与茶，其他还有果树中的荔枝、梨、杏、柿和枣。家养动物则有猪、狗、鸡和蚕。

西亚是世界最早的文明发祥地之一。由于西亚地区气候及地形复杂，自古以来就形成了美索不达米亚（两河流域）的灌溉农业、安纳托利亚（小亚细亚）半岛沿海与腓尼基（叙利亚—巴勒斯坦）的地中海式农业、安纳托利亚半岛内陆和伊朗高原的旱地农业，以及散在沙漠边缘的绿洲农业等多种类型。伞形地带的农业均出现在1万年前。这里有小麦、大麦和燕麦的野生种。家畜的祖先，羊、牛、猪的野生种曾生活在山间谷地。世界上最早驯化的绵羊在此地生活。西亚地区重要的早期农业遗址有沙尼达-萨威·克米遗址、耶利哥遗址、耶莫遗址、哈纳逊遗址和哈夫雷遗址等。1万年前，人们收割加工野生植物种子，开始人工种植植物。当时人们种植的有大麦、小麦、豌豆、扁豆及无花果等。

在美洲，起源中心位于中南美洲。美洲大陆的农业是在与欧亚等旧大陆完全隔绝的情况下独立发展起来的。在大约公元前6000年，中美洲墨西哥的印第安人开始了世界上最早的玉米栽培。在中美洲墨西哥中部的特瓦坎谷地（Tehuacán Valley）发现了400多处古代印第安人遗址，年代约为公元前5000年。已挖掘了12处，在其中5个洞穴遗址里发现了史前玉米遗存，有2.5万多件玉米植株和果穗，另有石器、陶器、编织器，1 000多件动植物骨骼，8万多件野生植物遗骸。印第安人除了种植玉米之外，之后还培育了甘薯、马铃薯、花生、南瓜、烟草、西红柿、向日葵、辣椒和可可等一大批在当今世界受到广泛应用的作物。此外，他们还驯化了羊驼和火鸡，但是从未饲养、使役过旧大陆常见的役畜。印第安人并没有发明冶铁术，也没有耕犁和铁制农具。直到公元9世纪以前，仍然以采集狩猎为主。从9世纪到13世纪才开始定居从事原始的农业生产，但是畜牧业仍然十分落后。

在上述世界农业的三大起源中心中，中国无疑占有重要地位。

二、丝绸之路上"行走"的产品与种子

文明与文明之间在一定时空中有诸多联系和影响。世界农耕文明发展的情形也是一样，自农耕发明以后，起源中心与附属的小中心之间开始存在交流，然后随着交流变得容易和交流好处的凸显，各个国家和地区的农业开始相互传播、相互影响，包括农业种质资源、生产加工技术和工具等。

在工业时代来临前，世界各地区的人员流动与文明交往皆离不开农业上的物质支持。特别是欧亚大陆地区，交流频繁，农业成为世界各地交往的直接动力。因此，中国作为中古时代农业最为发达的地区之一，一直充当着世界文明交流中转站的地位，并推动了全球范围内农业资源的整合，从而实现人类文明的整体发展。

中国与欧洲的农业交流是早期文化交流的主要内容。如养蚕缫丝，古罗马时期，西方就知道中国的丝绸，因此称中国为"丝国"（Seres），当时中国丝绸在古罗马每磅可以卖到12两黄金，丝绸之路也因此而得名。5 000年前，蚕丝就已经被作为织物原料，"农桑并举"历来是中国传统农业的特点。世界上所有国家的蚕种和养蚕技术都源于中国。公元前11世纪，蚕种和养蚕技术传入朝鲜，3世纪日本已有丝织业，3世纪后半叶进入西亚，4世纪前蚕丝向南传入越南、缅甸、泰国等东南亚地区，复经东南亚传入印度，6世纪传到拜占庭帝国，7世纪至阿拉伯地区和北非的埃及，8世纪至西班牙，11世纪至意大利，15世纪至法国，17世纪由英国人带入美洲。目前，中国、印度、乌兹别克斯坦、巴西和泰国是世界主要的蚕丝生产国，其中，中国的蚕丝年产量约占世界总产量的70%以上。

西方学者特别偏爱对蚕桑技术的解读，1735年法国人杜赫德主编的四卷本中国百科全书式名著《中华帝国全志》，在卷二中摘译了《农政全书》蚕桑篇。1837年，法国人儒莲把《授时通考》中的蚕桑篇、《天工开物·乃服》中的蚕桑部分译成了法文，并以《蚕桑辑要》的书名刊印，为欧洲蚕业发展提供了极大帮助。达尔文阅读了儒莲的译著，并称之为权威性著作，他还把中国养蚕技术中的有关内容作为人工选择、生物进化的一个重要例证。

再如茶叶，中国是茶树的原产地和原始分布中心，也是世界上最早饮茶、业茶的国家，人工植茶至少有2 700多年的历史。大约在6世纪中叶，茶传入日本，805年最澄法师将制茶技术和茶种带回日本。至16世纪，西方人始知有茶。1610年，荷兰人首次将茶叶运回欧洲。17世纪60年代，饮茶之风在宫廷流行。17世纪后，中国茶叶的出口量猛增，至1718年已经超越生丝居出口值第一。18世纪中期后，茶真正进入欧洲一般平民的生活，尤其是英国，饮茶之风愈演愈烈。1780年，东印度公司从广州引种茶树至印度。1824年，在斯里兰卡引种，1893年，俄罗斯引种茶树，印度、印尼、日本茶叶出口发展迅速，一度超越中国。今天，全世界已有约60个国家生产茶叶，约50亿人饮茶，中国茶叶产量仍占世界总产量的1/3，出口120多个国家和地区，茶叶成为世界三大饮料之一。

另外，还有大豆。今天大豆已经成为重要的油料作物，这一切都要归功于黄河流域的人们，他们将大豆从野生状态中挑选出来，如今美国成为世界第一大大豆生产国。

二、农具、农书与重农思想

中国传统社会拥有制作技术精湛的农业生产工具,以及农业古籍、重农思想和可持续发展理念,这些经由丝绸之路的传播,为各国人民所接纳和发展,对世界各地产生了持续而深刻的影响。

(一)农具

破土和翻土的工具——犁,从原始社会开始经过了漫长的发展,直到唐代的曲辕犁才定形。中国框形犁是世界六大传统犁中最发达的,利于田间耕作,18世纪以后,欧洲犁在中国框形犁的基础上进行了改良,形成新的犁耕体系,土地利用更加集约。

欧洲在16世纪之前没有条播机,播种主要依靠手播(点播或撒播),不但效率低下、浪费种子,而且与分行栽培背道而驰。而早在公元前2世纪,中国的赵过便发明了耧车。耧车把开沟、下种、施肥、覆土、镇压等作业一次完成,大大提高了播种效率。耧车后经中亚或南亚传入欧洲,1701年经塔尔改进成为条播机。

总之,欧洲在18世纪从亚洲引进了曲面犁壁、畜力播种和中耕农具耧车以后,改变了中世纪的二圃制、三圃制轮耕制度,成为近代欧洲农业革命的起点。

(二)农书

中国古代劳动人民创造并积累了异常丰富的生产经验,这些经验世代相传,农学家经过总结提高,著有种类繁多的农书,流传至今的尚有四百余种,这在世界农业史上是绝无仅有的。中国农书不仅指导中国历代农业生产的发展,在世界农业发展史上也占有重要地位,对各国农业生产和农业科学的发展产生了深远影响,受到各国农史界的极大关注。农书通过丝绸之路传播至世界各国,成为中外文化交流,以及世界了解中国的重要媒介。

最具代表性的中国农书是《齐民要术》,由北魏农学家贾思勰所著,是中国和世界上现存最早最完整的农业百科全书,成书于公元533—544年,总结了公元6世纪前中国北方黄河流域的农业生产经验和成就。日本宽平年间(889—907年)藤原佐世编的《日本国见在书目录》中已有《齐民要术》十卷,说明该书在唐代已传入日本,推测是被遣唐使携带入日。现存最早的刻本是北宋天圣年间(1023—1031年)皇家藏书处的崇文院本,在日本京都以收藏古籍著称的高山寺发现,此本仅存第五、第八两卷及卷一残页。《齐民要术》在日本还以日本人自己的手抄本的形式流传,名古屋市蓬左文库收藏的根据北宋本过录的金泽文库本(缺第三卷),写于日本文永十一年(1274年),是现存最早的抄本。

生物学家达尔文在其名著《物种起源》和《动物和植物在家养下的变异》中就通过《中国纪要》参阅过这部"中国古代百科全书"。他在《物种起源》中谈到人工选择时说:"如果以为选择原理是近代的发现,那就未免与事实相差太远……在一部古代的中国百科全书中已经有关于选择原理的明确记述。"达尔文在间接参阅《齐民要术》的基础上,为生物进化论提供了可靠的科学依据,他在相关著述中应用中国资料100多处,盛赞中国在猪、鸡、绵羊、蚕桑等农业生产方面的成就。

(三)重农思想

中国的重农思想早在战国农家学派的诞生之始,便已伴生。"舜命后稷,食为政首""以农立国"的农本思想和重农说教是传统社会顶层设计的不二法门和农书、劝农文开篇的惯例,于是,春耕籍田,这一表示以农业为根本的理念,贯穿中国传统社会的始终,1727—1730年传教士龚当信多次致信爱梯哀尼·苏西埃神父,详细报告了雍正帝躬耕籍田等重农之道。当时"重商主义"在西方社会大行其道,直到18世纪中叶,在"中国热"的影响下方有所改变,龚当信神父介绍的关于中国政府的重农之道在法国大受欢迎。孟德斯鸠承认中国的重农政策是善政,伏尔泰称赞中国的重农政策,卢梭也以中国的重农政策之成功为论据直言其重农倾向。最有代表性的是以魁奈和杜尔哥为代表的"重农学派"的兴起。"重农学派"认为:只有农业才是一切国家财富的源泉、农民是唯一的生产阶级。魁奈在宣扬重农思想时大量引用中国的典籍,认为"重农主义,或是最有利于人类的管理的自然体系"。

(四)循环农业与可持续发展理念

中国农学理论("三才"理论、"三宜"原则、风土论、阴阳五行学说、地力常新壮论)无不昭示着可持续发展理念。精耕细作是中国农业发展的历史传统,其重要特点是在小规模土地上从事农业生产,擅长于将所有的物质进行循环利用,没有废物,由此形成的合理轮作、注重施肥及适当休耕,保证了土地肥力的长久不衰。

中世纪,欧洲农业靠休闲和放牧来恢复地力,农业处在低水平徘徊状态,当时盛行的理论是"地力衰竭论",直到近代以后才开始有人注意土壤肥力问题。而同时期的中国太湖地区和珠江三角洲则出现了生态农业的雏形,通过资源改造和废物利用,优化农业结构、促进多种经营、利于生态循环,即使放大到整个中国,种植制度也是以豆谷轮作、粮肥轮作、水旱轮作为主。因此,"肥料工业之父"李比希认为:"中国农业是以观察和经验为指导,长期保持着土壤肥力,借以适应人口的增长而不断提高其产量,创造了无与伦比的农业耕种方法"。

美国农业专家富兰克林·哈瑞姆·金早在1909年来华访问时就盛赞："远东的农民从千百年的实践中早就领会了豆科植物对保持地力的至关重要,将大豆与其他作物大面积轮作来增肥土地。"他惊奇的是中国的土地连续耕种了几千年不仅没有出现土壤退化的现象反而越种越肥沃,回国之后即撰写了不朽的《古老的农夫 不朽的智慧:中国、朝鲜和日本的可持续农业考察记》。1920年之后,尤其是在大萧条时期,由于大豆根瘤的固氮功能,美国干旱区的土地可以靠大豆来恢复肥力,农场能够增加产量来满足政府的需求。

三、和谐共生传统在今天仍将引领世界

农业自诞生之日起,就起到了推动人类走向文明社会的决定性作用。中国作为世界农业三大起源中心之一,拥有悠久的农业发展史,并创造出了独具中国特色的农耕文明体系。从新石器时代开始,中国传统农业充分吸收、借鉴了世界其他地区的农业优秀成果,在多元文化的相互影响下逐渐走向成熟。因此,中国传统农业的发展与进步是全球各地区交流互动的历史结果。同时,中国农业也向外输出了先进农耕技术和农学理念,对近代西方农业的变革起到了至关重要的促进作用。在充分的交流中,中国农业展示了其在全球农业中的重要地位。在全球化日益发展的今天,中国与世界其他地区的农业交流仍持续不断,全球范围内农业贸易的开展、农业技术的交流乃至农业文化的传播,证明了农业对于世界文明深远而巨大的影响力。在"一带一路"倡议快速推进的今天,农业仍将是中国与世界其他地区交流合作的重要纽带。

不过,需要看到的是,在传统社会,由于中国农业走的是与自然和谐共生的道路,并不谋求从物质内部结构的角度来控制自然,所以也就难以产生近代的合成化肥、农药与蒸汽动力农机具等要素,从而在效率方面大为逊色,随着科技发展,中国农业落后于西欧,难以支撑整体文明在工业革命时期应有的态势。从近代开始,因为工业革命的浪潮,随着国门洞开,中国开始向西欧学习近代农业,引入现代化农业要素。农业现代化在提升了效率的同时,出现了今天所面临的日益严重的环境问题,导致可持续发展面临严峻挑战。我们需要看到,中国农业与自然和谐共生,循环利用的传统,在今天将会成为可持续发展的依靠。针对于今天现代化农业的不可持续特征,联合国粮食及农业组织于2005年首批启动全球重要农业文化遗产,在概念上等同于世界文化遗产,

联合国粮食及农业组织将其定义为:"农村与其所处环境长期协同进化和动态适应下所形成的独特的土地利用系统和农业景观,这种系统与景观具有丰富的生物多样性,而且可以满足当地社会经济与文化发展的需要,有利于促进区域可持续发展。"截至2024年,中国已经有22项农业文化遗产入列,在总共80多项遗产中数量位居第一,这从侧面可能看到中国传统农业在世界农业中的独特地位。世界需要从中国传统农业的智慧中取得与自然和谐相处的妙方,合理解决发展与环境之间存在的矛盾。只有这样,人类与自然协同发展才有可能实现,而不是像马克思所警示的,人类在进化的同时,自然在退化。

思考题:
1. 中国农书对世界产生了哪些影响?
2. 中国农业在世界农耕历史视野中的地位如何?

参考文献:
1. 游修龄. 中国农业通史: 原始社会卷[M]. 北京: 中国农业出版社, 2008.
2. 王思明. 世界农业文明史[M]. 北京: 中国农业出版社, 2019.
3. 邹德秀. 世界农业科学技术史[M]. 北京: 中国农业出版社, 1995.
4. 马克·B. 陶格. 世界历史上的农业[M]. 刘健, 李军, 译. 北京: 商务印书馆, 2005.
5. 王思明, 李昕升. 农业文明: 丝绸之路上"行走"的种子[J]. 中国社会科学报, 2017(03): 47-48.
6. 王思明. 丝绸之路农业交流对世界农业文明发展的影响[J]. 内蒙古社会科学(汉文版), 2017, 38(3): 1-8.
7. 李昕升. 食日谈: 餐桌上的中国故事[M]. 南京: 江苏凤凰科学技术出版社, 2023.

第二章
农耕文明思想、政策及价值

古代在长期的农业生产实践中,人们逐步认识到要与自然建立一种天人合一的关系,由此产生了以"三才"思想为代表的农耕文明哲学思想体系,期待人与自然和谐共生。古代认为,对自然资源只能进行保护性利用。由于农业在中国文化中的特殊地位,形成了贯穿古代社会的重农思想。而中国农耕文明所体现的独特价值,在现代农业迅速发展的今天,依然具有重要的现实意义。

第一节 传统农耕文明思想体系
第二节 重农政策
第三节 资源保护思想与利用
第四节 农耕文明的价值及其对乡村振兴的意义

第一节
传统农耕文明思想体系

中国传统农耕文明思想体系是传承多年的农学经验积累起来的一种思想体系。"天人合一"的"三才"思想是中国传统农耕文明思想体系的核心。传统农耕文明思想形成于中国传统农业发展阶段,以整体、辩证、发展为特点,它大体奠基于春秋战国时期,经过 2 000 多年的发展,内涵丰富而深刻。其特点是把农业生产中天、地、人三者看成是彼此联结的有机整体,强调人的调控制驭,注重分析生产因素间的辩证关系。在"天人合一"思想的引导下,人们主观能动性的发挥建立在尊重自然、顺应自然规律的基础之上,根据人与自然和谐共处的伦理标准来提升农业技术的发展水平,推动农业生产效率的提高。

一、"三才"思想

中国古代在生产过程中,强调人与土地、气候及作物物性之间存在密切联系,必须协调统一的理论。该理论是中国传统农学思想之一,着重论述了农业生产中天、地、人诸因素的作用和它们的变化与关系。中国最晚在春秋时期就产生了"三才"观念。文献记载最早见于《易经·十翼》中,如"系辞下":《易》之为书也,广大悉备。有天道焉,有人道焉,有地道焉。兼三才而两之,故六。六者非它也,三才之道也。"战国时期,"三才"已成为"天时""地利""人和"等比较具体的概念,是当时较流行的哲学思想之一,常被人们作为指导思想运用于经济、政治和军事活动。当时的农学家兼思想家们也于此时开始用"三才"思想来解释和指导农业生产。

《吕氏春秋·审时》中的"夫稼,为之者人也,生之者地也,养之者天也",就是对农业生产中生物有机体(稼)与人和环境(天和地)之间辩证关系的朴素概括。这里把农业生产的环境条件区分为"天"和"地"两大类。所谓"天",主要指气候条件。这一条件人们很难加以改变,只能了解、顺应和利用它,不失时机地进行耕作、播种、管理和收获活动。"审时"篇中对作物生长依赖天时做了较细致的阐述。所谓"地",包括水、土、植被等条件,核心是土壤。《吕氏春秋·任地》认为"地可使肥,又可使棘",即土壤肥力是可以变化的。在这种思想的指导下,人们对于农业环境就不再是被动和无能为力了。人们通过耕作、施肥等措施来改变土壤的结构和肥力状况,把不利的土地环境改造为有利于农业生产的土地环境。在这一过程中,也部分地克服了天时条件中的不利因素,如精耕细作和合理的农田结构可以防止或缓解旱涝的危害等。《吕氏春秋》"上农"等四篇阐释了天、地、人三大因素的关系,把人的因素放在了首位。

战国以后,随着农业生产实践的发展和生产力水平的提高,人们对天、地、人三大因素在农业生产中的作用的认识不断向纵深发展。西汉《淮南子·主术训》:"上因天时,下尽地财,中用人力,是以群生遂长,五谷蕃殖"。晁错说:"粟米布帛生于地,长于时,聚于力。""人力"被明确地提出,反映了对人工劳动的重视,人们改造自然的意识增强。《齐民要术·种谷》中总结说:"顺天时,量地利,则用力少而成功多。任情返道,劳而无获。"在掌握和尊重客观规律的基础上发挥人的主观能动作用,成为贯穿该书始终的指导思想。《陈旉农书》提出"在耕稼,盗天地之时利";《王祯农书》提出了"顺天之时,因地之宜,存乎其人";明代的丘浚说:"世间之物,虽生于天地,然皆必资以人力,而后能成其用。"清代杨屾在《知本提纲》中说:"天界以时,地产以利,人如乘时力取,自然来亨可致。"这些反映出历代的农学家和思想家在农业生产中大都倡导天地人"三才"理论和重视人力作用。

二、"三宜"思想

中国古代在作物种植过程中,时刻要考虑时宜、土宜和物宜,或称天时、地宜和物性,统一称为"三宜"思想。"三宜"思想是中国传统农学思想,是根据气候、土壤和作物三者不同的情况和特性,在采取相应生产措施时应遵循的基本原则。

在春秋战国时期的农业生产中,天时处于较为突出的地位。人们认识到天时能决定作物的生长和收成好坏,因此强调在整个农业生产过程中都要加以重视。《孟子·梁惠王章句上》有言:"不违农时,谷不可胜食也。"《荀子·王制》指出:"春耕、夏耘、秋收、冬藏,四者不失时,故五谷不绝,而百姓有余食也。""地宜"一词在战国时期已出现,体现了农业生产的重要性,《管子·立政》有言:"五谷不宜其地,国之贫也。"《管子·地员》通篇的主要精神,则在于要按"土宜"原则,因地制宜地发展农林等生产,《周礼·地官·大司徒》中的"土宜之法",则是为了"辨十有二土之名物,……而知其利害,……以蕃鸟兽,以毓草木,以任土事;辨十有二壤之物,而知其种,以教稼穑树艺"。对于"物宜",战国时期也已开始注意,《管子·地员》中说的"凡草土之道,各有穀造。或高或下,各有草土"以及"凡彼草物,有十二衰,各有所归",阐明了不同植物各有一定的生态环境条件。

春秋战国以后各时代的农学家,继承并发展了"三宜"思想。汉代氾胜之根据作物的共性,总结出"趣时和土,务粪泽,早锄早获"五项措施。同时又根据各种作物的特性和要求,提出不同的栽培方法和措施,从而为农业生产确立了"物宜"原则。明确提出"三宜"概念,并对之进行全面总结的是明代马一龙,他在《农说》一书中说:"合天时、地脉、物性之宜,而无所差失,则事半而功倍。"清代《浦泖农咨》则把能否按照"三宜"原则进行农事操作,作为判断是否为"良农"的标准。晚清张标的《农丹》又进一步强调了掌握"三宜"原则的必要,说:"天有时,地有气,物有情,悉以人事司其柄。"

在中国古代农业生产中,"三宜"原则贯穿农事活动的始终。如因时、因地、因物制宜,采取机动灵活的耕作方法,是中国古代土壤耕作的优良传统之一。因土耕作方面的具体经验是:因土质,定时宜,定耕法;因地势,定耕法,定深浅。因时耕作的主要经验有:因时宜,定耕法,定深浅,定早晚。因物耕作方面的经验则是:因作物,定时宜,定深浅,定耕法。上述在土壤耕作上的灵活性,乃是对自然条件的复杂性和作物特性多样的适应,目的在于采取多种机动灵活的耕作措施,更好地实现精耕细作,调养土壤。在18世纪,杨屾在《知本提纲》中,以陕西关中兴平等地的经验为据,提出了施肥要注意时宜、土宜和物宜。所谓"时宜",就是"寒热不同,各应其候",如春季宜于用人粪和牲畜粪,夏季宜于用草粪、泥粪和苗粪,秋季用火粪,冬季用骨、蛤和皮毛粪之类。所谓"土宜",就是"随土用粪,如因病下药",阴湿地要用火粪,黄壤要用粪渣,沙土要用草粪和泥粪,水田要用皮毛、蹄角和骨蛤粪,高燥的地要用猪粪之类。所谓"物宜",是因为"物性不齐",所以"当随其情",例如把骨蛤蹄角粪和皮毛粪施于稻田,把黑豆粪和苗粪用于麦田和粟田,种瓜、菜则用人粪之类,等等。

同时,中国古代先民"因时制宜"思想的另外一个重要表现形式还体现在合理开发利用生态资源,协调发展农林牧渔方面。早在先秦时代就有"以时禁发"的措施,即只允许在一定时期内和一定程度上采集利用野生动植物,禁止在它们萌发、孕育和幼小的时候采集捕猎。《孟子·梁惠王章句上》中说:"数罟不入洿池,鱼鳖不可胜食也;斧斤以时入山林,材木不可胜用也"。秦律《田律》中已经开始用法律手段保护树木、水道、植被、鸟兽虫鱼等资源，以促进生态平衡发展。这种将保护和开发利用协调起来的"顺时"思想，是中国传统农业能够持续发展的重要基础之一。

三、集约经营思想

集约经营思想萌芽于战国时期。集约利用是指在耕作时，重点考虑提高单位面积的产量。农业生产的影响因素很多，种子、肥料、土地、水分、劳动力等因素，都将影响最后的产量。如何在诸多因素的影响下，追求产量最大化，是古代一直在思考的问题。《荀子·富国》说："今是土之生五谷也，人善治之，则亩益数盆。"意思是只要耕种得法，就能增产。该篇中还说："多粪肥田，是农夫众庶之事也。"意思是强调多施肥，即厚加粪壤即可以获得好收成。战国时李悝作"尽地力之教"，即强调以提高土地利用率为目的的集约经营，精耕细作技术由此发展起来。内容包括开荒扩大耕地面积和治田勤谨以提高单位面积产量两个方面。随着人口的增加，中国历代都在试图扩大耕地面积和农用地范围，但发展农业生产的重点是放在提高单位面积产量上。大约到汉代，农业生产的诸多制约因素中，面对种子数量、土地面积、肥料质量与数量、水分供给状况、劳动力投入量、阳光因素等，人们可以做出选择的是土地面积与劳动力投入量，古人常常率先在多种与少种之间做选择，即在考虑广种薄收还是少种多收时，人们倾向于少种多收，然后再考虑更多地投入劳动力与肥料，以期望在种子投入与作物产量之间获得较好比例的回报。汉代区田法就是一个典型的例子。区田法，又称区种法，是一种集约水肥、精耕细作的高产栽培法，即在田块上挖成若干带状低畦或方形浅穴的小区，把作物种在低畦或浅穴中。区的大小、株距、行距和小区的间隔都有具体的规格，有利于旱地区的蓄水保墒。区内深耕细作，集中施肥灌水，为作物生长发育创造优良环境条件，是一种行之有效的抗旱耕作栽培技术。西晋傅玄认为，不能只靠扩大耕地面积来求增加农业产量，必须重视在一定单位面积上多投入劳动力以求增产，明确提出："不务多其顷亩，但务修其功力。"《齐民要术·杂说》对此则进一步提出"凡人家营田，须量己力，宁可少好，不可多恶"，成为后来中国农业经营的基本原则。此后的农书，在涉及农业经营的论述中，对此进一步发挥和补充，尤以《陈旉农书》中"财力之宜"篇阐述周详。陈旉指出，不论地主还是个体农户，经营农业首先要考虑劳动力和财力（资金）两方面，只有在劳动力、资金和土地条件三者取得适当比例的情况下，"营田"才能取得成功。如果不考虑前两者，单纯贪图土地面积的扩大，就会耕作粗放，最后收成"十不得一二"。所以"农之治田,不在连阡跨陌之多,唯其财力相称"。同时陈旉还引用民间谚语"多虚不如少实,广种不如狭收"来证明自己的看法正确。明、清时的农书,对此也从不同角度进行了概括。清代王晋之的《山居琐言》认为,不仅粮食作物,山区经营果树也应以精为原则,贪多反而收获少。民间俗语也有贪多嚼不烂的说法。古代选择集约经营的技术原因是,北方旱地农业对肥料与灌溉等因素敏感,没有肥料的情况下,广种的收成往往不好。有限的肥料只能施于有限的土地上,于是促成了中国农业必须加强对土地的充分利用,在已有土地上集约投入以提高单位面积的产量。集约经营的经济与文化原因是人多地少。2 000多年来,集约经营理念促使中国精耕细作的技术体系在形成后不断发展。魏晋南北朝时,北方形成"耕—耙—耱"一整套防旱保墒耕作体系,隋唐以后,精耕细作在南方水田地区得到高度发展,形成了以耕—耙—耖为中心的一整套水田生产技术。这种农业种植理念,限制了农耕民族对土地规模扩大的愿望,所以历史上农耕社会没有强烈的领土扩张动机,生活更多地期望于有限的土地,希望能够风调雨顺,并进行精耕细作。

四、地力"常新壮"思想

中国古代农民和农学家对待地,一直采取积极的态度,能对之进行干预。同时,在干预过程中不断加深认识,总结出不少具有朴素的辩证唯物观点的理论。随着农业生产中土壤管理水平的不断提高,到宋代,人们更深刻地认识到合理利用土壤、改良土壤和培肥土壤,对保持土壤肥力的意义。《陈旉农书》的"粪田之宜"篇中有:土壤好坏不一,如果"治之得宜,皆可成就"。还进一步强调人对于土壤肥力的作用,提出了地力"常新壮"说,驳斥了土壤肥力递减的观点,主张"若能时加新沃之土壤,以粪治之,则益精熟肥美,其力当常新壮矣",阐述了不断开辟肥源、合理施肥等措施的重要性,对人们努力提高土壤肥力,定向改造土壤和发展农业生产有积极意义。明清时期,不少地区性的农书,所总结出来的农业生产关键性技术措施,总不外乎是"粪多力勤"四字,更着重强调人对土壤肥力的影响和作用。

在中国传统农业中,施肥是废弃物质资源化、实现农业生产系统内部物质良性循环的关键一环。《说文解字》解释"粪"字的本义是"弃除"或"弃除物"。后来,"粪"逐渐变为施肥和肥料的专称。战国以来,人们不断开辟肥料来源。清代农学家杨屾的《知本提纲》提出"酿造粪壤"十法,包括人粪、牲畜粪、草粪(天然绿肥)、火粪(包括草木灰、熏土、炕土、墙土等）、泥粪（河塘淤泥）、骨蛤灰粪、苗粪（人工绿肥）、渣粪（饼肥）、黑豆粪、皮毛粪等，差不多涵盖了城乡生产和生活中的所有废弃物以及大自然中部分能够用作肥料的物质。更加难能可贵的是，这些感性的经验已经上升为某种理性认识，不少农学家对利用废弃物做肥料的作用和意义进行了很有深度的阐述。

五、风土观念的发展

风土观，即对环境条件与作物关系的认识。战国时期，人们认为一切生物只能生长于故土，逾越这个范围，就会发生变异，甚至引起死亡，流传广泛的是《晏子春秋·内篇杂下》中的"橘逾淮为枳"，说明当时的人们注意到土地与作物之间存在联系的道理，不同的土壤适合生长不同的作物。后来《齐民要术》在解释从异地引种大蒜、芜菁、豌豆、谷子等作物发生变异现象的原因时，仍侧重考虑土壤因素，说："盖土地之异也。"上述风土观，有合理的一面，即生物生长受一定环境条件限制。但也有片面性，没有认识到生物在一定条件下，可以逐步改变习性，适应新的环境，甚至有人以静止、孤立、形而上学的观点来对待它，使之变成反科学的唯风土论。《农桑辑要》中的"论九谷风土及种莳时月"和"论苎麻木棉"两篇论述，对唯风土论专门予以驳斥。《农桑辑要》的论述，使中国古代的风土论有了新发展，形成一种全新的看法。对于风土论的正确阐述，不仅使木棉、苎麻于元明时在中原等广大地区得到了推广，也为明清以来，玉米、甘薯、烟草等外来作物顺利引种，并迅速推广创造了条件。

六、阴阳五行学说的影响

自战国以来，阴阳五行学说就被人们作为指导思想广泛应用于各种社会问题和自然现象的解释。中国传统农学思想，无疑也受到其影响。理论基础与人医学同源的兽医学理论的核心就是阴阳五行学说。阴阳五行学说在解释农业生产自然条件和耕作栽培技术等方面也有一定影响。《尚书·禹贡》把土壤颜色分为黑、黄、赤、白、青黎五色，把质地分为壤、坟、埴、垆、涂泥五类。《管子·地员》把江、淮、河、济"四渎"平原地区土壤分为息土、赤垆、黄塘、赤埴和黑埴。《氾胜之书》把土壤温度、水分等称为地气。《陈旉农书》用阴阳五行学说来分析时令节气和气候对生物和农作物的影响，说"阴阳一有愆忒，则四序乱而不能生成万物"，"盖五行得性而万物适其宜，五气若时而百谷倍其实"。在元代以前，阴阳五行学说只限于用来解释天时、土壤的变化或与农作物的关系。到明代，马一龙《农说》则试图用阴阳五行学说来全面阐述农业生产的原理。他认为："凡日为阳，雨为阴，和畅为阳，冱结为阴，展伸为阳，敛诎为阴，动为阳，静为阴，浅为阳，深为阴，昼为阳，夜为阴。"他所谓的阴阳，实际上是矛盾的两个方面。它们互有联系，可以相互转化。马一龙用阴阳的消长来解释节候的变化和作物的枯荣，用阴阳理论解释耕地高原宜深、下湿宜浅的道理，以及解释水稻栽培技术。清代杨屾的《知本提纲》，将中国传统农业科学技术原理称为"农道"。他解释农道仍采用阴阳五行学说，不过他所说的五行范畴与一般阴阳家有所不同，即以"天、地、水、火、气"替代"金、木、水、火、土"。他认为天、地、水、火、气为生物构成的基本单位，又将它们的动态作为环境条件变化的因素。他认为"天、火"为阳，"地、水"为阴。"气"则贯穿天、地、水、火，"损其有余而益其不足"，使它们达到"和谐"状态。杨屾运用这种原理来解释旱地农作物生产过程中的技术环节。

中国传统农学思想的产生源于中国历代劳动人民长期的农业生产实践，这些传统农学思想不仅对过去的农业生产发挥了重要作用，对于中国今天探索农业可持续发展道路、发展现代农业，仍具有重要的借鉴作用。现代工业文明支撑的农业，主要以化肥、农药为主要元素，对产量的提高无疑是明显的，但是其单向思维方式不注重事物的整体观，产生了许多问题，主要有土壤的中毒、水污染等，所以传统农学思想在今天依然具有现实意义和积极的推动作用。随着现代农业技术水平的不断提升，传统农学思想的呈现必然会向多元化的方向发展，在继承和创新中实现传统与现代的有机结合和长效发展。

思考题： 1 传统农耕文明思想体系包括哪些方面？
2 传统农耕文明思想体系的现实意义是什么？

参考文献： 1 中国农业百科全书编辑部.中国农业百科全书（农业历史卷）[M].北京：中国农业出版社，1995.
2 梁家勉.中国农业科学技术史稿[M].北京：中国农业出版社，1989.

第二节
重农政策

新石器时代虽然已出现了原始农业，包括种植业与养殖业，但采集渔猎仍是谋生的重要补充手段，在这一时期的社会意识形态中不会产生所谓的本末与主次观念。进入夏、商、西周、春秋以后，农业的经济比重逐渐上升，重农观念初露端倪。而战国秦汉时期重农抑商制度化、政策化的发展趋势，深刻影响了战国秦汉乃至其后两千年中国社会经济的发展。

有关重农观念的系统表述，始见于周朝时虢文公的谏辞。当时周宣王"不籍千亩"，也就是不去行籍田大礼，虢文公于是谏曰：民众的大事在于农耕，上天的祭品靠它出产，民众的繁衍靠它生养，国事的供应靠它保障，和睦的局面由此形成，财务的增长由此奠基，强大的国力由此产生。这反映了虢文公对农业的基础地位的深刻认识，是重农思想的先声。以后思想家的有关论述，大都源于此。《墨子·七患》有"固本而用财"之说，是以农为本理论的萌芽。虽然先秦诸子在不同程度上强调、关注农业发展，但大多停留在理论、观念形态，真正落实于农业生产实践并且制度化，是从魏国李悝变法开始的，而商鞅将其用到极致。商鞅在中国历史上最先明确提出"事本禁末"口号，并且将它作为农战理论的核心内容之一贯彻于治国方略之中。在他看来，富国只有发展农业生产力一途，"壹之农，然后国家可富"。

商鞅所推行的重农抑商政策，对于保证有更多的劳动力投入农业生产，削弱工商业对农业生产的分解破坏，发挥了重要作用，国势因此渐雄。

战国末期，秦、魏诸国将抑商法律化。秦吞并六国后，将"上农除末"作为一项指导方针行诸全国。秦王朝将重农抑商发展到了极致，甚至于"除商"而后快。

汉朝建立后，汉高祖刘邦为了尽快恢复发展社会生产，同样奉行"重农抑商"政策，颁布了著名的"复故爵田宅令"，全面推行重农政策。汉武帝时期对富商贾采取了更为严厉的限制与打击措施，汉代确立的重农政策对后世产生了重要的影响。

古代重农政策主要包括：劝农政策，奖励耕织政策，开垦政策，水利政策，蠲免、储备与救荒政策，以及为贯彻落实这些政策而制定的相应的制度和措施。

一、劝农政策

劝农政策有广义、狭义之分。前者包括与农业生产有关的所有政策，后者仅指国家劝勉、鼓励、指导农民从事生产的一些政策。劝农政策是国家刺激生产以固本宁邦的首要政策。劝农政策的内容主要有：

一是籍田亲蚕制。西周时普遍实行助耕公田的劳役地租制。周天子每年春耕开始时都在其自领地籍田，扶耒躬耕，然后由各级官吏监督庶民"终于千亩"。每年春天王后也率领嫔妃采桑饲蚕。各诸侯国也有类似仪式。籍田亲蚕带有督劝耕织的意义，但主要是和助耕公田的劳役地租制相联系。周宣王不籍千亩后，此制渐废。汉文帝恢复籍田亲蚕制，此后历代相沿，清代籍田亲蚕制推广到地方，成为一种劝农仪式，表达统治者兴农的愿望。

二是设立农官。政府设置专职官员督课农桑，并以其成绩优劣来考核政绩。先秦时已设有农官。西周农官以司空与司徒为首，包括后稷、农师、农正等。春秋战国时，有的国家设立大田，来掌管农业与税收。秦代中央有治粟内史。汉代中央设置大司农以执掌农事、督劝农桑，边郡有农都尉主管屯田殖谷。两晋南北朝时，规定各有关部门及地方官吏务必劝农耕以尽地利，使农夫外布，桑妇内勤。自隋至元，中央皆设司农卿统管农事。唐代屡次规定各地方官有责任督劝农功，禁止游食。上元年间（674—676年）又要求各州设司田参军一人主管农事。每年终根据各级官吏督劝之功绩进行升迁黜陟。宋代景德年间（1004—1007年）明确规定诸路转运使兼本路劝农使，诸州主管官员皆兼本地劝农事务。元制诸道设立劝农司，选择通晓农事者为劝农使。明初即设各地农官。清代没有特别设置课农专官，督抚以下主管官员皆兼此任。元明清各代都规定以劝课农桑的实绩为考核吏治的首要内容。

三是官员指导农耕生产活动。政府委派专官或颁行农书，具体教谕、指导耕作。或推广作物新品种，推行先进农具和耕作技术。先秦农稷之官指导农业生产，总结农业生产经验，形成先秦农家中的"官方农学"。《吕氏春秋》上农诸篇所引《后稷》《礼记·月令》等即其代表。这项政策在地主经济制下又有发展。战国时李悝做"尽地力之教"，教谕农民勤勉耕作，掌握农时，开展多种经营，增加产量。汉朝政府要求官员们在农作时节应出入阡陌，指导生产，中央和地方的不少官吏依据各地不同条件推行不同的农作方法，或铸造便巧适用的农器给农民使用，或推广牛耕，或教以植麦、植桑麻的方法。其著名者有赵过于中原、边郡地区推广代田法，使产量增加，并改进推广新式农具,如耦犁、楼车等,使土地得以垦辟。魏晋南北朝时各国的一些官吏,或在边郡教作楼犁,教以播种的方法。或在南方推广种稻。唐朝政府曾在关中地区推广江南提灌用的水车。宋政府在河南、河北一些地区推广踏犁;当时在南方旱作区推广种麦;在北方推广种稻,屡次从南方调优良稻种分发到北方河北地区。元初编纂《农桑辑要》颁发各地,以后又刊司农丞苗好谦所撰《栽桑图说》散发到民间。明清时期,政府注意各地生产技术与工具的交流,有时还雇觅擅长技术的人赴引进地区教习使用;各级政府重视推广原产于美洲的作物新品种,如甘薯、玉米等,以及各地的良种稻等。清代又官修《授时通考》《授衣广训》等书颁行各地。中国古代耕作技术能够达到较高水平,不少作物新品种得到普遍推广,虽然主要是民间所为,但也和政府的提倡推广分不开。

二、奖励耕织政策

战国商鞅即实行奖励农耕政策,对生产成绩优异的免除一定差徭。汉代奖励力田,对勤力耕作的农民、自由农给以一定爵位,依附农恢复其自由。南北朝时也设有农爵,对不听从劝教、惰于农桑的农民则加以处罚。唐代前期要求各县从本县选熟悉农业生产者担任田正,执行劝农任务。宋初曾要求各州县遴选熟悉耕作树艺方法的人担任农师,劝课耕植。元代乡村以50户为一社,社长以教督农桑为首要责任,农民勤勉力田有赏,游手惰怠有罚,经劝导仍不务正业的治罪。明代乡村有里老,在农桑季节,里老须经常于田间村边进行劝诫,不尽责者要受罚。清初要求各州县每年荐举一两名勤劳俭朴的老农,给以八品顶戴或优厚奖赏,以示鼓励。上述劝农政策及各项具体措施的实行,有利于劝励天下,督促农功,发展农业生产。

三、开垦政策

中国历代政府均以鼓励开垦为重要农业政策。随着土地的垦辟,开垦地区从平原、边疆向山地、河湖淤地逐渐转移。开垦方式有三种:一是政府组织的屯田。屯田始于汉代,包括军屯、民屯,明代又有商屯。屯垦所需耕牛、农具、籽种等基本由政府供给。屯垦政策前后有发展变化。二是以均田或授田方式鼓励或强制垦荒。这种方式在地主制前期较为普遍。三是向人稀地广的地区移民,或就地任民开垦,政府在赋税和生产资料方面给以优待。这种方式在地主制后期较为普遍。

四、水利政策

水利是农业的命脉。中国古代的水利事业主要在两个方面：一是治河，即修筑河堤，疏通河道，以防泛滥。治理的河主要是黄河，其次为永定河、淮河、长江等主要河流，以及其他影响农业生产的地方性河流。二是农田水利，即农田排灌及与之相配套的农田整修。先秦重在疏通河道与沟洫排涝，战国始兴堤防工程和农田灌溉。秦统一后，黄河中下游有了统一堤防，又因为漕运所需，治河成为历代王朝的重要任务，农田水利也不断发展。早期以中央主持兴修大型工程为主，如郑国渠、都江堰，自宋代以后，地方、私人兴办的中小型工程渐增。至清代后者已占重要地位，小型工程已基本由民间自办。水利政策反映了政府对水利事业的重视。

战国时，各国均设负责兴水利以防旱涝的水官，并由政府出资修建了一批大型水利工程，兼治河与溉田两项功能。秦代中央置都水长，掌水利灌溉。汉代水官制度完备，从中央到地方都有水利专官，政府支持各地治河挖渠，以利运输与灌溉。汉武帝时期掀起了一个农田水利建设高潮。从秦汉开始，中央政府负担起组织统一治理黄河的任务，黄河大堤的修筑、西汉时的瓠子堵口、东汉王景治河等，都是中央政府主持的。西晋设都水台，以都水使者掌河渠堤防。晋初曾要求各地尽量修缮被战乱毁坏的堤堰陂池以蓄水防旱，并整顿三国时滥筑的陂塘。自隋至元，中央都有都水监，主管河堤水运。唐代农田水利事务由地方官主管，当时关中有皇戚、寺观、富商大贾沿水置碾硙妨碍农田灌溉，政府屡次下令拆毁碾硙。宋代各级地方政府设水官，掌管浚导蓄泄，凡堤防修筑、河道疏浚，均由官员及时操办物资夫役兴修，规划效果于民有利者赏，反之则罚。宋神宗熙宁年间（1068—1077年），任用王安石推行"农田水利法"，各路置农田水利官，要求各地访寻可兴复的工程，劝修塘堰堤圩，整修水利田。较大工程由中央或地方政府出资修筑，百姓自修工程如贫困无力支付资金者，可借贷资助。所修水利田不增税。有沿水置碾硙妨碍灌溉农田者，以违法论处。政府还设立"总领淤田司"，在华北地区一些河流沿岸放水淤田，使许多盐碱地变成良田。元制设各地方河渠司，主修河堤。至元时（1264—1294年）中央设司农司，大德（1297—1307年）后江南地方又设都水庸田司，主掌农桑水利。规定民田修治，由田主出资，佃户出力；官田修治，由官府借贷钱粮；治理抛荒水利田，三年之内免征。官员劝修有成效者升赏，失误者治罪。明初设营田司掌农田水利。洪武年间（1368—1398年），中央曾派国子监生到各地督促开挖渠塘，共开塘堰4万多处。以后又要求有关官员于秋收后督修圩岸，疏浚陂塘，以此为凭考核政绩、决定升降。嘉靖时（1522—1566年），北方开垦水利田可减轻租税。至清代，水利政策逐渐完善，在官员的配置考核、资金工役的来源使用、南北方不同的水利兴办方式、官民修治的分工协作等方面，均有成法。古代水利政策是扩大农业生产的又一重要政策，在维护与改善农业生产条件，提高农业生产水平方面具有积极作用。

五、蠲免、储备与救荒政策

一是蠲免政策。蠲免方式有恩蠲、灾蠲与常蠲。恩蠲是统治者因重大喜庆而实行的优免，带有偶然性；灾蠲是对遭受水旱虫风等自然灾害的地区实行的赋税减免；常蠲是在国家财政收入比较充裕的情况下，对各地轮流实行的常年蠲免。前两种方式贯穿整个古代历史，第三种方式主要发生于古代后期。蠲免是为了减轻农民负担，保证农业生产，因此，蠲免政策既是社会救济性政策，也是生产性政策。《周礼·地官司徒·大司徒》有荒政十二条，其中薄征（减租税）、弛力（轻力役）成为以后历代蠲免政策的基础。汉代实行薄征政策，赋税由十五税一改为三十税一。自汉代至南北朝，屡有减免租税的规定。隋唐时期，遇灾减免仍为常例。宋代的蠲免，既有灾年的租税，也有历年所欠借贷种粮。元代亦行减免差役赋税之制。明代有水旱则减免，丰年无灾伤亦有部分地瘠民贫地区的优免。它不仅减免有田者的赋税，且要求富户蠲佃户的田租。清代蠲免政策作用突出，灾蠲有定制，依受灾程度不同，或全免或减征，恩蠲、常蠲数量为前代所少有。

二是储备政策。储备特指生产单位外的社会物资储备。建立物资储备是保证生产连续性、稳定社会经济秩序的重要条件。中国古代的物资储备分为国储与民储，其形式为各种粮仓储备，主要是正仓、常平仓、义仓、社仓。前两种为国储，后两种为民储。地主制前期以国储为主，地主制后期民储地位增强。正仓作为官仓，主要备作皇粮官俸，其生产性质是次要的，作为国储的常平仓地位重要。先秦储备除供官俸外，主要用于备荒赈灾，很大程度上属于社会保障性措施。地主制下的粮仓储备与生产的关系密切。仓储的主要功能为平籴以调节市场粮价，常贷放以扶助农民维持生产，灾年赈饥救荒。储备主要来自赋税、士民捐输及其他非固定来源。储备政策以其重要性受到历朝政府，特别是地主制下的封建政府的特殊重视，其制度也渐趋完善。

三是救荒政策。中国古代灾害发生频繁，给农业生产造成了巨大破坏。为维护国家稳定，保证社会再生产的正常运行，在长期的抗灾救荒中，国家制定了一系列积极的法令和政策，使之制度化并世代相传。总而观之，中国古代抗灾救荒制度主要包含稳定灾区秩序、赈济安抚灾民、组织恢复生产等几方面内容。

根据《周礼·地官司徒·大司徒》的记载，周代有"十二荒政"之说，其中在政治经济方面，有散利、薄征、缓刑、除盗贼等，大多为切实可行的防治手段。两汉时期，各种自然灾害频发，政府采取多种救荒措施，如向灾民发放粮食衣物，将公田给灾民耕种，免收其租税；根据灾情轻重采取减免租税或贷给种子粮食、资金、农具或耕牛的政策。特别是汉宣帝时正式建立了常平仓制度，官府掌握了大量粮食储备，对赈济灾民、平抑粮价、避免"谷贱伤农，谷贵伤民"起到了积极作用。魏晋南北朝期间，除采取设立常平仓积谷备荒的措施外，还通过实行屯垦来救助灾民。隋唐时期采取的救荒措施包括开仓赈济、减免租税、就食外地、发放或贷给种食农具等。两宋时期，水旱、蝗螟等灾害频繁发生，对灾民给予口粮等方面资助。元明两代在继承前朝的基础上继续发展和完善，特别是明代的灾荒救济体系非常完善。清代是古代荒政发展的鼎盛时期。据史料记载，乾隆初年常平仓储量一度高达4 000万~5 000万石。清代经常采用以工代赈的办法，使青壮灾民兴修水利、整治道路桥梁等，不仅可以解决灾民的燃眉之急，而且有利于国家建设。

历代重农政策的实施情况不尽相同。一般在各朝前中期，重农政策基本上可以贯彻实行。到了王朝后期，由于社会动乱、经济崩坏，这类政策措施也随之废止。尽管如此，随着社会经济的缓慢发展，这些政策措施也在发展变化，政府依靠这些政策措施来推动生产。到了封建社会后期，土地垦辟，人口增加，生产条件有所改善，生产力逐渐提高。中国古代农业能够在传统生产力的基础上达到最高水平，重农政策具有一定积极作用。但同时，这些政策措施也有消极的一面，如为修建大规模工程而调发大量夫役；为建立储备而强行摊派，从而加重了农民负担；山地的大量开垦造成水土流失；与水争田造成水陆失宜，破坏了生态平衡，为后世留下忧患。封建政府的腐败使得这些政策在实施过程中产生了许多人为的弊害，同样阻碍生产发展。另一方面，为重农政策保驾护航的抑商政策，在古代社会前期对经济有一定积极作用，但随着商品经济的发展，其消极作用日益突出。

思考题：　　1　重农抑商政策产生的背景是什么？
　　　　　　2　古代有哪些具体的重农政策？

参考文献： 中国农业百科全书编辑部.中国农业百科全书农业历史卷[M].北京：中国农业出版社，1995.

第三节
资源保护思想与利用

中国古代文明是一种以农业为主要形态的文明，它的发展及其可持续性，与自然环境和自然资源密切相关。在漫长的历史发展进程中，中国历代国家治理者和先贤们在治理和社会实践中逐渐认识到大自然中的山、水、土、林、鱼、鸟兽，它们之间互为依存，互为因果，共同构成了一个可循环的生态圈，为农业发展提供了一个良好的生态循环系统。因此提出要让草木、鸟兽能顺遂地发展，就必须对山林、川泽加以管理，对任意破坏生态资源的行为加以禁止和惩戒，强调节制利用。历朝历代政府都十分重视对农业资源的保护，颁布并制定了一些相应的政令和措施，起到了保护农业自然资源和生态环境的作用。

一、水资源保护立法

水是自然界一切生命的来源，是重要的自然资源。历朝历代政府都重视对水资源的保护和管理，在水资源的使用以及农田水利设施的管理方面都制定了详尽的法规和措施。

（一）制定水资源保护和节用的法令

西周时颁布的《伐崇令》明确规定："毋填井……有不如令者，死无赦"，这应该是世界上现存最早的涉及水的环境保护法。武王二年（公元前309年），秦国颁布的《田律》规定："春二月，毋敢伐材木山林及雍（壅）堤水。"用法律的形式规定，严禁在草长莺飞、万物萌生的春季，进入山林砍木材、拦河筑坝堵水。唐代《唐律疏议》《唐六典》中有水利法规。开元时的《水部式》对农田灌溉、航运及碾硙的使用有详细的管理制度，是现存于文字记载的最早的水资源利用法规。

（二）制定水资源的调配和利用法令

秦汉以来，随着私有土地数量的增加，农田灌溉争水的现象时常发生，为了解决水资源的分配使用，汉武帝时期（公元前156—前87年）大臣倪宽奏请制定专门的法令来规范水利灌溉生产。《汉书·倪宽传》："宽既治民，劝农业……开六辅渠，定水令以广灌田"的记载。即下游先灌溉，上游后灌溉。唐朝时期，上下游之间的农田灌溉争水纠纷也时有发生。《唐六典》记载："凡水有灌溉者，碾硙不得与争其利……凡用水自下始。""自季夏及于仲春，皆闭斗门，有余乃得听用之。"明确了水利灌溉优先于水力加工，对于后世立法也产生了很大影响。

（三）制定农田水利设施的管理措施

春秋战国时期，各诸侯国竞相修筑堤防，修渠灌田，沟通江河，发展水利。依据季节节气指导农事活动的《礼记·月令》规定季春之月为"时雨将降，下水上腾。循行国邑，周视原野，修利堤防，道达沟渎，开通道路，毋有障塞"，做好水利设施的整修工作；孟秋之后，"命百官始收敛，完堤防，谨壅塞，以备水潦"，做好雨季来临后隔水、排水的疏导措施，起到行政法令的效用。唐代法典《唐律疏议》载："诸不修堤防及修而失时者，主司杖七十……；诸监决堤防者，杖一百……。"地方官员不报告水旱灾情或谎报灾情者，律文规定杖刑七十。宋朝对于农田水利建设，在评判上也是奖罚分明，"吏民能知土地种植之法，陂塘、圩埠、堤堰、沟洫利害者，皆得自言；行之有效，随功利大小酬赏。"而民间为了赏赐也踊跃响应，"自是四方争言农田水利，古陂废堰，悉务兴复"。

二、土地资源保护立法

水是生命之源，土是生存之本。中国作为一个农业大国，土地是最重要的生产资料。为了发展农业生产，保证国家的赋税来源，中国古代历朝统治者大都推行重农政策，围绕保护、改良和合理利用土地的法令更是不胜枚举。

（一）制定土地资源使用和保护法令

《周礼·秋官》载："禁野之横行，径逾者"，周朝颁布保护田地的条令，禁止从田地中穿过和横跨堤防，有效地保护了既有土地资源。《周礼·夏官》规定：对擅自焚烧野草者，"则有刑罚焉"。《礼记·王制》中也有"不封不树"的规定。倡导实行薄葬，反对人们随意占用土地资源。对于荒废农田者，《周礼注疏》卷十三记载："民有百亩之田，不耕垦种作者，罚以三家之税粟""不耕者祭无盛"，对于荒田不耕者，不仅要罚以三倍的粟税，而且祭祀时不能使用谷粟。唐代对荒田行为和烧田野行为制定了具体、详细的处罚。

（二）制定土地资源开垦和利用法令

西汉时期，汉政府就总结了西征失败的教训，开始"置校尉，屯田渠犁""凡有军兴，必修屯政"，大兴屯政，为汉朝统一西域创造条件。《宋史·食货志》记载宋高宗绍兴六年（公元1136年）："寻命五大将刘光世，韩世忠，张俊，岳飞，吴阶，及江，淮，荆，襄，利路各帅悉领营田使。"诏命带兵的将领要屯田，可见规模何其之大。通过发布诏令的形式，使屯田士卒亦兵亦农，亦耕亦战，保障了粮草和军队战斗力。

（三）制定土地耕作制度和措施

农业生产具有强烈的季节性，为保障农作物按时耕作，《礼记·月令》有言："王命布农事，命田舍东郊，皆修封疆，审端经术。善相丘陵阪险原隰土地所宜，五谷所殖，以教道民。必躬亲之。田事既饬，先定准直，农乃不惑。"《吕氏春秋·审时》记载："斩木不时，不折必穗，稼就而不获，必遇天菑。"这些都强调人之根本在于土地，而土地的根本则在于依照时宜，按时种植，并有节制地使用民力，方能生财。

三、林业资源保护立法

早在先秦时期，我们的祖先就认识到林木在调节气候、减少旱涝灾害、保持水土等方面的作用和生态价值。历代统治者在开发利用森林资源的同时，都较为注重通过制定法规与禁令等措施来保护和合理利用林业资源。

（一）制定林业资源开发与利用的法令

保护林木资源的重要举措是不准滥砍滥伐，只准许在规定的时间内砍伐。《逸周书·大聚》有言："禹之禁，春三月，山林不登斧，以成草木之长……山林非时，不升斧斤，以成草木之长"。《周礼》载："仲冬斩阳木，仲夏斩阴木，凡服耜，斩季材，以时入之，令万民时斩材。"《唐六典》载："凡五岳及名山能蕴灵产异，兴云至雨，有利于人者，皆禁樵采。"

（二）制定禁止在山林焚烧的防火禁令

《周礼·夏官》说："司爟掌行火之政令，……凡国失火，野焚莱，则有刑罚焉。"《礼记·月令》云："仲春之月，……毋焚山林。"宋代防火禁令规定更详，宋真宗大中祥符四年（公元1011年），朝廷下诏："火田之禁，着在礼经，山林之间，合顺时令。其或昆虫未蛰，草木犹蕃，辄纵燎原，则伤生类。诸州县人舍田，并如旧制，自余焚烧野草，须十月后方得纵火。"严禁在草木生长、昆虫繁殖季烧荒。即使烧荒也要在十月以后。

（三）制定禁止滥伐未成材林木的规定

《逸周书·文传》强调："无杀夭胎，无伐不成材"；《国语·鲁语》说："山不槎蘖，泽不伐夭"。目的是保证幼树生长，保护林木的天然更新。《荀子·王制》记载："田野什一，关市几而不征，山林泽梁以时禁发而不税"，为保护山林生态环境，甚至建议政府关闭集市贸易，不征收税赋，山林泽梁禁止渔猎不收税赋。

（四）制定护林防灾的村规民约

北宋崇宁五年（公元1106年），湖南邵阳立碑，碑刻："道旁之树，先人栽植，以为永远歇凉之古树，众生不许剪伐，故勒石刊碑。"四川通江有薛姓家族立碑："禁止砍伐蚕林和松、柏成材树木；禁止树木萌芽之季放牧牛羊。尚有不遵，打、罚重究，议祭山林。"由于各代均制定了护林的村规民约，所以一些天然林木资源得到了一定程度上的保护。

（五）倡导和鼓励民间植树造林

汉代《淮南子·主术》有"树竹木"，"以为民资"。宋代建国以后，规定："其逃民归业，丁口授田，……耕桑之外，令益树杂木蔬果。"明太祖朱元璋即位后，即诏告天下，要求百姓"如法栽种桑麻枣柿棉花。……里老尝督，违者治罚"。这种带强制性的全民植树造林活动，一直延续到后代。

（六）倡导营建风水林

明洪武二年在关峡立有石碑："求风讨雨常作万古之灵……为培禁古树，保卫地方众人六畜安宁，特勒石封禁，永垂后人。"明代人朱复翁在《珍川朱氏宗谱》："建宗祠、置祭田，……植松树数万株以自蔽。"清代《阳宅会心集》明言："乡中有多年之乔木，与乡运有关，不可擅伐。"种植和保护"风水林"，是我们的祖先在长期适应自然环境过程中形成的一种生态保护意识。从微气候和水文学的角度来说，风水林被视为村落的"绿色屏障"，具有调节小气候、防止水土流失、改善生态环境的作用。

四、鱼类资源保护立法

中国海域广阔、河道密集，拥有丰富的渔业资源。在长期的渔业捕捞生产活动中，我们的祖先逐渐认识到鱼类资源保护的重要性，历代对鱼类资源保护倍加重视，制定的保护法律和措施也更趋完善。

（一）制定渔业资源保护和利用法令

古代对于鱼类资源保护主张"制四时之禁"，规定在鱼类的繁殖生长季节禁渔，以免"为害其时"。《逸周书·大聚》规定"夏三月，川泽不入网罟，以成鱼鳖之长。"以此诏告天下，不得在鱼类生长的季节撒网捕鱼。《周礼·地官司徒》："川衡掌巡川泽之禁令而平其守。以时舍其守，犯禁者，执而诛罚之"，禁捕江湖中的捕鱼者，竟被惩以杀罪论处，量刑之重足以儆百。

（二）制定限制渔具的法令

周代对渔具、渔法做了限制，规定不准使用密眼网、禁止捕捞幼鱼、不准毒鱼等。春秋时期，《管子·八观篇》中有"鱼鳖虽多，罔罟必有正，船网不可一财而成"。孟子对梁惠王说："数罟不入洿池，鱼鳖不可胜食也。"意思是，不要用细密的渔网，不要在池塘里捕捞小鱼，这样才会有更多的鱼。唐代为保护鱼类资源，帝王曾多次下诏令禁止在鱼类繁殖生长期使用有害渔具渔法。如咸亨四年（公元673年），唐高宗"禁作簺捕鱼，营圈取兽者"；《旧唐书·代宗本纪》"禁畿内渔猎采捕，自正月至五月晦，永为例程。"

（三）制定限制渔法的法令

古代民间渔法甚多，如"竭泽而渔""布壕拦坝""毒鱼法"等，可谓"无所不用其极"。在鱼类溯江而上产卵的洄游路线上，设置这些有害渔法，会影响鱼类的生殖洄游，从而造成鱼类资源的枯竭。西周时期的礼法《周礼·秋官司寇》规定秋官氏"禁山之为苑泽之沈者"，禁止就山修建苑囿和在湖泽中投药取鱼。《荀子·王制》："网罟毒药不入泽，不夭其生，不绝其长也。"禁止"竭泽而渔"。秦律《田律》规定："毋……毒鱼鳖"，从法律层面对毒鱼进行严格限制。历代的这些渔业法规、禁令和政策，对古代渔业资源保护和发展起到了积极的促进作用。

（四）制定戒杀和放生的法令

受中国古代"五戒""放生"的佛教思想影响，以鱼类的戒杀和放生最为盛行，间接起到保护鱼类资源的作用。南朝陈宣帝《敕禁海际捕鱼沪业》："智禅师请禁海际捕鱼沪业，此江苦无乌贼珍味，宜依所请，永为福地。"垂拱四年（公元688年），武则天下令洛水"禁渔钓"；长寿元年（公元692年），"禁天下屠杀及捕鱼虾"，这一系列的禁捕禁钓诏令，对渔业资源起到了明显的保护作用。

五、野生动植物资源保护立法

在农业文明产生之前,采集和狩猎一直是人类主要的生产方式。随着农耕经济的不断普及,采捕在产业中的地位不断下降,但部分野生动植物仍然是人类衣食的重要来源和制造生产工具、兵器以及手工业的重要原料,其结果是野生动植物资源的消耗和生态环境的破坏不断增加。为此,中国古代在野生动植物资源保护立法上,相继制定了一系列法令和保护措施。

(一)制定野生动植物资源保护法令

周朝自立国始,就颁布了非常严格的野生动植物资源保护法令。"为之厉禁而守之。凡田猎者受令焉。禁麛卵者,与其毒矢射者。""国君春田不围泽;大夫不掩群,士不敢取麛卵。"唐代规定:"凡京兆、河南二都,其近为四郊,三百里皆不得弋猎采捕。"玄宗、代宗、文宗朝代也频频发布禁止在京畿打猎采捕的诏书。元代,保护野生动物的圣旨、诏书、命令、法律颁布了50多次。明朝规定:"冬春之交,置罘不施川泽;春夏之交,毒药不施原野。"清代对京畿野生动物的保护也有禁令,规定在猎场之外严禁捕杀野生动物。

(二)制定"以时禁发"的保护法令

"畋猎唯时",明确规定了孟春、仲春、季春、孟夏之月不宜渔猎、砍伐的规定。孟春之月"毋覆巢,毋杀孩虫、胎夭、飞鸟,毋麛毋卵。"仲春之月"毋竭川泽,毋漉陂池,毋焚山林。"季春之月"田猎罝罘、罗网、毕翳,喂兽之药,毋出九门。"孟夏之月"毋伐大树。……是月也,驱兽毋害五谷,毋大田猎。"汉代诏书《使者和中所督察诏书四时月令五十条》明确规定了一年当中12月禁捕的时间和动物种类。传统的保护生态的四时之禁,到了后来规定得更为丰富具体。

(三)制定严禁滥捕滥杀的法令

屠钓之禁是中国古老的一种社会禁制,即规定在某一时间或某一段时间不得屠宰牲畜、采捕鱼鳖、弹射飞鸟。"不杀童羊,不夭胎,童牛不服,童马不驰。""不麛,不卵,不杀胎,不殀夭,不覆巢。""禁苑者,麛时毋敢将犬以之田。"这些禁杀幼兽和动物卵的思想和法令的目的,都是使野生动物能够延续后代,正常生长,以便于永续利用。

思考题:

1. 中国古代自然资源保护思想是在什么情况下产生的,自然资源保护与农业生态环境的关系是什么?

参考文献:

1. 吕洪涛,易启洪. 中国古代生态灾害的史料研究[J]. 兰台世界,2012(36):16-17.
2. 李文琴. 中国古代环境保护的思想基础——基于先秦两汉时期的分析[J]. 西安交通大学学报(社会科学版),2011,31(1):12-17.
3. 刘彦威. 中国古代对林木资源的保护[J]. 古今农业,2000(2):35-44.
4. 关传友. 论中国古代对森林保持水土作用的认识与实践[J]. 中国水土保持科学,2004,2(1):105-110.
5. 王玉德,张金明,等. 中华五千年生态文化(上)[M]. 武汉:华中师范大学出版社,1999.
6. 樊宝敏,董源,张钧成,等. 中国历史上森林破坏对水旱灾害的影响——试论森林的气候和水文效应[J]. 林业科学,2003,39(3):136-142.
7. 严足仁. 中国历代环境保护法制[M]. 北京:中国环境科学出版社,1989.
8. 乐佩琦,梁秩燊. 中国古代鱼类资源的保护[J]. 动物学杂志,1995,30(2):42-45.
9. 李建萍. "有毒植物"在毒鱼习俗上的利用研究[J]. 民族论坛,2016(4):91-97.
10. 蓝楠,朱琳,高凌云. 中国古代管水理念及其现代水资源保护的教育意义[J]. 国土资源科技管理,2011,28(5):76-81.

第四节
农耕文明的价值及其对乡村振兴的意义

中华农耕文明历史久远、内涵丰富、贯穿古今,是中国劳动人民几千年生产生活智慧的结晶,是中华优秀传统文化的根和魂。时至今日,农耕文明中的许多理念,仍在人们的生活和农业生产中发挥着指导作用,对于乡村振兴战略具有重要的现实意义。

一、农耕文明的内涵与价值

农耕文明是通过农业耕种所创造和积累的与农业社会有关的物质文化、制度文化和精神文化的总和。农耕物质文化有别于游牧文化类型，其可以触摸的显性农耕文明形态，包括农业工具、农田水利工程、农村民居、饮食服饰、生活用具、手工艺品等，不仅为中华民族的繁衍生息提供衣食产品，使中国人民解决了温饱问题，而且使人们的物质生活不断丰富，生活质量不断提高。农耕制度文化是指农耕社会人与人之间在交往中形成的约定俗成的礼俗、风俗、民俗和习惯。数千年的生产生活实践，铸就了形式多样的民俗文化，使人民的生活丰富多彩。在世代相传的习惯性行为中，道德是维系人们之间关系的重要纽带，礼治是乡村治理的重要方式，父慈子孝、兄友弟恭、尊老爱幼、遵守公德、吃苦耐劳、安土重迁的行为规范，成为农耕社会的重要制度文化。农耕精神文化是人们在长期的社会实践活动和意识活动中孕育出来的，包括价值观念、思维方式、道德情操、审美情趣、宗教信仰、民族性格等。农耕精神文化是农耕文明内核的组成部分，塑造了先民的价值取向、行为规范，维系了社会的稳定，铸就了中华民族自强不息的精神是中华民族共同的文化根基和精神财富。特别是农耕精神文化所蕴含的和谐统一的"三才"观、顺天应时的农时观、肥瘠可变的地力观、因势利导的物性观、废物可用的循环观、御欲尚俭的节用观等生态思想理念，支撑了中华民族不断走向科学、和谐、健康的可持续发展之路，对世界文明发展做出了重要贡献。

（一）和谐统一的"三才"观

中国古代农业理论主张，人和自然不是对抗的关系，而是协调的关系，其指导思想就是"三才"理论。"三才"理论最初出现在西周时代的《易经》中，专指天、地、人三者之间的关系，有时也称为天道、地道、人道的关系。"三才"理论是从农业生产经验中孕育出来的，在"三才"理论中，"人"既不是大自然的奴隶，也不是大自然的主宰，而是"赞天地之化育"的参与者和调控者。

"三才"理论是中国传统农学的核心和灵魂，中国传统农业可持续发展的全部思想和实践，都是从"三才"理论中派生出来的。成书于战国时期的《吕氏春秋》中记载："夫稼，为之者人也，生之者地也，养之者天也"。北魏农学家、《齐民要术》作者贾思勰继承和发展了"三才"理论，他指出，在农业生产中，人的主导作用是在尊重和掌握客观规律的前提下实现的，违反客观规律就会事与愿违，事倍功半。他说："顺天时，量地利，则用力少而成功多。任情返道，劳而无获。"

（二）顺天应时的农时观

中国传统农业特别强调农时的重要性。在新石器时代已出现有观日测天图像的陶尊。《尚书·舜典》提出"食哉唯时"，把掌握农时当作解决民食的关键。先秦诸子虽然政见多有不同，但都同声主张"勿失农时""不违农时"。在"时"的把握过程中发明了二十四节气。

二十四节气是中国古人在观测天象、认知自然的基础上，将一回归年划分为二十四等份，并分别予以命名的时间知识体系，是安排农业生产、协调农事活动的基本遵循，更是顺天应时、指导实践的生活和文化制度。二十四节气是逐步形成的，西周时期有"两分""两至"概念。到战国后期成书的《吕氏春秋》中记载了"四立"，有了立春、春分、立夏、夏至、立秋、秋分、立冬、冬至等八个节气名称。《淮南子·天文训》记载着和现代完全一样的二十四节气的名称，并把在太阳视运动影响下所出现的自然现象分为七十二候。

时的概念还包含对生产过程中时机的把握，合理地把握时机，则能够实现农业收成的最大化。"顺时"的要求也被贯彻到林木砍伐、水产捕捞和野生动物捕猎等生产活动之中。我们当下实施海湖江河休渔期，其实早在两千多年前的先秦时代就已经有了"以时禁发"的措施。"禁"是保护，"发"是利用。意思就是只允许在一定时期内和一定程度上采集利用野生动植物，禁止在它们萌发、孕育和幼小的时候采集捕猎，更不允许焚林而猎、竭泽而渔。

（三）肥瘠可变的地力观

土地是农作物和畜禽生长的载体，是主要的农业生产资料。土地种庄稼是要消耗地力的，只有地力恢复或补充以后，才能继续种庄稼。如果地力不能获得补充和恢复，就会衰竭。中国的土地在保持了不断提高利用率和生产率的同时，几千年来地力基本上没有衰竭，不少土地还做到越种越肥，这不能不说是世界农业史上的一个奇迹。

中国古代先民通过用地和养地相结合的办法，采取了多种多样的手段来改良地力，培肥土壤。中国传统农学中最光辉的思想之一，就是著名的宋代农学家陈旉提出的地力"常新壮"论。从理论上认识到了土壤经过种植后，通过合理施肥，是可以保证其持续高产的。人们又在实践过程中认识到，通过施肥与改良，可使原来瘦瘠的土地改造成为良田，能够在高土地利用率和高土地生产率的条件下保持地力的长盛不衰，从而为农业的持续发展奠定坚实的基础。

（四）因势利导的物性观

农作物各有不同的特点，需要采取不同的栽培管理措施。人们把这种方式概括为"物宜""时宜"和"地宜"，合称"三宜"。

早在先秦时代，人们就认识到在一定的土壤气候条件下，有相应的植被和生物群落；而每种农业物种都有它所适宜的环境，"橘逾淮北而为枳"，讲的就是这个道理。但是，作物的风土适应性经过人的努力又是可以改变的。中国古代在不断认识与适应气候、风土的过程中，不断培育与引进新的品种，至少自汉代开始，葡萄、核桃、大蒜、黄瓜、芝麻、蚕豆、豌豆等自域外传入中原，此后外来作物不断被引进，从而为农业的持续发展增添新的要素。

（五）废物可用的循环观

在中国传统农业中，施肥是使农副业的废弃物变成有用资源，实现农业生态系统内部物质循环的有效措施。古代将肥料称为"粪"。在甲骨文中，"粪"字做双手执箕弃除废物的形象，《说文解字》解释其本义是"弃除"或"弃除物"。后来，"粪"就逐渐变为施肥和肥料的专称。

战国以后，人们不断开辟肥料的来源。至清代农学家杨屾《知本提纲》提出"酿造粪壤"十法，包括人粪、牲畜粪、草粪、火粪、泥粪、骨蛤灰粪、苗粪、渣粪、黑豆粪、皮毛粪，等等，差不多涵盖城乡生产和生活中的所有废弃物以及大自然中部分能够用作肥料的物资。

（六）御欲尚俭的节用观

春秋战国的一些思想家、政治家，把"强本节用"列为治国措施之一。"强本"就是努力生产，"节用"就是节制消费。《荀子·天论》说："强本而节用，则天不能贫。"《管子》也谈到"强本节用"。《墨子》一方面强调农夫"耕稼树艺，多聚菽粟"，另一方面提倡"节用"，书中有专论"节用"的上中下三篇。

古人提倡"节用"，目的之一是积储备荒。同时也是告诫统治者，对物力的使用不能超越自然界和老百姓所能负荷的限度，否则就会出现难以为继的危机。与"节用"相联系的是"御欲"。自然界能够满足人类的需要，但是不能满足人类的贪欲。要实现可持续发展，就必须记取"节用御欲"的古训。

二、现代农业存在的问题

现代农业是以西方的实验农业为基础武装起来的,由于大量使用化肥与农药等现代要素,出现了严重的环境污染问题。目前的农业环境污染主要是农药污染、化肥污染、畜禽养殖污染和地膜污染等内源污染。

一是农药污染。中国是世界第一大农药使用国,单位面积农药使用量是世界平均水平的2.5倍。农药进入大气、土壤、地表水和地下水体,污染环境,对人类的健康构成威胁,使生态环境陷入污染的循环状态。二是化肥污染。中国使用了全世界40%的化肥,但是耕地面积只有全世界耕地面积的10%。化肥的超量或者不合理使用导致地表水和地下水污染,它们有些通过污染大气,最后随着降雨间接污染水体,使空气和水进入立体污染循环。三是畜禽养殖污染。畜禽养殖业主要污染物有的直接排放进入水体,腐败分解为氨、硫化氢、酚类、醛类等。中国畜禽养殖业每年产生27亿吨动物粪便,大约为工业固体废料的3.5倍,没有经过处理,造成农田污染,导致水体和耕地深受污染。四是地膜污染。农膜在农业生产中的大量使用会加速耕地的"死亡"。残留在土壤中的农膜,在15~20厘米土层形成不透水不透气的难耕作层。同时农膜的降解十分困难,在降解农膜的过程中,会有致癌物二噁英排放到空气中,危害生命健康。

三、农耕文明对乡村振兴的意义

习近平总书记指出:"农耕文化是我国农业的宝贵财富,是中华文化的重要组成部分,不仅不能丢,而且要不断发扬光大"。实施乡村振兴战略,顺应亿万农民对美好生活的向往,是新时代"三农"工作的总抓手,其总要求是产业兴旺、生态宜居、乡风文明、治理有效、生活富裕。无论产业兴旺、生态宜居,还是乡风文明、治理有效,都离不开对中华优秀农耕文明的学习借鉴。

(一)弘扬农耕文明是实现产业高质量、可持续发展的需要

产业兴旺是乡村振兴的首要任务。产业兴旺要以"绿色"衬底,必须守住生态环境的底线,形成良好的产业环境,为产业兴旺的可持续保驾护航。在中国农业发展的资源约束条件日益趋紧的状况下,继续靠增加资源和化学品投入来促增产的余地越来越小,自然环境承载能力的压力在加大,对资源掠夺性使用的农业增长方式难以继续下去。而中国传统农业是把农业生产看作各种因素相互联系的、动态的整体,提出天、

地、人"三才"观,人与自然不是对抗的关系,而是协调的关系,总结出完整的促使生态环境与人类生产活动相协调的耕作技术和制度。因此,我们需要通过吸取中华优秀农耕文明的营养和精髓,摒弃以要素投入为主的不可持续、不协调的粗放型发展道路,妥善解决当今农业发展中的问题,突破绿色发展关键技术,走以科技创新为主导的可持续和协调发展的生态文明发展道路,开创质量兴农、绿色兴农的新局面,自觉走绿色发展之路,引领乡村振兴,努力实现农村美、农民富、农业强的目标。

(二)弘扬农耕文明是实现生态宜居、建设美丽家园的需要

生态宜居是实施乡村振兴战略的关键环节,是提高广大农村居民生态福祉的重要基础和保障。良好的生态环境,是最公平的公共产品,是最普惠的民生福祉。推动生态宜居乡村建设,就是要充分发挥乡村良好生态环境这个最大优势,从生态环境建设入手,以优美环境带动乡村其他领域共同发展,为广大人民群众提供更多优质生态产品,打造让人们诗意般栖居的绿色美丽乡村,以优美的乡村生态产业、生态产品和生态服务,实现自然之美与人文之美、传统之美与现代之美的有机统一,满足人民日益增长的美好生活需要。

(三)弘扬农耕文明是建设乡风文明、走乡村文化兴盛之路的需要

乡村是一个相互照顾与相互关心的有机共同体。乡风文明能够有效吸引城市要素资源向乡村转移,为美丽乡村建设提供优良的人文环境,实现生态宜居,是乡村振兴战略中最基本、最深沉、最持久的力量,是乡村振兴的"灵魂"。抓住乡风文明建设,以优秀文化引领乡村文化的前进方向,从根本上解决农民群众的思想问题,就抓住了乡村振兴的关键。

习近平总书记在2017年12月中央农村工作会议上的讲话中指出"中国特色社会主义乡村振兴道路怎么走?必须传承发展提升农耕文明,走乡村文化兴盛之路"。中国优秀农耕文明内涵丰富,蕴含着一系列价值观念,如家庭为本、尊祖尚礼、邻里和睦、勤俭持家、以丰补歉等,都是人文精华;德业相劝、过失相规、出入相友、守望相助、患难相恤等,都是中华传统美德。在当今社会仍然具有强韧而持久的生命力。

(四)弘扬农耕文明是治理好乡村社会、创建和谐新农村的需要

治理有效是乡村振兴的基础。当前乡村治理的最大问题,是如何有效地组织农民,避免陷入乡村发展"政府干,群众看"的怪圈。要治理好乡村社会,就必须深入了解中国乡村的历史和农耕文明,对传统乡村治理经验和智慧进行总结和反思,乡规民约、公序良俗作为乡土文化的载体,在乡村社会治理中具有与村民价值观相契合、可接受性强的特点和优势，创新综合运用乡规民约、法律政策、道德舆论的治理方式，不断丰富完善自治、法治、德治相结合的治理有效形式。

当前一些农村出现了生态环境恶化现象，田间到处是生产的废弃物，没有了"田园牧歌"；村庄里到处是污水、垃圾，生活环境脏乱差。因此，国家大力推进"农村人居环境治理"，先后制定《农村人居环境整治三年行动方案》和《农村人居环境整治提升五年行动方案（2021—2025年）》，聚焦厕所革命、农村垃圾污水治理、村容村貌提升，让乡村成为生态宜居的美丽家园，让居民望得见山、看得见水、记得住乡愁。这就需要吸取农耕文明思想，注重自然界的整体性、人与自然的协调性、区域的差异性，充分利用农业生态系统的自我调节机制和自然净化过程，利用物质能量循环的规律，将生产、生活中的有机物转化成有机质，变废弃物为有机肥，改变乡村生态环境，为野生动植物提供栖息地，保护生物多样性，打造美丽新农村。

习近平总书记指示："要把保护传承和开发利用有机结合起来，把我国农耕文明优秀遗产和现代文明要素结合起来，赋予新的时代内涵，让中华优秀传统文化生生不息，让我国历史悠久的农耕文明在新时代展现其魅力和风采。"走中国特色社会主义乡村振兴道路，就是要贯彻落实习近平总书记的指示，深入挖掘、继承、创新优秀乡土文化，在保护和恢复乡村原有自然生态秩序和文化环境中实现宜居，在不断创新农村产业新业态中实现宜业，在发挥特色谋划全域旅游中实现宜游，在宜居、宜业、宜游的生态家园中实现乡村振兴。

思考题：　1　传统农耕文明有哪些特征？
　　　　　　2　传统农耕文明的特征对今天乡村振兴事业能起什么作用？

参考文献：　1　刘北桦，唐志强．中国传统农业生态智慧[M]．北京：中国农业出版社，2021．
　　　　　　2　惠富平．中国传统农业生态文化[M]．北京：中国农业科学技术出版社，2014．

第三章

节气与农谚、农书、农业人物

在农耕文明的形成过程中，人们首先要掌握农时，即什么时候耕作、播种，于是指导生产的物候历、月令和二十四节气产生。汉代以后，二十四节气成为国家的生活与生产日历，但是各地自然条件又有不同，于是围绕节气形成了适合不同地域的指导生产的农谚。为了搞好生产，继而又出现了农书。在这个过程中，大批专门指导生产的农业人物、农学家出现，其间，还出现了指导生产的农耕图像。本章主要阐述节气、农谚、农书、农业人物及农耕图像等。

第一节　农时、物候与二十四节气

第二节　农谚

第三节　农书

第四节　农学家及重要农业人物

第五节　农耕图像的类型与意义

第一节
农时、物候与二十四节气

人类从采集渔猎时期就开始观察自然界的周期性变化规律，进入农业社会后，随着农耕作业的需要，产生了农时观念，也更加注意通过物候观察来确定农时，并不断对历法进行完善。二十四节气是中国古代形成的一种太阳历和自然时间观，它将太阳周年运行轨迹平均分成二十四等份，以便安排农事活动。二十四节气是中国古代劳动人民在长期生产生活实践中，试图实现与自然和谐相处的产物，是古代精耕细作技术体系的重要组成部分。2016年11月30日，联合国教科文组织将其列入人类非物质文化遗产名录。二十四节气被国际气象界誉为中国四大发明之外的第五大发明，可见其意义重大。

一、农时、物候与历法

中国传统农耕思想最晚在春秋战国时期就已深刻认识到顺应自然规律、掌握农时的重要性，并提出"不违农时"的观念。实际上，中国人很早就注意观察天象、气象和物象，以掌握那些受环境影响而出现的以年为周期的自然现象的变化规律，以便确定各类活动的时间。通过观察日月星辰等天象运行规律来确定季节与时间，称为"观象授时"，正如《尚书·尧典》中记载："乃命羲和，钦若昊天，历象日月星辰，敬授民时。"通过观察日月星辰的运行变化产生了"年""日""月"等概念。例如，《左传·襄公·襄公九年》记载："陶唐氏之火正阏伯居商丘，祀大火，而火纪时焉。相土因之，故商主大火。"大火即大火星，是古人能观察到的最明亮的星。殷商时人们通过对大火星位置的观察来确定春、秋两季，又通过立杆测影确定一日的十二时辰以及冬至、夏至等节气。同时，古人还观察到动植物的发生、发展及变化，如鸣叫、开花等，都有其对应的气候变化，这便是物候观察。相对于天象，气象和物象与古人生产生活的切身利益最为密切，因而，对其的观察也最早。实际上，在农耕文明产生以前，原始人类在长期的采集渔猎活动中，已经掌握了草木开花结实、虫鱼禽兽出没的知识和规律，这就是物候认识的萌芽。进入农业社会以后，从事农业生产必须掌握播种、收获、耕垦等活动的时令，人们更加注意观察自然变化，逐渐掌握了更丰富的物候知识，"物候指时"便最早成为人类把握农时的一种重要手段，甚至形成了与农事安排密切结合的农事物候历。

现在所能见到的关于物候与农时的最早文献，是商周时期的卜辞以及《尚书·尧典》中所记载的四季物候，但其农事活动的具体时间难以确定。而中国现存最早的历书《夏小正》和现存最古老的农事诗《诗经·豳风·七月》中的物候与农时则是十分具体而明确的。两书按照月份编排，涉及动物、植物、气象等物候80多条，对应的农事活动包括大田作物、蚕桑、畜牧、园圃、狩猎等，说明应用物候来指示农时在当时已经相当普及与成熟。

《夏小正》的物候记载为战国秦汉时期出现的《吕氏春秋·十二纪》《礼记·月令》《淮南子·时则训》《逸周书·时训解》等书所继承，其中，《吕氏春秋·十二纪》与《礼记·月令》详细记载了一年十二个月每月的物候现象，包括三个方面：一是候鸟、昆虫以及其他动物的飞来、初鸣、终鸣、离去、冬眠等现象；二是各类植物的发芽、展叶、开花、叶变色、落叶等现象；三是初霜、终霜、结冰、消融、初雪、终雪等水文气象现象。这些物候与当时已经出现但尚不完备的二十四节气的节令相对应，成为人们掌握农时的依据，指导各种农业生产活动。

到秦汉时期，随着二十四节气的逐步完备，人们又在长期积累的物候知识的基础上，结合二十四节气，归纳出七十二候。成书于汉代的《逸周书·时训解》和《淮南子·时则训》都详细地记载了一年中的七十二候，尤其是《逸周书·时训解》，更是将七十二候和二十四节气合并为一个体系，将一年分为二十四节气和七十二候，每月六候，每候五天"凉燠寒暑谓之气，草木虫鱼谓之候，天变于上，物应于下"，每候以一个物候现象相应，称为"候应"，形成了较为完备而科学的全年物候历（参见表4-1）。全年物候历进一步推动了人们对物候的认识，并使之在农业生产生活中得到广泛应用。从5世纪的北魏时期起，这种具有七十二候的物候历被历代国家历法所采用。

七十二候和二十四节气都源于黄河流域，长期适应当地的农业生产和农村生活需要，不过，也成为不同地区参考的蓝本，各地在使用时都会根据当地实际情况对物候进行订正。当然，由于时代局限，七十二候中还包含了一些不科学以及迷信的成分。

表 4-1　二十四节气、七十二候一览表

月份	节气	阴历	阳历	七十二候
孟春	立春	正月节	2月4日	东风解冻，蛰虫始振，鱼上冰
	雨水	正月中	2月19日	獭祭鱼，候雁北，草木萌动
仲春	惊蛰	二月节	3月5日	桃始华，仓庚鸣，鹰化为鸠
	春分	二月中	3月21日	玄鸟至，雷乃发声，始电
季春	清明	三月节	4月5日	桐始华，田鼠化为鴽，虹始见
	谷雨	三月中	4月20日	萍始生，鸣鸠拂其羽，戴胜降于桑
孟夏	立夏	四月节	5月6日	蝼蝈鸣，蚯蚓出，王瓜生
	小满	四月中	5月21日	苦菜秀，靡草死，麦秋至
仲夏	忙种	五月节	6月6日	螳螂生，鵙始鸣，反舌无声
	夏至	五月中	6月21日	鹿角解，蜩始鸣，半夏生
季夏	小暑	六月节	7月7日	温风至，蟋蟀居壁，鹰始鸷
	大暑	六月中	7月23日	腐草为萤，土润溽暑，大雨时行
孟秋	立秋	七月节	8月8日	凉风至，白露降，寒蝉鸣
	处暑	七月中	8月23日	鹰乃祭鸟，天地始肃，禾乃登
仲秋	白露	八月节	9月8日	鸿雁来，玄鸟归，群鸟养羞
	秋分	八月中	9月23日	雷乃收声，蛰虫坏户，水始涸
季秋	寒露	九月节	10月8日	鸿雁来宾，雀入大水为蛤，菊有黄华
	霜降	九月中	10月22日	豺乃祭兽，草木黄落，蛰虫咸俯
孟冬	立冬	十月节	11月7日	水始冰，地始冻，雉入大水为蜃
	小雪	十月中	11月22日	虹藏不见，天气腾地气降，闭塞成冬
仲冬	大雪	十一月节	12月7日	鹖鴠不鸣，虎始交，荔挺出
	冬至	十一月中	12月22日	蚯蚓结，麋角解，水泉动
季冬	小寒	十二月节	1月6日	雁北乡，鹊始巢，雉始鸲
	大寒	十二月中	1月20日	鸡始乳，征鸟厉疾，水泽腹坚

注：立春、惊蛰等称节气，雨水、春分等称中气，统称为节气。凡阴历有节而无中的月份即为闰月，一般19年有7闰。二十四节气在阳历的日期比较固定，最多只差一两天。

二、二十四节气

二十四节气产生于农耕社会，从事种植业的人们迫切需要了解气候的变化，因为农业生产过程受气候因素的影响非常大。而自然界决定气候变化的是太阳，所以，早期的人们要想获得好的收成，势必要认识太阳运行的规律，以便安排农事。二十四节气就是根据太阳在黄道上的位置，将全年划分为二十四个段落，以节气的开始一日为节名。

因而，二十四节气本质上来说是太阳历。不过，中国自商周以来使用的都是阴阳合历，既注意根据月球月相周期变化而形成的太阴历，又注意根据太阳运行周期变化而形成的太阳历，将朔望月与回归年作为制历的基本周期。但是，由于十二个朔望月比一个太阳回归年少了11天左右，需要合理设置闰月来协调二者之间的时间差。而要合理设置闰月，就需要通过节气来准确把握季节的变化。节气和闰月便成为中国传统历法的基本要素和基本特点。

（一）二十四节气的产生

二十四节气的产生经历了一个漫长的过程。近代研究者通过解读甲骨文，发现二十四节气的部分概念最早出现在商代，当时已经有"两至"的概念，也就是夏至和冬至，夏至与冬至分别是一年当中日照最长与最短的一天，这是二十四节气产生的关键，知道了夏至与冬至，其他节气就可以推算出来。也有学者认为，在西周时期就已经通过土圭观测日影长短变化，确定了"两至"的日期。再加上殷商时期通过对大火星位置变化的观察而得到的春分与秋分日期，《尚书·尧典》中出现了"日中""日永""宵中""日短"的描述，这些正是春分、夏至、秋分和冬至最早的称呼。

到了春秋中期，除了两分与两至外，又增加了"四立"的概念，即立春、立夏、立秋与立冬，形成了八节，《左传》中就有关于分、至、启、闭八节的描述。到战国末期，参照阴历的节气概念，即将每月分成两气，在前半月者为"节气"，在后半月者为"中气"，完成了二十四节气的设定（二十四节气与阴历节气和中气的对应关系参见表4-1）。《周髀算经》记载："二至者，寒暑之极，二分者，阴阳之和，四立者，生长收藏之始，是为八节。节三气，三而八之，故为二十四。"《逸周书·时训解》记载的二十四节气内容与现在完全一致，只是顺序与现在稍微有区别。内容、顺序与现在完全一致的二十四节气，最早出现在西汉时期淮南王刘安编纂的《淮南子·天文训》中，也就是说到了西汉时期，沿用至今的二十四节气概念已经定型。

二十四节气是中国传统的天文与人文相结合的历法现象，也是独有的文化现象，反映的是黄河中下游流域一年中冷暖干湿等气候的季节变化。它的产生需要具备四个重要因素。

第一是有利的自然环境。二十四节气产生的地区必须具备四季气候变化明显的特点，只有四季分明的地区，才会有明显的季节与物候变化，人们才可以观察到不同时期的气候变化与物候特征，而且具有不断重复的特点，如果它没有持续性与重复性的特征，气候与物候存在变化，也就没有指导意义。

第二是深厚的农耕文明基础。二十四节气具有指导农业生产的功能，是农耕社会的产物。中国是世界少数几个农耕文明起源地之一，拥有上万年的农耕历史，不仅形成以种植业为主的农耕生产生活方式，也形成了与之相应的绵延悠久的农耕历史与文明。而高度发达的农耕社会具备文化积累和传递的基础，进一步促成了各种知识的继承与发展，例如，方块文字就比拼音文字更有利于知识的传承与延续。二十四节气的形成经历了漫长的过程，也与中国深厚的文化基础密切相关。

第三是发达的天文学知识。二十四节气产生需要天文学知识支撑，中国古代具备发达的天文学知识，并且它关注现实，目的在于应用，或者实用。如上所述，中国在殷周时代就掌握了星象观察以获取春分、秋分的准确日期，并通过土圭来度量日影的长短，进而确定一年当中日照最长的一天与日照最短的一天，即夏至与冬至。通过数学推算，将太阳运行一个回归年划分成二十四等分，最终确定了每个节气的时间。

第四是制度推手。除上述几大因素之外，秦汉时期中央集权体制形成直接影响了二十四节气的产生与推行。在中央集权体制下，秦汉时期实行书同文、车同轨、日同历，以及郡县制度，全国上下不仅要求政令一致，也要求实行同样的生产与生活方式。秦汉时期推行重农抑商政策，农业是秦汉国家的经济主体，种植业为重中之重，为二十四节气的推广奠定了制度基础。先秦时期各诸侯国采用不同的历法，有"古六历"之称。秦朝统一后，统一采用颛顼历，西汉初年继续使用。到了汉武帝时期，汉武帝命令当时的天文学家邓平等人制定了一部新的历法并在太初元年颁布实行，这就是太初历。太初历就是将一个回归年平分为二十四等份，也就是二十四节气历。经过官方统一推行，成为沿用至今的历法。

总之，中国的黄河中下游地区四季分明，有着深厚的农耕文明底蕴和丰富的农学知识与思想，加上发达的天文学知识，以及制度层面的强力推动，最终在汉代产生了二十四节气，并一直传承运用至今。

（二）二十四节气与农业生产

二十四节气的最主要目的就是帮助农业生产确定农时。从春秋战国时期农业生产出现"铁犁牛耕"开始，中国逐渐形成一套精耕细作的农耕生产体系，直到汉代发展成熟。二十四节气的形成与这一过程几乎同步，它为农业生产从种到收的每一个步骤都提供农时保障，进而保证农业收成，以达到以少量土地养活众多人口的目的。可以说，二十四节气是中国古代精耕细作农业生产体系的重要组成部分，有了农时保障，再加上耕、耙、耱相配套的抗旱保墒体系，中国传统农业才得以持续两千多年。

二十四节气可分成四大类：表示四季变化的，即二分二至、四立，共八个；表示气温特点的，即小暑、大暑、小寒、大寒、处暑，共五个；表示雨水状况的，即雨水、谷雨、白露、寒露、霜降、小雪、大雪，共七个；表示农事和物候的，即惊蛰、清明、小满、芒种，共四个。尽管分类不同，但二十四节气的主要目的都是围绕为农业生产与日常生活服务这一目的的。

二十四节气在西汉定型以后，其内容不断丰富，除了48个汉字本身所包含的内容，还出现了数量巨大的农谚。因为中国地域辽阔，纬度与经度跨度较大，不同地区的节气所对应的气候是不同的，于是各地人们因地制宜，总结出了适合当地的农谚，比如山东往北，气温自然相对要低一些，所以就不是"清明前后，种瓜点豆"，而是"谷雨前后，种瓜点豆"，农时就往后延了一个节气。各地农民通过灵活应变，扩大了二十四节气的应用范围。二十四节气不仅包含了古人对农业气候的精辟认知，而且反映了人们对地球公转而形成的日地关系的认识，成为掌握农事季节的可靠依据。

二十四节气产生后，与中国古代的月令类农书相结合，使中国古代的农家历更加完善。上面提到，古人很早就通过观察天象和物候的变化来安排农事活动，据说是夏代历法的《夏小正》的体例就是按照太阴历一年十二个月的顺序，分别记载每月的物候、气象、星象及有关重大农事活动的，开创了中国月令体农书的先河。东汉崔寔的《四民月令》可以说是中国古代第一部以月令为体裁的农书，也是最早的一部农家月令书。此后，见于记载的还有唐代的《四时纂要》、元代的《农桑衣食撮要》、明代的《便民图纂》、清代的《农圃便览》《农言著实》，等等，都是月令类农书的代表，此外，元代的《王祯农书》、清代的《沈氏农书》也都具有月令成分。由于太阴历的月份是按照月亮的圆缺划分的，而农事活动受太阳活动的影响更大，所以，历代的月令农书都采用阴阳合历，不仅考虑月球与地球的关系，而且考虑太阳与地球的关系，因此更符合农业生产的需要。这类农书按照节气和物候安排农事，把纷繁的农事活动逐项安排在适当的季节和月份之中，相当于农事指导手册和农家历，十分便于农人们参考和利用。

（三）二十四节气的丰富文化内涵

二十四节气作为农耕社会的产物，除了指导农业生产活动之外，也是传统时代民众日常生活的重要时间节点。由于农业生产活动受自然节律的影响呈现出一定的节律性特征，与之相应，民众的日常生活也表现出一定的节奏性。一年四季各类活动各有其时，二十四节气由此成为重要的时间节点与坐标，指导着人们的日常生活，上述二十四节气与月令类农书相结合而产生的农家历不仅是农事生产活动的律令，也是民众日常生活行事的指南。

同时，人们从二十四节气所具有的春生、夏长、秋杀、冬藏的"天道"观念，逐渐阐发出春庆、夏赏、秋罚、冬刑的"人道"观念，也因此形成了特定节气时令的民间信仰、禁忌、仪式等多彩的民俗活动，并逐渐成为节日而被人们世代传承。尽管后世节气与节日发生了分离，但是，许多节气本身仍是重要的节日。例如，立春、立夏、立秋、立冬这"四立"，在古代都是重要的节日，朝廷和民间都要举行盛大的迎接仪式。又如冬至、清明等节日，有丰富的民俗文化内涵。冬至节气，北方进入数九寒天，各地都要吃饺子，相传这一习俗起源于东汉张仲景的伤寒论。而江南地区则要吃汤圆，取团圆之意，这些活动保留至今。清明节，更是与春节、端午、中秋并称中国的四大节日。即使今天已经不再是节日的节气，也都保留着各式各样的民俗活动，例如祭天祭祖、孝亲友爱、祈求丰收与平安、休闲娱乐、特殊饮食，等等。

节气与人体健康的关系也十分密切。季节变化带来的气温、气压、湿度的变化，以及风、霜、雨、雪等气象都会对人体有所影响。《黄帝内经》云："夫四时阴阳者，万物之根本也"，"死生之本也，逆之则灾害生，从之则苛疾不起，是谓得道"。其认为人要顺应四季阴阳的变化规律，才能生长发育，否则容易发生病变。因而，根据季节气候的变化来合理安排与调节身心，有利于人的身体健康。二十四节气养生也是中国传统养生文化的重要组成部分，形成了丰富的养生知识与习俗，如立春养肝、立夏补水、立秋滋阴、立冬补阴，等等。

此外，围绕二十四节气所产生的大量诗词歌赋、传说故事等，丰富了人们的思想情感与精神寄托。可见，二十四节气不仅仅是一套指导农业生产的时间制度，更是中国传统社会的民众普遍遵守和实行的民俗系统，而且随着时间的推移，其内涵更加丰富多彩。

三、传承二十四节气的现实意义

现代农业经过一百多年的发展，已经改变了传统的生产方式，大量使用合成的农业要素，如化肥与农药、育种技术、农业机械、设施农业等，受自然因素的影响越来越小，二十四节气在今天指导农业生产的作用在逐渐地弱化。但是，二十四节气所包含的尊重自然、与自然和谐相处、顺天应时等理念仍然具有重要的现实意义。

二十四节气的核心理念是告诉人们要特别关注农时，即尊重自然规律，按照时间节律安排耕地、播种、中耕除草、收获与贮藏等一系列农事活动。这一知识体系在今天依然没有过时，即依赖自然而生产，依然要遵循自古以来形成的尊重自然的知识体系，指导生产的各个过程。今天的农业生产需要重视尊重自然、重视农时等优秀的思想与理念，更多地利用传统的有机肥料与生态农业模式，因时制宜，因地制宜，种养结合，循环利用，找到与自然和谐相处的生产方式。因此，在今天的农业生产过程中，二十四节气将以新的形式服务于中国当代农业。

除了对农业生产的直接意义之外，二十四节气还蕴含民胞物与、尊老敬亲等思想观念、道德规范以及人文精神，这些都是中华优秀传统文化的重要载体和体现。因此，二十四节气在今天的社会文化建设、美丽乡村建设中依然具有积极意义。乡村的和谐与工业化进程并行不悖，城乡之间的互动应该是双向的、良性的，通过传承二十四节气，生活在都市的人们能够了解乡村，时时刻刻提醒人们，城市不能离开乡村，让都市的人们能够望得见青山，看得见绿水，记得住乡愁，亲近自然。

2017 年，中共中央办公厅、国务院办公厅印发了《关于实施中华优秀传统文化传承发展工程的意见》，意见指出，到 2025 年，基本形成中华优秀传统文化传承发展体系。沿用两千多年具有和谐元素的二十四节气，作为中国优秀传统文化的组成部分，在今天依然具有重要的现实意义，传承二十四节气文化是时代赋予我们的历史使命。

思考题：　　1　二十四节气是什么时候完全成型的？
　　　　　　　2　二十四节气在今天的现实意义是什么？

参考文献：　1　徐旺生. "二十四节气" 在中国产生的原因及现实意义 [J]. 中原文化研究》, 2017, 5（4）: 95-101.
　　　　　　　2　沈志忠. 二十四节气形成年代考 [J]. 东南文化, 2001（1）: 53-56.
　　　　　　　3　张波，樊志民. 中国农业通史（战国秦汉卷）[M]. 北京：中国农业出版社，2007.
　　　　　　　4　郭文韬. 中国传统农业思想研究 [M]. 北京：中国农业科技出版社，2001.

第二节
农谚

农谚是古人运用谚语的方式总结出来的农业生产经验，农谚的语言朴素简洁，表达生动形象，道理直白明了，是中国传统农耕文明的重要载体，也是一份独具特色的宝贵遗产。

一、农谚的起源

东汉许慎《说文解字》对"谚"的解释是"谚，传言也。"因此，农谚首先具有口头相传、世代相袭的特征。它的起源可能早于文字的起源，开始应该存在于歌谣中，也就是说早期的歌谣包含农谚的内容，如流传至今的《诗经》的"七月""甫田""大田""臣工"等篇，既是农民抒发感情的，又是歌唱农事操作的。后来随着历史的发展，歌谣着重于人们思想感情方面的倾诉，而农谚则从歌谣中分化出来，着重于农事经验的描述。

历史上广大劳动者处于社会的底层，很少有机会接触写有农业生产技术的农书，他们的生产经验传播乃至情感表达，只能凭借易说、易懂、易记，同时也易于流传的"父诏其子，兄诏其弟"的口头方式进行。农谚是其中最具有科学价值的重要内容。因此，可以说农谚是农民群众在农业生产实践过程中创造的，并在农民群众中流传和运用，其内容是农业生产经验和生活经验的结晶，经过世代相传、反复验证，成为农民群众组织、指导、鼓舞生产的一种手段。

文献记载至晚在汉代农谚已经出现，因为当时的文献中已经记有后世流传的农谚内容。如农谚"大树之下无丰草，大块之间无美苗"，源头可以追索到公元前1世纪的西汉《盐铁论》中的"茂林之下无丰草，大块之间无美苗"。又如"骤雨不终日，飓风不终朝"与老子《道德经》第二十三章"飘风不终朝，骤雨不终日"相似。不少现代流行的农谚，可从历代农书或其他古籍中看到，如北魏《齐民要术》载"欲知五谷，但视五木"，唐代《朝野佥载》载"要宜麦，见三白"，元代《田家五行》载"六月不热，五谷不结"，明代《便民图纂》载"无灰不种麦"，"收麦如救火"，明代《天工开物》载"寸麦不怕尺水，尺麦只怕寸水"等。

古书中引用的农谚往往都冠以"古人云""谚云"字样,说明被收录的农谚,其时间要早于该书的撰写年代。实际上,农书中的有些内容就是源自民间农谚。《齐民要术》的作者贾思勰在编写该书时,部分内容"爰及歌谣",即从民间的农谚中找寻素材。

二、农谚的数量与特点

中国农谚的内容涉及农、林、牧、副、渔业生产领域的各个层面,因而数量极为庞大。据《中国农谚》一书的记载,20世纪60年代从全国收集到了10万余条农谚资料,经过分类整理,最后编成3万多条,分成作物、措施、林牧副渔、气象、农村社会谚语五大类。其中作物谚语包括粮食作物如稻麦豆薯等16种作物,经济作物如棉麻烟茶等12种作物,园艺作物包括果树、瓜菜、花卉等;措施谚语包括土壤、肥料、水利、灾害、收获、工具等,加上林业、畜牧业、渔业、副业和气象,说明了农谚内容覆盖面非常广阔。

农谚的特色之一是具有很强的地域性。二十四节气历在汉代被推行以后,成为指导生产与生活的日历,围绕着节气,产生了不少指导生产的农谚。但是因中国南北跨度大,同一节气在不同地区所处的气候条件差别不小,农事活动时间南北不一,于是同一节气所产生的农谚要因地域而做出适当改变,以适应地域特点。如陕西农谚有"麦黄种糜,糜黄种麦",浙江农谚则是"麦黄种麻,麻黄种麦"。华北种麦是"白露早,寒露迟,秋分种麦正当时",浙江种麦则是"寒露早,立冬迟,霜降前后正当时"。浙江种麦子要比华北晚两个节气。同样,种芝麻和小米,华北与浙江也是不同节气播种,华北是"小满芝麻芒种谷",浙江农谚是"头伏芝麻二伏粟"。

与地域性相对的是共同性,有些农谚在南北地区都有类似或相同的说法。如大豆的"干花湿荚,亩收石八",南北各地都是如此。浙江农谚"割麦如救火"和华北农谚"麦收如救火"一样。之所以这样,是因为这些农谚反映了作物不受气候因素影响的某些生物学特性,而这些特性受遗传因素的影响。

农谚的特色之二是有很强的科学性。如华北农谚说"锄头有三分水",浙江农谚说"旱来锄头会生水"。用锄头松土,不仅除草,还切断了土壤中向外蒸发水分的土壤毛细管,减少水分蒸发,在北方少雨条件下是很重要的保墒措施。又如"牛粪凉,马粪热"。同样是粪,为什么还分凉与热呢?实际上牛马吃的饲料不同,粪中微生物发酵的能力也有所不同,马粪发热量大于牛粪,是有道理的。

农谚的特色之三是农谚也处于不断发展之中。有些农谚过时了，不再适用，但是新的历史时期又会产生新的农谚。如"参不落，只管种"。这是黄河流域有关小麦标准播种期的农谚，"参"是古代二十八宿中西方七宿之一，只要参星不落，还可以种麦。这句农谚已处于消亡的过程中。玉米和甘薯是明朝时从海外传入的，到今天不过300多年历史，但是围绕这两种作物迅速产生了大量的农谚。如"玉米去了头，力气大如牛"，指玉米打顶后可使植株生长有力，结实粗壮。又如，推广人工授粉等新技术，相应产生了"人工授粉好处多，棵棵荞麦挂珍珠""玉米结婚，子子孙孙"等新的农谚。

三、农谚类型

农谚大致可以分为气象农谚、种植农谚与养殖农谚三大类。

其一是气象农谚，主要是告诉人们自然天象与风雨之间的关系，然后依据未来的气象情况来安排农事，这样就能够在生产过程中事半功倍。如"日落西北满天红，不是雨来就是风""日出猫迷眼，有雨不到晚""半夜无星，大雨快临""今夜日没乌云洞，明朝晒得背皮痛""天上起了鲤鱼斑，明天晒谷不用翻""天上钩钩云，地上雨淋淋""东南风，干松松；东北风，雨祖宗""小暑起燥风，日日夜夜好天公"。

其二是种植农谚，主要是根据二十四节气来及时安排播种农事活动的农谚，用来指导生产活动，确保不误农时。因为适时播种是农业生产的关键，所以种植农谚主要讲的是播种内容，如"清明早，小满迟，谷雨种棉正适时""小满前后，种瓜种豆""小满暖洋洋，锄麦种杂粮""过了小满十日种，十日不种一场空""芒种不种，过后落空""立夏到小满，种啥都不晚"，等等。

种植农谚中还有依据气候条件来预测收成、丰歉的，如："清明晴，六畜兴；清明雨，损百果""立夏东风到，麦子水里涝""立夏刮阵风，小麦一场空"，等等。

其三是养殖农谚，这是中国农谚的重要组成部分，基本涵盖了养殖过程的各个环节。

有关养殖重要性的农谚有"农家第一宝，六畜挤满槽""无牛不成农，无猪不成家""牛大得力，猪大肥家""要想富，养五母""猪身全是宝，一样扔不了""养猪不费难，零钱聚整钱""放鱼栽姜，利益无双"，等等。告诉人们养殖动物除了能够吃到肉外，还具有积肥功能的农谚有："有猪有牛，攒粪不愁""养猪又养羊，肥源有保障""要想庄稼好，还得猪上找""养猪不赚钱，回头看看田""养猪两头利，吃肉又肥田""种田不养猪，秀才不读书""穷在栏里，苦在田里"，等等。有关开发猪饲料的农谚有"开个豆腐坊，养猪不用粮""猪吃百样草，发酵喂更好""常喂花草，畜病减少"，等等。

四、农谚的作用

农谚是古代劳动农民在长期的生产生活实践中总结积累起来的丰富经验，经世代流传，所形成的一部口头上的"农业百科全书"，对农业生产各个领域都具有重要的指导作用。

农谚具有反映农业物候，把握农时的作用。例如农谚说："要知五谷，先看五木"，就是关于农谚气候条件的谚语，是说人们以树木的生长状态来预知农事季节，因为树木为多年生植物，一定程度上反映了客观的气候条件，可以用来作为开展农业活动的依据。又如，在指导播种期方面，除了有大量的二十四节气农谚之外，还有许多反映物候的谚语，像"梨花白，种大豆""樟树落叶桃花红，白豆种子好出瓮""青蛙叫，落谷子"，等等。

反映农时的农谚中最值得关注的是二十四节气农谚。例如，河北农谚"白露早，寒露迟，秋分种麦正当时"，上海农谚"清明到，把种泡"，安徽农谚"清明下种，谷雨栽秧"，为农民提供适时耕种的时间参考。又如，江苏农谚"立冬蚕豆小雪麦，一生一世赶勿着"，河北农谚"小暑不栽薯，栽薯白受苦"，东北农谚"过了芒种，不可强种"是失败教训的总结，提醒人们要抓住农事活动的时间节点。

农谚起着农业指导手册的作用。例如水稻在选种时有"秧好稻好，娘好囡好"，培育秧苗有"秧好半年稻"，插秧时有"会插不会插，瞅你两只脚""早稻水上漂，晚稻插其腰"等，施肥有"早稻泥下送，晚稻三遍壅""中间轻，两头重"等，田间管理有"处暑根头摸，一把烂泥一把谷"等。农民有了这些农谚，就有了技术指导，对生产有很大的帮助。

农谚体现了传统时代农民对农业生态环境和可持续发展的认识，例如"一年之计，莫如树谷，十年之际，莫如树木""一年富，拾粪土，十年富，种树木""种树十年，强似种田""现在人养树，将来树养人""山上光，年景荒""山上和尚头，清水断了流""山上开荒，山下遭殃""绿了荒山头，干沟清水流""种树防旱涝"，等等。有些谚语直接表达了农民对天、地、人三者的关系，以及对农作物的特性及其与环境条件的关系等的认识，如"万物生于土，万物归于土""人养地，地养人""人薄土，土薄人""人勤地不懒""有力黄金土，无力荒草坪""土是摇钱树，粪是聚宝盆""开渠打坝，旱涝不怕""水路不修，有田也丢""水成田，衣成人""孩要奶足，田要水扶""田头多管，仓里谷满"等等。

总之，农谚是长期以来古代人民在生产活动中各种经验的总结，尽管这些内容以俗语的形式流传，但其中许多内容都是充满了智慧的农业技术结晶。

思考题：
1. 农谚是在什么背景下产生的？
2. 农谚的作用主要有哪些？

参考文献：
1. 中国农业百科全书编辑部．中国农业百科全书（农业历史卷）[M]．北京：中国农业出版社，1995．
2. 农业出版社编辑部．中国农谚 [M]．北京：农业出版社，1980．
3. 徐旺生．中国养猪史 [M]．北京：中国农业出版社，2009．
4. 游修龄．论农谚 [J]．农业考古．1995（03）：270-278．
5. 中国农业博物馆．二十四节气农谚大全 [M]．北京：中国农业出版社，2016．

第三节
农书

农耕文明的传播方式有很多，但其主体是依靠历代留下的各类农书展开的。从世界范围来看，古代留下的农书中，以中国农书最为系统与连贯。中国从有甲骨文以来的文献，凡是涉及农学、农业的，我们都可以列出编年的史料，能够写出完整的农业通史。古农书之多、之全、之体系化，是西方世界所无法相比的，西欧古代文明三千年历史所留下的农书，也不及中国秦汉时代多。中国农业经历了近万年的漫长历史发展进程，在长期生产实践中创造积累了丰富的经验，留下了浩如烟海的历史文献，以至于中国古代历史上究竟产生了多少种农书，竟需要进行专门的研究和梳理。王毓瑚在《中国古农学书录》中统计收录了古农书542种,《中国古农书联合目录》中统计收录了643种。随着古农书目录编纂成果的日渐丰富,古农书发现的数量也在不断急剧增多,葛小寒在《论古农书的目录》中指出:"仅以明清农书的数量为例,在1964年王毓瑚先生出版《中国农学书录》时仅发现了330种左右,而在最新的《中国农业古籍目录》中,数量激增至1 540种。"高宏在《中国古代农业文献述论》指出:"1990年由中国农业历史学会与中国农业博物馆编辑的《农业古籍联合目录》,共统计了包括各种版本的农业古籍2 482种。",但还不是全部。时至今日,仍有不少学者时有发现和补订。

一、不同历史时期的农书与成就

(一)春秋战国时期(公元前770—前221年)农书

春秋战国时期,中国农业从木石并用转入使用铁制农具和畜力耕作时期,并已出现大规模的农田灌溉水利工程,精耕细作的技术也开始萌芽。一些思想家和政治家提倡重农,诸子百家中出现农家学派,并写出了中国历史上第一批农书。《汉书·艺文志》记载,成书于六国时期的有《神农》《野老》,还有不知何世的《宰氏》《尹都尉》《赵氏》《王氏》等,但这些农书多已失传,保存下来的农业文献多散见于先秦文献的个别篇章中。如《尚书》中的"禹贡""无逸",《周礼》中的"大司徒""载师""遂人""草人""稻人""小虞""林衡""牧人""牛人""兽医""典丝""考工记",《大戴礼记》中的"夏小正",《诗经》中的"豳风·七月",《小戴礼记》中的"月令",《逸周书》中的"周月""时训""职方",《管子》中的"四时""地员",《商君书》中的"垦令""农战",《吕氏春秋》中的"上农""任地""辩土""审时"等。

这一时期农书最显著的特点是将农事活动与时令结合,重点讲述政府应如何根据不同时令对农业生产进行管理。特别是《吕氏春秋》"上农"等四篇的出现,表现了以农事为中心,以国家实施为主体的国家与社会活动安排,综合体现了当时农业生产的科技水平,是保存至今最早的农业科技论文。

(二)秦汉时期(公元前221—公元220年)农书

秦汉时期的农业成就是铁犁牛耕与铁制农具的普及,以及大型农业机械如耧车、石磨、水车等出现。北方地区耕作水平大大提高,形成了一套完整旱作农业技术体系,出现了一批总结和推广农业生产经验的专业农书。如《汉书·艺文志》中记载西汉时期《董安国》《蔡葵》《氾胜之书》等九种农书,东汉时期王景《蚕织法》、崔寔《四民月令》等。另外还有《月政畜牧栽种法》《卜式养羊法》《养猪法》《陶朱公养鱼法》《伯乐相马经》《宁戚相牛经》,等等。但秦汉农书也已大部分失传,只有《氾胜之书》《四民月令》有较可靠的辑本。

《氾胜之书》是目前遗存的中国古代最早出现的农书,也是西汉晚期最为重要的农学著作。原书有18篇,现仅辑存3 000余字。氾胜之总结了中国古代黄河流域农业种植栽培的宝贵经验,内容涉及农业耕作的原则和农作物栽培以及田间管理技术,大大促进了当时农业生产的发展。

(三)魏晋南北朝时期(220—581年)农书

这一时期是中国历史上的动乱时期,农业生产遭受了极大挫折。可能正是这种挫折,激发了人们对于农业生产问题的关注和积极探索,反而产生了像《齐民要术》《禁苑实录》《田家历》《竹谱》《种植药法》《相鸭经》《相鸡经》《相鹅经》《相马经》《疗马法》《俞极治马经》《南方草木状》等大批农学著作,使得这一时期农学成就取得了超越前代、雄视后世的发展。虽然这些农书也大都散佚,但《竹谱》《南方草木状》《齐民要术》等几部重要农书被流传下来。特别是《齐民要术》这一农学巨著的流传,对世界范围内后世农业的发展、社会经济、文化等都产生了极为深远的影响。

《齐民要术》是北魏时期中国杰出农学家贾思勰所著的一部综合性农书,是当时最全面、最系统、最丰富、最详尽的农业科学知识集成,也是世界农学史上最早的专著之一,被称为"中国古代农业百科全书"。

《齐民要术》的主要农学思想

(四)隋唐两宋时期(581—1279年)农书

从这一时期开始,中国古代经济格局发生了改变,经济重心逐渐由北方向南方转移,在农业生产上逐渐形成"北麦南稻"的新格局。这一时期出现的农书有150多种,大致有四个方面的特点:(1)随着经济重心的南移,开始出现以江南水田农业为对象的农书。如唐代陆龟蒙的《耒耜经》、宋代《陈旉农书》等。(2)随着商品经济的发展,农业技术的提高和城市经济的繁荣,以花、果、茶为中心的专业农书开始明显增多。如唐陆羽的《茶经》、宋代郑熊的《广中荔枝谱》、欧阳修的《洛阳牡丹记》、韩彦直的《橘录》、刘蒙的《菊谱》、赞宁的《笋谱》、陈景沂的《全芳备祖》等。茶叶专书达13种,这与当时饮茶风气盛行,茶马互市和茶叶贸易发展密切相关。(3)月令农书特别多。从隋代杜台卿的《玉烛宝典》、唐代韦行规的《保生月录》起,见于唐宋史志的月令农书达27种以上。(4)出现了以精美图像为主,配以农事诗歌的新型农书,如《耕织图》。

这一时期的许多农书也大多失传，留传下来的代表性农书有唐代的《耒耜经》《司牧安骥集》《四时纂要》，宋代的《陈旉农书》等。

《耒耜经》是唐代陆龟蒙根据自己从事农业活动的经历撰写的中国最早的一部农具专著，也是一部专门讲唐代重要农具——犁的著作，同时也是第一部专门谈论江南水田农业生产的著作。《耒耜经》的传世，不仅有助于了解唐代犁的构造，更为后世留下了有关唐代耕、耙、耖农业技术体系的宝贵资料。

《司牧安骥集》可能为隋唐时代太仆寺兽医博士写的教材，后由唐宗室行军司马李石编纂而成。《司牧安骥集》体现了唐时中兽医在病因病理方面的理论成就，其中七十二大病、二十四黄歌、三十六黄病源歌、岐伯疮黄病源论、黄帝八十一问、七十二恶汗病源歌、治一十六般蹄头痛歌等，是保存下来的珍贵难得的兽医学遗产，后世兽医学著作内容和理论体系都来源于此书。该书的出现，是传统中兽医学形成的标志。

《四时纂要》约成书于唐末，或五代初，是一部月令式农家杂录。虽然内容多取自《齐民要术》等前代农书，但新增了一些兽医方剂和采集野蜂蜜的记载，技术成就上也多有超过前代农书的地方。

《陈旉农书》是现存最早的一部专门讨论南方以种稻养蚕为主要内容的农书。虽然篇幅不大，但在农业技术与理论上有不少创新。特别是关于土地利用问题、土壤改良问题、肥料积制和施用技术问题、南方水稻栽培耕作技术问题、农场管理技术问题等方面的论述，都超过了前代农书。

（五）元、明、清时期（1279—1911年）农书

这一时期，基本处于大一统时期，加之元、清两代少数民族统治，让南方与北方及汉族与少数民族之间农业生产技术得以广泛交流和快速发展。同时，人口迅速增长与耕地不足的矛盾也刺激了农业生产效率与技术的进一步提高，使得本时期农书创作进入了一个空前繁荣时期。这一时期农书的特点表现为：（1）出现了多本大型综合性农书。如《王祯农书》《农政全书》《授时通考》等，这些农书无论官纂还是私修，在内容上都包括了北方旱作和南方水田农业，成为综合性全国农书。这与宋代以前，农书往往局限于南方或北方有很大不同。（2）地方性小型农书增多。如明代专论嘉湖地区农业的《沈氏农书》和清代的《补农书》，专论河北泽地农业的《泽农要录》，专论江南早稻生产的《江南催耕课稻编》以及《农言著实》《马首农言》等，对指导当地农业生产具有指导意义。（3）专业性农书大量涌现。如清代中后期的蚕桑书多达180余种；专述花卉、植物的《群芳谱》《广群芳谱》《植物名实图考》等，反映了人们对植物资源利用的高度

重视；专述果树的《水蜜桃谱》《龙眼谱》《打枣谱》等；专述农作物的《稻品》《甘蔗录》《木棉谱》等；野菜救荒方面的《救荒本草》《野菜谱》《野菜博录》等；治蝗方面的《捕蝗考》《捕蝗要诀》《治蝗全法》等。

这一时期，具有较大影响的综合性农书主要有元朝政府编纂的《农桑辑要》、《王祯农书》、明代徐光启的《农政全书》、清代官纂的《授时通考》。

《农桑辑要》是元代大司农司官修编纂的综合性农书。全书共7卷，6万余字。在继承前代农书的基础上，对北方地区精耕细作和栽桑养蚕技术有所提高和发展，对于经济作物如棉花和苎麻栽培技术尤为重视。前代的官修农书，有唐代武则天删订的《兆人本业》和宋代的《真宗授时要录》，但这两部均已失传，因此《农桑辑要》就成了中国现存最早的官修农书。

《王祯农书》由元代王祯所撰写，是第一部兼论当时中国北方和南方农业技术的农书。该书无论是记述耕作技术，还是农具使用，亦或是栽桑养蚕，总是时时顾及南北差别，致力于其间的相互交流。而且将农具列为综合性农书的重要组成部分，并绘出图形，也是该书一大特点。书中"农器图谱"所记农具，数量空前，收录有100多种，绘图306幅。不仅搜罗和形象地描绘记载了当时通行的农具，还将古代已失传农具经过考订研究后，绘出了复原图。

《农政全书》是明末的一部大型综合性农书。作者徐光启，是明代杰出农学家、科学家和了解近代西方科学的先行者，该书总结汇集了17世纪中叶以前中国传统农政措施和农业科学技术发展的历史成就，在中国和世界农学史上均占有重要地位。该书把"农政"摆在首位，以农本、开垦、水利、荒政等作为保证农业生产与农民生活的政策措施。开始运用近代科学方法分析研究农业问题，并极力反对"唯风土论"，积极促进南北作物的引种交流。

《授时通考》是由清代鄂尔泰、张廷玉等奉旨编纂的官修农书。内分"天时""土宜""谷种""功作""劝课""蓄聚""农余""蚕桑"八门，系前人有关著述的汇辑，征引文献427种之多，体裁严整，资料丰富，图文并茂，是一部综合性农书汇编巨著。

二、中国古代农书的类型与特色

按照内容来分，中国古代农书可分为综合性农书和专业农书两大类。早期农书多属于综合性农书，这是古代农村和农民家庭自给自足自然经济的反映。综合性农书从体裁上又可分为农业全书类、月令类、通书类三种。农业全书类农书是最基本的一种，按照广义农事体系进行分类，全面叙述农业生产活动，《齐民要术》《农桑辑要》《农政全书》《授时通考》等都属于这一类。月令类农书则是以时系事，按旬、月安排农事活动，如《四民月令》《农桑衣食撮要》等。通书类农书则涉及农村生产和生活各个方面，同时还涉及一些祭祀类项目，如《居家必用事类全集》《便民图纂》等。随着商品经济发展和农业的进一步分工，专业性农书开始逐渐增多。不光数量多，而且内容涉及广泛，但专于某一专项进行记载叙述。

此外，按照著者身份，农书还可分为官修农书和私人著述两类。按内容包括地区大小又可分为全国性农书和地区性农书。

中国古代农书的主要特色主要体现在以下方面：

其一，中国古代农书记载了中国古代以精耕细作技术为体系的各种技术，内容丰富，成就独特，并为世界所赞美。其二，历代骨干农书虽然均以广义农业为对象，但始终反映出以"农桑为本"的思想。其三，在各类专业性农书中，畜牧兽医、蚕桑和花卉类农书数量占有突出地位，而农具类农书较少。畜牧兽医类多为相马、医马病著作，这与古代战争需用战马密切相关；蚕桑类农书在明清时期，特别是清代中期以后，随着蚕丝对外贸易的发展而数量大增；花卉类农书则因在综合性农书中受到排斥，被视为华而不实，而多以专书的形式出现，被视为小众农书。其四，从区域上来看，唐代以前的农书，多以黄河流域旱作农业为研究对象。而记述江南水田生产技术的农书在唐代才开始出现，宋代以后逐渐增多，明清时期则更加丰富，大致与中国经济重心南移的状况相吻合。

思考题：　1　中国农书与西方农书相比，在数量、系统性、传承性、影响力上存在巨大差异，其原因是什么？
　　　　　　2　农书与农业发展的关系是怎样的？

参考文献：　1　中国农业百科全书编辑部.中国农业百科全书（农业历史卷）[M].北京：中国农业出版社，1995.
　　　　　　2　樊志民，卫丽.中国农业通史（第二卷　遒劲的农牧文明）[M].咸阳：西北农林科技大学出版社，2017.
　　　　　　3　贾思勰.齐民要术（节选）[M].惠富平，解读.北京：科学出版社，2019.
　　　　　　4　曹幸穗，柏芸，张苏.大众农学史[M].济南：山东科学技术出版社，2015.

第四节
农学家及重要农业人物

在中国，开始有农业生产活动，大约已有一万年的历史。农业生产活动的开创与发展，无疑是远古人类共同和集体智慧的结晶，许多生产技术的起源大都湮没在没有文字记载的洪荒时代。传说中"神农""嫘祖"开创"农""桑"，也许只是后世人从千百万普通劳动者当中塑造出的英雄人物，或是对朦胧历史人物的渲染。因为在漫长历史发展长河中，总有一些英雄人物、科学家将历史滚动的车轮从后猛推一把，做出了特殊贡献，从而对人类历史发展的进程产生了巨大影响。这在农学方面，表现得更加突出。

一、治水英雄夏禹

夏禹是传说中古代部落联盟首领，亦称大禹，是中国第一个世袭王朝——夏朝的创始人，古代的治水英雄。禹是黄帝的玄孙、颛顼的孙子（也有说法认为禹应为颛顼六世孙）。出生地有争议（一说在汶山石纽地区；一说在石坳），母亲是有辛氏（今山东曹县）之女，名叫女志，也叫脩己。相传尧之时，洪水滔天，禹的父亲鲧奉命治水，但鲧"壅防百川，堕高埋庳"，用筑堤堵塞的方法奋斗了9年，始终徒劳无功。鲧死后，禹继承父亲的治水事业，以伯益、后稷为助手，"身执耒臿以为民先"。在治水方法上，他采用以疏导为主的方法，使用准绳、规矩等简单工具，刻木以为标桩，进行原始的测量，最终取得成功。

他还根据实地勘测，划定九州，深入调查各州土壤和物产。同时率领百姓开展平治水土工作，挖沟筑渠，辟土植谷，修建原始排灌工程，使农业生产得到迅速恢复和发展。

二、"农师"后稷

在距今四千多年前的尧、舜、禹时代，中华民族就产生了自己的农师。他就是长期以来为后世传颂"教民稼穑"的后稷，也就是传说中的"农神"。后稷，名弃，相传是远古时代有邰氏部落（今陕西省武功县）人，也是后来兴起在陕西关中平原西部周族的始祖。后稷的故事源于《诗经·生民》和《史记·周本纪》。

弃从小就有伟大志向。年幼时喜欢以种植菽、麻为游戏，所种菽、麻都长得很旺盛。成年以后，弃以农耕为业，并善于寻找适宜种植粮食的土地来耕种，周围邻居也都来向他学习耕稼种植的技术。

尧帝听说了弃的才能后，就任用他为天下农师，教百姓耕种，百姓得以过上了稳定的生活。舜帝继位后，褒奖他说：天下黎民百姓开始时食不果腹，是后稷教会天下百姓播种百谷。并因为弃的功劳，将弃封在邰地。后人为了纪念他，尊称他为"百谷之神"，号称后稷。

三、农业技术革新家赵过

赵过是西汉武帝时人，是汉代众多农官中为数不多的，在农业技术改进与农具发明方面，做出重要贡献的人。《汉书·食货志》记载，他在汉武帝时（公元前140—前87年）曾出任搜粟都尉。汉武帝委任赵过为搜粟都尉时曾说"过能为代田"，可见赵过一直就是一个有农业专长的人，是完全靠自己在农业技术上的专长而担任这一要职的。他的主要成就有：

（一）创行推广代田法

在中国农业史上，赵过的名字是与代田分不开的。代田法是适应北方旱作农业地区的耕作方法，是在同一块田里，每年进行垄沟互换的耕作技术。沟种垄休，每年互相代替，轮番使用，一则起到休茬恢复地力的作用；二则利于抗旱保墒和便于根基培土，抗倒伏。增产效果非常明显。现在农村广泛使用的"深沟播种""根基培土"等技术都是在代田法的基础上演变而来的。

（二）大力发展牛耕

西汉以前，由于耕牛价格昂贵，驯养和役使技术落后，它的使用并不广泛，仍处于人力耕作时期，生产力低下。赵过推行代田法过程中，同时对牛耕普及使用起到了居功至伟的作用，在民间有着深远影响。牛耕的普及使用，极大地提高了生产力，推动了农业技术和人类社会的进一步发展。

（三）发明了播种耧车

耧车由耧斗、耧铧、耧架等部件构成，操作时由耕畜牵引耧铧开沟，扶耧人左右摇摆，震动种子流入中空的耧管内，从犁铧后方落在土中，耧车后面还有两根绳子，拖拉一横木，随着耧车前进而将土抚平，覆盖好种子。因而兼有开沟、下种、覆盖、镇压的功能。赵过发明的耧车已与近代欧洲条播机的原理毫无二致。

赵过一生，在农业生产的动力、技术、工具三个方面都有独特的创造与贡献。

四、"农圣"贾思勰

贾思勰是中国南北朝时期著名农学家，北魏齐郡益都县（今山东省寿光市）人，官至河北高阳太守。其具体生卒年不详，学界基本认同贾思勰生活于公元489—560年（北魏后期至东魏）。

贾思勰出生在一个书香门第，家学深厚、学识渊博，尤其重视农业生产技术的学习和研究。走向仕途以后，先后到过山东、河南、山西、河北等地，每到一地，都会认真考察当地的农业生产情况，并向当地富有经验的老农请教，获得了大量农业生产方面的知识。他一生最大的成就，是撰写了一部中国现存最早、最系统、最完整，也是世界农学史上最早、最有价值、影响最大，被誉为"中国古代农业百科全书"的农学巨著《齐民要术》。《齐民要术》的资料收集和撰写时间自515年至544年，前后经历了30年，可谓倾注了大半生的心血。

贾思勰在《齐民要术》序言中曾表明了自己的写作态度与方法："采捃经传，爰及歌谣；询之老成，验之行事"，即写作主要是通过广泛收集文献资料、实地调研采访和亲身验证来完成的。

贾思勰认为农业是人民的衣食之本，强调"食为政首""安民富民"；主张奖励耕织，推广农业技术；提倡节俭，反对奢靡，告诫人们"用之无节，忽十积蓄"是穷困的由来；重视备荒防灾，并对备荒作物的种植利用进行专门论述。贾思勰还非常重视实践经验的归纳与提炼，强调遵从事物发展规律。在"种谷第三"中提出"顺天时，量地利，则用力少而成功多。任情返道，劳而无获"，这一论述非常正确。

《齐民要术》自宋代刊刻以后，很早就传到日本、韩国，后来又传向世界其他地区，在世界范围内对农业和社会经济、文化发展产生了重要影响。英国科学家达尔文研究进化论时，据传曾参考过《齐民要术》。贾思勰也因此被誉为"农圣"。

五、唐代农学家陆龟蒙

陆龟蒙，字鲁望，江苏苏州人，为唐朝宰相陆元方七世孙。年少时即博通六经，但因清高豪放，不通世俗，考试未第后，游历四方。后回到故乡松江甫里，置田百亩，开始隐居生活，后人因此称他"甫里先生"。

陆龟蒙在农学上的主要成就之一，是撰写了专门介绍农具的《耒耜经》，详细记载了唐代重要农具革新成果——曲辕犁的构造。犁在中国农业史上具有重要地位，而曲辕犁在中国耕犁发展史上则具有划时代的意义，是中国犁发展比较完备阶段的典型。因具有良好的使用性能和经济性能，不但适合江南水田耕作使用，也适用于丘陵山地，所以在北方中原地区也得到广泛推广，成为唐代最先进的耕犁，也奠定了后世犁的基本形态，在唐代及后世农业生产中发挥了很大作用。唐代以后，曲辕犁广为流传，一方面因其结构合理、先进，适合生产需要；另一方面，则是因为陆龟蒙撰写的《耒耜经》，使得这种犁易于被后世仿造。

除此之外，陆龟蒙在植物保护、动物饲养等方面也多有建树。例如《蠹化》论及柑橘害虫防治；《禽暴》描述了凫（野鸭）和鹭（海鸥）对稻粱的危害，并提出了网捕和药杀的防治办法；《记稻鼠》强调了田鼠对水稻的危害，并提出驱赶和生物防治两种防治办法。

陆龟蒙作为唐代著名文学家，能够将历来不为文人和士大夫阶层重视的农业生产工具，进行细致研究和总结，为中国古代农业机械发展情况留下了宝贵文字记载，这是难能可贵的。

六、"茶圣"陆羽

陆羽，字鸿渐、季疵，号竟陵子、桑苎翁、东岗子，唐朝复州竟陵（今湖北天门市）人，以"茶圣"之名著称于世。

茶叶的利用在中国农业历史上具有非常重要而特殊的地位。茶叶是古代商贸活动中的重要农业商品，是世界东西方文化交流及国内汉族与边疆少数民族之间经贸交流、文化融合、经济发展的重要媒介，也是中国人对世界饮料事业所做的重要贡献。唐朝茶叶由内地向少数民族地区和西方传播并被广泛接受后，茶文化的发展也逐渐达到了一个鼎盛时期。而陆羽《茶经》的撰写，对茶文化的推广和茶叶的普及起到了至关重要的作用。

据陆羽的自传《陆文学自传》记载，他自幼被父母遗弃，后被西湖龙盖寺方丈智积禅师收养，得以修习茶道。自21岁开始，他游历考察江南各地，广交喜茶名士高僧，长期实地调查研究，熟悉茶树栽培、加工技术，并擅长品茗。唐朝上元初年（760年），他隐居苕溪（今浙江湖州），开始研究著述，历时5年，撰成《茶经》三卷初稿。至贞元元年（785年），又对《茶经》进行补充修改，前后共历时26年，最终完成了人类历史上第一部论述茶叶的著作。《茶经》共十章，内容分别为一之源，二之具，三之造，四之器，五之煮，六之饮，七之事，八之出，九之略，十之图，对茶的性状、品质、产地、种植、采制、烹饮、器具等皆有论述。

《茶经》是唐代及以前有关茶叶的科学知识和实践经验的系统总结。在中国茶文化史上，陆羽所创造的一套茶学、茶艺、茶道思想，以及他所著的《茶经》，是一个划时代的标志，极大地促进了茶叶的生产与文化交流，为茶文化的传播普及，以及世界茶业发展做出了卓越贡献。

七、宋代农学家陈旉

陈旉，自号"西山隐居全真子"，又称"如是庵全真子"，南宋著名农学家。因其史书无传，原籍不详，只能从他著作的《陈旉农书》序跋及内容中，了解到他的一些生平事迹。

陈旉一生处于两宋之间的战乱时期。为躲避战乱，长期辗转流亡于长江南北一带，他时时留心江南各地农业生产的经营方式和生产技术措施，并常向当地的劳动人民请教，逐渐积累了有关江浙地区农业生产的丰富经验和技术知识。他终生隐居田园，"种药治圃"，关心农事，终在七十四岁高龄时，把自己一生了解到的，并通过自己多年亲身实践、以江南地区为主的农业生产技术经验，详细地记录下来，撰写成一部反映宋代长江中下游地区农业生产经验技术的农书。农书写完后，陈旉还亲自把书送到真州（今江苏仪征），呈交给当时的知州洪兴祖，希望能够通过地方官员，来扩大《陈旉农书》的影响，让书中的农业技术发挥更大的作用。

《陈旉农书》大约一万两千余字，共分三卷。上卷十四篇，约占全书的三分之二，讲述种田技术，特别是水稻的耕作技术；中卷两篇，专讲适宜江南水田耕作的畜役——水牛的饲养管理、役使、疾病管理；下卷五篇，记述蚕桑生产技术。《陈旉农书》篇幅虽然不大，但充分体现了当时江南地区农业生产的主要技术成就，对江南地区的农业生产具有很强的指导意义。不仅是中国江南地区具有开创性的农书，而且从农学体系的完整性和系统性方面，充分反映了中国古代农学的进步。陈旉在书中所体现的主动掌握自然规律去改造自然的思想，一直为后世所称赞。

八、元代农学家王祯

王祯，字伯善，山东省东平县人，生卒年月不详。元成宗元贞元年（1295年）任宣州旌德县（今安徽旌德县）县尹（县令），任职六年。后于元成宗大德四年（1300年），调任信州永丰县（今江西省广丰区）县尹。王祯在新旧元史等史志中不见有传记，但其在为官时关心民众疾苦，奖励耕织，教民植桑种棉的功绩，一直为当地民众所传颂。

王祯不但是一位关心民众疾苦、廉洁奉公的县官，而且是劝农兴桑，积极发展农业生产，具有远见卓识的农学家。他认为"饥而思食，寒而思衣"，农桑的重要性是人人皆知的，问题在于"上之人作无益，以妨农时；敛无度，以困民力"，尤其斥责那些"己犹不知，安能劝农"的有名无实的劝农官，而对积极兴修水利，劝助农桑的地方官吏则极为推崇。

王祯所著农书，是其一生农学思想成就的重要体现。王祯同时熟悉南北农业生产，这也是《王祯农书》能够时时兼顾南北，对比不同的主要原因。《王祯农书》的写作始于旌德任内，调任永丰县令第二年后完成了初稿，后又经历十余年的反复修改、补充，前后共用十五六年才得以完成。全书分为"农桑通诀""百谷谱""农器图谱"三部分。特别"农器图谱"，改变了以往农书有文无图的历史，开创了农书附图的先例，在农业科技史上占有重要地位。后来的《农政全书》《授时通考》《古今图书集成》中的农器图，大多临摹于《王祯农书》。

九、古代农业科学集大成者徐光启

徐光启，字子先，号玄扈，是明末上海人，官至文渊阁大学士（相当于宰相）。毕生致力于数学、天文、历法、水利等方面的研究，勤奋著述，是一位沟通中西文化的先行者，17世纪在中西方文化交流方面做出了重要贡献。

徐光启是第一个将欧洲文字的数学专著翻译成汉语的科学家。在科学研究方法上，徐光启不仅对研究对象进行定性描述，还进行定量分析，从中探索其发展变化的规律。这是对中国传统科学研究方法的革新与创造。例如，他在写《除蝗疏》一文时，即运用了科学合理的研究方法，对从春秋时期开始到元代，史书载有月份的一百一十一次蝗灾进行了分析，得出了蝗灾"最盛于夏秋之间"的结论，准确地指出了蝗灾发生的时间；他又从查考《元史》所载近四百次蝗灾发生的地区，结合他自己实地所见，得出蝗灾大都发生在"幽涿以南、长淮以北、青兖以西、梁宋以东诸郡"的涸泽之地，正确地指出了中国的蝗区和蝗虫的滋生地。

1604年，43岁的徐光启考中进士，入朝为官。但他为人正直，不愿与专权宦官同流合污，所以屡受排挤，多次被罢官。而正是这种政治生涯的磨难，使他开始转向农业科学研究，农学方面是他一生中用力最勤、成就最大的。

例如，他将福建的甘薯，在几经挫折的情况下成功引种到上海，并为宣传和推广甘薯的种植，写成《甘薯疏》一书，为甘薯的广泛推广发挥了很大作用；在天津开辟水田，试种南方水稻，以实现"南种北引"的美好愿望，并写成《北耕录》一书，可惜今已失传；此外，对蔓菁、乌桕、女贞等作物都进行过引种试验，对新作物、新品种的引种和推广有杰出的贡献；1621—1628年，徐光启再次被罢官后，返回家乡上海，这一期间，他对古今农业技术进行了系统总结，完成了著名农书《农政全书》的初稿。共十六卷，约七十万字，以实事求是的科学态度，全面总结了中国三千多年来的农业科学成果，并吸收了西方农业科学的知识。值得一提的是，这部农书的立足点，绝不只是对农业生产技术的一般性总结，更是就农业生产的政策、制度、实施措施等问题进行了大量研究，体现了一位农业政治家的视野与胸怀。

十、亲自培育水稻品种的康熙皇帝

康熙皇帝则是少有的对农业感兴趣，并亲自培育了一个新水稻品种——"御稻"的皇帝。他发现、培育和推广御稻，足以被列入农学家的行列。关于"御稻"种的发现经过，他曾做过如下的描述：皇家园林丰泽园中有水田几块，种上稻谷，一般至九月始收获。有一年的六月下旬，谷穗刚刚开花。忽见一棵稻穗高出众稻之上，已经结实。因此收藏其种，待来年检验其否还是早熟。到了第二年六月时，此种果然还是先熟。从此年年种植。四十余年以来，内膳所进，都是这株稻种所产的，其米色微红而粒长，与众不同。这一品种早熟，气香而味腴，以其生自皇家的田上，故取名御稻米。一株稻穗先熟固然有其偶然性，但只有关心农业并且具有选种知识的人，才能对那棵"高出众稻之上"的早熟者独具慧眼，并进行播种试验，从而培育出一个新的优良稻种。身为皇帝的康熙亲自培育水稻品种，难能可贵。

上述十人只是中国对农业做出过重要贡献的人物。实际上，除了上述人物以外，历史上对农业科学做出贡献的人物灿若繁星，实难一一胜数。

思考题：　1　试析中国古代农业科学家在中国历史发展进程中的作用与贡献。
　　　　　　2　试析农业科学家与中国农耕文明在中国传统文化中的历史地位。

参考文献：　1　西北农学院古农学研究室. 中国古代农业科学家小传[M]. 西安：陕西科学技术出版社，1984.
　　　　　　2　樊志民. 中国农业通史（图文版）[M]. 咸阳：西北农林科技大学出版社，2017.
　　　　　　3　中国农业百科全书编辑部. 中国农业百科全书（农业历史卷）[M]. 北京：农业出版社，1995.

第五节
农耕图像的类型与意义

在人类文明的发展过程中，会留下各种文化符号，让我们了解其文明发展的过程与状态。这其中，图像要早于文字，因为图像的表达比文字要简单明了。农耕图像就是体现古代文明发展的见证物，是一个具有多重意义的复合体，展示了远古人们的生产生活场景、农业生产的技术特征和人们的审美观念，这些图像在指导农业生产、推广技术、繁荣文化方面等发挥着重要作用。

农耕图像如果从历史的进程来分类，大致可以分为无法测出年龄的岩画，陶器上的彩绘，甲骨文字形象，春秋战国青铜、秦砖汉瓦中的农桑形象，汉代砖石画像，魏晋至隋唐五代十国墓葬中农耕壁画，以及宋元明清的系列耕织图，这些构成了中国古代农耕图像的壮丽画卷。

一、古代岩画中农耕图像

就目前所知,最早的农耕图像应该是刻画在岩石上的岩画。岩画是指在岩穴、石岩壁面和石岩上的彩画、线刻、浮雕的通称。目前中国境内岩画的出现年代,还不十分确切,推测其时间跨度比较长。可能远至旧石器时代,近则有人认为是元代,也可能更近一些。

坚硬的石头从远古时代起,就不断地被人类使用,作为劳动工具,同时也被古人磨刻和涂画,来描绘他们的想象和愿望,从而形成了岩画。岩画中的各种图像,构成了文字发明以前原始人类最早的"文献"。

岩画在中国分布比较广泛,目前黑龙江、内蒙古、甘肃、青海、新疆、西藏、广西、云南、贵州、四川及江苏等地,都有古代岩画。从内容来看,中国的岩画可分为南方、北方两大系统。其中北方地区的岩画多表现动物、人物、狩猎及各种符号,以内蒙古阴山岩画为代表,其与中亚、西伯利亚等地的岩画有相似之处。依题材划分,北方岩画主要分为类人面像岩画、狩猎岩画、生殖岩画。而南方地区的岩画除描绘动物、狩猎外,还表现采集、房屋、村落、宗教仪式等,有的绘有农作物,以江苏连云港将军崖岩画为代表。

二、彩陶中的农耕画像

陶器被视为新石器时代出现的标志。在距今约一万年的新石器时代,伴随着相对定居的农耕生活,人们发明了烧陶技术。彩陶记载着人类文明初始期的农业、经济生活、宗教文化等方面的信息,是制造物上的最早农耕图像。甘肃、青海一带彩陶出土数量较多。青海彩陶图案绘制的内容可分为动物类、自然类、劳动工具类、装饰品类、几何类和人物类等六大类。彩陶画面中与农业相关的内容有捕捞与结网、狩猎与畜牧、采集与种植、农耕与编织等。

三、画像砖、石中的农耕图像

继岩画和彩陶之后,农耕图像开始大量出现在画像砖和画像石之上。画像砖是用拍印或模印方法制成的。画像石主要是汉代地下墓室、墓地祠堂、墓阙和庙阙等建筑上雕刻画像的建筑构石。

画像砖从战国晚期至宋元时期均有发现，盛产于中原、西南和江南的广大地区，尤以河南和四川两省出土最多。其中，反映播种、灌溉、收割、舂米、桑园、采莲、酿酒、盐井、市井等内容的占很大比例，图案丰富，叙事生动。画像石的分布区域主要有四个中心：一是河南南阳、鄂北区，二是山东、苏北、皖北区，三是四川地区，四是陕北、晋西北区。此外河南新密、永城，北京丰台，浙江杭州，陕西邠县，也有零星发现。

丰富的砖石图像资料给我们留下了大量远古农耕文明的事实。其中一幅发现于山东嘉祥武梁祠的神农执耜图，如今广为引用，画面体现了神农教田，辟土种谷。1984年江苏省泗洪县重岗乡出土犁地图，为"二牛抬扛"式，一农夫在耕牛前，两手向后牵握系在牛鼻子上的缰绳。二牛二人犁地，下部为三人播种、耰耱图。直辕犁，一农夫左手扶犁梢，右手扬鞭驱牛犁地。在牛耕图下，一农夫左手挎盛种子的笆斗，右手扬起播撒种子，其后有两农夫手执耙，在已播种的地上耰耱。这幅牛耕画像图案，表现了麦类种植由耕播到碎土平整覆种的全过程，是最早的"二牛抬扛"式耕种的实物形象资料。陕西米脂县官庄村出土的一幅画像刻有鸭、鹅、狗和一匹马，各有一农夫手执簸箕，用木耙捡拾马粪。画面形象地展现了东汉时期，随着耕作技术的日益精细，积肥已成为农家的一项重要的农事活动。而1960年河南省密县打虎亭一号墓出土的画像石，上部是一组表现酿酒的部分场面，一长案上放置六个酒坛，地上放着许多盛酒的壶、瓮、罐等酒器。画像下部刻画了制作豆腐的全过程。整幅画像依次表现了浸豆、磨豆、过滤、点浆和镇压等制作豆腐的生产工序，为研究豆腐生产的起源和发展提供了可靠的形象资料。豆腐什么时候出现，学术界一般认为依据传说从淮南王开始。此画像石可以印证豆腐为汉代发明。

四、壁画中的农耕图像

壁画指绘在壁上的画。原始社会人类在洞壁上刻画各种图形，以记事表情，是最早的壁画。敦煌壁画最为著名，保存了当时大量杰出的艺术作品，同时也反映了大量的现实社会生活。据统计，敦煌壁画中有农作图八十余幅，描绘了犁耕、播种、除草、打场等劳作场面，还出现了数十种工具，如耕犁、铁铧、锄头、镰刀、连枷等。其中，唐宋时期的十三幅打场图全用连枷，一人抡连枷或两人对打，反映了当时的脱粒加工情形。

五、国画中的耕织图

继壁画之后，大量农耕图像在国画中出现。国画的绘画形式是用毛笔蘸水、墨、彩，作画于绢或纸上。利用国画展示农耕场景的是南宋绍兴年间，浙江於潜县令楼璹绘制的《耕织图》，包括耕图二十一幅、织图二十四幅，总共四十五幅，一图一诗，并呈献给宋高宗，深得宋高宗赞赏并获得吴皇后题词。皇上还专门召见他，并将其所绘《耕织图》宣示后宫，一时朝野传诵，从而引发了"耕织图"发展的第一次高潮。这是自西周以来，周天子籍田，即春天在都城演示扶犁耕地以后，重视农业的新形式。

《耕织图》提供了无法从文献中得到的珍贵形象资料。例如"灌溉""一耘"图，绘出了当时使用戽斗、桔槔和龙骨车抽水灌田的情景。从"收割"图中看到的是一幅紧张的割稻场面。由"织"和"攀花"等图可知当时已经使用的素织机和花织机，使人们能够形象地了解当时蚕桑及纺织的发展面貌。其中记载的许多耕织技术和生产工具一直沿用至今。

受楼璹的《耕织图》影响，南宋当时几乎各州、县府中均绘有《耕织图》，并影响到以后各时期。据统计，南宋时期至少出现六套与耕织相关的绘画作品，其中现存的仍有四套：黑龙江博物馆的《蚕织图》，为楼璹《耕织图》之"织"图的宫廷摹本，约产生于12世纪后半叶；北京故宫博物院的《丝纶图》（马远，创作于1210年）与《耕获图》（约创作于13世纪）；上海博物馆的《耕织图》（约创作于12世纪）；美国克利夫兰艺术博物馆的《织图》残卷。另外，南宋名宦汪纲亦曾制作楼璹《耕织图》木刻版，著名画家刘松年亦曾据楼璹图而仿作《耕织图》，可惜已不存。还有李嵩创作的《服田图》，绘浸种、摊田、插种、肥田、拔秧、插秧、一耘、二耘、三耘、灌溉、收刈、持穗、登场、簸扬、入仓等古代耕作的十几道工序。

元代创作、现仍存世的，则有纽约大都会艺术博物馆的《耕稼图》（忽哥赤，约创作于14世纪中叶）与美国佛利尔艺术馆的《耕织图》与《蚕织图》（程棨于1275年所作，被认为是最接近楼璹原作的图绘作品）。元延祐五年（1318年），司农司苗好谦编写《栽桑图说》，将元初李声临摹的楼璹《耕织图》一同编为《农桑图说》，印发给老百姓。

而受楼璹《耕织图》所开创传统之影响，明清时期均产生了大量成体系的耕织图图像，如明朝邝璠的《便民图纂·耕织图》与仇英的《耕织图》。

各种形式的《耕织图》鼎盛于清代，康熙二十八年（1689年），康熙帝二次南巡时，意外得获南宋楼璹《耕织图》，感慨织女之寒、农夫之苦，遂命内廷供奉焦秉贞以楼璹原作为基础重绘《耕织图》。康熙不仅每图亲题七言律诗一首且于图前，亲书序文，并于序首，序尾盖印。后来雍正皇帝又命画师参照楼璹《耕织图》和《御制耕织图》绘制耕图、织图各二十三幅，并亲自各题五律诗一首。乾隆皇帝也命画师摹绘楼璹的《耕织图》，亲自作序，并在保留楼璹原诗的同时，于每幅题七律及五律诗各一首。

通过国画，借助耕织图这种形式来劝倡农耕，产生了很好的示范效应。自南宋楼璹的《耕织图》问世，至清末七百余年间，各版本的《耕织图》层出不穷。现美国、英国、日本、朝鲜等国有多种临摹本珍藏。《耕织图》也被称为"中国最早完整记录男耕女织的画卷""世界首部农业科普画册"。

《耕织图》等采用绘图的形式翔实记录耕作与蚕织的系列图谱，是中国古代劝课农桑的主要形式。由于其"图绘以尽其状，诗文以尽其情"，形象生动、细腻传神地描绘了劳动者耕作与蚕织的场景和详细的生产过程，从而起到了普及农业生产知识、推广耕作技术、促进社会生产力发展的巨大作用，其本身也成为极其珍贵的艺术瑰宝。

六、雕塑、瓷绘、版刻、刺绣上的农耕图像

在南宋楼璹的《耕织图》问世以后，农耕图像在国画中不断出现承担教化与艺术功能，同时也出现在各种其他的艺术形式上，如雕塑、瓷绘、版刻。古代雕塑如玉雕、牙雕、木雕、竹雕、漆雕中的农耕题材极为普遍。清代农耕图像碑刻盛行，乾隆命工匠将元代程棨绘《耕织图》刻于石上，置于清漪园中。方观承将《御题棉花图》镌刻于珍贵的端石之上。清光绪年间河南博爱县石刻《耕织图》，共有二十幅画面，分别刻在四块长两百厘米、宽三十厘米的青石上，在画面的间隔部位，用卷云纹和花鸟图案填充。

中国是瓷器的故乡，其瓷面成为很好的艺术表现场所，农耕方面的素材自然不会放过这个好的表现机会。瓷画中农耕图像单幅较多，成系列的较少，目前能见到的成系列的，有清乾隆时期瓷绘《耕织图》《棉花图》等。

雕版印刷技术的发展促进了古代农书的大量刊印，在书中普遍使用插图，如从元代《王祯农书》的"农器图谱"开始，图像作为农书的重要组成部分，此后明代王圻和王思义的《三才图会》、明代徐光启的《农政全书》、明代宋应星的《天工开物》、清代御制《古今图书集成》和《授时通考》等农业古籍中皆存有大量农耕图像，包括耕地整

地、播种移栽、中耕除草、农田灌溉、收获运输、脱粒加工等生产环节,以及大量的农业生产工具,对人们了解当时的农业历史文化提供了重要的形象化史料。

思考题:
1. 农耕图像有哪些类型?
2. 《耕织图》出现在什么时代,影响如何?

参考文献:
1. 隋斌.中国古代农耕图像作用与分布探究[J].古今农业,2020(3):12-17.
2. 许丽萍,方元湘.宋代于潜县令楼璹与耕织图[N].今日临安,2011-05-19(7).
3. 王加华.观念、时势与个人心性:南宋楼璹《耕织图》的"诞生"[J].中原文化研究,2018,6(1):86-93.
4. 王潮生.中国古代耕织图[M].北京:中国农业出版社,1995.

第四章

大田耕作相关技术

农业生产是一个复杂的过程，需要多方面的知识与要素。工具是农业生产的基本条件，农田水利工程制约着收成的取得，此外还有土地利用与土壤改良等，在此基础上形成了中华独特的精耕细作技术体系。本章主要阐述工具、水利工程、土地利用形式、土壤改良及耕作体系。

第一节　农具的发明与改进

第二节　农田水利工程与技术

第三节　独特的土地利用形式

第四节　盐碱地改良技术

第五节　精耕细作技术体系

第一节
农具的发明与改进

农具是农业生产中的重要元素,决定了农业的生产效率。中国的农具发展从材质上讲,经历了三个阶段:原始农业中木石骨蚌并用时代,商周时期出现了青铜农具,春秋战国时期逐渐发展成为以铁农具为主,并延用至今。在农业生产发展的过程中,农具种类不断丰富和发展。

一、原始农业阶段的木石农具

专门的原始农具是木质的耒耜。耒是最古老的挖土工具,它是从采集经济时期挖掘植物的尖木棍发展而来的。在尖木棍下端安一横木便于脚踏,使之容易入土,这便是单尖耒。后来衍生出双尖耒,提高了挖土的功效。单尖耒的刃部又发展成为扁平的板状宽刃,形似铲子,就成为木耜,其功效更为提高。由于木耜容易磨损,人们将其刃部改为用蚌、骨、石等材料制成,然后绑上木柄使用,成了复合农具。各地考古发掘所出土的蚌铲、骨铲和石铲,大多数都是耜的刃部。一般把这一阶段的农业称为耜耕农业。目前,中国已发现的最早的农耕遗址,大都属于耜耕农业阶段。如河北省武安县磁山遗址、河南省新郑县裴李岗遗址出土的石铲(耜),其年代距今8 000年左右。浙江省桐乡市罗家角遗址和余姚市河姆渡遗址也出土了距今7 000年左右的骨耜和木耜。

耜耕农业阶段的收割农具主要有用蚌、石、陶等材料制作的刀(铚)和用蚌、石制作的镰。加工农具主要是石磨盘和石磨棒。在原始农业的后期,挖土农具还有石锄、鹿角锄,可能还有木锄。加工农具还有木杵臼和石杵臼。在原始农业时期,已发明了整地、收获、加工脱粒等三类农具,但是尚未发明播种、中耕和灌溉农具。

二、农业技术初步发展时期的青铜农具

奴隶社会商周时期，是原始农业向以精耕细作为主要特征的传统农业过渡的时期。这一时期农具已进入青铜时代，但农具仍然继承原始社会时期农具的传统，形制变化不大。主要是耒、耜、铲、锄、镰、铚（刀）、石磨盘和杵臼等。考古发现的挖土农具，主要是木耒、木耜、石铲（耜）、骨铲（耜）等，也有铜铲、铜锸和铜钁。同时商周时期出现了用于中耕的青铜农具钱和镈。钱是除草用的小铲子，镈是除草用的小锄，和用于挖土的铲（耜）、锄、钁是有区别的。

青铜农具出现在中国农具发展史上有划时代的重要意义，它的破土效率是天然材料的农具所无法相比的，大大提高了农业生产力，并为以后更加普遍与制作更易的铁农具的出现奠定了基础。不过，由于青铜比较珍贵，更多用于兵器和礼器，青铜农具的使用在商周时期并没有占主导地位。

三、传统农业阶段初期的铁农具

春秋战国是中国传统农业精耕细作耕作体系开始形成的时期，也是中国农具史上的飞跃发展时期，其中尤以铁农具的出现与推广具有划时代的意义。铁器比青铜坚韧、锋利，又价廉易得，所以在中原地区取代了青铜农具和石农具，除了加工和灌溉农具外，所有的整地、中耕、收获的农具，主要部件都是铁制的。考古发现的铁农具始见于春秋晚期，湖南省长沙市识字岭314号墓出土的一件小铁锸，河南省洛阳市水泥制品厂出土的一件铲，陕西省凤翔县雍城秦公1号大墓出土的铁铲和铁锸等，是目前已知的早期铁农具。战国中晚期铁农具明显增多。如河北省兴隆县古洞沟燕国矿冶遗址出土的一批铁农具（钁、锄、镰）和铸范五十二件、辽宁省抚顺市莲花堡出土铁农具六十八件、河南省辉县固围村出土铁农具五十八件、广西壮族自治区平乐县银山岭出土的铁农具多达九十一件，可见当时铁农具已大量生产，并遍及南北各地。《管子·海王》指出："耕者必有一耒、一耜、一铫，若其事立。"《孟子·滕文公章句上》载："以铁耕乎？"竟以铁作为农具的总称。总之，战国中期以后，铁农具的主导地位已经确立。

战国的铁农具主要有耒、锸、铧、铲、锄、多齿锄、镰、铚等。耒、锸、铧都是在刃部前端安装铁套刃。铲、锄则是整个挖土部件都是铁制的。铧（犁）、长条形铁、六角形铁锄和多齿锄，是这一时期新出现的整地和中耕农具。

这一时期还有一个重要的变化，就是牛耕与铁器的结合。一牛能够顶十人之力，牛作为役力，结合铁农具，其效率提升的层次可想而知。对于牛耕始于何时，学术界仍未取得统一认识，但至晚到春秋时期已有牛耕的事实是不容置疑的。《国语·晋语九》中"宗庙之牺，为畎亩之勤"，是有关牛耕的最早的记载。山西浑源出土的春秋时期的穿鼻牛尊，从文物的角度间接佐证当时能够驱使牛来耕地。用于耕作的犁，已经不是简单的手工农具，它是由动力、传动和工作三个要素组成的农机具，将手工农具的间歇动作发展为役畜作为动力的连续运动的耕作方法。而牛耕则是将畜力引入耕作过程中来，从而极大地提高了劳动效率，推动了战国时期社会经济的蓬勃发展。战国的犁铧在陕西、山西、山东、河南、河北各地都有出土，说明牛耕已初步推广。

战国时期新出现的农具还有灌溉工具桔槔和加工农具石磨。桔槔是利用杠杆原理提高工效的灌溉机械，石磨则自发明后一直沿用两千多年，使得小麦由粒食改为粉食，面粉的出现大大推动了小麦的种植。由此，中国传统农业从整地、中耕、灌溉到收获、加工的一整套必备工具，在战国时期就已基本形成。

汉代是中国农具史上最为重要的时期，是中国传统农具改进与系列化时期。首先是在整地和播种机械方面取得突破性成就。西汉赵过在总结劳动人民经验基础上创制耦犁。耦犁是在犁铧的后端上方，安装一个略呈长方形并带一定弧度的犁壁，以便开沟起垄；这种犁要用两头牛牵引。赵过同时还发明了播种机械——耧犁。东汉崔寔的《政论》载："武帝以赵过为搜粟都尉，教民耕殖，其法三犁共一牛，一人将之，下种挽耧，皆取备焉。日种一顷。"从山西平陆枣园汉墓出土的壁画耧播图看，所谓"三犁共一牛"是指一条牛挽拉的一具三脚耧车。耧除三脚的外还有独脚、两脚，甚至四脚数种。据《王祯农书·耒耜门》记载，两脚耧的具体构造为："两柄上弯，高可三尺，两足中虚，阔合一垄，横桄四匝，中置耧斗，其所盛种粒各下通足窍。仍旁挟两辕，可容一牛。用一人牵，傍一人执耧，且行且摇，种乃自下。"三国时，耧车在西部地区得以推广，直至宋代。敦煌壁画上仍有三脚耧车的图像，说明一直在流传使用。陕西三原县唐代李寿墓壁画有用两脚耧车播种的画面，可见唐代在关中地区，使用的是两脚耧车。耧车只播种种子，但在宋元时期又创造一种施肥和下种相结合方法。《王祯农书·耒耜门》有"近有创制下粪耧种。于耧斗后，别置筛过细粪，或拌蚕沙，耩时随种而下，于种上，尤巧便也。"一人一牛用三条腿的耧车可日种一百汉亩，和耦犁的工效相接近。

从东汉起经魏晋到南北朝时期，中国黄河流域的农业生产技术已基本成熟，形成了以保墒防旱为主要内容的"耕—耙—耱"耕作技术体系，出现了与之相适应的新的整地工具。从甘肃嘉峪关魏晋墓的画像砖看,耙是一根长木辕,末端装一横木,横木装一排铁齿,即成丁字形耙。耱的结构相同,只是横木下无齿而已。使用时是先用耙将已经犁过的土地耙碎,再用耱将耙过后的碎土耱细,这样就在地面上形成一层松软的土层,切断了土中毛细管,减少水分蒸发,达到保墒防旱的目的。南方水田则不用耱,只用耙,其形状类似元明时期的耖。从广东连县西晋永嘉六年(312年)墓出土的犁、耙田模型及广西苍梧倒水南朝墓出土的耙田模型可以看出,当时的耙是上有横把,下装六齿,耙田时,人扶耙把,用一牛套绳索牵引(北方的耙则用两牛牵引)。

  西汉时发明了利用杠杆原理的粮食加工机械——踏碓。同时又创造了利用畜力、水力做动力的碓,特别是水碓的发明"可省人力十倍",功效大为提高。此外,还发明了利用连续转动轮形风扇鼓动空气的原理,分清轻重不同的籽粒,扇去谷糠秕谷的加工机械——风扇车。

  《急就篇》载:"碓硙扇隤舂簸扬。"颜师古注:"扇,扇车也。"河南济源泗涧沟西汉晚期墓葬曾出土两件陶风扇车模型,河南洛阳东汉墓和山西芮城东汉墓中也出土过几件陶风扇车模型,都证明早在汉代黄河流域就已使用风扇车。早期的风扇车的风轮箱体为长方形,这种风扇车摇动时较为费力,因为在箱体内与风轮轴平行的箱体壁所组成的二面角内会产生涡流,阻碍了风轮的运转。至少在宋元时期,开始出现了圆柱形风轮箱体的风扇车,从《王祯农书》的插图可以看出,这种风扇车到了元代开始普遍使用,克服了产生涡流的现象,使用起来更为轻快,从而提高了劳动效率。到宋元时期风车已发展为立式、卧式、手转、足踏几种形式。20世纪70年代以前,风扇车仍是南北农村主要扬谷农具。在灌溉工具方面,东汉的毕岚发明了手摇翻车用来提水浇洒道路,三国时马钧又加以改进引用到农业上来。

  唐代前期是农具发展过程中水田农具的改进时期。在农业工具方面基本上是继承南北朝的成就,促进了南方水田农具的发展,主要表现在耕犁巨大的改进上,这就是曲辕犁的出现。它操作起来较为灵活方便,因而特别适于土质黏重、田块较小的江南水田使用,同样也适用于北方旱作区。曲辕犁身全长一丈二尺左右,比现在的犁要长许多,但它的辕"前如桯而",是弯曲的,末端设有能转动的犁盘,可用绳索套在牛肩,牵引时可自由摆动和改变方向,克服了汉魏时期长直辕犁耕至田边地角时"回转相妨"的缺点,更适合在江南土地面积较为狭小的水田中使用。曲辕犁设有犁评,可以控制犁地的深浅。且操作起来比长直辕犁简便轻巧,能适应各种土壤和不同田块的耕作要求,既提高耕作效率又提高耕地质量。中国的耕犁发展到此已达相当完善的地步。此后,曲辕犁就成为中国耕犁的主流。

唐代的整地农具还有耙、砺碎、碌碡。后二者是新出现的农具,主要是在水田使用,通过击打水田中已耕翻过的泥土,使之匀细平整。在加工机械方面,唐代普遍使用碾磨。碾大约始于南北朝,但到唐代更为普及,除使用畜力牵引外,也开始大量使用水碾,并且还出现了一个水轮带动五个碾轮的新机具。如唐代高力士"于京城西北截沣水作碾,并转五轮,日破麦三百斛",可见其功效是很高的。

唐代在灌溉机械方面的成就是非常突出的。首先是水车(翻车)的推广和改进。翻车最先出现在三国时期,毕岚制作的翻车尚未用于农业。三国时马钧所制作的翻车才真正使用于园圃灌溉。由于马钧制作的翻车提水功效高,很受后人欢迎,被推广到各地,至唐代已成为农业上最重要的灌溉机械。马钧的翻车是"令童儿转之,而灌水自覆",应是手摇的。唐代的水车则已经发明了脚踏和牛转水车,并且还远传至日本。唐代还发明了一种利用水流冲击力量转动木轮自动提水的灌溉机械——水轮,也就是《王祯农书》中所说的"水激轮转,众筒兜水,次第下倾于岸上"的筒车。此外,还有"以木桶相连,汲于井中"的井车及"索绹以,縻于标垂,上属数仞之端,亘空以峻其势,如张弦焉"的汲机,也是这一时期的新发明。

翻车在宋代又称龙骨车、踏车。宋代诗歌中常有提及。脚踏翻车一般为两人踩踏,但宋代江南一带已有四人踏车,甚至有七人共踏的翻车出现。南宋张孝祥有"江吴夸七蹋,足茧腰背偻"的诗句。宋朝政府也重视推广翻车。宋元之际,还创造了以水流为动力的水转翻车。清代中叶周庆云的《盐法通志》有较详细记载:"风车者,借风力回转以为用也。车凡高二丈余,直径一丈六尺许。上安布帆八叶,以受八风。中贯木轴,附设平行齿轮。帆动轴转,激动平齿轮,与水车之竖齿轮相搏,则水车腹页周旋,引水而上。此制始于安凤官滩,用之以起水也。"风力翻车是翻车发展史上的重大成就,至今犹在江苏沿海一带在生产上继续发挥作用。

宋代精耕细作的水平更高,因东南山区山地开发要求犁形制更加精细灵巧,一切农具的制造都要适应这个客观要求。因此耕犁由短曲辕犁取代了直辕犁和长曲辕犁,并且普遍采用挂钩和软套,将犁身和服牛的工具分隔开来。这样,牛耕既可用于水田、平地,还可用于山区、梯田。耕犁发展到此已达完善地步。为适应南方水田中耕技术的需要,发明了耘爪、耘荡、耘耙等中耕农具;为适应旱地中耕的需要,发明了用畜力牵引的中耕机械——耧锄,填补了中国农具史上中耕机械的空白。随着多熟种植的推广,抢收抢种时劳力显得紧张,就发明了收割麦类作物的机械——推镰和芟麦器,填补了收获机械的空白。水田农业的发展要求灌溉事业有相应发展，促进了水车、筒车等灌溉工具的普及，并发明了水转翻车和高转筒车等新工具。随着生产发展，粮食加工机械，如槽碓、连机水碓、船磨、水转连磨、水击面罗等都相继问世。仅《王祯农书》的记载，当时的农具就已达一百零五种之多，可见中国传统农具至此已进入鼎盛时期。

明清以后进入了传统农业阶段后期，农具基本趋于定形。农业生产的发展主要不是表现在农具的创制上，而是通过农具的娴熟运用，在耕作制度、耕作技术及田间管理上技艺的提高。尽管如此，有些发明和改进仍值一提，如深耕犁的出现、人力耕地机——代耕架的发明、漏锄的创造以及风力水车、风力筒车的发明，等等，在中国农具史上都有一定的意义。

思考题：
1. 农具发展经历了几个主要阶段？
2. 曲辕犁相对于直辕犁，其改进与优点体现在哪里？

参考文献：
1. 中国农业百科全书编辑部. 中国农业百科全书（农业历史卷）[M]. 北京：中国农业出版社，1995.
2. 梁家勉. 中国农业科学技术史稿[M]. 北京：农业出版社，1989.

第二节
农田水利工程与技术

中华民族在漫长的农业生产实践和适应自然、改造自然的过程中营建了大量农田水利工程，积累了丰富的技术经验，建造了用于引水、分水、蓄水、排水、输水、配水、灌水、放淤的各类灌溉工程，设计了以人力、畜力、风力、水力为动力的各种排灌机具，留下了渠系、陂塘、渠塘结合、井渠、圩垸、御咸蓄淡、井泉灌溉等各种农田水利工程遗产。

一、先秦时期

相传大禹治水的时候为了宣泄水涝开凿沟洫，可视为排水工程的起源。农田沟洫的技术水平到周代有所提高，称作"井田沟洫"制度，用于"通水于田，泄水于川"。"尽力乎沟洫"因而成为水利事功的代称，长期受人颂扬。

春秋战国时期，大型灌溉工程建造已经兴起。古代淮河流域最著名的塘堰工程——芍陂，一般认为建于楚庄王年间，是历史上最早的大型蓄水灌溉工程，对促进楚国政治经济发展起了重要作用。战国前期，先后由西门豹、史起在邺县主持修筑了中国北方引河水灌溉最早的大型渠系——引漳十二渠，有拦河低堰流堰十二道，堰上游南岸各开一引水口，设闸门控制，共为十二渠，落淤肥田，对盐碱地进行了有效地改良和利用，在中国农田水利史上揭开了淤灌治碱的序幕。

战国后期，秦国李冰凿山引水、壅江作堋，建成无坝引水枢纽，将岷江水分作左右二股，引其流灌溉成都平原，后来发展为由分水鱼嘴、飞沙堰、宝瓶口三大主体组成的完整的引水、防沙、防洪工程系统，称为都江堰。都江堰渠首工程布局合理，顺应水势，效益巨大而历久不衰，促进了发展，使成都平原号称"天府之国"。

公元前246年，秦国又在关中地区兴建郑国渠灌溉工程，将泥沙含量丰富的泾水引而向东，下游注入洛水，全长一百五十多千米，"溉泽卤之地四万余顷"。其巨大灌溉效益与土壤改良作用，使渭北平原农业取得了前所未有的大面积高产，成为秦国的重要粮仓，极大地增强了秦国的经济实力。都江堰与郑国渠的修建，显示了水利对地区农业经济发展的强大促进作用，在中国历史上形成了农田水利建设的示范效应。

先秦时期，中国农田水利技术体系已经初步形成，防洪治河及各种类型的灌排水工程皆有所体现。《国语·周语上》有"川壅而溃，伤人必多"之说，在一定程度上反映了当时河流堤防所起的作用。《周礼·考工记》对土堤边坡的坡度有具体规定，意味着战国年间人们对土堤自身稳定性认识的深入。《管子·度地》则记录了战国时代土工施工的技术规定，包括土壤含水量的掌握及笼、锸、版、筑等施工工具的配置等。与此同时，国家对农田水利进行管理的相关机构也已经出现。《周礼》所载天、地、春、夏、秋、冬六卿中，冬官司空掌管工程营造和管理，包含水利工程管理。《管子·立政》则提出："决水潦，通沟渎，修障防，安水藏，使时水虽过度，无害于五谷，岁虽凶旱，有所秎获"乃"司空之事也"，实际上规定了国家水政责任和水利建设的目标，强调水利对农业生产的保障作用。

二、秦汉魏晋南北朝时期

秦汉时期，农田水利建设进入第一次高潮。秦统一六国后，为向岭南用兵，于公元前219年派监郡御史凿灵渠运粮，沟通了湘江和漓江。渠首用大小天平（溢流坝）、铧嘴（导水堤）和泄水天平（侧向溢流堰）综合地解决了分水、引水和防洪，既是水运工程，同时也是灌溉工程。汉代于武帝在位时开始大兴水利，水利开发的重点，首先是关中，其次是西北地区。汉王朝扩大了关中灌区的灌溉规模，在郑国渠之南增建新渠，引泾水东行至栎阳注于渭水，是为白渠，后与郑国渠合称郑白渠，与郑国渠上游南岸新开凿的六辅渠共同形成引泾灌溉系统。除此之外，渭河南北还兴建了龙首渠、成国渠、灵帜渠和漕渠等规模大小不同的灌溉工程，极大地促进了关中农业的发展，进而推动了该区作物结构特别是小麦种植的变化和农作制演进，使农业经济繁荣兴盛。

汉武帝时期还重视西北地区屯田和水利开发。自元狩四年（公元前119年）漠北之战后，汉"自朔方以西至令居，往往通渠、置田官"，先后在河西地区修筑了千金渠等三条灌溉渠道，以及敦煌马圈口堰、居延驿马田官之渠（泾渠）、玉门塞外海廉渠等工程。经过数代坚持不懈的经营，汉王朝在农地垦拓和水利建设方面，取得了相当的成就，从而促进了西北地区的政治安定和经济开发。

西汉中期以前，黄河流域是主要的水利区，其工程形式多为渠系灌溉。自西汉中后期开始，农田水利的开发逐渐由北向南推进，淮河流域的水利事业首先发展起来。西汉时曾从汝南、九江郡引淮水，陂塘灌溉面积大量增加。到东汉时，汝南地区逐渐建成大小陂塘与灌溉渠道，相互串联，形成灌溉网。东汉治河专家王景又在建初八年（83年）维修芍陂，并制定芍陂管理维修办法，刻石公布，巩固了淮河流域传统灌区。与此同时，长江流域水利也有所发展。西汉召信臣开发南阳水利，进行陂塘水利建设。经过两汉时期的经营，南阳地区于《水经注》记载的重要灌溉工程就有几十项，出现了"多黍多稌，无年不丰"的景象。东汉永和五年（140年），会稽太守马臻在今浙江绍兴城南主持修筑长堤，拦蓄山南诸小湖水，形成鉴湖，以它巨大的库容对稽北山溪来水进行拦蓄和调节，泄湖灌田。这是长江以南最早的大型塘堰工程。

魏晋南北朝时期，华北地区和西北河套地区灌溉事业持续推进，戾陵堰、艾山渠等著名水利工程得以兴建和重修，传统水利工程也得到修缮，黄淮海流域农业生产得以恢复和振兴，淮河流域和长江以南地区的水利事业快速发展。孙吴在江南大规模开发土地，兴筑海塘、湖堤、塘河和运道，使太湖流域、丹阳湖区和沿江地带的水土资源得以利用，建立起较为富饶的经济基地。西晋时，又在今江苏丹阳县城西北修筑长堤，形成练湖，为该区农业生产的发展创造了良好条件。到东晋、南朝时，随着农田垦拓向湖沼洼地推进，修筑圩围成为三吴地区水利事业发展的主要方式。

秦汉魏晋南北朝时期，农田水利技术发展迅速，陂塘水利技术已在南方普及。从出土的汉代陂塘模型来看，蓄水池、挡水坝、闸门和稻田的结构完整，闸门设置已能实现蓄水和供水的定量控制。对土壤次生盐碱问题，也提出了引水种稻与洗碱相结合的措施。汉代，新疆出现了坎儿井的明确记载，表明地下暗渠与井结合以利用宝贵水源的技术已为旱区人民所掌握。

三、唐宋时期

唐宋时期，灌溉工程在全国普遍兴建，社会生产迅速得到发展。以安史之乱为界，大致可以分为前后两个时期，后期南方水利建设超过北方，推动了经济重心的南移。

隋、唐两代皆致力于恢复关中水利灌溉，不仅引泾灌溉渠系较从前有所扩展，干渠修缮为太白、中白和南白三大支渠，还兴建了泾水拦河堰，提高了渠系引水能力，使灌区得以扩大。唐代还在关中地区维修成国渠，兴建升原渠，并于开元七年（719年）重建引洛灌区，同时开凿田间沟洫，引水泡田，种稻治碱，使大片荒芜的盐碱洼地成为肥沃的稻田。唐代还进一步开辟渭南地区的水源，以增加水量。在恢复与开发关中水利灌溉的基础上，郑白渠灌区、引洛灌区、渭南地区出现连片的肥沃稻田。

对北方其他传统灌区，李唐政权也予以高度重视。唐高祖武德七年（624年）在朝邑东北大规模进行引黄灌溉，获得成功。河套地区建成特进渠、汉渠、胡渠、御史渠、百家渠、七级渠、光禄渠、尚书渠等，使宁夏古灌区灌溉条件大大改善。唐代在河西地区发展大规模军屯，天山南北也设有屯区。在引晋灌区、引漳灌区等区域，亦修缮、扩建了灌溉渠系，在幽州地区还曾引泸沟水（今北京永定河）灌溉稻田，并发展海河平原防洪排涝。这些水利措施都对社会经济产生了积极影响。

中唐以后，北方水利事业发展遇到两方面的问题。其一是战争的直接破坏，黄河流域人口锐减，北方地区社会经济衰落，"人烟断绝，千里萧条"；其二是水环境变化与水利工程寿命问题，典型的例子即引泾灌区。由于泾水河床明显下切，至宋初时，渠道难以自流引水，曾修木堰代替石堰，但常修常坏。后来采用引水渠口移向上游，干渠向上游延伸的办法，但直到北宋末年，改建的丰利渠才完工。北宋政府除进一步修缮、改建传统水利工程之外,还在海河流域采用工程手段兴建塘泊,调节湖淀沼泽水位,并于太行山麓进行营田。王安石变法期间,掀起了农田水利建设高潮,黄河、汴水、滹沱河、漳河等河流上进行了大规模放淤肥田,虽曾存在问题及争议,却也颇具成效。另外,西夏政权兴建的李王渠,也是西北地区重要的水利工程。

尽管北方水利事业陷入停滞,南方的水利工程数量却有大幅度增长。其中,单项工程成就以它山堰与钱塘湖为最。它山堰始建于大和七年(833年),在浙江鄞奉平原鄞江镇它山旁,是一项防止海潮沿甬江上溯的阻咸引淡工程,利用它山与南岸之山夹流处优势地形筑堰,坝体首次采用大块石叠砌的拦河滚水坝,就地取材,工程设计周详,建造精巧,能使涝时水流七分入江、三分入溪;旱时则利用潮汐顶托,实现七分入溪、三分入江。钱塘湖即今杭州西湖,自唐代由人工控制蓄泄。长庆四年(824年)白居易组织修湖,建筑堤、水闸、渠道、管道和溢洪道,增加了蓄水量,完善了供水和防洪工程,形成人工水库。五代和北宋时,多次修浚,南宋时,西湖水利达到高潮,兼有供水、灌溉、济运、水产和风景游览等综合效益。

唐宋时期南方水利的另一项重要课题是湖田围筑所引发的问题。随着南方水田围圩的发展,杭州、嘉兴、湖州一带成为日益富庶的农业区。唐广德元年(763年)开浙西屯田三处,其中嘉兴所筑塘岸、沟洫已形成完整排灌系统。五代时期,南方围圩继续发展。北宋末年至南宋前期,今皖南、苏南、浙东一代出现了围湖垦田的高潮。北宋太湖流域塘浦圩田制度隳坏。而南宋以太湖为主要农业经济区,进一步开垦造田,导致围田恶性发展,开江浚河组织废置不定,江湖水面日益缩小,河网趋于紊乱,蓄泄功能开始衰弱,水域环境发生巨大变化。两宋时期的围垦恶果,以绍兴鉴湖最为典型。北宋末年,鉴湖被地方官吏围垦成田,使南宋时期该区水灾频率成为北宋时期的五倍,旱灾频率增长为十二倍,引起时人对湖泊滩地围垦的争议。宋代空前规模的湖泊滩地围垦及其引发的围田与复湖大讨论,加深了人们对湖泊价值和人水关系的认识,为后世提供了有益启迪。

唐宋时期,传统水利技术臻于成熟,水利管理也趋于完善。唐朝中央政府制定了《水部式》,将长期以来的水利管理经验总结为法律形式,规定地方州、县两级行政长官均负有管理其所辖地区的水利之责,各灌区设置管理机构,配备专门管理人员,严禁在干渠上私设斗门,造堰壅水等。唐代还改进、创造了许多新的排灌器械,利用畜力、水力提水,推广龙骨水车,发展筒车、水碓等。北宋熙宁年间,王安石主持颁行《农田水利约束》(又称《农田利害条约》),规定各县对辖区内荒地、水利状况进行详细调查,凡"数经水害"的地区应做出治理规划，开垦荒地、兴修水利由民户出工出料，私人出钱组织兴修水利者可按功酬奖。该法的颁布实施推动了中国农田水利建设的高潮。两宋时，引水、蓄水、提水工程技术等均达到高峰。

四、元明清时期

元明清时期，农田水利形成稳定发展局面，农田水利技术普及，工程建设遍布全国，同时，国家经济对东南水利的依赖进一步加强，北方水利则从大型工程向小型水利设施发展，漕运与防洪灌溉之间的矛盾日渐突出。

这一时期，政府对北方古渠旧堰进行整修，重要建树不多，但修缮范围仍很广泛。由于北方陂渠水利逐渐衰落，旱灾频率急剧上升，井水、泉水灌溉迅速发展起来，华北平原和山陕地区均不断扩大井泉灌溉，地下水开发利用成为新趋势。

京杭运河全线贯通后，南粮北运及其所带来的人力物力消耗，亦成为北方农田水利发展的动力。元明清三代都曾为就近解决国都粮食供应而进行过努力，焦点在于引种水稻。元代学者虞集曾提出在京东沿海地区按照江浙一带的方式修建农田水利设施。此后，明代徐贞明、汪应蛟、徐光启等进一步论证和探索北方水利营田，取得了一系列理论与实践成就。清前期，怡亲王允祥与陈仪在海河流域开渠引水，推广水田，颇有功绩。北方各省在元明清时期营田植稻虽时有兴废，但总的趋势是水稻种植面积不断扩大。

元明清时期的东南水利，最值得注意的是海塘与护滩工程。唐宋时期，江苏、浙江和福建沿海已建成系统的海塘工程，以抵御海潮、巩固海岸线。元明清时期，在总结前人经验基础上，改进成"纵横交错"骑缝叠砌的筑塘方式，增加了塘身整体性、防渗性，最终发展为结构完善、工艺考究的五纵五横鱼鳞大石塘，并设"梅花桩""马牙桩"，有效保证了海塘基础的稳固性和承载力。在筑造海塘护岸工程的基础上，塘外滩地淤涨，沿海一带的滩涂资源逐步得到垦殖开发。

明清时期，人口增长，为了开拓耕地、增加生产，垦山围湖的程度比两宋进一步加深。北方由秦岭而至太行，南方川黔、湘赣一带的山地丘陵，开垦面积逐渐增大，梯田与山塘堰坝日渐增多。水域围垦属洞庭湖、鄱阳湖、长江下游沿江一带最为剧烈。洞庭湖区筑堤围垦始于南宋，发展于明代中后期，至清代达于极盛。洞庭湖区筑堤作围，外以挡水、内以围田的农田一般称垸田，形态与太湖地区的圩田相同，范围大小不等。圩垸工程广泛兴建，一方面使江湖淤滩得到开发利用，另一方面却加速了湖泊埋坏淤废，甚至连带破坏了河流水系的整体水生态平衡，使水涝灾害进一步加剧。到清中叶，人们逐渐将水灾与上游山林开垦、下游滩地垦殖联系在一起，对人地关系的认识与水利减灾的思考进入了新阶段。

元明清时期，水利技术与水利设施向西北、东北及台海地区进一步普及。大量内地的居民迁移边疆，带去了内地的水工技术，促进了农垦区域的扩大。台湾的陂圳水利、滇桂黔的塘堰水利，工程数量均不断增加。在西北，不仅传统灌区如河套、河西重修、增开了一系列水渠，新疆的水利事业更有大幅度进展。伊犁地区引河水灌溉农田的范围日益扩大，乌鲁木齐和吐鲁番农区也建成渠坝引水工程，灌溉新垦地亩，坎儿井也得到传播推广。

思考题：
1. 中国历史上最早的水利工程始于什么朝代？
2. 秦汉时期的水利工程具有什么特点？
3. 如何理解中国古代经济重心的南移与农田水利建设之间的关系？

参考文献：
1. 周魁一. 中国科学技术史（水利卷）[M]. 北京：科学出版社，2002.
2. 汪家伦，张芳. 中国农田水利史[M]. 北京：农业出版社，1990.
3. 中国农业百科全书编辑部. 中国农业百科全书（水利卷）[M]. 北京：农业出版社，1987.
4. 姚汉源. 中国水利史纲要[M]. 北京：水利电力出版社，1987.
5. 武汉水利电力学院. 水利水电科学研究院《中国水利史稿》编写组. 中国水利史稿（上）[M]. 北京：水利电力出版社，1979.
6. 武汉水利电力学院. 水利水电科学研究院《中国水利史稿》编写组. 中国水利史稿（中）[M]. 北京：水利电力出版社，1987.
7. 武汉水利电力学院. 水利水电科学研究院《中国水利史稿》编写组. 中国水利史稿（下）[M]. 北京：水利电力出版社，1989.

第三节
独特的土地利用形式

在传统农业生产中，土地是最基础的生产资料。面对复杂的自然环境，劳动人民充分发挥智慧，发明了形式多样的土地利用形式。一般来说，平原地区土地利用最为有利。当人口增长，平原土地利用完毕以后，人们就开始向山地、湖滩要耕地，由此形成许多独特的土地利用形式。元代农学家王祯在其所著《王祯农书》中专辟"田制门"记述了梯田、冲田、圩田、畬田、架田、柜田、涂田、沙田等土地利用形式。

一、梯田

梯田是生活在山地的人们因缺少平原耕地，为了生存开垦山腰土地而形成的梯级土地，在某种程度上是具有防止水土流失、保持土壤养分功能的山地利用形式。梯田修筑时，先修田坎，再筑平坝土，每块之间呈不规则的弧形半圆形，由下至上、层层相接，犹如梯子一般，故名梯田。梯田南北皆有，北方是旱作梯田，而南方则多为水田稻作梯田。

梯田最早的形式可能出现在北方的黄土高原旱地之中，由于主要是山地，开垦的耕地呈现出梯级形式，但是名称不叫梯田。梯田这个名称最早出现在南宋诗人范成大的记载中。1172年12月，范成大在外放做官的途中，路过江西袁州（今宜春）仰山，游览时看到"岭阪上皆禾田，层层而上至顶"，当地人称其为"梯田"。可以肯定的是，名在实之后。山区是梯田分布最多的地方，福建就有"八山一水一分田"的说法。山多田少是福建农业发展的最大制约。因此，梯田在福建得到大规模发展。宋代有一首描绘福建某地农业情况的诗，其中两句"稻田棋局方，梯山种禾黍"，说的正是当时人们在山区开发梯田的情形。各地对梯田的叫法不尽相同，如"磴田""佛座田""塝田"等都是梯田的异名。

元代《王祯农书》中说"梯田，谓梯山为田也"。其意思是说，梯田是"山多地少之处"常见的土地利用形式。如果梯田上有水源，利用雨水蓄积形成了隐形灌溉系统，就可以种植水稻。如果没有水源，也可以种粟、小麦等旱地作物。明清时期，梯田在南方山区分布的范围很广。

在中国北方山地或丘陵地区梯田也很普遍。比如，河北涉县的王金庄梯石堰梯田，其建造历史十分悠久。王金庄梯田从元代初期开始修建，经清康乾时期大规模发展，建设持续至20世纪70年代，其总面积有1.4万公顷，是太行山区最大的旱作梯田群。

今天，梯田依旧是山区重要土地利用形式。有些梯田被列入了世界农业文化遗产行列加以保护，云南哈尼稻作梯田、湖南紫鹊界梯田、广西龙胜梯田就是其中的突出代表。对梯田的利用与保护有利于维持人与自然的和谐关系长期稳定。

二、冲田

在山腰上开辟为田的梯田利用形式之外，还有一种梯田叫"冲田"，它是一种将丘陵地区两丘之间的土地开垦为稻田的土地利用形式，广泛分布于南方丘陵地区，同样呈现出梯级形式。与高山梯田不同的是，冲田有成形的灌溉系统，一般在冲田上部建池塘，以供灌溉。由于南方丘陵地区水源充足，天然降水可以通过上部的池塘蓄积后，灌溉水稻，水稻产量明显高于旱地，所以冲田的粮食收成比旱作要高。

三、圩田

圩田是古代劳动人民将河边或湖边滩涂开发为农田的一种土地利用形式，又名围田。圩田的历史最早可以追溯到春秋时期的吴国。当时的吴国为抵御楚国的进攻，修圩筑城。人们开始在那些湖滩地周围取土筑起堤岸，以防止水侵入圩内，同时在内部也要开挖一些水沟，把里面的水排出来。不仅如此，在圩田内部还设置了一些闸门，以适时地关水、泄水。这样一来，由于本身滩涂泥土非常肥沃，圩田就变成了旱涝保收的良田。所以，宋代政治家范仲淹说圩田遇到旱灾的时候，就打开闸门，引江水灌溉；洪水的时候，则关闭闸门，"旱涝不及，为农美利"。元代的农学家王祯也说圩田"捍护外水，难有水旱，皆可救御"。

到唐代，圩田就开始成规模发展；南宋时，在江苏的太湖地区，圩田非常多。南宋之后，圩田还发展到广东、湖南、湖北等地。明清时期，圩田就更多了，而且"圩"还成为一种社会组织单位。政府以圩为单位来管理当地的赋税经济。

圩田的发明与利用使中国大量沿湖滩涂地得以开发成良田，促进了地方农业的发展与水稻产量的提高，对于江南经济地位的巩固具有重要意义。不过从本质上来说，圩田是人类与水争地的一种行为，对河滩的过分侵占容易造成洪灾。

四、畲田

山区在尚未被广泛开发之前，山民开山种植粮食的方式通常是先砍倒一片树林，放火焚烧后种上粟、黍、荞麦等旱作作物。如此耕种的田叫畲田。

畲田是南方山区一种较为原始的土地利用形式，其出现的历史相当久远。文献中关于"畲田""畲耕"的记载自唐代中后期频繁出现。这与北方人口大量南迁,南方山区得到进一步开发有直接关系。杜甫的《遣闷》云:"瓦卜传神语,畲田费火声"。刘禹锡的《畲田行》载:"下种暖灰中,乘阳拆芽蘖。苍苍一雨后,苕颖如云发。"南宋诗人范成大在《劳畲耕》诗序言中对三峡地区的畲田特点描写得最为详尽:"畲田,峡中刀耕火种之地也。春初斫山,众木尽蹶。至当种时,伺有雨候,则前一夕火之,藉其灰以粪。明日雨作,乘热土下种,即苗盛倍收。无雨反是。"畲耕一季或数季后,要进行休耕或直接抛荒,移至另一处再进行垦殖;作物生长期间没有除草、施肥等中耕环节。因此它被认为是"刀耕火种"粗放落后的生产方式。不过,也有学者认为畲田是适应山区环境的一种耕作方式。其实畲田的性质,主要看其畲耕面积与人地比率。区别评价畲田是一种公允的做法。山区大范围的畲耕容易造成水土流失引发山洪。为了避免畲耕的负面效应,在一些地形稍微平缓的山区,人们会修筑坡堤,拦蓄水土,进而形成梯地、梯田。

五、架田

架田,顾名思义指的是架子上的田。因架在水面上,故又称为浮田或葑田。葑田的形成主要是因为茭蒲等水生植物,长期生长积累后,在水面堆积成堆,聚集周围的土壤之后形成的小块种植区域。它们像木筏子一样,可以撑着在水面移动,是一块流动的田地。宋代《陈旉农书》对葑田进行了精要描述,其云:"若深水薮泽,则有葑田,以木缚为田丘,浮系水面,以葑泥附木架上而种艺之。其木架田丘,随水高下浮泛,自不渰溺。"这是水乡人民应对地少或无地问题的一种方式。在晋代,江苏的某些地区就开始利用葑田种植水稻了。比如当时吴处厚在《青箱杂记》中提道:"有稻田自海中浮来,……民聚观之。"这可能就是涨水后,别处的葑田被冲到此地,引来了民众的好奇围观。

宋代葑田在江苏、浙江、广东、广西均有分布,特别是在浙江西部地区最为常见。诗歌中经常提到当地的葑田,比如在一首名为《泛吴江》的诗中提道:"葑田几处连僧寺,橘岸谁家对驿楼。"诗人范成大也有诗云:"春入葑田芦绽笋,雨倾沙岸竹垂鞭。"当时的西湖上还有很多种植水稻的葑田。

除种植水稻外,架田还可以用来种植蔬菜、供人居住。南宋时候,诗人陆游入蜀途中,在湖北就见到大江之中有一木筏"广十余丈,长五十余丈",上面居住着三四十家人，生活设备一应俱全。据当地人说，面积更大的架田上面还有菜园子、酒馆等。灵活性是架田的特点，不过也是其缺点。如遇涨水，架田就可能被水冲走。为防止这种事情发生，人们通常会采取一些固定措施，比如在架田四周绑上绳子，平时将它们固定在距离岸边不远处。

六、柜田

柜田与围田相似，但比围田小。它也是水乡地区农人发明的一种田制。柜田的四周以土围护，防止被水浸入，田中可种植水稻，也可种稗、糁等旱作作物。《王祯农书》记载："柜田，筑土护田，似围而小，四面俱置灌穴，如柜形制。顺置田段，便于耕莳。若遇水荒，田制既小，坚筑高峻，外水难入，内水则车之易涸。浅浸处宜种黄穋稻。如水过泽草自生，糁稗可收。高洇处亦宜陆种诸物，皆可济饥。此救水荒之上法。"可见柜田也是农民"向水要田"的一种土地利用形式。

七、涂田

涂田是人们在沿海滩涂种植作物的一种农田利用形式。海边由于潮水泛滥淤积泥沙，上面生长碱草之处，年深日久，形成大小不一的地块。这类地块往往含盐较重，无法直接种植。所以就需要先种植水稗，待土壤盐分降低之后，再种庄稼，即《王祯农书》中所说："初种水稗，斥卤既尽，可为稼田。"

涂田濒海需要建筑堤岸进行围护，防止潮汐涨落对它的侵袭。另外，去盐渍化也是经营涂田需要做的重要工作。农民会在田边开沟储蓄雨水稀释土壤中盐分，干旱时则可灌溉，是谓"甜水沟"。涂田收获高于普通农田，"利可十倍，民多为永业"。

涂田是人们"向海要地"的一种形式，其出现较早，只是到宋代才大规模地进行开发。李根蟠先生的研究表明，宋代以前人们对滨海围垦多在后海滨滩地，宋元之后则向前海滨滩地推进。所以宋元时期东南沿海地区盛行涂田围垦。范仲淹曾在苏北筑海堤"使海濒沮洳泻卤之地，化为良田"。到北宋末年，福建省围垦涂田在两万公顷以上，其中莆田、宁德、福清一带最多。有些濒海平原随着围垦区域由里向外扩展，涂田层层分布，鳞次栉比，蔚为壮观。福建漳州海滨，人们以潮水涨落最高线为区分标准，将高线以上的涂田称为洋田，高线以下的称海田、埭田。

与涂田类似的还有一种田叫"淤田"。这种田多在"大河之侧""河湾水汇之地""陂泽之曲"等壅积泥滩处。人们对淤田的利用多是临时性的，即等秋天水退、泥干后，在河滩涂上撒种小麦做额外之收获，其经营程度远不及涂田。元代农学家王祯对涂田、淤田的评价是："各因潮涨而成，以地法观之，虽若不同，其收获之利则无异也。"

八、沙田

沙田，《王祯农书》中对它的定义是"南方江淮间沙淤之田也"。沙田或滨大江，或峙中洲。其四周芦苇茂盛，可保护堤岸。沙田土壤水分含量较高。沙田内修有塍埂"可种稻秫"，沙田间每隔一定距离可为人居，种植桑麻。其内部或修潮沟，外部依傍水源，如此可旱涝无虞，因此产量倍胜他田。早期的沙田随水流区域变迁而变化，因此宋元时期，政府并不对沙田征税。到了清代，沙田围护使田面积得以固定，也就有了赋税。不过此种沙田与涂田、圩田的性质便相似了。其实在实践中，人们很难将沙田、淤田、涂田进行严格的区分。正如谭棣华所言："沙田含义相当广泛，它不仅仅局限于可耕作的冲积田地而言。凡是一切淤积涨生的田坦均属沙田范畴，诸如围田、潮田、桑田、桑基、葵田、葵基、鱼塘、草坦、水坦等均属沙田之范畴。"

九、垛田

垛田是中国南方沿湖或河网低湿地区，开挖网状深沟或小河的泥土堆积而成的垛状高田。垛田地势相对高、排水良好、土壤肥沃疏松，宜种各种旱地作物，尤适于生产瓜菜。江苏省泰州市兴化市垛田镇等一些地方存在大量典型的垛田。水中垛田或方或圆，或宽或窄，或高或低，或长或短，形态各异且大小不等，大的一两千平方米，小的只那么几十、几百平方米。垛田四面环水，垛与垛之间各不相连，形同海上小岛，有人称这里为"千岛之乡"。

明清时期是兴化垛田发展的高峰期。这时因为潘季驯固定河床治理黄河后，大量泥沙在苏北平原及附近海滩堆积，进而使兴化湖泊日益淤浅成为滩地。这就为垛田发展提供了自然条件与物质基础。加之明清时期兴化地区商户云集，百业兴盛，人口迅速增长，加剧了人地矛盾。为扩展土地，人们在湖荡里、河沟间开辟垛田。垛田的堆筑方式是，先在较浅的湖荡河沟间罱泥扒苲，形成垛堆，此后每年往垛田上浇泥浆、堆泥苲，如此反复，垛田逐年增高。兴化垛田是当地劳动人民经过数百年营建形成的一种体现传统"天人合一"理念的独特土地利用方式与农事生产系统。它是中国劳动人民与自然和谐相处的典范，也是农田防洪抗旱的典型代表。

十、砂田

砂田是明代中叶甘肃地区农民针对当地自然气候特点，创造的一项抗风、保墒、耐旱、防碱的耕作与土地利用形式。具体方法是在耕地上铺上一层三四寸厚的砂石，然后将庄稼种植其上。《甘肃通志稿》中说："砂田，用河流石子铺地三四寸，耕种时拨开砂石，种之于下，仍取砂石掩覆之，不虞亢旱，可获早熟。"《宁夏纪要》中称："在含有少量水分的旱田上，敷铺一层的卵石，作物就从石缝或石层中洒下去，即可在内苗苗，伸出地面，生长结实。"现代科学研究表明，砂田法是具有蓄水保墒，减轻干旱，抑制蒸发，控制泛碱，提高地温，促熟增产等作用的一种独特的耕作方法。采用砂田法，可在年降水量二三百毫米的干旱条件下，夺取粮菜瓜果的高产丰收。这种耕作方法，自从创始之后，就在陇中地区得到迅速发展。以甘肃的皋兰、靖远等县为主，逐步扩展到宁夏的同心等县及青海少数地区。据民国年间的不完全统计，当时已有砂田六万多亩。砂田是中国农民长期与干旱斗争的产物，丰富了干旱和半干旱地区蓄水保墒的经验。

思考题： 1　促成古代出现多种土地利用形式的原因是什么？
　　　　　 2　古代众多的土地利用形式的现实意义是什么？

参考文献： 1　王祯.王祯农书[M].王毓瑚，校.北京：农业出版社，1981.
　　　　　　2　李根蟠.中国农业史[M].北京：文津出版社，1997.
　　　　　　3　倪根金.梁家勉农史文集[M].北京：中国农业出版社，2002.
　　　　　　4　曾雄生.中国农学史[M].福州：福建人民出版社，2012.
　　　　　　5　谭棣华.清代珠江三角洲的沙田[M].广州：广东人民出版社，1993.

第四节
盐碱地改良技术

随着古代社会的发展，人口逐渐增多，对粮食的需求也随之增长。为解决这一生存问题，古人一方面通过垦荒来增加现有耕地面积，另一方面则通过改良不宜耕作的土地来提高粮食产量，盐碱地就是其中一个改良重点。

盐碱地是土壤里面所含的盐分影响作物的正常生长的土地。这种低产土壤广泛分布于中国的北方地区，其形成的主要原因是，各种易溶性盐类在地面做水平方向和垂直方向的重新分配，从而使得盐分在集盐地区的土壤表层逐渐积聚。

早在战国时代就意识到盐碱地对粮食产量的影响，人们开始尝试进行盐碱地改良，在两千多年的历史中积累了很多经验，也取得了诸多成果。

改良盐碱地的方法可以分为水利改良和农业改良两种，其中水利改良有引水洗盐、开沟排盐、放淤压碱、修筑台田；农业改良有旱改水和种稻洗盐、深耕深翻、刮盐起碱、压沙盖草、生物治理等方法。

一、水利改良

引水洗盐是较为常见的改良盐碱地的方法，其原理就是用淡水冲洗土壤中过多盐分。战国时魏国引漳灌邺的漳水渠，就是中国最早的引水洗盐的大型工程，当时一位名叫史起的官员带领当地人民挖灌排水渠，利用漳水灌溉洗盐，种植水稻，使得大片盐碱地得到改良。战国末期的《吕氏春秋·任地》中也提到开沟引水洗土去盐的方法，这种引水洗盐的方法一直为后世沿用。但是这种方法有赖于周边的淡水河流，故到了元代，人们还创造性地在无淡水可引的滨海地区发明了利用雨水洗盐的方法。由于引水洗盐的方法会使整个田地覆盖上一层水，大多数农作物是很难在洗碱的田地种植的，但是水稻可以，因此引水洗盐的方法经常和种稻结合在一起，比如上文中的漳水渠就是将两者进行结合，在盐碱治理的同时也不耽误种植作物。

开沟排盐的治碱法出现于战国时期。主要的措施是在盐碱地的周围挖掘深沟，把田地中的积水泻出，就可降低田土中的含盐量。《吕氏春秋·任地》中"子能使吾土靖而甽浴土乎"就是对开沟排盐的最早记载。直到乾隆年间，山东济阳县也在使用此法改良土地，可见开沟排盐的方法使用了很长时间。

　　放淤压碱在水利改良盐碱土的各项方法中是效果最明显的。它与引清水洗盐不同，而是引浊水压碱。其核心方法就是采取措施将河水中的淤泥截留下来，使得富含养分的淤泥可以覆盖在原有盐碱地的表面，这样在治理盐碱、肥沃土壤的同时，也可以具有疏通水渠的功能，对于延长水渠的寿命也是有利的。据《史记·河渠书》记载，战国时秦国在关中引泾水东注洛河的大型工程——郑国渠，就是"用注填淤之水，溉泽卤之地"。《汉书·沟洫志》也说"泾水一石，其泥数斗，且溉且粪，长我禾黍"。这是通过淤灌改良大片盐碱地，也就是利用天然河流中含泥沙的水或山洪水，进行淤地改土或肥田浇灌作物的改良方法。淤灌改土在战国时常常使用，故《管子·轻重乙》就指出"河淤诸侯，亩钟之国也"，意思是产量大增。淤灌改土方法在汉代大有发展，在关中新建的白渠等灌溉渠道，使泾、渭水系的浊水得到进一步利用，扩大了淤灌改土的面积。当时在华北平原也兴建一批灌溉工程。汉元帝时南阳太守召信臣非常重视"开通沟渎"，注意建立泄水设施，故他在大规模放淤后，并无"膏腴尽为斥卤"之患，能防止地下水位升高而发生次生盐渍化。

　　汉顺帝时期，河南汲县令崔瑗也用这一方法，使"薄卤之地更为沃壤"。到了宋神宗时期，更是成立了淤田司来管理淤灌事宜，涉及的河流包括黄河、汴河、汾河等，主要集中在北方中原地区。淤灌工程规模空前，一开始由程昉主持，后程昉出现失误受到责难，在王安石的大力支持下该工程方继续进行下去，并取得了良好的效果。《宋史·河渠志》中说："累岁淤京东西碱卤之地，尽成膏腴，为利甚大。"《宋会要辑稿·食货》说当时仅在开封境内，淤田后每年增产粮食有数百万石。《宋史·河渠志》还总结出农历六月中旬以后，带腥臭的"矾山水"最肥，最宜放淤。因这个时期正值黄河汛期，含泥沙量最大，水中有机质含量最丰富。当时不仅利用黄河及其支河放淤，甚至在山西还利用"谷水"即地表的径流来淤灌。宋代的放淤工程，不仅在当时产生了增产效果，也摸索出了新的经验。比如放淤是需要把握季节的变化的，不同的季节水流中的淤土含量是不同的，夏季是水中淤泥最肥的时候，《宋史·河渠志》中讲道："夏则胶土肥腴。初秋则黄天土，颇为疏壤，深秋则白天土，霜降后皆沙也"。

　　到了清代，靳辅提出的"放淤固堤法"，不仅是治黄河固堤的重要措施，又对南岸盐碱地的改良起很大作用。另外，胡定还提出在黄河中游三门峡以上及山西中条山一带，遍设坝堰，拦截沙土，淤平后可以种麦，对多沙河流的治理和对盐碱地的改良都有很好效果。

修筑台田、涂田这类方法见于沿海地区，始创于明代天津一带。当时的沟洫台田是中间高，两边低，十丈左右开小沟，百丈左右开中沟，千丈左右开大沟，三种深度的沟配套，以蓄雨水。每块地约2亩，以小沟相间。在一块改土地段上可达万余亩之多，外围为大沟，可引淡水灌溉。这样既能灌排洗盐，又可降低地下水位而减少地面返盐。后来这种台田法逐渐从沿海地区推广到华北平原的重盐碱地区，尤其适用于地下水位高而排水不畅之处。在沿海地区还存在着利用"涂田"治碱的记载，最早在元代出现，《王祯农书》记载："濒海之地，复有此等田法。其潮水所泛沙泥，积于岛屿，或垫溺盘曲，其顷亩多少不等……所谓泻斥卤兮生稻粱。沿边海岸筑壁，或树立椿橛，以抵潮泛。田边开沟，以注雨潦，旱则灌溉，谓之甜水沟。其稼收比常田，利可十倍，民多以为永业。"从此描述来看，涂田更像是一种围海造田的方法，由于原先所造陆地是浸泡在海水中的，含盐量很高，这就促使沿海居民创造出极具智慧的盐碱治理之法。

二、农业改良利用

旱改水和种稻洗盐是同一改良方法的两个步骤，即将旱地改成水田之后种植水稻洗盐。《管子·地员》就有"低洼盐碱地宜种稻"的说法，此法可收到利用和改良盐碱地的效果。有灌溉条件的地方，旱改水后有很好的改土和增产效果。北宋何承矩在宋辽交界的河北等地，修堤筑堰，利用淀泊蓄水，种稻改良盐碱地。明代在天津、塘沽及宝坻等地，也以种稻洗盐来改良盐碱地。清代在天津、宁河、大沽、海口等地围垦，辟田种稻而使"泻卤渐成膏腴"。但这种方法主要用于地势低洼、水源丰富之处，在缺乏水源之处难以应用。

深耕深翻是最简单易行的土壤改良方法，在明清时期是改良盐碱地的重要措施之一，在河北、河南、江苏、山东等地运用较多。道光年间河南《扶沟县志》就指出当地将碱地"挑深数尺，或多牛深耕，可翻好土"。同时期的山东《观城县志》中记载："掘地方数尺，深四五尺，换以好土，以接地气，二三年后，则周围方丈地皆变为好土矣。"光绪年间河北《望都县乡土图说》也谈道："盐碱害苗，必斫土下，深三尺许，取黑土铺地面，使盐碱深埋，方可变硗薄为良沃。"光绪年间江苏《阜宁县志》也说："田之瘠者，卤气上腾，禾稼尽萎，名曰碱田。其下深一二十尺，必有黑泥，农人掘地埋碱，易黑泥覆于上，地顿饶沃，亩收数钟。"这是当时黄泛区发明的方法，因黄河每次泛滥后，会留下一层肥沃的淤泥，日久年深，层层压叠，形成不易透水的胶泥层，使耕层盐分不能随水下渗而积存下来。深耕深翻能打破胶泥层，可将下面肥土翻上地面，故能起改碱、肥土的作用。

铺垫客土之法和深耕深翻、放淤压碱之法类似，都是将适宜种植作物的土壤覆盖在盐碱土上。这种方法是宋代《陈旉农书》最早提出的，后来成为北方改良盐碱地的一种常用方法。当时人们知道表层土以下一尺处，土不碱，于是将其挖上来，替换表土，种瓜瓠，往往收成不错。清代在苏北每年秋末冬初，乘河渠干涸时，将其中淤泥挖出置田畔，晒干打碎后，铺放田面。这个方法兼有对河渠清淤及对耕地改碱肥土的双重作用，非常实用。

砂田法是比较特殊的一种治碱方式。明代中后期，在西北地区甘肃出现了砂石田，是在地上铺砂石子种植作物的土地利用形式。铺砂可以起到控制泛碱，蓄水保墒，减轻干旱，抑制蒸发，提高土温的作用，在年降水量仅两三百毫米的干旱条件下能够夺取丰收。清代道光年间河南《扶沟县志》指出当地用粗沙覆盖的方法。近代的《甘肃通志稿》《宁夏纪要》《新兰州》等地方志中均有沙田可以"抗旱抑碱"的记载。

生物治理法也是一种常用的治碱方式，通常会和台田、涂田相配合使用。《齐民要术》中就有利用盐碱地种榆造林的方法。清代道光年间也有关于使用柳树来改善碱土方法的记载。方法是先取三尺长的柳枝，用其他硬质的树枝固定，以树枝的九分深插入土壤中。发芽后任其生长，两年后砍掉。到第三年再长出来，留出最粗的枝条让其长成大树，细的枝条截下三尺长，将其八分埋入新掘出的沟内，让沟中聚集雨水浇灌。这些枝条大都能成活，且不怕土壤中的碱。用这样的方法，大约十年之后原本的盐碱地就能化为茂密的树林。

种草去碱法主要是通过种植苜蓿等饲草来去碱。宋代苏轼的《元修菜（并叙）》一诗中有元修菜"塉卤化千钟"之句，说明当时已经知道种植元修菜，即巢菜为绿肥时可以改良盐碱地。明代《群芳谱》指出西北地区多种苜蓿，几年后垦去苜蓿种谷，能大幅度增产。清代《增订教稼书》指出：在无水可引的盐碱地上宜"先种苜蓿，岁夷其苗食之，四年后犁去其根，改种五谷蔬果，无不发矣。"

清代《救荒简易书》说祥符县老农都谈到苜蓿性不怕碱，宜种碱地，并且性能吃碱。久种苜蓿，能使盐碱地得到改良。种苜蓿改良盐碱地的经验在清代河南、河北、山东等地的不少地方志中均有记载。道光年间扶沟县也利用苜蓿改良盐碱土壤，《扶沟县志》中言："苜蓿能暖地，不怕碱，其苗可食，又可放牲畜，三四年后改种五谷，同于膏壤也。"说明某些地区已经将改良盐碱土壤和牲畜饲养结合起来。种草去碱的方法在清代得到了广泛的应用。

在中国古代改良盐碱地的实践中，经常采取综合治理，即水利改良和农业改良措施相结合，这是取得成功的重要原因。明代耿荫楼在《国脉民天》一书中提出的亲田法，就是通过灌溉、耕作和施肥，来进行改良的综合治理方法，改土与改种相结合，具备用地和养地相结合的特点。

思考题：
1. 古代盐碱地形成的原因是什么？
2. 中国古代盐碱地的主要改良方法有哪些？

参考文献：
1. 闵宗殿.中国农业通史（明清卷）[M].北京：中国农业出版社，2016.
2. 中国农业百科全书编辑部.中国农业百科全书（农业历史卷）[M].北京：中国农业出版社，1995.
3. 阎万英，尹英华.中国农业发展史[M].天津：天津科学技术出版社，1992.
4. 梁家勉.中国农业科学技术史稿[M].北京：农业出版社，1989.

第五节
精耕细作技术体系

中国古代农业在起源以后，经历了夏商周时期，农业技术迅速发展，到了秦汉时期由于特殊的地理环境，北方旱地精耕细作技术体系初步形成，至魏晋南北朝时期，以耕耙耱配套的抗旱保墒技术体系完全定型。

精耕细作是中国古代北方农业经过长期探索，而寻找到的一种合理的生产模式，是近人对中国传统农法精华的概括。具体是指在一定面积的土地上，投入较多的生产资料、劳动和技术，进行细致的土地耕作，最大限度提高单位面积产量。其内容包括耕耙耱配套技术、代田法、种子处理技术、中耕除草保墒技术、肥料积制技术、间作套种技术等。这些技术的综合作用，使得土地有着较高的收成。隋唐以后，随着南方水田农业的发展，形成了以耕耙耖配套为特征的水田精耕细作技术体系。

一、精耕细作技术体系产生的原因

北方精耕细作技术产生的根源和当时的地理情况有很深的关联，由于人多地少，且安土重迁，人们就在有限的土地上花费更多的精力，这是促使精耕细作传统形成的根本原因。由于耕地较少，保持种子与肥料的投入与收成之间的合理比例就显得十分重要。种地要先在地里播下种子，付出的种子与收获之间应该保持合理的比例，如果收成达不到预期目标，就不如减少耕地面积以保障单产。除种子因素，还需考虑肥料的因素。种植一般需要施肥，但因肥料有限，故将有限的肥料施用在少量的土地上，方能起到立竿见影的作用。所以从种子与肥料的角度，精耕细作更具合理性。另外，由于在古代农业发展初期的北方，春天播种期风沙大，如果不精耕细作、抗旱保墒，种子缺乏水分，发芽率低，就会影响最终的农产量。人地比例、种肥收关系、北方春季气候三大原因促成了精耕细作技术体系的形成。

二、精耕细作技术体系产生的物质条件

精耕细作的主要手段是使用抗旱措施来保墒情，而旱地保墒的关键是要将土壤耕深、耕细，土壤空隙小，才不会跑墒，减少水分蒸发量，种子发芽率高，小苗长势才好。铁农具的使用和牛耕的推广是精耕细作技术发展的物质基础。到了战国时期牛耕已经广泛使用，同时战国时铁器已经发明，铁器牛耕结合，耕作可以达到深耕的目标，从工具的角度精耕细作就有了保障。到汉代，生产工具和劳动技术继续不断提高，在当时发明了犁壁，耕地效率更加有保证。

三、北方精耕细作技术的主要内容

在具备了工具的有利前提条件下，通过耕作技术改进来建立精耕细作技术体系才成为可能。精耕细作的技术体系首先体现在土地利用方式的改进上。

在耕作方式上，春秋时期出现了垄作法，这是一种抗旱耕作法，也叫畎亩法。畎的意思是沟，亩的意思是垄。这种耕作法对土地的利用包括"上田弃亩，下田弃畎"两种方式。在地势高的田里，将作物种在沟里，而不种在垄上，这就叫作"上田弃亩"。而在地势低的田里，将作物种在垄上，而不种在沟内，这就叫"下田弃畎"。高田种沟

不种垄，有利于抗旱保墒；低田种垄不种沟，有利于排水防涝，也有利于通风透光。抗旱主要体现在"上田弃亩"之中。

到了西汉时期，新发明的代田法，又将"上田弃亩"的抗旱特点进一步发扬光大。代田法是在同一块田里进行垄沟互换种植作物的耕作技术，发明并推广此法的人是赵过。汉武帝征和四年命赵过为搜粟都尉，主要任务是指导地方更好地从事农业生产。这种方法的重要特点是垄台与垄沟的位置逐年互换，具体是在开沟作垄的基础上，种子播种于沟中，等禾苗出土以后，及时进行中耕除草，每次中耕除草时都要把垄上的土铲下来一些，培壅在禾苗根部，到了盛夏的时候，垄上的土已被铲平，变成了垄沟，即垄台与垄沟位置互换了。这时农作物的根系扎得很深，既能防风抗倒，又能保墒防旱。由于代田法具有"能耐风旱"的特点，取得了"用力少而得谷多"的效果。据《汉书·食货志》记载，代田法一岁之收，比普通的方式产量要高一倍。可见，代田法的增产效果相当显著。值得一提的是，汉代氾胜之发明的溲种法也是精耕细作的一个重要部分，类似于现代种子包衣技术。具体做法是，在播种时，将种子包上肥料、药物的外衣，即"溲种"，种子经过这样处理后，能耐旱抗虫，并提高产量。这可以看作现代的种子包衣技术的先河。

上文所述的垄作法和代田法均属于耕作方式上的新方法，二者都是精耕细作的重要组成部分。这两种耕作方式上的新进步促成了抗旱保墒技术体系的产生，而这一技术体系开始于战国时期铁犁牛耕出现的时期，在魏晋南北朝黄河流域"耕、耙、耱、压、锄"组合最终形成时完成，相关内容北魏《齐民要术》进行过比较系统的总结。

战国时北方旱作采用"耕—耰"土壤耕作技术体系，到西汉时发展为"耕—摩—蔺"耕作体系，魏晋后则发展到"耕—耙—耱—压—锄"，"耙"这一环节的出现是技术发展的关键，到此时北方旱地土壤耕作技术体系臻于成熟。

除了上述耕耙耱配套以外，施肥也是关键的一环。此外选择作物种植搭配方式在这个过程中的作用也很重要。其运用的形式是实行作物间的轮作制和间作套种。

普遍实行轮作制是魏晋南北朝时期农业生产的显著特点，当时多数作物都进行轮作。合理轮作有利于减少杂草，减轻病虫害，减轻单一作物因长期种植，对某些特定物质不断消耗而影响产量的程度，达到提高产量的目的。轮作时广泛采用豆科作物参加轮作。黄河中下游有二十多种轮作组合形式，如绿豆—谷—黍，其中禾豆轮作占绝对优势。

西晋时期的轮作制开始同时采用禾豆轮作、种植绿肥等措施恢复和培养地力。文献记载表明，西晋开始有意识栽培绿肥，实行用养结合，用绿肥养田。郭义恭《广志》说："苕，草色青黄，紫华，十二月稻下种之，蔓延殷盛，可以美田"。北魏《齐民要术》认为做绿肥的植物，绿豆为上，小豆、胡麻次之，五六月中种，七月八月犁后为肥料，则每亩收成与施用蚕粪，熟粪的效果一样好。这种运用绿肥的方法是很先进的，欧洲直到18世纪以后，才实行豆科牧草三叶草与麦子、芜菁的多区轮作制。

与轮作制一样，合理间混套作也是精耕细作的重要组成部分，间混套作可充分利用地力并熟化土壤。如桑间间作绿豆、小豆、谷子、芜菁，葱与胡荽间作，豆谷混播，麻子地套种芜菁等。

到宋元时期，耕耙技术又有进展。元初《农桑辑要》引《韩氏直说》提到"犁一耙六"，强调多耙。《王祯农书》中总结了分缴内外套翻耕法，这是一项有深远影响的创造，能够避免在翻耕大面积的耕地时出现遗漏，导致田面不平的情况出现。此时期，多耙、细耙技术被提到了重要的地位，当时的农书对于精细耕地具有的保墒耐旱、安全出苗、虫害减少的作用也有了深刻的认识，这也是旱地耕作技术精细化的重要标志。另外，中耕时出现了专门的工具耧锄。

在明清时期，农田的耕作技术进一步发展改进。不论在夏耕为主的地区还是秋耕为主的地区，都逐渐将"浅—深—浅"耕作法作为耕的基本环节之一，耕地时要耕三至五次，按照从浅入深再到浅的顺序来耕作，对于蓄水保墒有积极的作用。明清时期对于春耕、夏耕、秋耕起到的不同作用和不同的适宜时机都有更深的认识。同时，轮作复种方式得到了发展。北方的某些地区，出现粮棉作物的轮作倒茬，可以达到两年三熟。同时也出现了多种作物轮作套种的组合形式，如绿豆和小麦轮作，苜蓿和春谷轮作，如此能够使养地和用地同时合理地进行，并且使土壤中的营养物质得到合理利用和补充。

四、南方精耕细作体系形成

北方在魏晋南北朝时期，旱作精耕细作技术体系已经成型，隋唐以后，随着经济重心向南方转移，北方的技术与资金投入南方，促成南方精耕细作体系形成。具体体现在曲辕犁的发明，曲辕犁比起以前的耕犁，不同的地方是增加了犁盘，犁辕相应地缩短了，由此减轻了犁架质量，又改变了直辕犁回转不便的缺点，易于转弯，操作起来更加灵活自如。同时配有能够实现多种功能的构件，犁箭、犁评、犁建可以调节耕深；犁底、犁梢能够调节耕垄宽度；犁壁能够达到覆垡、碎土的要求。另外，曲辕犁是由一头牛来挽拉的，和之前的二牛抬杠相比，牲畜的利用效率也得到了提高。

到了宋元时期，南方的精耕细作体系得到进一步的完善，具体表现在整地技术、育苗技术和田间管理三个方面。

整地技术包括秧田整治、冬作田整治、冬闲田整治三种整地技术。秧田整治需要在冬季进行深耕冻垡、疏松土壤、去除杂草的工作，在春天则需要耕耙、施肥、平整田面。冬作田整治主要采用开沟作垄的方法，此法沿用到今天。冬闲田整治主要有二法，一种为干耕晒垡，即春天在土质阴冷的地区燃烧腐草败叶来提高土壤温度，促进秧苗的生长。另一种为干耕冻垡，即在平川地区深耕泡水，来沤制残根败叶，培肥土壤。

在育苗技术方面，则改进了浸种催芽技术，在浸泡种子的时间长短、浸泡方式上都更加细致。宋代也产生了晾种练芽技术。同时在播种时间选择、秧田水层管理、秧龄的掌握和移栽等方面的经验也更加丰富。

南方田间管理技术的进步主要集中在稻田的管理上，包括耘田、耥田和烤田。耘田和烤田在北魏就已有运用，到宋代方有正式名称。耘田是将地间的杂草踩入泥土中，在宋代已经很重视根据地势的高下来进行，到了元代，一方面采用辅助拔草沃壤的足耘，这种方法最早在汉代的四川就已经发现。另一方面改变了用双手耘田的方法，创造了防止手指受伤的耘爪。耥田也称荡田，是一种出现于元代的中耕除草方法，在带有铁钉的木板上安装竹柄，在田间推荡，可以让田土更精细。烤田是在水稻分蘖末期，排干田中水进行晾晒，从而改善土壤通气性和温度，并抑制无效分蘖的措施。宋代主要采用开沟烤田的方法，即在耘田后，在田地四周挖沟将水排出晾晒。到了元代，耘田、施肥和烤田相结合，形成了完整的肥水管理技术。

明清时期南方水田的耕作技术，对于深耕有了更深的认识，在《沈氏农书》《思辨录辑要》《农说》等明清著述中，均认识到深耕对于水肥深入土壤，利于苗根扎实的好处。但同时也意识到不宜翻得过深，许多农书中也探讨了翻地的适宜深度。深耕的问题进而促使了套耕方法的产生，套耕方法主要有两种，一是人垦和牛耕结合的方法，先以人耕，再以牛耕，以达到需要的深度；二是双犁结合的方法，先用二牛拖动的大犁，再用一牛拖动的独犁。这样做翻土较为彻底，地力能够得到较好的利用，因此在套耕后水稻通常收成好。在棉田的治理中，出现了冻土晒垡的方法，棉田在秋天翻过之后，经过冻晒，能够促进土壤的风化，并冻死害虫卵。另外，在江南的旱地作物生产中，开沟作畦这一项重要的技术得到了普遍运用，此项技术具有排水防涝、通风透气的作用，对于江南的植棉有重要意义。

此时期南方水田的轮作和间种形式复杂多样，有些地区有"二稻一麦"，部分地区出现了稻豆轮作的方法，被时人称作"再熟田"的稻麦的水旱交替轮作的方法也趋于成熟。在间作方面，南方部分地区出现了桑粮间作、粮豆间作和粮菜间作。此外，对于农作物多熟制的探索也出现了新的突破，明代出现了双季稻，清中期在广东则出现了"麦—稻—稻""稻—稻—麦""稻—稻—油菜"的一年三熟制，此外广东农人还用多种多样的作物和双季水稻轮作换茬。

由于南方地理环境的复杂性，在上述水田的耕作之外，同时还有稻蟹共生、水旱轮作、桑基鱼塘体系等特殊的农业经营方式，其意义不亚于北方旱地精耕细作体系。简而言之，精耕细作称得上中国传统农业的主要特点。它所指代的乃是一个综合的技术体系，不仅包含了精细的土壤耕作，在大田和园艺生产中表现突出，还贯穿畜牧、蚕桑、养鱼、林木等诸多农业领域。这种综合的技术体系，一方面以集约的土地利用方式为基础，另一方面以"三才"理论为指导，成为中国古代农学最为突出的技术特色，产生了深远的影响。

思考题：
1. 古代精耕细作技术体系形成的原因是什么？
2. 南北方不同精耕细作技术体系之间的异同是什么？

参考文献：
1. 中国农业百科全书编辑部. 中国农业百科全书（农业历史卷）[M]. 北京：中国农业出版社，1995.
2. 梁家勉. 中国农业科学技术史稿[M]. 北京：农业出版社，1989.
3. 张波，樊志民. 中国农业通史（战国秦汉卷）[M]. 北京：中国农业出版社，2007.
4. 吴枫，张亮采. 中国古代农业技术简史[M]. 沈阳：辽宁人民出版社，1979.
5. 阎万英，尹英华. 中国农业发展史[M]. 天津：天津科学技术出版社，1992.
6. 李根蟠. 中国古代农业[M]. 北京：商务印书馆，1998.

第五章

大田种植相关制度及技术

大田农业生产是一个复杂的过程,其中涉及多项技术的运用,古代人们在此方面有众多的发明创造,为作物的生长与收成的取得提供技术保障,本章主要介绍作物种植制度、肥料的制作与技术的使用,作物选种技术、繁殖技术、害虫防治技术、生态种养技术,等等。

第一节 作物种植制度
第二节 肥料利用技术
第三节 作物害虫防治技术
第四节 作物选种、繁殖技术
第五节 生态种养结合系统

第一节
作物种植制度

中国古代在耕作制度上经历了撂荒耕作制、轮荒耕作制、轮作复种制和多熟制等几个发展阶段。

一、撂荒耕作制阶段

中国在原始农业时期，采行撂荒耕作制。这一阶段，又可分为刀耕、锄耕、犁耕三个时期。

刀耕农业时期，主要使用石刀、石斧和尖头木棒之类的原始工具，实行以砍倒烧光为特点的刀耕火种。一般是砍种一年后撂荒，实行年年易地的粗放经营方式。这一时期的土地利用率极低，人工养地的能力很差，在地力消耗殆尽之后，只好把土地废弃，利用自然植被自发地恢复地力。因此，此期采行的撂荒制的撂荒期很长。相当于生荒耕作时期。在锄耕农业时期，人们发明了锄、铲、耙之类松翻土壤的工具，已由山林或榛莽的砍烧逐渐转向土地的加工。此期已改变了年年易地的办法，转而采用连种若干年、撂荒若干年的办法。这一时期，已经开始有村落，营半定居生活，逐渐由母系氏族社会向父系氏族社会过渡，此期是由生荒耕作向熟荒耕作过渡的时期。中原地区的古代华夏族，多居住在黄河流域土质疏松地带，早在约七八千年或六七千年前就已由刀耕农业过渡到锄耕农业。如河南新郑裴李岗遗址、西安半坡遗址，就都有石锄或石铲之类的工具出土，并有较大规模的定居遗址。在犁耕农业时期，已经发明并使用了石犁、耘田器等耕具，加强了土地加工的能力。此期，在土地利用上已经采取连种几年和撂荒几年的办法，在养地上采用半靠自然力、半靠人工的措施，相当于熟荒耕作时期。

二、轮荒耕作制阶段

轮荒耕作制是已耕地和撂荒地之间有计划定期轮换的耕作制。它虽然仍属于撂荒耕作制的范畴，但它已经是撂荒耕作制的高级阶段。在商和西周时期，曾实行以菑、新、畲为代表的轮荒耕作制。在春秋战国时期曾推行田莱制或易田制。田莱制就是已耕地和撂荒地之间有计划地定期轮换的耕作制。它较菑、新、畲进步，已能按照土质的优劣确定撂荒的年限，并且撂荒的年限已经缩短。易田制按照《周礼·地官司徒·大司徒》的记载，是已耕地和撂荒地之间定期轮换的轮荒耕作制。但在这种授田制度中，在都鄙居地近旁已经有了"不易"之地，即连年耕种而不撂荒的地。它是由轮荒制向连种过渡的一种耕作制。轮荒耕作制与撂荒耕作制相比，土地利用率有一定提高，养地措施有一定改进。

三、轮作复种制阶段

春秋战国时期，农业生产力有了较大的提高，特别是铁制农具的应用和牛耕动力的推行，使耕作水平有了显著的提高，因此秦国和其他六国都发生了由轮荒制向连种制的转变。这一时期，有部分地区在土地连种制的基础上创始了轮作复种制。

《管子·治国》中所说的"四种而五获"，《荀子·富国》中所说的"一岁而再获"，《吕氏春秋·任地》中所说的"今兹美禾，来兹美麦"等，都可据之推测为轮作复种制的创始。秦汉时期的轮作复种制有了初步发展，《周礼》郑注中所说的"芟刈其禾，於下种麦""芟藡其麦，以其下种禾豆"等说明，东汉时期黄河中下游地区麦豆谷之间轮作复种的两年三熟制已经占有一定的比重。

有人认为东汉时期汉水流域的南阳地区已始创了稻麦轮作复种的一年两熟制，其根据是张衡的《南都赋》中有"冬稌夏稻，随时代熟"的说法。因为《广韵》说"稌"是糯稻，"稻"是稻下种麦，所以认为这是稻麦两熟。也有人认为当时的南阳地区不可能稻麦两熟，因为稻后种麦时间已晚。但是，也不否认其在水稻育苗移栽和小麦在割稻前套种的情况，可能做到稻麦两熟。此外，在对"稻"的解释上也有分歧，有人认为"稻"是麦；有人认为是"雀麦"或"燕麦"。汉代华南的部分地区出现了双季稻的栽培。杨孚的《异物志》说："交趾稻夏冬又熟，农者一岁再种。"绿肥轮作也首见《广志》。贾思勰的《齐民要术》对各种轮作作物茬口做了比较，得出豆类作物是谷类作物良好前作的结论,从而为当时的合理轮作确立了豆谷轮作的格局。总结了合理轮作的经验,认为"谷田必须发易""麻欲得良田,不用故墟""稻无所缘,唯岁易为良",从而在理论上阐明了合理轮作在消灭杂草、减轻害虫危害、提高产量等方面的重要作用。关于绿肥轮作,《齐民要术》指出"其美与熟粪、蚕矢同","良美与粪不殊",并且有"又省功力"的优点,称其为"美田之法"。

除了轮作复种之外,此期还始创了间作套种制。在同一块土地上大体同期成行间隔播种或栽植两种作物的农作制称间作制;在同一块土地上一种作物生长期中行间补种或栽植另一种作物的农作制称套种制。汉代已有桑间种植芜菁、桑间种植禾谷、桑间种植二豆(小豆与绿豆)、麻子与芜菁间作套作、葱与胡荽间作套作等多种间作套种方式。

此外,汉代还出现了混作制度。这是在同一块地里同时播种或种植多种作物的种植制度。在原始农业时期,多种作物的混播混种有利于保证产量的稳定,并分次收获食物,以适应没有仓储的条件。之后随着耕种面积扩大,逐渐从混作向单作转变,但因混作有其合理有利的一面,混作的实践不断丰富,并以新的形式出现,一直保留下来。到西汉《氾胜之书》的种桑法中,就有"黍椹子各三升合种之"的记载,并指出"黍桑当俱生。锄之,桑令稀疏调适。黍熟,获之"。贾思勰在《齐民要术》中又总结了混作的新经验。如在"养羊"篇中总结了"种大豆一顷,杂谷并草留之,不须锄治,八九月中,刈作青茭"的经验,这是使豆谷作物混作,种植青贮饲料的方法。其后,北方地区继承和发扬了混作的经验。如清乾隆年间河南《汲县志》记载:"绿豆带种于晚谷及高粱中;豇豆带种于脂麻植谷中……荞麦名晚田,菜籽即带种其中"的混作经验。乾隆年间河北《沙河县志》中也载有"绿豆红豆俱带种于谷地内"的混作经验。光绪《东三省调查录》在谈到东北地区的耕种习惯时也说:"玉蜀黍……每株间二尺,稍长后即播大豆等于其间,鲜有仅种玉蜀黍者""大豆多交玉蜀黍播种""小豆概种之高粱之空隙地,仅种之者少"。民国时期河北《通县编纂省志材料》中载:"混作者,如高粱与黄豆,或玉蜀黍与黄豆交杂播种是也",说明该地的高粱、玉米普遍与黄豆混作。民国时期河北《三河县新志》载"将黑豆、白合豆、高粱、玉米种子内而杂种者,名为满天星",并说"此种种法,收获较多,农人所谓上一亩,下一亩是也"。民国时期河北《涿县志》中有在玉米、高粱地内"杂种豆角、芥菜、倭瓜"的经验。民国时期辽宁《盘山县志》还载有"脂麻……农人多于棉花地伴种"的经验。

四、多熟制阶段

隋唐两宋时期，中国的经济重心已经南移，南方的轮作复种、多熟种植有新的发展。南方的多熟制度主要出现在水稻的栽培过程中。实际上这种制度早在西晋时期在一些地区已经出现，西晋左思的《吴都赋》有"国税再熟之稻"一说，说明双季稻的栽培已从华南地区发展到长江中下游地区。南朝宋盛弘人的《荆州记》中还载有淮阳郡及其附近用温泉水灌溉实现水稻"一年三熟"的事例。

到了唐代，多熟种植已经普遍。唐代郑熊的《番禺杂记》中所说的"早稻"和"晚稻"表明，华南地区的双季稻栽培，已有长足发展。唐樊绰的《蛮书》中有关于云南滇池一带麦稻两熟的记述。白居易描写苏州地区农村情况的诗"去年到郡时，麦穗黄离离。今年去郡日，稻花白霏霏"，元稹描写湖南岳州地区农村情况的诗"年年四五月，茧实麦小秋。积水堰堤坏，拔秧蒲稗稠"，都说明了当时长江中下游地区麦稻两熟的新发展。宋元时期，麦类种植在南方的扩张，也促进了稻麦两熟制在长江流域的形成。北宋初年，官府在调整作物和品种布局上采取的两项重大措施，对南方多熟制的发展产生了深远的影响。这两项措施，一是劝谕江南百姓益种诸谷，二是推广"占城稻"。两项措施促进了南方麦稻两熟和双季稻的发展。朱长文在《吴郡图经续记》中已记有苏州地区"刈麦种禾，一岁再熟"。南宋时期《陈旉农书》总结了南方地区麦稻、豆稻、菜稻两熟的经验，进一步促进了南方两熟制的发展。到南宋，稻麦两熟制已相当普遍，反映在诗歌中，如陆游《初夏》："稻未分秧麦已秋，豚蹄不用祝瓯窭。"南宋诗人杨万里在《江山道中麦秃大熟》中描述了浙江江山一带麦稻两熟的情况："黄云割露几肩归，紫玉炊香一饭肥。却破麦田秧晚稻，未教水牯卧斜晖。"说明长江流域稻麦两熟制在北宋时已经出现。到元代，这种稻麦两熟制已形成了定型的耕作制，《王祯农书》说："高田早熟，八月燥耕而燰之，以种二麦，……二麦既收，然后平沟畎，蓄水深耕，俗谓之再熟田也。"这是《王祯农书》总结的麦稻两熟田开沟作垄，整地排水的经验。

宋元时期存在着再生、间作和连作三种形式的双季稻。水稻收获之后，其茎部的休眠芽萌发抽穗结实，此称为再生稻。再生稻最初是一种自然现象，后来被人加以利用，便形成了一种种植制度。宋代的再生稻遍及两浙、江淮以及荆湖等许多地区。间作双季稻则是同一时间，种两个成熟期不一样的水稻品种。明朝长谷真逸的《农田余话》中所说的就是双季间作稻。双季连作稻是指早稻收割后，经过整地，再插晚稻的双季稻栽培形式。宋代的双季连作稻广泛存在于广东、福建、江西、浙江和江苏等地，奠定了明清以来中国连作稻发展的地理基础。

南宋周去非在《岭外代答》中关于广东钦州地区"月禾"的描述，说明这一时期华南的部分地区还发展了水稻的三熟制。

明清时期麦稻、豆稻、菜稻轮作复种的一年两熟几成定制。这与该时期人口增长有关联，特别是清代。明朝宋应星在《天工开物》中所说的："南方平原，田多一岁两栽两获者"，说明当时南方平原双季稻的栽培已占相当比重。明朝《沈氏农书》总结了浙江湖州地区收稻后"垦麦棱"复种小麦、油菜的经验。宋应星的《天工开物》总结了稻豆轮作复种，免耕播种的经验。此期东南沿海棉区还始创了稻棉轮作和麦棉套作的方法。广东、福建、浙江的温黄平原的部分地区还发展了三熟制。其中既有水稻的三熟，又有二稻一麦的三熟，以及麦稻菽的三熟。

到清代，人口迅速增长，关于中国清代人口出现快速增长的问题，学术界认为主要原因是美洲作物的引进并大量种植，次要原因是清代将历代相沿的人头税并入田赋征收，即"摊丁入亩"的赋税制度，这一赋税制度客观上减轻了最底层农民人头税的负担，促成中国人口迅速增长。当然，清代人口快速增长还与多熟种植不断扩展有关，因为美洲作物并没有想象中的作用大，至少在南方没有替代水稻。在北方也只是部分替代了小米与小麦。所以说，主要是人口因素推动了多熟制度，使之不论是南方还是北方都有长足的发展。从南方来看，双季稻的栽培更为普遍，并且在较大范围内发展了稻麦、稻豆、稻菜、稻杂的两熟、三熟制。从北方来看，黄河中下游的广大地区较广泛地推行了以冬麦为中心，以麦豆秋杂为主要轮作复种方式的两年三熟制，在部分地方发展了麦稻两熟制。明清时期，间作套作有稻豆间作套作、麦豆间作套作、麦棉间作套作、粮肥间作套作等多种方式。美洲作物的引进，使得间作套种和多熟种植时，有更多的作物组合可供选择。

思考题：   1   古代耕作制度可以分为哪几个阶段？
                    2   推动多熟制度发展的主要因素是什么？

参考文献：   1   中国农业百科全书编辑部. 中国农业百科全书（农业历史卷）[M]. 北京：中国农业出版社，1995.
                    2   梁家勉. 中国农业科学技术史稿[M]. 北京：农业出版社，1989.

第二节
肥料利用技术

肥料利用是中国传统农业精耕细作体系的重要组成部分，也是中国与世界上其他国家农业发展路径不同的一个主要体现。《荀子·富国》中说，一个好的农夫的职责是尽量多地利用粪以肥田。20世纪初美国农业部土壤局局长富兰克林·金（F. H. King）发现，中国的土地耕种了几千年，不仅没有退化，反而越种越肥，合理运用肥料是其主要原因。曾在中国居住过的德国农学家瓦格纳（W. Wagner）也认为在中国人口稠密和千百年来耕种的地带，一直到现在未呈现土地疲敝的现象，这要归功于农民的细心施肥，变废为宝。

中国古人在肥料利用上，广辟肥源，多粪肥田，同时创造出了许多肥料的积制与制造方法，可以说将肥料的作用发挥到了极致，把用地和养地结合起来，使地力经常保持新壮，成为中国传统农业的一个突出成就。

一、对施肥的认识

古人很早就认识到了肥料的肥田价值。早在殷商时，中国先民就懂得用粪便来给农作物施肥，甲骨文中就有关于粪田的记载。《诗经·周颂·良耜》中的"荼蓼朽止，黍稷茂止"，表明春秋时人们已认识到中耕后腐烂在田间的杂草，能使庄稼生长茂盛。战国时期，伴随着耕作制度由撂荒耕作制向连种制的过渡，关于施肥的记载更是屡见不鲜。诸子里谈到"粪田"的很多，如《老子·四十六章》中的"却走马以粪"，《韩非子·解老》中的"积力于田畴，必且粪灌"，《荀子·富国》中的"掩地表亩，刺草殖谷，多粪肥田，是农夫众庶之事也"，《孟子·万章下》中的"耕者之所获，一夫百亩。百亩之粪，上农夫食九人"。上述这些论述反映战国时代人们已认识到施肥对农业增产的积极作用，已经相当重视施肥，也说明当时黄河流域农田施肥已经比较普遍。

古人很早就意识到连续耕作会造成土地肥力衰减，不足以支持作物的生长，只有往土里补充肥料，才能恢复土地的生产力。农民知道肥料中含有作物所需要的营养物质，施肥可以改良土壤，提高肥力，而肥料在土中逐渐释放养分供作物吸收，故使作物生长旺盛，从而提高产量。古人同时又指出土壤中的"地气"被生长于其上的农作物吸收，人食用农作物后，粮食、果实、禽畜肉类中没被人吸收的那部分来自地的余气，则化为粪便而排出体外，粪便又可作为肥料。一切草木，包括农作物在内，腐烂后都能变成肥料。他们发现作物、肥料与土壤三者之间有着一种互相循环和转化的关系，这反映了朴素的辩证法思想，亦体现了物质循环利用理念的雏形。

古人在施肥时，强调要因时、因地、因物制宜的"三宜"原则，否则事倍功半，甚至适得其反。南宋的《陈旉农书》和元代的《王祯农书》都强调要"用粪得理"，即要求施肥合理。他们认为不合理的施肥，要么无效，要么会造成禾苗疯长，收成都不好。还认为要根据不同性状的土壤来施肥，施以其所适宜的肥料，强调"用粪如用药"。"粪药"论对于合理地施肥，改良土壤和保证作物的良好生长，都有重要意义，它是中国古代在施肥认识上的一次重大发展，并为形成合理的施肥技术奠定了理论基础。

肥料的施用有着不同的时间，用在未播种田地上的肥料叫作底肥或基肥。人们认为施用底肥至关重要，可以使土地滋源固本，从根本上保持地力的肥壮，为农作物的生长提供一个肥沃的摇篮，在这种情况下下种生苗，农作物的主根即"祖气"就自然盛强，而且能根深干劲，达到籽粒倍收之效果。但随着时间的推移与施肥技术的提升，追肥技术也开始出现并逐渐普遍化，追肥在古代被人们形象地称为"接力"，施肥于作物生长期间，作用是补充基肥的不足，为植物的后续生长继续提供所需要的养分。追肥技术最初被用于经济作物的种植上，明清时期则被广泛用于大田作物，并出现了看苗施肥的水稻追肥技术，对粮食的增产起到了重要的作用。

二、肥料的种类

在古人看来，凡是可以被利用的东西或废弃物皆可用来施肥。商代已将人畜粪便视作肥料。西周时期田间杂草也被用作肥料。春秋战国时，除了人畜粪溺等废弃物外，草木灰也被用于施肥。汉代肥料种类又增加蚕粪、羊粪、麋鹿粪、豆萁、动物骨汁及缲蛹汁等。魏晋南北朝期间旧墙土、蹄角等已用作肥料，还出现了人工栽培的绿肥作物。南方绿肥有栽于稻田的苕草，北方绿肥有栽于旱地的绿豆、小豆、芝麻等。绿肥主要是在与作物轮作后，耕翻入土为肥。在北魏时绿肥与作物的轮作方式有八种之多，都是充分利用作物栽培的空隙时间来种植绿肥，以提供肥源和提高作物产量，这种方法至今仍有实际指导意义。

据不完全统计，宋元时期的农书里已记载六十余种肥料。明末徐光启在《农书草稿·广粪壤》中则记载了八十多条肥料相关内容，可分为十类大约一百二十种。清代《知本提纲》曾对当时的肥料种类做过总结，归纳为人粪、牲畜粪、草粪、火粪、泥粪、骨蛤灰粪、苗粪、渣粪、黑豆粪、皮毛粪等十类，有一百三十多种，实际上远不止此数。

宋元时期的主要肥料为绿肥、杂草、秸秆、河泥、垃圾、大粪与其他杂肥，明清时期则主要是粪肥、饼肥、绿肥与河泥。其中的饼肥即用大豆、麻、棉花等果实榨油后剩余的枯饼制成的肥料，相比其他传统肥料，它具有单位体积含养分多的优点，且包含比其他肥料多很多的对作物生长有重要作用的氮肥，而且可以快速地被施用到土壤中，堪称现代化肥发明前最先进的肥料。

三、肥料的积制技术

中国历史上出现了多种积肥、造肥的方法，传统肥料在经过积制、加工程序后能从数量和质量两方面转变为更上成的优质肥料，能显著提高肥力，现将中国古代代表性的肥料积制技术介绍如下：

（一）踏粪法

《齐民要术》卷首的"杂说"一文载有"踏粪法"，大意是秋收以后，谷粒归仓，将剩余的秸秆、谷糠等废弃物收集起来，作为牛栏的垫料，伴随牛粪尿的排泄与混合，经牛践踏而成的堆肥或厩肥，这是北方的情况，在南方地区由于缺乏耕牛，使用最普遍的还是养猪踏粪。这种复合性肥料富含有机质和各种营养元素，肥效很显著，对改良土壤，提高地力皆有很大作用。

（二）沤肥法

沤肥法由南宋《陈旉农书》的"种桑之法"首先提出，方法是于厨房旁边，深挖一池，将稻谷壳及败叶，沤渍其中，并收洗涤肥水与泔水，沤久，让其自然腐烂，经过这种方法沤制出来的肥料又叫作"糠粪"，主要用于育秧、栽苎和种桑。明代《沈氏农书》也载有多种沤肥技术，如在"逐月事宜"中载有"窖花草""窖蚕沙梗""窖蚕豆拇"等农事安排，就是将紫云英、蚕粪及残余的桑叶枝梗，或蚕豆壳及茎秆与河泥、畜粪等一起，在田内挖坑加水沤制，并多次进行搅动。这种做法就是现在江南沤制草塘泥的源头。清代湖南等省份的不少地方志中均有关于"凼肥"的记载，也是同类的沤肥技术。

(三) 人粪的"煮""蒸""煨""窖"

人粪是中国古代的一种重要肥料来源，被传统农民视作"一等粪"，但是必须经过加工处理才能使用。古人对人粪的加工，有"煮粪""蒸粪""煨粪""窖粪"等多种不同方法。

早在汉代《氾胜之书》中就提到要用"溷中熟粪"来作为麻的追肥，意思就是经过处理的人粪便。明代袁黄介绍了一种"煮粪法"，就是将人粪放在粪锅内煮。同时将田里的土取出后晒至极干，再用鹅黄草、黄蒿、苍耳子等烧成的灰，并同煮熟的粪三者拌和而晒干使用。这种经过人工操作用火煮熟的粪便比在自然界中缓慢发酵的堆肥成肥速度快，而且还避免了堆肥在自然腐熟过程中因日晒风吹所造成的养料损失，再加上苍耳子、鹅肠草等药物具有一定的杀虫功效，据称是一种极其有效的肥料。

徐光启在袁黄"煮粪法"的基础上进行创新，提出蒸馏法，即将粪用锅蒸。蒸过的粪，肥力如同"金汁"。说到"金汁"，这也是一种特殊的肥料，指将人粪尿放在缸、罐等容器内密封后，长期埋于地下，经过腐熟后的清汁，其中必然含有尿素。

"煨粪"是袁黄在《宝坻劝农书》里最早提出的，方法是"干粪积成堆，以草火煨之"。也就是用慢火烧，或者暗火加热粪，即经灰火徐熏之粪。

清代《多稼集》中还提出一种"窖粪法"，在秋冬农隙时，深掘大坑，投入树叶乱草糠秕等物，用火煨过，趁热倒下粪秽垃圾，以河泥封面，谓之窖粪。这是先煨而后窖的方法。

总的来说，上述这些方法的使用，目的是促使人粪比较快速地腐熟，不仅能够消灭细菌及部分有害物质，同时还能增加养分的快速释放，并有改善土壤物理性状的作用。

(四) "土粪""火粪"和河泥的积制

《陈旉农书》里提到在冷浸田内使用田间熏土为肥。方法是将各种杂物，包括杂草植物秸秆，混合堆积，用火烧，形成土粪。《王祯农书》"粪壤"篇还提到在窖内熏烧土杂肥，称为火粪。方法是用陈土同草木堆在一起烧，土烧热，再冷却后，用碌碡碾细来使用。江南地区水多地寒，故人们多用火烧粪，用意不仅在于提高土壤肥力，更主要在于提高土壤的温度。火粪种麦、种桑、种蔬菜尤佳，在明清时期也大有发展。

古人在河泥积制方面经验也十分丰富。宋代韩彦直在论述橘子施肥时就提及"冬月以河泥壅其根"，这是关于河泥作为肥料的最早记载。明代以后，河泥已经成为江南四大主要的肥料种类之一，罱河泥也逐渐成为江南水乡最重要的农事安排。

(五)"粪丹"

"粪丹"是一种高浓度混合肥料。有关最早记载见于明代耿荫楼的《国脉民天》一书，被称作"料粪"，明末徐光启又在前人王淦烁、吴云将的基础上进行了改进，设计了一种新的配方。基本的方法是利用植物、动物、矿物和粪便等，按照一定比例混合制成复合肥料，所需要的原料主要是人畜粪便，麻子和黑豆等粮食作物，以及动物尸体、内脏、血水、褪毛水等，有时还加以砒霜、黑矾之类的无机物。将这些原料经密封、加热腐熟等处理后，施用在田地中。其养分含量极高，兼有防治害虫的效果。粪丹在炼制过程中还通过人工加热来促进粪肥腐熟的速度，不但可以避免生粪下地对庄稼造成的危害，还可以促进养分的快速分解以增加肥效。

总之，以肥料收集、积制与施用为代表的肥料利用技术，是中国古代精耕细作的重要组成部分，为经济社会的发展做出了重要贡献。中国古代的肥料利用技术不仅扩大了肥料的来源，也客观上解决了城市环境卫生问题，变废为宝，实现了城乡的良性循环，是一笔宝贵的农业历史遗产。

思考题：
1. 中国古代有哪些肥料？主要的积制技术又有哪些？
2. 古人是如何认识肥料的肥田作用的？其认知过程有何科学性？
3. 中国古代的肥料利用技术在今天有何意义？我们应该如何借鉴这些传统农业智慧？

参考文献：
1. 中国农业百科全书编辑部.中国农业百科全书（农业历史卷）[M].北京：中国农业出版社，1995.
2. 梁家勉.中国农业科学技术史稿[M].北京：农业出版社，1989.
3. 董恺忱，范楚玉.中国科学技术史（农学卷）[M].北京：科学出版社，2000.
4. 曾雄生.中国农业通史（宋辽夏金元卷）[M].北京：中国农业出版社，2014.
5. 曹隆恭.肥料史话（修订本）[M].北京：农业出版社，1984.
6. 杜新豪.金汁：中国传统肥料知识与技术实践研究（10-19世纪）[M].北京：中国农业科学技术出版社，2018.

第三节
作物害虫防治技术

中国防治作物害虫的历史至少可以追溯到周代。劳动人民也在长期的农事实践中，逐步创造和积累了丰富的防治作物害虫的经验，主要形成了以下几种作物害虫防治技术。

一、人工防治技术

人工防治是一种最为原始的防治技术，主要依靠人力进行扑打、烧杀，一些简单的烟熏、投放诱饵也属于人工防治。

扑打技术是最常见的技术。山东省嘉祥市武氏祠的汉代"除虫图"石刻，生动地描绘了一千八百多年前中国劳动人民使用多种工具扑打害虫的场景，是人工扑打技术的真实记录。明确的文字记载大概可追溯到公元前1世纪《氾胜之书》中的"无令有白鱼，有辄扬治之"，认为麦种中有白鱼，就要"扬治之"。《汉书·平帝纪》记载，元始二年（公元2年）曾派使者捕蝗，官府收取人们捕得的蝗虫，可按捕获数量给钱奖励，这是大规模人工捕蝗及政府组织以米、钱易蝗的最早记载。汉代以后，古农书中关于人工扑打蝗虫的记载越来越多，人们也逐渐意识到要掌握防除的时机。例如，对蝗虫的防治，多强调掘卵的重要性。清代周焘所著《敬筹除蝻灭种疏》载："捕蝗不如捕蝻，捕蝻不如灭种。"《捕蝗要法》引用李秘园的《捕蝗记》所载，认为要抓住蝗虫"早晨沾露不飞，日午交媾不飞，日暮群聚不飞"这"三不飞"的时机进行扑打。清代蒲松龄在《农蚕经》中也提道："蚱蜢之害，惟除子之法最捷最易，用力少而见功多。"足见掌握时机的重要性。

烧杀在一定条件下比扑打更有效率。《尔雅》《说文解字》中都有"烛"字记载，从火、从虫（众虫），有人认为是以火焚众虫的会意字。《诗经·小雅·大田》中也提道："去其螟螣，及其蟊贼……秉畀炎火。"可见，用火诱杀或焚烧蝗虫等趋光性害虫的方法在周幽王时期（公元前781—前771年）已经萌芽。后魏贾思勰在《齐民要术·种枣篇》中提到果树、桑树"把火遍照其下，则无虫灾"。唐代姚崇在治理蝗虫时主张采用火焚和掘坑相结合的方法进行防治，以免蝗虫重新从土中钻出来。清代《捕蝗要诀》

等书不仅总结出火烧的方法应该在晚上进行,还进一步指出"无月时则投扑方多"的经验。在民间,很多地方也还流传着"人人一把火,螟虫无处躲"的农谚。

烟熏除虫最早见于《周礼·秋官》。书中指出除虫可"以嘉草攻之""以莽草薰之""以其(牡菊)烟被之",其中"嘉草""莽草""牡菊"是具有一定除虫作用的植物。其他含有酚、甲醇、丙酮、蚁酸、醋酸、松节油等多种化合物的烟,也具有一定的消毒杀虫作用。一些农村地区仍有将竹木器具或葱头蒜头等农产品悬挂在厨房,通过较长时间的烟熏来防虫防蛀的习惯。

投放诱饵的防治方法可见于《齐民要术·种瓜》,书中引汉代崔寔的话:"十二月腊时祀炙萐,所切甲。树瓜田四角,去蝨。"就是将包过祭品的草把之类,放置在瓜田的四角,可以去瓜中虫。贾思勰本人提出将带髓的牛羊骨放置在瓜苗左右,可以引蚁附骨再弃之,重复几次就可以除尽蚁害。

二、农业防治技术

农业防治技术指的是前人有意识地结合或调整农业栽培技术措施,从而创造出一个利于作物生长但不利于害虫繁殖的环境条件,以此达到避免或抑制虫害的目的。

古代农民特别讲求深耕翻土,其目的之一就是除治地下害虫。战国时期《吕氏春秋·任地》指出,深耕可以达到"大草不生,又无螟蜮。今兹美禾,来兹美麦"的效果。元代农书《种莳直说》引"古法",认为耙功到可以防止作物"悬死、虫咬、干死诸等病"。明代徐光启在论述种棉时,为了防止地蚕伤害棉的根、叶,主张"数翻耕。即不办,亦宜冬灌春耕,以实其田,杀其虫",并提出"虑虫伤者,耕地讫,将种,再耕之,劳之,杀其虫",反复强调翻耕的除虫作用。"一户不秋耕,万户遭虫殃""霜降到立冬,翻地冻虫虫"等农谚,也充分体现了深耕翻土对除虫的重要作用。

注意选种主要体现在选择抗虫作物和抗虫品种上。后魏贾思勰在《齐民要术·种谷第三》中记载了八十六个品种的粟,其中有十四个是"早熟耐旱"品种,因它们"熟早",故可以"免虫"。南宋董煟的《救荒活民书》中引用北宋吴遵路的经验:知蝗不食豆苗,"以飞蝗遗种,劝种豌豆,民卒免艰食之患"。此后出现的多部治蝗书中都有类似记载,总结出十多种蝗虫不食的作物,如绿豆、豇豆、芝麻、薯蓣、桑、菱、芡等。至今仍有"上年蝗虫闹成灾,今年多把豆棉栽"的农谚。虽然这种防治技术比较消极,但在古代无法根除蝗虫的情况下,不失为一种有效的措施。

掌握农时是作物栽培的重要前提。战国时期《吕氏春秋·审时》中记载："得时之麻……不蝗，得时之菽……不虫，得时之麦……不蚼蛆"。西汉《氾胜之书》中提到"种麦得时无不善""宿麦，早种则虫而有节"，也在强调适时栽培的防虫作用。

《诗经》中多次提及耘锄杂草，但未把除草同防虫联系起来。到了战国时期，《吕氏春秋·任地》将除草与除虫联系起来，"大草不生，又无螟蜮"，只是未明确它们之间的相互关系。宋代吴怿在《种艺必用》中进一步提出"若不及时去草，必为草所蠹耗"，"蠹耗"包括虫蛀和草害在内。南宋时期的《陈旉农书》明确提出，桑田除草可达到防虫的目的。成书于明代的《沈氏农书·运田地法》也谈及"一切损苗之虫，生子每在脚膝地摊之内，冬间铲削草根，另添新土，亦杀虫护苗之一法也"，更进一步认识到杂草是害虫越冬和生息的场所。农谚"若要来年害虫少，冬天除去地边草"反映的亦是冬季铲除草根的除虫作用。

《齐民要术》已经提到轮作换茬，但还未注意到轮作的防虫作用。明代徐光启的《农政全书·蚕桑广类》中载："种棉二年，翻稻一年，即草根溃烂，土气肥厚，虫螟不生。多不得过三年，过则虫生"，此时已经明确了轮作的防虫作用。利用轮作来防治单食性和寡食性害虫是非常有效的，农谚"倒茬换种，消灭病虫"，便是劳动人民长期实践经验的总结。

三、药物防治技术

古人为了增强防治害虫的效果，在进行农业防治的同时，往往兼用药物防治。药物防治技术渊源较早、应用较广，使用的药物也较为多样。《周礼》中记载了很多利用药物防除害虫的例子，如"庶氏掌除毒蛊，……嘉草攻之。"嘉草就是今天的蘘荷，是一种有毒植物，可用来除虫。又如"翦氏掌除蠹物，……以莽草熏之。"莽草即现在的八角科植物——毒八角，它的枝叶和果实都有毒，可杀虫。此外，还记载了"蜃炭"和"灰"等矿物质，由于它们能改变害虫发生和繁衍的环境，对害虫也有一定的抑制作用。

前人利用的药物范围十分广泛，大致经历了以下几个阶段：

秦汉至隋唐五代时期是以植物性药物为主，辅之以矿物性药物。植物性药物主要有附子、艾蒿、藜芦、苍耳等。附子内含乌头碱，具有一定的杀虫效果。氾胜之总结了用艾防治麦类仓库害虫的经验。大致成书于汉魏间的《神农本草经》中有用藜芦"杀诸虫毒"的记载。后魏贾思勰的《齐民要术》中则记载了用藜芦根除羊癣、疥虫的经验。

这一时期采用的矿物性药物主要有草木灰和食盐。晋时干宝在《搜神记》中首次记载用草木灰防治麦蛾的经验，贾思勰总结了用灰防治"瓜笼"（一种病害或虫害）和用食盐拌种则"瓜不笼死"的经验。

宋元时期出现了植物性药物和矿物性药物并举的局面。彼时使用的植物性药物主要有白蔹、芫花、百部、苦楝、苦参、麻叶等。宋代苏轼在《格物粗谈》中就提到了用白蔹防治牡丹花害虫的经验。这一时期，人们还经常用百部防治果树害虫，现代科学证明百部中含有的生物碱可有效防治害虫。元代还有用苍耳、辣蓼、麻秆等防治仓储害虫的记载。这一时期使用的矿物性药物主要有硫黄和灰类。宋代欧阳修的《洛阳牡丹记》记载了用硫黄簪虫孔防治花卉害虫的经验。宋代吴怿的《种艺必用》中有用硫黄防治蔬菜害虫的做法。元代《王祯农书》中提到了用硫黄熏烟的方法防治桑果害虫。《陈旉农书》中有在水稻播种前，用洒石灰"渥漉泥中"去螟之害的经验，并认为在种菜时将石灰掺入粪中，再施入田中，可以达到"虫不能蚀"的效果。元代《农桑衣食撮要》中提出了种山药时，用"四畔用灰"的防治虫害技术。苏轼还总结了用桐油防治虫害的经验。

明清时期除继承传统的药物防治方法外，还广泛使用混合药剂，并开始试用化学药剂，从而提高了防治效果。在植物性药物方面，采用了巴豆、烟草、雷公藤等。清代沈秉成的《蚕桑辑要》记载了用喷筒喷巴豆液防治桑树毛虫和尺蠖的经验。清同治年间《浏阳县志》中记载了将烟茎插入稻田泥中，来防治稻螟的方法。清代赵学敏在《本草纲目拾遗》中写有用雷公藤治虫的经验。清代《抚郡农产考略》中记载了用硫黄熏烟方法防治柚树害虫和用硫黄水浸秧根防治稻虫等经验。这一时期应用灰类和油类治虫也有新发展。此外，为了提高药效，人们也采用了混合药剂，例如石灰桐油混合剂、巴豆油类混合剂、百部醋碱混合剂、苦参石灰混合剂、硫酸铜石灰混合剂，等等。古人对砒霜拌种的杀虫作用很重视，明代宋应星在《天工开物》中就提到了"陕洛之间，忧虫蚀者，或以砒霜拌种子""晋地菽麦必用砒拌种"，体现了砒霜在杀虫方面的重要作用。

四、生物防治技术

生物防治技术是古代劳动人民长期观察自然界生物相互制约现象得到启示，从而有意识蓄养家禽、家畜或利用益鸟、益虫等来除虫的方法。有关自然界生物相互制约的现象，西周时期已有了朦胧的认识。《诗经·小雅》载："螟蛉有子，蜾蠃负之。"《尔雅·释鸟》提到"鸠鸴，剖苇"，䴕"啄木"，等等。春秋战国时期，人们进一步认识到生物间的相互制约关系。《庄子·山木》中记载了庄周游于雕陵之樊时，发现螳螂振臂捕蝉，喜鹊捕食螳螂的现象，并得出"物固相累，二类相召"的结论。这些认识为后来生物防治奠定了生态学基础。唐代段成式在《酉阳杂俎·广动植》中记载了对农业害虫的自然防治现象，如"开元二十三年，榆关有蚜蚄虫延入平州界，亦有群雀食之"，又如"开元中，贝州蝗虫食禾，有大白鸟数千，小白鸟数万，尽食其虫"。此外，《旧唐书·五行志》中亦有"榆林关有蚜蚄食苗，群雀来食，数日而尽"的记载。虽然这些记载未谈及人工方面的应用，但真正的生物防治，正是在观察和研究这类自然防治的基础上发展而来的。古代生物防治害虫技术大致可分为以下两大类。

（一）治虫昆虫和某些动物的利用

其一是以虫治虫。利用黄猄蚁防治柑橘害虫的实践，是世界上以虫治虫最早的记载，该防治技术首见于晋代嵇含所著《南方草木状》，书中记载了岭南一带的柑农，常到市场连窠买黄猄蚁治虫，"南方柑树，若无此蚁，则其实皆为群蠹所伤，无复一完者矣"，说明当时已经把黄猄蚁作为防治柑橘害虫的重要措施。唐代刘恂在《岭表录异》中指出："南中柑子树，无蚁者实多蛀，故人竞买之，以养柑子"。宋代《鸡肋编》中记载了利用黄猄蚁嗜脂的习性，"用猪羊脬盛脂其中，张口置蚁穴旁，俟蚁入中，则持之而去"的方法。到了明清时期，黄猄蚁的应用更加广泛，其范围不仅扩大到柑、橘、柚、柠檬等柑橘类果树，还普遍采用了"繁竹索引"或"藤竹引度"等方法，使黄猄蚁"往来出入""树树相通"，提高了防治效果。此外，民间长期以来还流传着利用红蚂蚁防治甘蔗条螟、甘蔗二点螟和甘蔗黄螟的经验。清代程岱莘的《西吴菊略·除害》还介绍了利用螳螂防治菊花害虫的方法，提到"于五月间觅螳螂窠数枚，置菊左右，立秋前螳螂子出，跳跃菊上，不食菊叶，能驱蝴蝶，兼食诸虫"。

其二是家禽治虫。利用家鸭防治害虫和有害动物是中国人民的一种创造。明代霍韬在《五山志林·辨物》中引《渭厓文集》："顺德产蟛蜞，能食谷芽，惟鸭能啖之，故鸭惟广南为盛，以其蟛蜞能豢鸭，亦有鸭能啖蟛蜞，两相济也"，描述了珠江三角洲农民利用家鸭防治稻田蟛蜞，稻鸭两利，效果甚佳。明代陈经纶首创用家鸭防治稻田蝗蝻的经验，至清代乾隆时陈经纶五世孙陈九振在安徽芜湖为官时，遇捕蝗事，畜鸭治蝗之法得到推广运用。1776年陈世元编《治蝗传习录》，将祖遗之法记录，为古代最早的畜鸭治蝗记载。陆世仪的《除蝗记》以及汪志伊、顾彦等的除蝗著作都曾提到家鸭治蝗的经验。事实上鸭子不仅能除蝗，而且还能捕食稻田中的飞虱、叶蝉、稻蝽、黏虫、负泥虫等多种害虫，在珠江三角洲的沙田地区还能起中耕、除草作用。

（二）对害虫天敌的保护

在自然条件下，害虫经常会受到天敌的寄生或捕食，因此古人也常用保护害虫天敌的方法，达到生物防治的目的。

其一是保护青蛙。由于青蛙有捕虫的本领，历史上一些有见识的官吏，常用行政力量加以保护。宋代《墨客挥犀》记载沈文通曾在浙江钱塘禁捕青蛙，南宋赵葵的《行营杂录》记载马裕斋在处州禁民捕蛙。清代王凤生在《河南永城县捕蝗事宜》一书中也曾提出保护青蛙用以捕蝗的主张。

其二是保护益鸟。《礼记·月令》载有禁止在早春时节探巢取卵、捕杀雏鸟的禁令，汉宣帝元康三年（公元前63前）曾下诏禁止在春夏鸟类繁殖季节"摘巢探卵，弹射飞鸟"。晋代黄义仲的《十三州记》中说上虞县有雁为民田食虫除草，县官特别下令禁捕，违令者要处以刑罚。宋代《太平御览》引《汉实录》记载了后汉乾祐年间（948—950年），发生蝗灾的阳武、雍丘、襄邑三县，"蝗为鸜鹆聚食，敕禁罗弋鸜鹆，以其有吞噬之异也"。因鸜鹆鸟能食蝗虫，所以官府下令禁止捕捉。南宋孝宗时也提出过保护措施。元大德三年（1299年）皇帝曾亲自下诏"禁捕鹫"，因为蝗"在地者为鹫啄食，飞者以翅击死"。由此可见，隋唐至元代，受到保护的益鸟有赤头鸟、大白鸟、小白鸟、鸜鹆、鹫等多种，利用益鸟防治的害虫有紫虫、蚜虸、蝗虫等农业害虫。明清时期，许多县志中都出现了保护益鸟治虫的事例，防治的害虫以蝗虫为主，另外还有黏虫等。

五、其他防治技术

通过控制温度、湿度、火光和利用治虫器械治虫，也是古代防治作物害虫的有效方法。

控制温湿度在古代多用于收获物的处理和种子预措方面。东汉王充在《论衡·商虫篇》中指出"藏宿麦之种，烈日干暴，投於燥器，则虫不生。如不干暴，闸喋之虫，生如云烟。"北魏贾思勰在《齐民要术》中提到窖麦法"必须日暴令乾，及热埋之"。对食用麦的储藏，可采用劋麦法，即将麦把倒置，薄摊在场上，顺风放火烧，火起后立即用扫帚扑灭。经过这样处理过的麦粒丧失了发芽力，不能做种，但可经夏不生虫。这些都是对种子和收获物的防虫处理。在种子预措方面，明代徐光启的《农政全书·蚕桑广类》指出"棉籽用腊雪水浸过，不蛀"。清代杨屾在《豳风广义》中提到"种（棉）时，先取……棉籽置滚水缸内，急翻数次，即投以冷水，搅令温和"。清代丁宜曾在《农圃便览》中提到"于种子时以滚水泼过，即以雪水、草木灰拌匀种之"。

除虫器械的发展经历了从简单到复杂的过程。从用铁丝钩杀树孔内蛀虫，用木棍击落树上尺蠖，用鞋底扑打蝗虫等简单的工具，逐渐发展到较复杂的治虫器械。例如刘应棠的《梭山农谱》记载有一种专治稻苞虫的虫梳，是一种竹制的治虫工具，两边有齿均可利用，"田家奋臂梳行，（虫）累累就弊矣，血肉俱糜梳齿上"，治虫效果是不错的，直至 1949 年，有些地方仍在沿用。再如清代陈崇砥的《治蝗书》记载了一种专治黏虫的滑车，并附有插图和形制说明，认为只要用一人把滑车"推入垅间，则两旁插尺包抄禾苗，拨动虫物滚入布袋……换垅推之，数次可尽"。这确实是一种极具巧思的创造，20 世纪 50 年代初，华北地区仍有采用。

治理害虫滋生地也是一种防治方法。明代徐光启通过对蝗灾记载的统计和实地调查，提出："蝗之所生，必于大泽之涯，……如幽涿以南，长淮以北，青兖以西，梁宋以东诸郡之地，胡濼广衍，暵溢无常，谓之菏泽，蝗则生之。……涸泽者，蝗之原本也，欲除蝗，图之，此其地矣。"徐光启较为准确地划分了中国的蝗区，并主张在蝗区内"凡地方有湖荡淀洼积水之处，遇霜降水落之后，即亲临勘视。本年潦水所至，到今水涯有水草存积即多，集夫众侵水芟刈，敛置高处，风戾日曝，待其干燥，以供薪燎"。

除了以上防治技术外，宋代《尔雅翼》还记载了梨果套袋防虫技术。淳熙年间（1174—1189 年）的《新安志》亦有类似记载。此种措施，类似于现代的套袋技术。

思考题：　1　古代有哪些作物害虫防治技术？
　　　　　　2　古代的药物防治技术与今天的药物防治有什么区别？
　　　　　　3　古代害虫防治技术在今天有何借鉴意义？

参考文献：　1　彭世奖．我国古代农业害虫防治法 [J]．农业考古，1984（2）：266-268．
　　　　　　2　梁家勉．中国农业科学技术史稿 [M]．北京：农业出版社，1989．
　　　　　　3　倪根金．梁家勉农史文集 [M]．北京：中国农业出版社，2002．
　　　　　　4　中国农业百科全书编辑部．中国农业百科全书（农业历史卷）[M]．北京：中国农业出版社，1995．

5　龚光明，杨旺生. 古代生物多样性防治病虫害的实践及当代的利用方式[J]. 山西农业大学学报（社会科学版），2013，12（9）：871-875.

推荐阅读文献：
1　潘承湘. 我国害虫综合防治的发展[J]. 自然科学史研究，1990（4）：366-375.
2　严火其. 动物权利论的一种古代形式——中国传统的害虫防治理论和技术[J]. 南京理工大学学报（社会科学版），2005，18（2）：85-87.

第四节
作物选种、繁殖技术

中国古代农业在作物选种方面的实践，有着悠久的历史，可以追溯到农业起源的时代。

关于选种发端于何时？目前没有较详细的论述。我们认为答案应该是与农业起源同时进行。农业起源于新石器时代，采集与狩猎不再能够解决食物供给问题，于是人们开始尝试种植。传说神农氏尝百草，一日而遇七十毒，是人们最初寻找植物的可食性。种植的实现要基于人们对种子的认识，即先在植物收获季节进行采集，对采集的种子进行挑选后，贮藏起来，等待第二年种植，这就是一个认识与挑选种子的过程。贮藏是农业起源的重要环节，也是对种子产生最初认识的重要环节。在最初的种植过程中，用于种植的种子与人们的食物是不分开的，或者说两者是兼顾的，也可以说是可以转换的。因为食物的匮乏，有时留下作种子的也可能被用于救急用，即变成了食物。而有时由于采集相对丰富，第二年有较多的剩余，于是这些都会变成种子种植于野外。当然，便于贮藏的禾本科的种子是人们最喜爱的种植对象。在北方的黄河流域，狗尾巴草被最先驯化，即今天的粟；而在南方，生于沼泽的野生水稻被人们种植，也就是今天的水稻。在种植过程中知识不断丰富、技术不断进步，同时也不断有新作物的种子加入种植行列。植物的种子经过种植以后，通过人们不断选育，长期脱离纯粹的自然环境，进入人们的收藏与贮藏环节后，发生物理与生物方面性能的变化，驯化作用显现。

对种子的认识与利用的加深，促成了多种植物的驯化，中纬度地区的黄河流域与长江流域也就成为世界上作物起源中心之一。据不完全统计，中国是稻、大豆、茶、黍、粟、桃、李、杏、栗、柿、荔枝等多种栽培植物的起源地。瓦维洛夫（1935年）认为世界最重要的六百四十种作物中，有一百三十六种起源于中国，约占世界总数的五分之一。

古代中国在漫长的发展过程中，出现了很多有价值的选育、育种与繁殖技术，为农业的发展奠定了坚实的基础。

一、大田粮食作物选种与育种技术

早在三千多年前的春秋战国时期，就已有"嘉种"的概念，两千多年前已有选、留种技术的记载。古时称良种为"嘉种"，《诗经·大雅·生民》中已有"诞降嘉种，维秬维秠"的记载。《氾胜之书》首次记载了选种留种技术，认为麦子成熟时要"择穗大强者，斩束立场中之高燥处，曝使极燥。无令有白鱼，有辄扬治之"。贮藏麦种的方法是"取干艾杂藏之。麦一石，艾一把。藏以瓦器竹器。顺时种之，则收常倍"。对粟（禾）的留种方法与麦子不同，是"取禾种，择高大者，斩一节下，把悬高燥处，苗则不败"。麦子是穗小粒大，所以要晒干后脱粒贮藏。禾粟是穗大粒小，宜于将穗子扎成把，悬挂在高燥处。北魏时的《齐民要术》，对于选种留种技术有了系统的记载。《齐民要术·收种第二》中指出品种混杂的弊端：混杂的谷种，成熟迟早不一致，出米率很低，而且不容易舂均匀，等等。接着说明防止品种混杂的方法，即粟、黍、穄、粱、秫，都要年年分别收获。收时要挑选长得好的、颜色纯净的穗头，割下来，挂在高燥处，即今称的"穗选法"。到春天脱粒，它们要与大田播种的谷物分开，单独下种、留种，以供第二年的大田种子之用。这种措施，同现代的种子田相似。对留种的种子田在管理上要增加锄地（中耕）的次数，因为"锄多则无秕"。种子田收割的穗子要最先脱粒，因为最先脱粒，晒场上干净，不会与其他种子混杂。脱好粒的种子要分开窖藏，因为窖藏比用瓦器、竹器贮藏更安全，更能保持恒温干燥。还特别指出窖藏种子的窖口要用相同品种的秸秆覆盖，这样就彻底地防止了一切可能产生混杂的机会。除了谷物的留种，《齐民要术》对于瓜类的留种技术也有精辟的叙述，指出食瓜时，"美者收取"，意思是说，吃甜瓜的时候遇到味道好的，就留作种子。更突出的是关于"本母子"瓜的留种技术。把甜瓜的成熟采收期分为早、中、晚三期，刚长几片真叶就开花结实的早熟瓜叫"本母子"瓜，蔓长两三尺时结的瓜，叫"中辈瓜"，蔓长足了，最后结的瓜叫"晚辈瓜"。认为用"本母子"瓜的种子作种,其后代开花结实也较早。瓜留种,最重要的是要截去两头,取中部的种子留种。理由是,靠近瓜蒂一头的种子,结的瓜常常弯曲而细小,靠近瓜尾的种子,结的瓜也往往短而歪。只有中部的种子所结的瓜生长正常。这个经验一直沿用至今。

《齐民要术》中还注意到早熟矮秆的粟品种,产量要比晚熟高秆的品种高:"早熟者苗短而收多,晚熟者苗长而收少。"这是对矮秆品种有高产能力的最早记载。作物的产量和质量往往是矛盾的,二者难以兼有,这种现象也在《齐民要术》中首次被提道:"收少者美而耗,收多者恶而息也。"美和恶主要是指谷物的品质,耗指出米率低,息指出米率高,也是品质指标。产量和品质的矛盾,直至现代仍是育种工作所要解决的难题。唐宋以迄明清,选种留种在理论和实际措施上又有进一步的发展。宋代《陈旉农书》中设有"善其根苗"篇,提出"凡种植,先治其根苗以善其本""欲根苗壮好,在夫种之以时,择地得宜,用粪得理"。在选种之外,提出了培育壮秧的重要性。明代耿荫楼的《国脉民天》"养种之法"篇,把五谷、豆果、蔬菜的种子比作人之有父,土壤则是母。"母要肥,父要壮,必先仔细拣种"。所谓"拣种",就是现代的"粒选","即颗颗粒粒皆要仔细拣肥实光润者",这是比穗选更进一步的选种方法,对所选出的种子,要加倍地耕锄施肥,说连续如此三年,"则谷大如黍矣"。对于菜果类作物的留种,则强调人工疏摘,如茄子则只留一茄,瓜则只留一瓜,豆则只留十多个荚。较之《齐民要术》所述的去两头留中间的方法更进一步,疏摘可以加强留种种子的营养供应。清代杨屾的《知本提纲》中有"择种"一段,提出"母强子良,母弱子病"的理论,把留种同遗传性能直接联系起来。

古代有关利用作物突变单株进行选种育种的记载,出现得较晚,主要在清代。著名的如清康熙皇帝在丰泽园的水稻田中,发现一株特别早熟的单株,加以留种试种,果然年年早熟,赐名"御稻"。由于这个品种特别早熟,阴历六月可收,康熙曾命江苏、浙江、江西等地,将"御稻"兼作早稻和晚稻,试种一年两熟的连作稻,曾一度获得成功。宋代长江下游有一个水稻早熟品种,名叫"六十日",直至明清仍广泛栽培。据清乾隆年间《象山县志》转引《蓬岛樵歌》的记载,也是一个来自自然突变的品种"六十日水稻,名救公饥,传有孀妇居贫乏食,撷稻中先熟者,以养翁姑,因传其种。"由此可以想见,民间利用自然突变单株选育出新品种,肯定是很多的。

不过在古代选种与育种过程中,不可避免地存在局限。传统的品种在长期种植后发生退化是必然的事情,要防止产量因此而下降,必须不断更新品种。此项努力能否成功就要视新品种的来源而定。回溯中国作物种植历史，自小麦自域外引进以来，秦汉以后很少有从外国引进粮食新品种的记载，直到北宋才有占城稻之引种，然后到了明中叶引入番薯与玉米。所以我们可以说，在北宋以前，基本上是靠国内种培育新品种。以杂交方式创造新品种，是20世纪从西方学来的新式育种法。在这以前，中国农民利用单株优选的方式来取得并培育新的优良品种。每一作物品种，种植以后往往会发生变异现象，而变异的品种有的比其母本优越，有的不如其母本，优选的办法就是在田中选择优越的变异个体，加以推广。当然，靠作物本身的变异来进行优选有局限性，进步慢，不如现代农业科技进行品种杂交，通过异源多倍体的途径能使作物品质跃进。而且全靠境内原有的品种，久而久之，发生变异的现象可能会递减，以致新品种的来源枯竭。

粟与小麦历来是中原地区的主粮，基本上都是靠本土品种进行变异优选。《齐民要术》一书记载了八十六个粟的品种，《授时通考》则增加到二百五十一个品种，可能已达到单株优选方式的最高峰。记载的小麦品种不多。很可能从北宋开始就没有新的品种，也就是小麦品种退化是无法避免之事。直到1950—1953年，小麦产量只能徘徊在每公顷1 275～1 455千克的水平，远低于宋代小麦产量。

二、蔬菜种子选种技术

蔬菜通常都是以幼嫩的茎叶、果实或块根块茎等器官供食，因而采种与食用的栽培要求往往不尽相同。古代虽然没有专门的蔬菜种子田，但古人已注意到蔬菜的采种与食用栽培应分别对待。古农书中在叙述蔬菜的栽培方法时，一般都特别说明所述蔬菜的采种方法。如：（1）叶菜类的采种。分期播种的叶菜，如冬寒菜，南北朝时在黄河中下游播种期为农历五月、六月和十月，采种宜选留五月间播种者。古代栽培叶菜类，一般是在采收供食后，留一部分在地里备采种，不过要间拔令稀，使留下的种株有足够的营养面积，以便可以生长充实，结实繁盛。（2）多年生蔬菜的采种。韭菜等一年中可多次采收的多年生蔬菜，采种者只可采收一次，以培养根株，方可使种子生长充实。（3）瓜类的采种。《齐民要术》对甜瓜的采种原则及其中的道理都有详尽的叙述，指出应每年选留"本母子"瓜（节位低的瓜），并用瓜的中段的种子作种。理由是，如果选用节位高的瓜作种，则子代要在瓜蔓长到相当长时才坐果；用瓜的近蒂段的种子作种，则子代所结的瓜"曲而细"；用瓜顶段的种子作种，则子代所结的瓜"短而喎"。（4）根菜类的采种。萝卜之类的根菜，采种者宜在初冬采收后窖藏。待春暖发芽后，取出栽于留种田中。另一种方法是在初冬采收时，选择优良者，去掉根须，带叶移栽至留种田中。并且特别指出，如果不加移栽，让其就地生长，则种子不充实（斜子），用它作种，长成的萝卜"瘠而不肥"。(5)雌雄异株蔬菜的采种。雌雄异株的蔬菜，如菠菜，采种应留雌株，并适当留一些雄株。古人已掌握早期鉴别菠菜雌雄株的方法：雌株一般生长较茂盛，分叉较多；雄株生长势较弱。

三、作物嫁接技术

中国嫁接技术的出现很早，但直到西汉《氾胜之书》才有瓠的嫁接记载："下瓠子十颗，……既生，长二尺余，便总聚十茎一处，以布缠之五寸许，复用泥泥之，不过数日，缠处便合为一茎。留强者，余悉掐去。引蔓结子。子外之条，亦掐去之，勿令蔓延。"这是中国有关草本植物嫁接的最早记载，目的是结硕大果实。果熟后做容器或水瓢。此后晋人傅玄的《李赋》载："河沂黄建，房陵缥青，一树三色，异味殊名。"表明当时一棵果树上嫁接了3个李品种。南朝庾信的《奉梨诗》有"接枝秋转脆，含情落更香"一说，可以看出嫁接后的含消梨更香脆了。从《氾胜之书》到《齐民要术》其间经历五百多年，史籍留下的嫁接记述颇少。《齐民要术·插梨》成为中国现存史料中果树嫁接最早的详细记载。全文六百余字，对于嫁接的目的和效果、砧木和接穗的选择、嫁接时令、操作要点以及嫁接不同组合等皆有论述，达到相当高的技术水平。

唐宋时代一方面嫁接向更多种类的果树发展，嫁接扩展到蔷薇科、葡萄科、柿树科、杨梅科、芸香科、胡桃科、鼠李科等，创造了一些优良品种。

唐宋代以花卉的嫁接盛行，不少"园户"靠移花接木为生，洛阳天王院花园成为巨大的花市，"有牡丹数十万本。凡城中赖花以生者，毕家于此"。洛阳人称嫁接花为"转枝花"。这时出现了许多嫁接高手，嫁接培育出名贵品种。据不完全统计，该期嫁接植物已达四十余种，其中以牡丹、芍药嫁接备受青睐。嫁接的花卉还有梅、蜡梅、黄蔷薇、野蔷薇、石榴、木樨、菊等，涉及毛茛科、蔷薇科、蜡梅科、石榴科、木樨科、菊科植物。特别需要指出的是，南宋末年《种艺必用》和元初《种艺必用补遗》，突破了《氾胜之书》《齐民要术》等农书的老框框，收录了不少观赏花卉栽培和嫁接技术的相关内容。

北宋《格物粗谈》载"桑以楮接则叶大"。《分门琐碎录·农艺门》《种艺必用》均有类似记载，表明至少在北宋时桑的嫁接已付诸生产。《陈旉农书》对桑嫁接技术记载较详,"若欲接缚,即别取好桑直上生条,不用横垂生者,三四寸长,截如接果子样接之,其叶倍好,然亦易衰,不可不知也。湖中安吉人皆能之",说明桑的嫁接早由果树嫁接扩展而来,接法类同,当时江南一带接桑已十分普及了。

13世纪时,出现了一部总结黄河流域农业生产的农书《士农必用》,但已失传,但它的接桑内容为《农桑辑要》卷之三引录,凡两千余字,总结了桑品种间嫁接的四种方式——插接、劈接、靥接和批接,这是中国桑树嫁接的早期珍贵资料。元代是当时世界上的强大帝国,东西交通发达,丝绸是当时重要的外贸商品,丝织业发达需要提供更多的蚕丝,才能适应国际贸易和国内消费的需求。因此元朝政府特别重视并大力提倡劝课农桑,由政府组织推广蚕桑技术。元司农司编撰的《农桑辑要》就是这种政策的具体体现。其后不久,《王祯农书》和《农桑衣食撮要》问世。这三种农书都重视桑树嫁接技术,传授获取更多好桑叶的方法。所以元代的嫁接技术以桑树为重点,并着力于方法的推广和普及。《王祯农书》系统总结了桑的嫁接方法,提出了"夫接博其法有六:一曰身接,二曰根接,三曰皮接,四曰枝接,五曰靥接,六曰搭接",几乎包罗了所有的嫁接类型,证明当时技术已相当成熟。

明清时期商品经济发展,国内外对果品的需求增加,果树经济价值提高,推动了果树嫁接种类的增多和地域的扩大。除了历史上早已进行嫁接的种类以外,荔枝、龙眼、枇杷、杨梅、山茶、乌桕、橄榄、银杏之属皆有嫁接,18世纪时的广东顺德县陈村也已成为当时花木、果苗嫁接和销售的中心地区。"他处欲种花木,及荔枝、龙眼、橄榄之属,率就陈村买秧,又必使其人手种接搏,其树乃生且茂,其法其甚秘,故广州场师,以陈村人为最。"至今陈村及其邻近地区仍是全国闻名的花卉果木基地。

思考题: 1 选种技术开始于何时?
2 康熙"御稻"是用什么方式培育而成的?
3 古代嫁接技术有几种方式?

参考文献: 1 赵冈. 农业经济史论集[M]. 北京:中国农业出版社,2001.
2 中国农业百科全书编辑部. 中国农业百科全书(农业历史卷)[M]. 北京:农业出版社,1995.
3 周肇基. 中国嫁接技艺的起源和演进[J]. 自然科学史研究,1994,13(3):264-272.

4 徐旺生. 农业起源——中纬度地区冰后期贮藏行为的产物 [J]. 古今农业, 2013（3）: 44-49.
5 王思明, 沈志忠. 中国农业发明创造对世界的影响——在 2011 年"农业考古与农业现代化"论坛上的演讲 [J]. 农业考古, 2012（1）: 26-32.

第五节
生态种养结合系统

古人特别擅长将种植业包括作物与林业与养殖业结合起来，并因地制宜，实行循环利用，创造了农牧和林牧综合经营模式。

人类早期不会只是单一的经济类型，一般采集与狩猎结合，后来又是种植与养殖结合，这种结合随着人口的增加，变得越来越紧密。在牛耕没有发明之前，种养之间的直接联系并不特别密切，牛耕发明以后，种养之间的联系开始密切。

早期的中国传统农业始终以粮食生产为主，以畜牧养殖为辅，这与当时土地资源环境和社会经济条件有关。至少在汉代，以个体农户为经营单位，经营规模小，以满足自身消费为基本目的。汉代养猪与积肥结合的方式，可以从大量出土汉代的陶厕的现象中得到印证。

在种养结合方面，古人做了非常多的尝试，形成了农牧结合、林牧结合以及农渔结合等。

一、农牧结合系统

农牧结合是指将畜猪牛羊等养殖与农田积肥结合的养殖模式，其中种植业为畜禽养殖提供饲料，而畜禽养殖为种植业提供动力与肥料，构成了综合利用系统。这其中猪与牛存在分工，猪主要吃糠麸，牛则主要吃草料。因为牛是草食动物，可以分解纤维，在冬天以稻草为食，不仅不与人争口粮，而且提供动力与肥料，所以历代政府规定，要保护耕牛，保护耕牛是为了提供耕地的动力。

养牛能够产生肥料。北魏贾思勰《齐民要术·杂说》提到"踏粪法"，其曰"凡人家秋收治田后，场上所有穰、谷秸等，并须收贮一处。每日布牛脚下三寸厚，每平旦收聚堆积之；还依前布之，经宿即堆聚。计经冬一具牛，踏成三十车粪。"踏粪法就是将垫圈与积肥相结合，使牲畜粪便与秸秆、谷糠等混合起来，经牲畜踩踏形成厩肥。清代山东人孙宅揆的《教稼书》记载"造粪法"，将垫圈同积肥相结合，详细介绍各种牲畜粪肥的积制方法。关于养牛积肥，书中说："夏日有草时，每日芟青草置牛脚下，微洒以水，草上垫土，使牛践踏。草经牛踏，又著粪腐烂，俱成好粪。冬日锄地边干草，土垫之，不用洒水，粪亦不用出，常匀之使平而已。依法行之，每年一牛可行好粪二十车，且牛不受暑温严寒之伤，瘟疫之灾可以永绝。"

养猪更是专门提供肥料。农谚有云："养猪不赚钱，回头望望田""猪是农家宝，粪是地里金"。养猪的好处之一就是积粪肥田。西汉《氾胜之书》提到的"溷中熟粪"，指的就是腐熟的人畜粪便。可为佐证。明代《沈氏农书》中说："种田养猪，第一要紧。"清代《浦泖农咨》总结了"棚中猪多，困中米多"的经验，认为"养猪乃种田之要务也，岂不以猪践壅田肥美，获利无穷。"蒲松龄在《农桑经》中也说养猪"一年积粪二十车"。总之，中国古代从南到北普遍形成养猪积肥、农牧互利的传统。

养羊亦可以积肥。历史上北方农区舍饲养羊积肥是农民的习惯。传统经验认为，羊粪性热，起效较快，既可做基肥，也可做追肥，尤其适合瓜果蔬菜及经济作物。养羊积肥，农牧互利的事例随处可见。

养殖业给种植业提供动力与肥料，种植业反过来又为养殖业提供饲料。稻糠，麦麸，各种饼如豆饼、棉籽饼、花生饼等，花生秸秆，都是家畜的饲料。特别是稻草，因为富含纤维素，牛胃可以分解为营养。稻草是南方冬天牛的主要饲料。

二、林牧结合——林下养殖

除了农牧结合的生产系统，还存在林下养殖的生产系统。这种方式起源很早。中国养鸡的历史悠久，鸡成为家禽后，一般放养于外。春秋战国时期，已经有记载将鸡放于山林中养殖。《越绝书·记吴地卷》载："娄门外鸡陂墟，故吴王所畜鸡，使李保养之，去县二十里……，鸡山在锡山南。"这就是原始的林牧养殖，林下养鸡，即林牧复合生态系统的前身。

林牧复合生态系统是农林复合生态系统的一部分，林牧复合生态系统是以牧为主，林木与牧草共生共荣的系统，借林木保持水土及改善牲畜生境，提高生产力水平。林下种植牧草，或在原有草地上栽植树木都属于林牧复合生态系统。

"林-草-禽"生态循环农业模式在动物（家禽）和林木、草之间建立一种关系。林地为家禽生长提供了良好的生长环境、食物来源和栖息空间。林下的草本植物可以保持水土、改善林地的生态小环境，同时提供了鸡、鹅的食料，减少了精饲料的使用量。在这样的饲养环境中能获得肉质好、具有自然风味的商品鸡和商品鹅，而家禽排泄的粪便则是一种较好的有机肥，返回土壤，供植物生长利用，而且鸡群、鹅群可以捕食林地害虫，在觅食时会吃掉各种虫卵及成虫，充当病虫害的天敌，理论上具有生物防治的作用，关于这一点在相关研究中已经得到证实。通过草本植物和家禽的活动使生态系统"活跃"起来，并形成一个动态的多级食物链网结构和物质循环再生利用体系。因此，该系统是一种立体的土地利用方式，提高了土地资源的利用率。

在林地放养条件下，家禽有更多的活动空间和食料来源，其饲养品质和肌肉质量一般要优于工厂化密集饲养，符合绿色食品的概念。由于放牧饲养，家禽的活动量大，消耗能量多，不容易过量积累脂肪，同时放养条件下摄食的无机盐也充足，其骨质和肉质都较硬实，味道鲜浓，受消费者欢迎。

三、农渔结合——稻鱼共生与桑基鱼塘

稻鱼鸭共生与桑基鱼塘是循环利用的典型代表，其是特征与农牧结合方式有所不同的农渔结合的种养模式。

（一）稻鱼、稻鱼鸭共生系统的起源与演变

稻鱼共生系统是中国南方地区长期发展的农业生态系统，主要特征是在水稻田中养鱼，有的地方还发展为稻鱼鸭共生系统。这种传统农业生产方式具有增产、节约开支与保护环境等特点，可节省土地，实现天然的立体农业生产模式，有效缓解人地矛盾。

在稻鱼共生系统中，水稻、杂草构成了系统的生产者，鱼类、昆虫、各类水生动物构成了系统的消费者，细菌和真菌是分解者。系统内水稻和鱼类共生，通过内部自然生态协调机制，实现系统功能完善。系统既可使水稻丰产，又能充分利用田中的水、有害生物、虫类来养殖鱼类，综合利用水稻田的一切废弃能源，以生物防治虫害为基础，减少了化肥与农药的使用，保护了生态环境，提高了农产品质量。

中国水稻种植90%以上分布在河流众多、水源充足的秦岭、淮河以南地区，这里鱼类资源丰富，稻田星罗棋布，适于发展稻田养鱼。从中国早期稻田养鱼的分布来看，

主要集中在西南、华南和东南一带，尤以东南和西南几省的山区更为普遍。作为中国的一种农业历史传统，稻田养鱼今天在南方一些地区依然存在，其中浙江青田的稻田养鱼生态模式还被评为世界文化遗产。

中国是稻田养鱼最早的国家，但对于稻田养鱼始于何时，学术界尚有争议。有观点认为，稻田养鱼可能开始于东汉时期。能够确凿无误地说明稻田养鱼的是唐代，刘恂的《岭表录异》记载："新泷等州山田，拣荒平处，以锄锹开为町疃。伺春雨，丘中贮水，即先买鲩鱼子散于田内，一二年后，鱼儿长大，食草根并尽，既为熟田，又收鱼利。乃种稻，且灭稗草，乃齐民之上术也。"这里是利用草鱼来吞食荒田的杂草，为种稻做准备，养鱼也能得利。荒田尚未种稻，与现在所说的稻田养鱼稍有不同，但其生态内涵与稻田养鱼是相通的。

明清时期，文献记载稻田养鱼开始盛行。在太湖地区，最早的史料是明代成化年间的《湖州府志》："鲫鱼出田间最肥，冬月味尤美"。清代乾隆年间的《湖州府志》《乌程县志》和《长兴县志》等也有类似记述。湖州以外，嘉兴县的《闻湖志稿》有"湖田稻熟鲫鱼肥"的诗篇，描绘这一带农田中亦稻亦鱼的情景。其他如康熙年间的《吴江县志》"物产·鲫鱼"条下，亦注明鲫鱼"出水田者佳"；乾隆年间的《震泽县志》称："岁既获，水田多遗穗，又产鱼虾。在昔绍兴人多来养鸭，以收其卵以为利。"稻田的遗穗和鱼虾还能用来养鸭产蛋，稻田养鱼的生态链进一步延长。

（二）桑基鱼塘复合循环利用系统

桑基鱼塘是水旱结合的种养系统，是人们为充分利用土地而创造的一种挖深鱼塘、垫高基田、塘基植桑、塘内养鱼的高效生态系统。最初出现在长江三角洲地区，后来广泛传播在广东浙江三角洲地区，并发展成为桑菜基鱼塘、果基鱼塘、蔗基鱼塘。桑基鱼塘从种桑开始，通过养蚕而结束于养鱼的生产循环，构成了桑、蚕、鱼三者之间密切的关系，形成池埂种桑，桑叶养蚕，蚕茧缫，蚕沙、蚕蛹、缫丝废水养鱼，鱼粪等泥肥肥桑的比较完整的能量流动系统。系统中任何一个生产环节的好坏，都必将影响其他生产环节。

桑基鱼塘生产方式在10世纪已于太湖流域形成，这里很早就有关于基塘农业的记载。明代李翊的《戒庵老人漫笔》卷四"谈参"条，记载了嘉靖年间吴人谈参实行农桑果畜鱼综合经营的事迹，清代相关文献中也有类似记载，其中描绘的就是基塘农业的生产方式。此外，明末清初嘉湖地区张履祥的《补农书》提到"凿池畜鳞介，培基植桑竹，水田种粮食，隙地栽果木，棚舍养畜禽等"农业综合经营规划，也体现出明显的基塘农业特色。

清代《常昭合志稿》卷四十八《轶闻》记载了明代嘉靖年间常熟的谭晓、谭照兄弟修筑圩田，实行农业综合经营的例子：谭氏兄弟乘荒年以低价购买荒田一区，修筑了六百多公顷的大圩田，进行农林牧副渔多种经营。其资源利用方式为洼地掘池养鱼，高地做围种粮，塍上种植果树，畦地种植蔬菜，污泽处种植水生植物，池上还架梁养鸡豕。总之，凡是能利用的土地和空间都被充分利用起来，因而收到了其田"岁入视平壤三倍"，其副业收入又"视田之入复三倍"的经济效益。这种综合经营设计的生态价值也不可忽视。谭氏兄弟以农副产品养鸡喂猪，鸡猪粪便除作鱼饵料外，还可以肥田，鱼粪及池泥也可作为肥料。他们之所以要把养鱼和养鸡、养猪结合起来，就是因为"鱼食其粪又易肥"，既节省了饲养成本，又实现了资源的循环利用。

江浙一带水稻和蚕丝产区，为了发展水稻和蚕丝生产，将种稻、养蚕和饲养猪羊联系起来，以糠秕、糟粕养猪，用枯桑叶饲羊，换得猪羊粪用来肥稻田和桑地，形成以农养畜、以畜促农的物质循环。湖州地区形成了"农（稻、麦、油、菜）—畜（猪、羊）—桑—蚕—鱼"的又一种综合经营方式。这种经营方式，在清代又扩展到与湖州生产条件相仿的嘉兴、桐乡以及苏州震泽地区。桐乡的经营方式是"种麦豆—养羊—种桑—养鱼"。震泽的经营方式是"低者开浚鱼池，高者插莳禾稻，四岸增筑，植以烟靛桑麻"。

随着农业生产的发展，加之市场经济的影响，清代珠江三角洲出现了新的生产方式——果基鱼塘、蔗基鱼塘、菜基鱼塘。果基鱼塘、蔗基鱼塘、菜基鱼塘是把低洼的土地挖深为塘养鱼，堆土筑基，填高地势，相对降低地下水位来种植果树，如香蕉、荔枝、柑橘、龙眼等，或者甘蔗、蔬菜等。

桑基鱼塘模式实际上是一种水域与陆地两个人工生态系统之间的联结，它们彼此进行着能量、物质交换与补偿，使系统内循环规模扩大，也借此减少来自外部的能量物质投入，系统的经济效益和生态效益皆有提高。

在桑基鱼塘系统中，桑树是有机物的生产者，它固定并转化太阳能；蚕是第一消费者，它吃进桑叶，生产出丝、茧、蛹，排出蚕粪；鱼是第二消费者，它吃蚕沙、蚕蛹，排出鱼粪；池塘里的微生物是分解者，它们将鱼粪和残剩的蚕粪、饵料分解加工成含氮、磷、钾等简单物质，混入塘泥。这种塘泥肥力高，肥效长，可作为上好的肥料就近提供给桑基，从而重新进入循环。如此就构成了一个水陆相互联系、动植物相互作用、物质循环利用的农业生态系统，极大地提高了资源利用率，并减少了环境污染。

思考题： 　　1　生态种养技术的精髓是什么？
　　　　　　　2　生态种养技术的现实意义是什么？

参考文献： 　　1　惠富平. 中国传统农业生态文化[M]. 北京：中国农业科学技术出版社，2014.
　　　　　　　2　中国农业百科全书编辑部. 中国农业百科全书（农业历史卷）[M]. 北京：中国农业出版社，1995.
　　　　　　　3　梁家勉. 中国农业科学技术史稿[M]. 北京：农业出版社，1989.

第六章

主要粮食作物栽培、引进传播及加工

作物驯化过程完成以后，人们试图驯化各种类型的作物，呈现出种植"百谷"的局面。但是随着生产的发展，技术的进步，人口增长，人们必然会追求产量，并且受自然环境等各类因素的影响，粮食生产逐渐稳定在有限的几种重要作物如粟、水稻、麻、菽、小麦等上面，习称为五谷。本章主要论述三大粮食作物粟、水稻、小麦的栽培利用历史，以历史时期中国从域外引进的作物对中国农业发展的贡献，中国作物外传以后对世界和影响，以及粮食加工技术的演变过程。

第一节　黍粟起源及其栽培利用
第二节　水稻起源及其栽培利用
第三节　麦类作物起源及其栽培利用
第四节　海外作物引进及其贡献
第五节　中国农业物种的外传及其贡献
第六节　农产品贮藏与加工技术

第一节
黍粟起源及其栽培利用

粟 [*Setaria italica* (L.) Beauv.] 又称谷或谷子，植株称禾，原产于中国，是中国北方原始农业中最早驯化的谷类作物之一。栽培历史至少已有七千年。由于古籍从《诗经》时代起，"黍稷"常常连称或连用，如"黍稷重穋，植稺菽麦""彼黍离离，彼稷之苗"等，以致后世注释家对黍和稷的解释发生歧异。一种认为黍就是稷，稷就是后来的穄。黍是黏性的，稷是不黏的黍。周族祖先后稷之稷是指黍。另一种相反的解释是稷即粟，也即禾。穄是不黏的黍，穄不是稷。后稷之稷，指的是粟，不是黍。这两种对立的解释，从唐以后，各自引经据典，未能一致。

一、粟的栽培利用历史

（一）粟的驯化起源

世界各国学者一致认为中国华北是粟的起源中心。早在史前时期中国华北的粟已遍布亚洲并传至欧洲。粟的野生种莠 [狗尾草，*Setaria viridis* (L.) Beauv.] 在中国到处都存在。

关于粟的起源中心问题，在早期的学者中是有争议的。主要观点有埃及或北非起源说、印度起源说、中国起源说。不过随着中外学者研究的逐步深入，除中国起源说外其他观点都已被否定。黄其煦先生对此有过系统论述，他从考古发现、野生分布、遗传关系等方面，多角度地论证了"粟是在中国黄河流域首先被驯化的"。之后又有游修龄先生考察认为，粟在梵语称"Cinake"，即"中国"之意，印地语称"Chena"，或"Cheen"，孟加拉语称"Cheena"，古吉拉特称"Chino"，都只是语种上的拼音不同，从而为粟的中国起源说增添了语言学上的证据。目前学界对粟的起源中心看法基本一致，即粟是在中国黄河流域最早被驯化、栽培的。观点差异的焦点则集中于具体起源地上，其中有太行山起源说、宝鸡渭水流域起源说、关中地区起源说，以及泰山沂蒙地区起源说之分，不过新近又有的西辽河上游起源说，这对粟的黄河流域起源说形成了挑战。赵志军先生认为，西辽河出土的粟遗存是中国北方地区发现最早的，而且兴隆沟遗址的微环境和区域环境都具备了粟（还包括黍）成为栽培作物的条件，所以西辽河上游地区很可能就是粟类作物的起源地或起源地之一。现在无论是遗传关系、野生分布、考古遗存、栽培粟本土特征等方面的证据，还是语言学、民族学等方面的证据，都证明粟是在中国最早被驯化的。只是在具体起源地问题上尚有争议，至今未能达成一致意见，目前只能说粟的起源中心在中国北方地区。

中国黄河流域大概在距今 1.2 万年有条件从事种植的尝试，而中国北方地区有 7 500～8 000 年前粟作遗存的发现，而且这些地区的农耕已经有了相当长的发展期，具备了简单的生产、加工及储藏能力。另外，这一时期温度的升高又改善了环境和定居生活条件。所以，有理由判断中国粟作农业起源的时间当在距今 10 000 年左右。

对于已有的粟的考古遗存，从空间分布上看，黄河中上游地区占有绝对优势，可以称作一类粟作区；下游的山东、江苏、安徽以及东三省，可以看作两个二类或次要粟作区；台湾、西藏和云南只有零星的发现，属于中国的第三类粟作区。

但如果从时代上来看，以磁山和裴李岗为代表的中原地区、以内蒙古赤峰兴隆沟为代表的东北地区，发现的粟遗存是目前中国最早的，处于粟作的第一层次区；东部大汶口文化、西部马家窑文化、北方红山文化发现的粟处于第二层次区；而新疆、西藏、云南、台湾等地发现的粟都处于新石器时代晚期，则属于粟作的第三层区。关于粟在世界上的传播，学界的观点是基本一致的，即世界上的栽培粟基本上都是从中国外传的。而对于粟在国内的传播，一般认为，粟的传播以黄河中上游为中心，向西传到新疆地区，向东北传到吉、辽地区，向西南传到西藏、云南地区，向东南传到东南沿海和台湾地区。

商代甲骨文中的禾字是粟植株的象形描述，粟字是禾结实时带籽实的象形描述，苗字是田中禾植株幼苗的形象。后来禾成为禾谷类作物的总称；粟是一切谷物籽实的总称；苗则泛指一切作物的幼苗。足见粟的地位之重要。

粟在新石器时代晚期取代了黍，成为北方最主要的粮食作物。而进入有史时期以后，粟作文明经历了由原始到传统的过渡，并经两汉到魏晋南北朝时达到繁盛，在这一时期粟位居"五谷"之首，在产量上也由早期的 90 斤提高到 120 斤左右。但在唐代以后这种格局被打破，因为灌溉对于小麦增产的作用非常敏感，在华北平原水利工程逐渐扩大，灌溉条件改善的过程中，小麦逐渐在北方粮食作物中占住主要地位。

（二）品种资源

《诗经》中已有"诞降嘉种"的概念，嘉种就是良种。《诗经》中还有"黄鸟黄鸟，无集于桑，无啄我粱"之句。"粱"就是色白籽粒稍大的粟，至今北方称小米之纯白者为"粱"。

《齐民要术》引西晋《广志》有粟的品种十二个。该书又补充北魏时的粟品种八十六个。内有芒、耐风、免雀暴的二十四个；"中大谷"的三十八个；早熟、耐旱、免雀暴的十四个；晚熟、耐水的十个。从这些品种的分类看，生产上已培育出适合不同需要和适应不同环境的品种，包括早熟、晚熟、有芒、无芒、耐旱、耐水、耐风；抗虫、避雀，以及容易脱粒和品质较好（味美）和较差（味恶）等的性状。这些反映了粟品种资源的丰富程度。

（三）栽培技术

中国古代粟的栽培技术主要有以下几个方面。

一是粟田轮作。粟忌连作，需要进行轮作。战国《吕氏春秋》中有"今兹美禾，来兹美麦"的记载，说明早在公元前3世纪就已经实行禾麦轮作。《氾胜之书》载："区种麦，……禾收，区种"，反映的也是粟麦轮作。《周礼·稻人》郑玄注说："今谓禾下麦，为夷下麦，言芟刈其禾，于下种麦也。"又注《薙氏》说："又今俗间谓禾下麦为夷下，言芟其麦，以种禾豆也。"确切地说明中国北方在汉代已采用麦和粟或豆进行轮作复种的方式。《齐民要术》说"谷田必须岁易"，指出谷子不能连作，而要实行轮作，因为谷子连作会导致"子则莠多而收薄矣"，又指出"凡谷田，绿豆、小豆底为上，麻、黍、胡麻次之，芜菁、大豆为下"，肯定了绿豆和小豆是谷子的最好前作。关于播种，《马首农言》说"不怕重种谷，只怕谷重种"，意思是说，谷子一次播种出苗不好，接着再播不过麻烦些而已，连作就要大大降低产量了。

二是深耕施肥。在深耕方面，粟对土壤的要求不严格，可是对整地的要求比较高。《庄子·则阳》中有"深其耕而熟耰之，其禾蘩以滋，予终年厌飧"，强调种粟的地，要深耕细作。《群芳谱》说："种谷地欲肥，耕欲细欲深，秋耕更佳。"农谚中有"你有米粮仓，我有秋耕地"，说明谷子地进行秋耕具有重要意义。在施肥方面，《氾胜之书》中记述有溲种法，是一种施用种肥的方法。在施基肥方面，《农言著实》指出："明年在某地种谷，今年就在某地上粪。先将打过之粪再翻一遍；粪细而无大块，不惟不压麦，兼之能多上地。"

三是播种镇压。《氾胜之书》说："种禾无期，因地为时，三月榆荚时雨，高地强土可种禾。"《齐民要术》认为"良田宜种晚,薄田宜种早。良地非独宜晚,早亦无害;薄地宜早,晚必不成实也",又说"凡种谷,雨后为佳。遇小雨,宜接湿种。……春若遇旱,秋耕之地,得仰垄待雨。……春耕者,不中也",指出春耕地不可以种下待雨。一般情况下要适当早种,因为"早田杂草少而易治,早谷皮薄米实,而收获多"。清代《知本提纲》说:"布种必先识时,得时则禾益,失时则禾损。"因为"粟得其时,长稠大穗,圆粒薄糠;粟失其时,深芒小茎,多秕蘬"。《致富记实》说:"高地正二月种,六七月熟。中地三四月种,七八月熟。低地五六七月种,九十月熟。"说明古人在决定谷子的播种期时,非常注重结合当地的具体环境条件。

四是田间管理。粟出苗后的田间管理:第一,要间苗。《知本提纲》提出:"播种务欲其稠,立苗又欲其疏",因为"播种稠,则无隙地而不往耘籽之功;立苗疏,则地力均而尽坚状之利。若播种一稀,再经损伤,即成白地,虽锄屡施,究无所益。立苗一稠,冗细夹杂,徒多糠秕,亦何以美田而足岁乎?"该书还提出了"留强去弱"的间苗原则。《农蚕经·剡谷节》提出"留苗视地肥硗,要分朗不可太密,不可点罨",以及要"视谷之善歧不善歧,以为疏密"的原则。主张粟田的留苗密度,要根据土壤肥力和土壤性质,以及品种分蘖能力的强弱而定。《农言著实》则主张"水地谷要稠,旱地谷要稀",并提出"以前后左右相去七八寸"为标准,确定了等距留苗的原则。第二,要中耕。《齐民要术》说"苗生如马耳,则镞锄",又说"锄者非止除草,乃地熟而实多,糠薄,米息。锄得十遍便得'八米'也"。说明中耕不仅可增产增收,而且还能提高粟的品质。《知本提纲》说:"锄频则浮根去,气旺则中根深。下达吸乎地阴,上接济于天阳。……故锄不伏频,中根自深,方能吸阴济阳,气旺而有收矣。"说明对中耕的作用已有深刻的认识。古人还十分重视中耕与培土相结合。《王祯农书》说锄谷"第三次曰壅禾",壅便是培土。《农蚕经》说:"谷子锄至三遍,其根四布,不宜深锄,惟当浅锄,拥土护根,乃为得法。"《马首农言》主张:"苗低浅锄之;苗高深锄之二遍,亦以土壅根。"可见,中耕的传统经验,要在第二三次中耕时结合进行培土。第三,要灌溉。粟虽然是旱作谷物,但是进行适当的灌溉还是必要的。

五是收获与留种。古人在谷子的收获方面,积累了丰富的经验。《氾胜之书》说"获不可不速,常以急疾为务,芒张叶黄,捷获之无疑",《齐民要术》说"收获如盗寇之至",都主张要抓紧时机迅速收获,以免延误时日而为风雨所损。《农蚕经》说:谷子"倘有三五分熟,勿降大雨,雨止便速割,一二日割完。若稍迟则倒伏或变黑,一粒全无矣,万勿迟疑,戒之戒之",告诫人们,谷子收获期间,如遇下雨,雨后应立即抢收,不可延误。

对于种子贮藏和留种，在《齐民要术》中有非常重要的论述，书中指出贮藏的谷种首先要晒干，防止水分太高，以免因发热而损失发芽力。其次要严格防止混杂。防止混杂的办法，是要年年选择纯正的穗子单独留种，单独悬藏，来年春季单独脱粒，播种在专门的种子田里。种子田收获的种子贮藏在窖里，窖口掩盖的秸秆，必须是同一品种的秸秆。这种严密的防止混杂的措施，保证了品种的纯净。

除了关注耕作栽培技术外，粟的贮藏、加工与利用也很重要。粟的籽粒极耐储藏，远古时主要使用地窖贮粮，后累经发展和演变，逐渐形成了仓、廪等贮藏方式与技术。粟谷的贮藏有临时性和长期性区别，临时性贮藏一般没有固定地点，便于随时取用或转运，其贮存的器具有筐、畚等。长期性贮藏有固定的场所和构筑，供大量粟谷的长久贮藏。除了有比较好的贮藏设施外，在粟谷的仓储贮藏过程中，还要考虑到防潮、防热、防雀、防火、防震等问题，并做好日常的防护工作。

中国粟谷加工有着悠久的历史，最早的加工方法可能是舂打，之后才发展为碓碾。粟的加工农具主要有石磨盘、石磨棒、杵臼、碓和碾，最初这些农具的加工动力都是人力，但人们不断探索出新的加工动力，包括畜力、水力、风力等。另外，粟谷脱粒及舂碓之后，需要分出糠秕和麸皮，过去是用手工来簸扬，效率比较低下，到汉代发明了风扇车，极大地提高了工作效率。脱粒后的粟谷又可再加工成小米，除了一般焖饭、煮粥等直接食用外，小米还可制成各种干粮，也是酿酒作醋的重要原料。粟还有药用功能，《本草纲目》就记载了很多药方，这些药方简洁明了、易于操作。粟是粮草兼用作物，是北方牲畜和家禽的重要饲料。

二、黍的栽培利用历史

黍的野生种"䅟"（又称野糜子），在北方有广泛分布。先秦古籍中常将"䅟莠"连称，䅟指黍的野生种，莠指粟的野生种。从西北的新疆、甘肃到陕西、河北、山东以及东北的黑龙江、辽宁等地的新石器时代遗址中都有黍的遗存出土，最早的是山西万荣荆村和甘肃秦安大地湾遗址出土的黍，距今已有六七千年。

黍又有黄米、糜子、夏小米等别称。黍有糯质和非糯质之别，糯质黍多用以酿酒，所以《诗经》中常常把"多黍多稌（糯稻）"和"为酒为醴"连用。非糯质的黍称为穄，以食用为主。

在农业早期阶段，耕作技术和施肥水平较低，黍以其生育期短、耐瘠、耐旱，与杂草的竞争力强等优点而受到人们的普遍重视。

《齐民要术》则把黍作为新开荒地的先锋作物。后来随着精耕细作技术的普及，施肥量增加，而麦子（大小麦）因产量高于黍，食味和利用方式多样而获得很快发展，黍的地位便逐渐为麦子所取代。这在文献上也有反映，如《诗经》时代常常"禾（粟）黍"并称，到汉代则改称"粟麦"。到《齐民要术》中叙述黍稷栽培的文字已很简略，相反，叙述大小麦的技术则详尽得多。

黍的颖壳颜色很多，古人以黑壳黍为贵，《诗经》专称黑黍为秬及秠。此外有赤、白、青、黄燕鸽诸色，又根据其穗形称之为"牛黍""稻尾黍"等。

黍和禾（粟）的分布地区相同，生长习性、栽培要求也相似，所以古农书讲种禾的技术详细，包括整地、中耕、溲种法、区田、甽田，等等，到讲黍时只扼要提一下"皆如禾法"。《齐民要术》也是讲种谷（粟）非常详细，而讲种黍简略得多。所不同者，只在种植安排上，强调要以黍为先锋作物："凡黍稷田，新开荒为上"，"耕荒毕……漫掷黍稷。……明年，乃中为谷田"。利用黍对杂草的竞争力，为后作谷田创造条件。

尽管黍的地位为麦所取代，种植面积缩小，但直至宋元明清的农书和地方志中仍有种黍的记述，认为黍"宜旱田""早熟，荒年后人多种之""北方地寒，种之有补"，等等。

思考题： 1　粟的驯化开始于什么时间和地点？
2　粟作文明在北方的地位什么时候开始让位于小麦？

参考文献： 1　中国农业百科全书编辑部. 中国农业百科全书（农业历史卷）[M]. 北京：中国农业出版社，1995.
2　何红中，惠富平. 中国古代粟作史 [M]. 北京：中国农业科技出版社，2015.

第二节
水稻起源及其栽培利用

水稻是禾本科稻亚科稻属的草本植物，稻属由两个栽培种和二十余个野生稻种组成。中国栽培的水稻属于一年生的亚洲栽培稻（*Oryza sativa*），其祖先种为多年生的普通野生稻（*Oryza perennis*）。现今普通野生稻在中国东起台湾桃园、西至云南盈江、南起海南三亚、北至江西东乡的地区内都有分布，而据历史文献记载，唐代野生稻生长区域可能北达河北沧州。中国在野生稻的驯化、品种的选育、栽培技术的进步方面，都有十分悠久的历史。

一、起源与传播

中国是水稻的原产地，已有上万年的水稻栽培利用史。根据考古发掘报告，稻作的起源地应在中国长江中下游地区。据截至 2004 年的不完全统计，全国各地已出土有炭化稻谷或稻茎叶等遗存的史前遗址一百七十三处，其中距今一万年以上的遗址有三处：湖南道县玉蟾岩遗址、江西万年仙人洞遗址和吊桶环遗址，比较重要的还有广东英德牛栏洞遗址、浙江浦江上山遗址和余姚河姆渡遗址。除了南方地区，新石器时代晚期遗存在黄河流域的河南、山东、陕西也有发现。出土的炭化稻谷（或稻米）已有籼型和粳型的区别，表明籼、粳两个亚种的分化早在原始农业时期已经出现。中国稻谷遗存的发现数量位居世界各国之首，测定年代多数较亚洲其他地区出土的稻谷为早，包括有全世界最早的，这些都是中国稻种具有独立起源的明证。近年来关于植物遗传学研究和民族语言学研究也支持水稻起源于中国长江流域。距今九千至七千八百年的河南舞阳贾湖遗址明显具有稻作农业生产特点，但主要产业还是采集渔猎。湖南澧县城头山遗址、江苏泗洪韩井遗址和吴县草鞋山遗址、浙江余姚施岙遗址都发现了六千至八千年前的古稻田。至晚在距今五千三百至四千二百年间，良渚文化时期的长江下游地区已迈入以稻作为主业的阶段。

稻作发明之后分几路向外传播。一路通过长江中游把水稻引向北方黄河流域的河南、陕西一带；一路通过长江下游引向淮河下游的苏北和皖北，直至黄河下游的山东；其余路线向西南地区、东南沿海及台湾岛传播。公元前 25 世纪，稻自中国原产地传至南亚次大陆，大约同期传入印尼、泰国、菲律宾等东南亚地区，公元前 23 世纪进入朝鲜，公元前 15—前 9 世纪传播至大洋洲波利尼西亚岛屿，公元前 5—前 3 世纪传入近东、再经巴尔干半岛于公元前传入匈牙利（罗马帝国），公元前 4 世纪传入日本九州，公元前 3 世纪传入埃及，公元 7 世纪越太平洋往东至复活节岛，15 世纪末以哥伦布第二次航海为契机在美洲的西印度群岛推广，16 世纪后传到美国的佛罗里达，1580 年南美的哥伦比亚始有稻作，巴西则始于 1761 年。

二、产区扩展

由于中国水稻原产南方，大米一直是长江流域及以南人民的主粮。都江堰修成以后，成都平原号称"天府之国"，其主要原因是水稻种植导致当地成为富甲一方的宝地。魏晋南北朝以后经济重心南移，北方人口大量南迁，更促进了南方水稻生产的迅速发展。唐宋以后，南方一些产稻区进一步发展成为全国稻米的供应基地。唐代韩愈称"当今赋出于天下，江南居十九"，宋代"江淮民田十分之中，八九种稻。"民间亦有"苏湖熟，天下足"之说，充分反映了江南水稻生产对于保障全国粮食供应和保证政府财税收入之重要。据《天工开物》估计，明末时的粮食供应，大米约占七成，麦类和粟、黍等占三成，即"天下育民人者稻居什七"，此时又有"湖广熟，天下足"之说，两湖地区继江南之后成为稻米重要供应地。黄河流域虽早在新石器时代晚期已开始种稻，但水稻种植面积时增时减，其比重始终低于旱地粮作。近代以来，随着技术大幅进步和行政大力推广，水稻产区不断扩展。今天，全国各地均有水稻种植，其中湖南、江西、黑龙江、湖北、四川、江苏、安徽、广东和广西是产稻大省。

水稻已成为当今世界上最重要的粮食作物之一，全球一半以上的人口以稻米为主食。据统计，全世界有一百二十二个国家种植水稻，但主要集中在亚洲。从海平面到海拔两千七百米、从赤道到北纬 51° 均有栽培。全球十大水稻生产国依次是中国、印度、印度尼西亚、孟加拉国、越南、泰国、缅甸、菲律宾、巴西和日本。

三、品种演变

中国拥有世界上最早的水稻品种文字记录。春秋时代的《诗经》中多处出现糯稻，战国的《管子·地员》中记录了十个水稻品种的名称和它们适宜种植的土壤条件。以后历代农书以至一些诗文著作中也常有水稻品种的记述。北魏的《齐民要术》记载了北方稻种二十四个。宋代是稻种发展的重要时期,引进并推广了占城稻,又普及了黄穋稻,出现了专门记述水稻品种及其生育、栽培特性的著作——《禾谱》,该书所载江西泰和一县的稻种就有四十六个,各地方志中也开始大量收录水稻的地方品种,品种格局上已是籼、粳、糯稻分明(以宋为界,从粳、糯两分法转为籼、粳、糯三分法),早、中、晚稻齐全。到明清时期,这方面的记述更详,明代的《稻品》较为著名,清初的《授时通考》汇总了三千四百二十九个水稻品种。历代通过自然变异、人工选择等途径,陆续培育的具有特殊性状的品种有特别适于酿酒和制作糕点的糯稻,别具香味的香稻,可以一年两熟或灾后补种的特早熟品种,耐低温、耐旱涝和耐盐碱的品种,以及再生力特强的品种等。中国2003年保存的水稻品种约有七万份,它们是几千年来变异和选育的结果。总的变化趋势是,初期的稻种以红米稻和糯稻居多,后来则以白米稻和粘稻(非糯稻)品种为主,早稻、矮秆稻、大穗稻都是后期才育成的,现时占绝对优势的杂交稻更是20世纪后半叶才诞生的。

四、栽培技术发展

原始的水稻种植曾靠象耕鸟耘牛踩田,早期南方的稻作技术以"火耕水耨"为特色。新石器时代的河姆渡出土了稻田耕具——绑柄骨耜。东汉时水稻技术有所发展,南方已出现比较进步的耕地、插秧、收割等操作技术。唐代江东的稻田率先使用了曲辕犁(江东犁),与牛耕搭配,显著提高了劳动效率和耕田质量。曲辕犁在耙、碌碡、礰礋、耖等一系列农具的配合下,并在北方旱地"耕—耙—耱"整地技术的影响下,逐步形成了一套适用于南方水田的"耕—耙—耖"整地技术,并于宋元时期成为常规定制。特别是打烂田泥平整田面的农具——耖的出现,标志着南方水田特有整地技术体系的形成。到南宋时期,《陈旉农书》中对于早稻田、晚稻田、山区稻田和平原稻田等皆有提出整地的具体标准和操作方法,整地技术更臻完善。历代稻农通过开筑圩田(围田)、梯田、涂田、沙田等方式,向山要田与水争田,不断扩大水稻种植面积。

早期的水稻都行直播。稻的移栽大约始自汉代,而大行于唐宋之后。水稻移栽的最早记载见于《四民月令》,水稻浸种催芽的最早记载见于《齐民要术》。当初主要是为了减轻草害。以后南方稻作发展,移栽才以增加复种、克服季节矛盾为主要目的,另外还有均苗和补苗的作用。移栽先需育秧。《陈旉农书》提出培育壮秧的三条措施是:"种之以时""择地得宜""用粪得理",即播种要适时、秧田要选得确当、施肥要合理。宋以后,历代农书对于各种秧田技术,包括浸种催芽、秧龄掌握、肥水管理、插秧密度等,又有进一步的详细叙述。秧马的使用对于减轻拔秧时的体力消耗和提高效率起了一定作用,此外还发明了秧弹和秧绳以保证插秧整齐合格。

移栽为加强水稻田间管理创造了条件,耘田和烤田是田间管理的关键环节。耘田主要是为了除草,同时也有松根和培土的功能。稻田有手耘和足耘两种方式。宋元时期创制了一种新的耘田工具——耘荡,另外还使用套在手指上的耘爪。随着水田耕作的精细化,耘田次数逐渐增加,《天工开物》中提到耘田的要求是"苦在腰手,辨在两眸",耘田突出地体现了南方稻作越来越成为一种劳动密集型的生计。北魏《齐民要术》中首次提到稻田排水干田对于防止倒伏、促进发根和养分吸收的作用,为后世烤田技术的起源。烤田即在稻苗生长茂盛的大暑时节放干田水,让日光暴晒,能收到固根、改善稻田环境、防止稻苗疯长、锻炼抗旱能力和提高产量的作用。该技术在宋元时期成熟,并在明清时期普及。与烤田同样具有"发土杀虫"功效的管理措施还有利用冬季冰雪进行冻垡。

水稻是需水量最多的作物之一,稻作的发展必然与农田水利建设发生密切关系。陕西勉县汉墓出土的陂池稻田模型中有闸门、出水口、十字形田埂等,生动地反映了当时稻田水源和灌溉的布局。在水稻灌溉技术方面,早在西汉《氾胜之书》中已提到用进水口和出水口相直或相错的方法调节田水的温度。高产的水稻对肥分供应也有很高要求。关于水田施肥的论述首见于《陈旉农书》。其中认为地力可以常新壮、用粪如用药以及要根据土壤条件施肥等论点,至今仍有指导意义。在水稻施用基肥和追肥的关系上,追肥极难掌握,历代农书都重基肥,并强调与深耕相结合。但长期的实践经验令古代农民创造出看苗色来追肥的技术,这在明末《沈氏农书》中有详细记述。

南宋时楼璹曾作《耕织图》,其中耕图二十一幅,内容包括水稻栽培从整地、浸种,催芽、育秧、插秧、耘耥、施肥、灌溉等环节直至收割、脱粒、扬晒、入仓为止的全过程,是中国古代水稻栽培技术的生动写照。清中期出版了几部稻作专著,其中《泽农要录》全面总结了有关水稻农时、稻田种类、品种、整地、耘田、施肥、灌溉用水与收获贮藏的经验,《江南催耕课稻编》则着重介绍了双季稻栽培法及南方各省早稻品种。

五、耕作制度进步

水稻原产低纬度的热带,要在短日照条件下才能开花结实,一年只能种植一季。

自从有了对短日照不敏感的早稻品种，水稻种植范围就渐向夏季日照较长的黄河流域推进，而在南方当地就可一年种植两季以至三季。其方式和演变过程包括：利用再生稻；将早稻种子和晚稻种子混播，先割早稻后收晚稻；实行移栽，先插早稻后插晚稻，发展成一年两收的双季间作稻。从宋代至清代，双季间作稻一直是福建、浙江沿海一带的主要耕作制度，双季连作稻的比重很小。到明清时代，长江中游已以双季连作稻为主。太湖流域从唐宋开始在晚稻田种冬小麦，逐渐形成稻麦两熟制，持续至今。宋代还发展了水稻搭配冬油菜的两熟制。为了保持稻田肥力，南方稻田早在4世纪时已实行冬季种植苕草，后发展为种植紫云英、蚕豆等绿肥作物。沿海棉区从明代起提倡稻、棉轮作。此外，适时在稻田放养鱼、鸭能形成生态效益良好、综合产出更高的循环共生系统，明确的稻田养鱼记载出现在明代。历史上逐步形成的上述耕作制度，是中国稻区复种指数增加、粮食持续增产，而土壤肥力始终不衰的重要原因。

六、稻米的功用

水稻的主要功用是作为粮食，人类食用其颖果，俗称大米。普通稻米可以炊饭、煮粥、磨粉制作粉条（各地叫法有米粉、粉干、米线、粿条、米缆），还可以捞米汤。糯米的用途要广泛得多。糯米经过发酵可以酿造出醪糟、酒和醋，发明酿酒与新石器时代祭祀及陶器的出现有密切关系，《诗经》中的"醴"就是甜糯米酒。糯米优异的口感和加工性能使之成为众多糕点的主要原料，年糕、八宝饭、汤圆、粽子、糍粑等重要节日食品都由它制成。南方也用它来制"糒"，作为远行途中的干粮。糯米在古代曾被大量地用作黏结剂，古人普遍利用糯米灰浆砌城墙、修水利、筑坟墓、建宝塔、造桥梁等，还使用糯米糨糊来糊纸窗、贴春联、粘布鞋、浆衣服。稻草可作为家畜粗饲料并用于牲畜垫圈，将它还田是一种很好的硅酸肥和有机肥，它还是编织草鞋、草绳、草垫、草席的材料。黑紫米、稻根可以入药。

七、社会贡献

古代南方存在大面积的湖泽地带，水稻的出现使得这些沼泽滩涂湿地变成了宜农耕地，如果没有水稻这个作物，南方沼泽地区就难以成为后来的经济中心，沼泽仅仅是沼泽，其他水生植物难以匹配水稻的生产功能。中国目前所知最早的古城遗址湖南澧县城头山（距今约六千年）和容纳着至少两万人口的浙江余杭良渚古城（距今五千年左右）都位于稻作区内绝非偶然。稻作起源与文明起源密切相关。南方低湿地的营养物质和干物质生产率要比北方旱地含量高出不少，同时夏天雨热同季，利于水稻生长。高产的水稻能够养活巨量人口，成为隋唐以后庞大帝国的经济命脉。在北方黄河流域生态恶化之际，人口向东南地区迁移，依靠的是南方的水稻生产。水稻栽培属于湿地农业，在农田生态上比旱地农业更具发展的可持续性，因为它不会引起水土流失，即使在山上的梯田，也很少导致水土流失。水稻的独特性能使人们构建多种形式的生态农业模式，如稻鱼共生、稻鱼鸭共生和农牧结合等。

思考题：
1. 为什么唐宋以后南方稻作技术体系逐渐取代北方旱作技术体系，成为中国精耕细作农业技术体系的代表？
2. 为什么小麦、玉米等外来粮食作物都没能动摇中国水稻的地位？

参考文献：
1. 星川清亲. 栽培植物的起源与传播 [M]. 段传德, 丁法元, 译. 郑州：河南科学技术出版社，1981.
2. 中国农业科学院. 中国稻作学 [M]. 北京：农业出版社，1986.
3. 游修龄. 中国稻作史 [M]. 北京：中国农业出版社，1995.
4. 中国大百科全书总编辑委员会. 中国大百科全书·农业 2[M]. 北京：中国大百科全书出版社，1998.
5. 程式华, 李建. 现代中国水稻 [M]. 北京：金盾出版社，2007.
6. 赵志军. 中国稻作农业源于一万年前 [N]. 中国社会科学报，2011-05-10（5）.
7. 左靖. 碧山 9：米 [M]. 北京：中信出版社，2016.
8. 曾雄生. 中国稻史研究 [M]. 北京：中国农业出版社，2018.
9. 徐旺生. 水稻在传统生态农业中的作用 [J]. 遗产与保护研究，2019，4（1）：12-16.

第三节
麦类作物起源及其栽培利用

小麦原产于西亚，自引入中国以后，它在漫长的本土化过程中逐渐取代了北方地区的黍与粟，成为最成功的外来作物，并塑造了"南稻北麦"的农业生产格局。今天，小麦在中国已成为仅次于水稻的第二大谷类作物，对农业发展与粮食安全起了重要的作用。大麦原产于地中海沿岸与北非高原地区，很早就已传入中国，中国古代文献将小麦和大麦统称为"麦"，古代文献中的穬麦与青稞皆属于大麦的范围，大麦在农业生产中的作用不及小麦，种植规模较为有限，且栽培技术与小麦基本相同，故而不拟另述。

一、小麦的传入及其早期栽培

小麦原产于西亚的肥沃新月地带，是一种喜欢湿润的粮食作物，距今五千年左右通过欧亚草原通道与绿洲通道两种途径传入中国内地。殷商时期甲骨文中已经有关于麦类作物的文字形象"麦"与"来"，对于"麦"字究竟指小麦还是大麦学界看法不一，但对于"来"指小麦这点则是毋庸置疑的。据考古发掘，新疆孔雀河流域新石器时代遗址出土的炭化小麦，距今四千年以上。甘肃民乐县六坝乡东灰山遗址出土的炭化小麦，距今也近四千年。此外，云南剑川海门口和安徽亳县钓鱼台遗址也发现了三千多年前的炭化小麦，这说明商周时期，小麦栽培已传播到云南和淮北平原。春秋时期，麦已成为中原地区常见的农作物。

在战国时期，小麦进入了五谷的行列，成为主要的粮食作物。关于五谷的构成至少有两种说法，但是其中都有小麦的存在。先秦时期，除了五谷一说，还有九谷、八谷、六谷、四谷等称呼，所有这些组成中必定都有麦。在当时的北方黄河流域，粮食作物中小米处于第一位。这一方面是因为小麦需水量较大，而华北地区冬春少雨且灌溉条件较差，气候条件对小麦种植产生不利影响，而小米却是一种耐瘠作物，与当地气候契合度较高。另一方面是因为缺乏合适的加工工具，小麦最初的食用方法是粒食而不是后来的粉食或面食，由于小麦的麸皮很厚，它的适口感较差，在很长时间内被人们视作"恶食"，在饮食上根本不具备与润滑适口的小米相抗衡的能力。不过当时种植的小麦多为秋种夏收的冬小麦，它的收获季节是头年小米库存正要耗尽而秋粮尚未成熟的夏季，起到了继绝续乏的作用,所以仅被农人视作传统主粮作物小米的一种补充,而并非它的替代品。

二、小麦为秦汉帝国的强大奠定了物质基础

战国时,秦国采用郑国的建议,修建郑国渠,连通泾河与洛河,使得关中地区水利设施逐渐完备,灌溉条件得到改善,小麦种植获得丰收,小麦为秦国的大一统局面提供了坚实的物质基础。

西汉时期,随着黄土高原地区植被被移民和农业开发所破坏,水土流失日益严重,黄河多次决溢,河患频发。地处黄河中下游的关东地区降水集中在夏秋季节特别是夏季,夹杂着大量泥沙的黄河水决堤给农业造成重大威胁,春种秋收的粟、黍、稻等作物会被洪水淹没至颗粒无收。与此同时,人们发现冬小麦可以在秋季水灾后播种,来年雨季到来之前即可收刈完毕,它的植物生理特性可完美地避开河汛,成为黄泛区救荒的最重要作物,所以汉武帝在元狩三年的秋天也曾"遣谒者劝有水灾郡种宿麦",江苏东海县尹湾出土的西汉简牍"集簿"记载里显示,当时该地人均种植冬小麦达到5亩之多,已居于五谷之首。

而当时关中地区人口的快速增长,造成了严重的粮食危机,不得不依靠外地粮食的输入。激烈的人地矛盾迫使汉政府着力发展关中地区的农业生产,而小麦很快就进入汉统治者的视野并引起了他们的兴趣,第一,因为冬小麦可以在秋季播种,充分利用以往被视作农业闲季的冬季来生长,它与秋收作物粟、黍、菽等生长季节互相错开,可以搭茬在同一块土地实行连作多熟,可以更加充分地利用地力。第二是由于当时大规模水利工程的次第修建,客观上为对灌溉敏感的小麦种植提供了良好条件。汉武帝时期政府多次兴修水利,在关中先后开凿了龙首渠、六辅渠、白渠、灵轵渠、成国渠等大型水利工程,至于其他小渠和陂山通道,更是不可胜计,这些水利工程大大改善了农田的灌溉条件,使许多雨养田变成水浇地,为小麦种植的扩展提供了良好的条件。当时的小麦种植颇为广泛,汉武帝曾亲自下诏号召关中地区老百姓种植冬小麦,在汉成帝时期,政府也曾派遣大农学家氾胜之去"教田三辅",史载"昔汉遣轻车使者氾胜之督三辅种麦,而关中遂穰",可见小麦对西汉的农业生产与粮食稳定起到了极大的促进作用。

三、小麦在唐宋时期地位迅速攀升

在唐代以前的北方地区，尽管小麦种植在水利兴修的背景下有了较大的发展，而且汉代石磨碾粒技术的推广使得小麦的食用方式由粒食变为面食，但种植面积最大的作物依然还是小米，在北魏著名农学著作《齐民要术》中，贾思勰将大麦、小麦排在了谷（稷、粟）、黍、穄、粱、秫、大豆、小豆、大麻等诸种旱作作物之后，位置仅先于北方不太适宜种植的水稻。唐代初年实行的赋税政策中规定国家税收的主要征收对象是粟，农民只有在没有粟可以缴税的情况下，才能用其他的"杂种"或"杂稼"来替代，而小麦仅是这些替代品中的一种。直到唐代中后期，这种状况才有所改变，唐建中元年（780年）开始实行两税法，分为夏、秋两季征收，已明确将小麦作为征收对象，这标志着小麦的地位已上升到与粟同等重要的地位。

唐代面食的全面普及对彼时小麦的种植推广有着重要的影响，当时对外交流频繁，西域胡人携带胡食进入中国，其中最主要的就是胡饼、饆饠（毕罗）、搭纳等面食，随着社会经济的持续繁荣，胡食成了当时社会上的一种饮食时尚，大大推动了小麦种植业的发展，当时甚至位于岭南的广州地区都有了小麦的栽培。但唐宋时期北方农业仍以粟为主导地位。

四、稻麦二熟制在南方地区形成与发展

淮河以南的中国南方平原地区由于地势低洼、湿润多雨，并不适合小麦的生长，所以小麦在南方的种植较之北方要晚许多，并且是在北方的影响下发展起来的。东晋大兴元年政府在徐、扬二州督种小麦，这是江南地区最早的麦作记录。唐宋时期，随着安史之乱与靖康之乱带来的人口迁移，大量北方人为躲避战乱迁徙到南方地区，将麦作大量带入南方，适合于丘陵地区旱地种植。特别是随着宋室南迁，小麦在南方的种植更是达到了高潮，庄绰《鸡肋编》载："建炎之后，江浙、湖湘、闽广，西北流寓之人遍满。绍兴初，麦一斛至万二千钱。农获其利，倍于种稻。而佃户输租，只有秋课，而种麦之利，独归客户。于是竞种春稼，极目不减淮北。"

南方地区农业原本以稻作为主，随着麦作的发展，出现了稻麦复种的二熟制。现有关于稻麦复种制的最明确记载首见于唐代云南地区，长江中下游地区的稻麦复种则始见于南宋《陈旉农书》，宋代江南地区的稻麦复种制有较大的发展，已成为具有相当广

泛性的、比较稳定的耕作制度。小麦在南方地区种植的最大阻碍因素是地势低洼，如果土壤不经过充分排水，小麦就长不好。当稻麦复种出现之后，人们先是采用"耕治晒暴"的方法来排干早稻田中的水分，再种上小麦，实现稻麦复种。到了元代以后，又出现了"开沟作畦"的整地技术，王祯详细描述了其过程：在水稻收获后整地曝晒，然后用犁对农田进行起垄，两个相邻的高垄之间为畎沟，一段耕完后用锄头将高垄截断，开成泄水通道，这样水就不会在田里积聚或滞留，然后将小麦种在垄上。这种技术对小麦在南方的扩张起到了至关重要的作用。但小麦在南方的推广，主要还是在不太适合种水稻的丘陵山区旱地。

在中国南方的稻麦二熟制里，大麦比小麦更受农人喜爱，因为大麦成熟得更早，也更适应潮湿气候及排水不佳的土地。

五、元明清时期小麦成了北方的最重要作物

北方地区夏季多雨，而此时正值小麦的收获时期，风雨的侵袭经常导致小麦收获时落粒等损耗，所以人们说"收麦如救火"，提高收麦的速度也就成为小麦普及的关键。为此，金元时期的农书《韩氏直说》提出"带青收一半，合熟收一半"的办法。人们还从改进收割工具入手来提高收割效率。元代北方麦区已普遍采用了麦钐、麦绰和麦笼配套的麦收工具，大大提高了麦收效率。《王祯农书》的"农器图谱"中专辟有"䅗麦门"，对这套农具加以宣传推广，这大大促进了北方地区小麦种植的进一步普及。

并没有一个节点来确立北方地区粟麦易位的准确时间，但这个过程应该是发生在元明时期。根据宋应星的描述，小麦已经成为当时北方地区人们口粮的 1/2，而粟与稷、稻、粱等杂粮占另外的 1/2，显然明代后期这个过程已然完成，中国作物的构成由传统的南稻北粟过渡到南稻北麦的组合。清代小麦种植在北方地区更是得到了进一步扩张，清代康熙年间北方的黑龙江已经有了小麦的种植。

当然，小麦在北方的普遍种植也带来了一些负面影响。小麦的需水量比粟要高一倍左右，对北方干旱化的进程起了加速的作用。长期种植需水量大的作物，会造成地表水不足，于是促进人们在明清时期大量凿井，利用地下水灌溉，否则产量没有保证。

小麦的种植在明清时期推动了井灌技术发展，因为要满足小麦需水量大的特点。但是，这一特点的负面作用开始逐渐显现，后来随着美洲作物参与，麦子与玉米两者，作为外来作物大量种植，都比传统的本土粟的用水量大，对土壤水分利用加强。随着人

们抽取地下水的能力增强，人们超采地下水，导致土壤干旱，对于华北的干旱化起了推波助澜的作用。

思考题：	1	小麦作为一种外来作物，它是如何打败传统的主粮作物并逐步上升为中国第二大粮食作物的？
	2	为什么小麦没有在南方地区推广开来，它遇到的主要阻碍因素有哪些？

参考文献：	1	中国农业百科全书编辑部.中国农业百科全书（农业历史卷）[M].北京：中国农业出版社，1995.
	2	梁家勉.中国农业科学技术史稿[M].北京：农业出版社，1989.
	3	赵志军，贝云.小麦：秦统一天下的力量[M].国学，2011（4）：9-11.
	4	赵志军.小麦传入中国的研究——植物考古资料[J].南方文物，2015（3）：44-52.
	5	曾雄生.论小麦在古代中国之扩张[J].中国饮食文化，2005，1（1）：99-133.
	6	韩茂莉.中国农业历史农业地理[M].北京：北京大学出版社，2012.

推荐阅读文献：	1	杜新豪.宿麦抑或旋麦：关于汉代以前冬、春小麦种植的述评[J].自然科学史研究，2020，39（4）：467-475.
	2	曾雄生.从"麦饭"到"馒头"——小麦在中国[J].生命世界，2007（9）：8-13.

第四节
海外作物引进及其贡献

海外作物，又称域外作物、外来作物，顾名思义，即非中国原产、起源于国外的农作物。由于在历史时期中国疆域不断变化，很难界定个别作物到底是否属于外来作物，但一般而言，以今天的版图为准，少数民族地区作物我们不作为海外作物视之。

一、海外作物的引进

(一) 海外作物名录

中国现有作物有一千一百多种，主要作物有六百多种，这其中一半左右系海外作物。海外作物传入中国可分为五个阶段，先秦、汉晋、唐宋、明清以及民国，先秦从属前丝绸之路时代，代表性作物如麦，汉晋时期传入作物多冠以"胡"名，如胡麻（芝麻）、胡荽（香菜）、胡桃（核桃）、胡蒜（大蒜）、胡葱（蒜葱）、胡瓜（黄瓜）、胡豆（豌豆）、胡椒等，当然并非所有此时进入中国的作物均将"胡"作为前缀；也并非带"胡"字的作物均是海外作物，更不是"胡"都是来自西域，比如胡椒就来自印度。唐宋时期传入作物常冠以"海"名，海棠、海枣（椰枣），但更多无"海"。明清则突出了"番"字，如番麦（玉米）、番薯、番茄、番瓜（南瓜）、番豆（花生）、西番葵（向日葵）、番椒（辣椒）、番梨（菠萝）、番木薯（木薯）、西番莲、番荔枝、番石榴、番木瓜等。进入近代，"洋"/"西"则成了主要特色，洋芋（马铃薯）、洋白菜（结球甘蓝的再引种）、洋葱、洋蔓菁（糖用甜菜）、西芹、西蓝花等。具体见表 6-1。

表 6-1 历史时期引入中国的主要海外作物

时期	主要海外作物
先秦	大麦、小麦、甘蔗等
汉晋	高粱、芝麻、香菜、核桃、大蒜、大葱、黄瓜、豌豆、胡椒、安石榴、葡萄、茴香、莳萝、苜蓿、扁豆、亚洲棉、茄子、槟榔、苹婆、诃黎勒等
唐宋	占城稻、海棠、海枣、西瓜、丝瓜、菠萝蜜、莴苣、胡萝卜、菠菜、茼蒿、刀豆、开心果、无花果、巴旦杏、蚕豆、油橄榄、柠檬、钩栗、苦瓜、罂粟、亚麻、洋葱、"金桃"等
明清	玉米、番薯、马铃薯、南瓜、菜豆、莱豆、笋瓜、西葫芦、木薯、辣椒、番茄、佛手瓜、蕉芋、花生、向日葵、烟草、可可、美棉、西洋参、番荔枝、番石榴、番木瓜、菠萝、油梨、腰果、蛋黄果、人心果、西番莲、豆薯、橡胶、古柯、金鸡纳、球茎甘蓝、结球甘蓝、杧果、荷兰豆等
近代	糖用甜菜、花椰菜、西芹、西蓝花、苦苣、西洋苹果、草莓、咖啡等

注：园艺作物中的花卉，本表较少提及。

可见引入外来作物以汉晋、唐宋、明清三个阶段最为重要。汉晋基本均为陆路，且以西北丝路为主要渠道，兼有蜀身毒道引自印度，个别作物从海上传入；唐宋陆海并重，显示了此时路径的多元化；明清以后则是以海路为主，反映了海外作物来华海路越发重要。长期来看，由于夏季蔬菜的缺乏，海外作物的引种以蔬菜为主，兼及果品，偶有个别粮食作物传入，倒是地理大发现之后，来自美洲的粮食作物、菜粮兼用作物提升了粮食作物的占比，当然，明清以来折射的是作物品类更加多元化，奠定了今天的农业地理格局。

（二）陆海丝绸之路

传统社会几乎所有的物种交流都发生在陆海丝绸之路。

早期海外作物传入传统中国，自然通过陆海丝绸之路，陆上丝绸之路（包括前丝绸之路时代）主要通过使臣遣返、商旅贸易、多边战争以及流民移民等途径进入中国。西北丝绸之路具有不稳定性，经常受到北方少数民族的侵扰，如永嘉之乱、安史之乱、靖康之乱，特别是中唐以来，吐蕃崛起、西夏回鹘割据，控制了陇右和河西，西北丝绸之路受到了阻断，是故西北丝绸之路以前半段（汉、唐）为主，传入大量中亚、西亚乃至欧洲、非洲作物。

海上丝绸之路南海航线形成于秦汉之际，即公元前200年左右，徐闻、合浦和日南（今越南）成为海上丝绸之路的最早始发港。海上丝绸之路在前半段一直稳步发展，至迟在东汉就已经有海外作物经海路传入。伴随着西北陆路的衰弱，加之经济重心南移，以及航海技术的发展、海运本身的优势，海上丝绸之路越发重要，传入作物非常可观。直至葡萄牙人1511年占领马六甲，中国逐渐失去海上丝绸之路的话语权。此外，海上丝绸之路是否就等同于海路？二者是不能画等号的，1840年后中国远洋航线被迫转型为近代国际航线。因此，就本文来说"海路"比"海上丝绸之路"更为贴切，因为近代以来传入作物并不少，虽然多数是中国本土作物的"回流"以及早已传入的海外作物的新型品种。

（三）多路线问题

海外作物的引种时间、路线、传入，在同一时期往往存在着互不相干的多条路径，即使是同一路线一般还会诞生出多条次生传播路线。即几大丝绸之路均存在这种可能性。即使是同一地区，作物经常要经过多次的引种才会扎根落脚，期间由于多种原因会造成栽培中断，这就是我们常见的文献记载"空窗期"，中间甚至会间隔数个世纪。初次传入种一直局限于一隅并未产生重大影响，末次新品种由于驯化优势明显，传入后实现了排他竞争。这可以解释一些海外作物长期传播缓慢，突然在某一个时段内爆发式传播。

即使某一作物确实是中国原产，由于作物的多元起源中心（与作物起源一元论并不矛盾，因为作物往往存在着次生小中心），同样的作物不同的品种可能传入中国，即使仅存中国中心，他国驯化新品种亦能"回流"入华。

特别需要注意的就是，即使是一些海外作物，传统观点认为首次经由陆路来华，但是不代表其后续没有通过海路来华的可能性。

二、海外作物的贡献

海外作物的传入，不仅增加了中国农作物的种类搭配选择，提高了粮食产量，优化了食物构成，而且对经济文化产生了深远的影响。

（一）拓展土地利用的时间与空间

小麦是本土化最为成功的外来作物，其在北方逐渐取代了小米的地位。在南方，又与水稻构成了水旱轮作系统，生态与经济意义重大。明清时期中国人多地少的矛盾较以前任何时期都更为突出。高产、耐瘠、耐寒美洲作物的引种使以前不能利用的荒山、滩涂得以利用，充分拓展了可资利用的空间，从而增加了粮食生产的面积和产量。

再如宋代占城稻的引种和推广，因具有耐旱、早熟的特点，对宋以后稻麦两熟和双季稻的发展产生了深远的影响，改变了南方水稻的生产模式。占城（Champa，也称占婆）即今天越南中南部，历史上盛产水稻，古人称之为"占城稻"。据《湘山野录》记载，宋真宗在取得占城稻种后，亲自在皇宫后苑中种植，并将收获之稻米让王公大臣品尝。《宋史·食货志》也记载："大中祥符四年，……帝以江、淮、两浙稍旱即水田不登，遣使就福建取占城稻三万斛，分给三路为种，择民田高仰者莳之，……稻比中国者穗长而无芒，粒差小，不择地而生。"

（二）改变了作物结构，有助于提高农业集约经营的水平

外来作物的推广不仅拓展了农业生产的空间，也极大地丰富了中国农业耕作制度的内容，使得传统轮作复种、间作套种高度发展，提高了土地利用的效率。例如稻棉、麦棉的轮作和麦棉的套种。农业生产既是一种经济再生产，也是一种自然再生产，对土壤、气候和时节有严格的要求。中国农民在长期的生产实践中积累了丰富的知识和经验，通过因地制宜、时空交错等多种方式提高农业生产的产量。外来作物的引种推广，极大地丰富了这一集约农业体系和经营水平。

中国古代提高土地利用率的方式主要有复种制、轮作复种制、间作套种及混种制等几种形式。中国农民很早就认识到了这些耕作制度有着多方面的优点：可以充分利用

光热和水土资源，提高土地的利用率和产出率；一定的组合可增加土壤的肥力，保障农业生产的可持续性；一定的组合有助于消灭杂草、减少病虫害，保障农业的稳产和高产。

明清时期传入中国的美洲作物丰富了中国多熟种植和间作套种的内容，例如稻棉、麦棉的轮作和麦棉的套种。据《农政全书》记载："今人种麦杂棉者多苦迟，亦有一法：预于旧冬耕熟地穴种麦，来春就于麦垄中穴种棉。但能穴种麦，即漫种棉，亦可刈麦。"晚清至民国时期，华北地区与棉间作的作物有甘薯、西瓜、甜瓜、向日葵等；四川流行油菜与甘薯、玉米与花生、玉米与海椒的间作；在华南地区盛行棉花与玉米、棉花与甘薯的间作。玉米与冬小麦的套作是中国北方平原灌溉地区的一种主要种植方式，其次有玉米与春小麦、大麦、豌豆等的套作，稻薯套种，玉米大豆间作，玉米与马铃薯、蚕豆、油菜等间作。晚清至民国时期中国东北和华北的一些地区还普遍采用玉米和高粱与黄豆混种的方式。民国时期河北《三河县新志》也记载：当地"将黑豆、白合豆、高粱、玉米种子内而杂种者，名为满天星"，并说"此种种法，收获较多，农人所谓上一亩，下一亩是也"。明清时期花生栽培面积的扩大，除了垦耕少量生荒、河滩外，主要依靠推行各种轮作、间作套种形式，提高复种指数，这是中国有别于其他花生生产国的一个明显特点。如南方的水旱轮作制（春花生—晚稻—冬甘薯或早稻—秋花生—冬作大豆或蔬菜），北方的二年三熟制或一年两熟制（花生—玉米—小麦或小麦—花生），以及多种形式的间作套种，涉及的作物包括玉米、甘薯、谷子、甘蔗、小麦、油菜、豌豆、蚕豆乃至果园和林地等，其中多数是外来作物。19 世纪 70 年代实行间作套种的花生面积达花生种植面积的 50%，最多的为湖北、四川等地，麦田套种花生占播种面积的 80%。

（三）为植物油生产提供了重要的原料

汉代以前，人们只会利用动物的油脂，不会榨取植物油。芝麻的传入为中国利用植物油找到了一条新途径，开始了植物油生产的新纪元。经过一千多年，直到宋代才由于油菜和大豆被利用为油料，打破了芝麻独霸油料作物地位的局面。后来，花生和向日葵的传入，又为油料生产增添了新的原料。当前中国主要的油料作物有五种，即芝麻、油菜、大豆、向日葵和花生，其中海外传入的作物占了五分之三，由此可见海外作物在中国油料生产中占有重要的地位。

（四）使衣着原料发生了全新的变化

中国原有的衣着原料主要是丝、麻（大麻、苎麻）、葛、毛类四种，早期虽然也有布，但不是棉布，而是麻布。棉花于汉代开始传入中国，但主要是在边疆种植，对衣着原料影响不大，到宋元时期，开始从南北三路传入中原地区，至明代，成了"遍布于天下。地无南北皆宜之,人无贫富皆赖之"的主要衣着原料。直到今天,在化纤原料发明以后,棉花在衣着原料中仍保持着重要的地位。

(五)对明清时期粮食供应紧张起到了缓解作用

首先,占城稻对中国粮食生产的影响巨大,由于占城稻具有生长期短、成熟期早的特点,可被利用来作为早稻。这样,到明清时期,双季稻在中国南方发展时,占城稻被利用来作为双季前作稻,从而为稻田耕作制的发展和土地利用率的提高做出了重要贡献。其次,番薯、玉米对高寒山区土地的利用产生重要的影响。番薯、玉米是两种耐旱、耐瘠、高产的作物,适宜于比较贫瘠的丘陵山区种植。引入时正值中国人多地少与耕地不足、粮食缺乏的矛盾日益严重之时。引入后,在开发丘陵山区,缓解粮食不足的问题方面,起了重要的推动作用。例如同治《建始县志》说:"居民倍增,稻谷不给,则于山上种苞谷、洋芋或蕨薯之类,深林幽谷,开辟无遗。"《植物名实图考》说:"川陕两湖凡山田皆种之,俗呼包谷,山农之粮,视其丰歉。"番薯的情况亦是如此,雍正时闽浙总督高其倬说:"福建自来人稠地狭,福、兴、泉、漳四府,本地所出之米,俱不敷民食……各府乡僻之处,民人多食薯蓣,竟以之充数月之粮。"《畿辅见闻录》也说:"今则浙之宁波、温、台皆是。盖人多米贵,此宜于沙地而耐旱,不用浇灌,一亩地可获千斤,故高山海泊无不种之。闽浙贫民以此为粮之半。"

(六)对蔬菜夏缺起了缓解作用

在中国的蔬菜品种中,夏季的蔬菜一直不多,所以常出现蔬菜夏缺的现象。海外引进的作物中,有不少是夏季主要蔬菜,如黄瓜、茄子、番茄、辣椒、甘蓝、菜豆、花菜等,这样便基本上解决了夏季蔬菜品种单一的问题,从而奠定了夏季蔬菜以瓜、茄、菜、豆为主的格局。

(七)形成了辛辣文化特色

辣椒自从引入中国以后,在一些地区形成了嗜辣的饮食文化特色。中国饮食文化因为农业生产以粮食为主,素食特征明显,食物可口性差,所以烹饪技术的发展以调味、装点饮食为目的,而辣椒具有强烈的刺激食欲的功能,正好将传统饮食文化调味的功能发扬光大。

思考题: 1 在历史时期引入中国的主要海外作物有哪些?
　　　　　2 海外作物对中国有哪些贡献?

参考文献：
1. 王思明. 美洲作物在中国的传播及其影响研究 [M]. 北京：中国三峡出版社，2010.
2. 李昕升. 中国南瓜史 [M]. 北京：中国农业科学技术出版社，2017.
3. 王思明. 外来作物如何影响中国人的生活 [J]. 中国农史，2018，37（2）：3-14.
4. 闵宗殿. 中国农业通史（明清卷）[M]. 北京：中国农业出版社，2016.
5. 张波，樊志民. 中国农业通史（战国秦汉卷）[M]. 北京：中国农业出版社，2007.
6. 闵宗殿. 海外农作物的传入和对中国农业生产的影响 [J]. 古今农业，1991（1）：1-11.

推荐阅读文献：
1. 李昕升. 美洲作物与人口增长——兼论"美洲作物决定论"的来龙去脉 [J]. 中国经济史研究，2020（3）：157-173.

第五节
中国农业物种的外传及其贡献

中国农业物种，不单奠定了中华农业文明的基础，围绕农业物种诞生的物质、精神文化，也通过不同的扩散方式影响旧大陆的其他国家乃至新大陆。

中国是世界农业发祥地和作物起源中心之一。今天看来，中国栽培的一千二百种作物中，至少有四分之一起源于本土。

中国本土作物多数均已外传，其中粮食作物影响最大。典型的本土粮食作物便是稻、粟、大豆。这三者是公认的中国对世界影响最大的三大粮食作物，稻作、大豆栽培甚至被称为"中国农业四大发明"（稻作栽培、大豆生产、养蚕缫丝和制茶种茶）之二，正因其地位超然，中国科学院2016年出炉的八十八项"中国古代重要科技发明创造"，"水稻栽培"、"粟的栽培"、"大豆栽培"赫然在目，稻、粟、大豆也均有栽培史专书问世，但其主要是梳理在本国的历史。

作为最重要的世界物种起源中心之一，中国的果树苗木、观赏植物、蔬菜作物，我们可以将之统称为园艺（果树园艺、蔬菜园艺和观赏园艺）植物，也拥有相当的影响力。一方面，果树、蔬菜、花卉每一大类外传的重要品种都有数十种，品种之多、辐射范围之广让人赞叹，统合起来的价值，形成合力，并不弱于粮食作物；另一方面，温饱问题、生存需求等基本生理需要得到满足之后，人们必然会追求更高品质的生活和精神享受，"世界园林之母"中国"制造"的园艺作物构建了五彩缤纷的世界农业文明。

下面主要以影响最大的三个物种作为叙述对象。

一、稻

稻是世界第一大粮食作物，中国是亚洲稻原产地和世界稻作起源中心之一（西非有栽培产量不高的非洲稻，作为另一稻作起源地）的论证已有很多，不再赘述，史前栽培稻遗存的出土地点在 21 世纪初就已达一百六十七处，时间在万年以上的就有数处。以中国为中心，进一步向四维辐射，传播的不仅包括有形的稻作技术，还有无形的稻作精神文化。

（一）稻在世界的传播

稻在公元前 25 世纪自中国原产地传至南亚次大陆的印度，公元前 25 世纪传入印尼、泰国、菲律宾等东南亚地区，公元前 23 世纪传入朝鲜，公元前 15- 前 9 世纪传播至大洋洲波利尼西亚岛屿，公元前 5- 前 3 世纪传入近东，再经巴尔干半岛于公元前传入匈牙利（罗马帝国），公元前 4 世纪传入日本，公元前 3 世纪传入埃及，7 世纪越太平洋往东至复活节岛，15 世纪末以哥伦布第二次航海为契机在美洲的西印度群岛推广，16 世纪后传到美国的佛罗里达州并向西扩展，19 世纪传入加利福尼亚州，拉美的哥伦比亚于 1580 年始有稻作栽培，巴西则是始于 1761 年。

马达加斯加在亚非美三大洲的稻作交流中出于比较独特的地位，其农业文化继承了东方文化的特质，如住宅形式、稻梯田种植形式、祖先崇拜、农耕技术、语言等，具体传入时间已不可考，但很可能在史前便传入，即使在史前从南洋西跨印度洋到达马达加斯最快需要 40 天，考古发现甚至可以追溯到公元前 26 世纪。在沟通了亚洲、非洲之后，马达加斯加进一步作为中转站通过多种途径传到北美。

一般来说伴随稻的传入，栽培技术也随之而来。欧洲于中世纪后期开始在西班牙种植水稻。意大利直到 15 世纪才开始种植水稻并逐步扩大种植面积。葡萄牙是 15 世纪掌握种植技术，法国还要晚于葡萄牙。可以说，欧洲人从很早就了解稻米，到开始种植，再到逐步扩大种植面积经历了漫长的过程，期间又由于 16—17 世纪的瘟疫流行，除了少数水田之外，稻作几乎绝迹。非洲亦是如此，稻在不少地区传入之初仅作为商品，并未用于种植，融入当地的种植体系，直到 639 年阿拉伯人将稻作传入埃及，距亚洲稻最早记载正好相隔一千年。

此外，即使是同一国家，稻作的普及时间也各不相同。朝鲜半岛距今最早的水稻遗存为四千三百年前，然而稻作技术在全岛普及是在距今两千三百至两千一百年的青铜时代。稻作早在公元前 4 世纪秦统一之前就传入日本九州一带，这是日本有栽培稻之始。随着诞生的稻作文化称之为"弥生文化"之后，1 世纪传入京都，3 世纪传到关东，12 世纪才至本州北部，明治时期方入北海道。

如前所述，稻可能要经过多次引种才能最终在当地扎根，同一国家的不同地区也可能分别引种，最终在全区域的普及也就包含了不同的品种，而且不同国家之间的稻作流动也可能是双向的，如中国、东南亚均可能是稻最早的驯化中心，朝鲜稻作从中国传入，但宋朝在与朝鲜的交流中，引种了黄粒稻，这些传播路线的复杂性构成了稻品种的多样性，共同组成了传统种质资源的宝库。

（二）稻对世界的影响

稻对世界的影响，远不止作为一种提高产量的作物那么简单。日本可能是受中国稻作文化影响最深的国家，创造了丰富的神话传说和多样的习俗，塑造了以"饭稻羹鱼"为核心的膳食结构。

在东南亚，稻作文化最早伴随人口迁移而来。以越南为代表的东南亚国家，不讲求精耕细作，东汉时期耕犁技术首传越南，逐渐与中国趋同。虽然非洲系统栽培水稻始于 6 世纪，但早在 1 世纪东非的一些港口就已经向罗马帝国出口大米。在过去的一百五十年里，大量南亚移民移居到非洲，后来更多的东南亚、南亚人自发出于商贸的因素，转移了包括水稻在内的各种农作物。

再以美洲为例，虽然水稻经由哥伦布及其后的商队传入美洲，但稻的生产能够成为一种常规和系统化的活动，主要得益于黑奴的种植经验和消费量，稻在美国的传播，促进了北美灌溉事业的发展，尤其是对低洼湿地的开发，进一步加强了堤坝等水利设施的建设；还导致了一些脱粒、扬筛等农具的发明、完善。总之，稻作传入改善了农业环境，整体提升了北美对土地的利用和农业种植水平。在美国，到 19 世纪 20 年代，稻的生产、加工、销售已经作为一种商业投资直接实现了一体化，业已形成专业化主产区，稻产业是美国大力补贴的产业之一。

稻的传播使世界其他非原产地区成了早期全球化的受益者，水稻肯定高于小麦的单产（拉瓦锡时代水稻单产与麦相比是四比一），必然会对传统食麦区（典型的就是欧洲）造成冲击，虽然没有快速融入当地的种植制度，但诚如布罗代尔所言："左右着农民和人的日常生活"。即使西方人并不以稻米为主食（穷人常以之为食），稻作为一种经济作物用于出口创汇，利润甚至能够达到一倍，1740年后稻能够成为继烟草、小麦之后，英属北美殖民地的第三大农作物，原因也正在于此。

今天，稻更是成为全球史的重要话题，诠释着作物在全球史的话语权，稻在全球化的初期更多地通过奴隶、劳工和移民，逐渐成为重要口粮，其历史发展过程与殖民主义的出现、工业资本主义的全球网络和现代世界经济紧密地纠缠在一起，加强了区域间的联系。

稻作（精神）文化在稻对世界的影响中尤其引人注目，铜鼓文化就是一例，铜鼓主要用于祈求稻的丰收，中国西南地区作为铜鼓文化的发源地可以追溯到春秋时期，从西南地区到东南亚铜鼓发掘的时空序列，可见铜鼓自北向南的传播路径，稻作文化的遗迹等于铜鼓的遗迹。有关谷神崇拜也是东南亚神话中门类最全、数量最多的神话系统。

种稻还有一些其他意想不到的收获，东南亚稻田普遍与否决定着疟疾是否横行，因为稻田水为浊水，可以限制带有疟原虫的蚊子的繁殖，一定程度上导致了诸如柬埔寨吴哥等大都会的繁荣。

二、粟

粟与稻起源的不同之处在于粟完全是在中国驯化完成的，不存在中国之外的粟作起源中心。粟在中唐之前一直是中国最重要的粮食作物，被称为五谷之首，具有超然地位的粟（"贵粟"便是重农的代言）奠定了中华文明的基础，新石器时代以来以粟为中心的农耕生活，决定了其可能更早地深刻影响世界。

（一）粟在世界的传播

公元前4500年，粟从长江流域，转经中亚，传入亚洲西南部（印度）。公元前2000年，以栽培粟为主的旱作农业从黄河流域传入朝鲜半岛、东南亚等。粟和稻几乎同步传入东南亚地区，均在公元前2000年，然而在公元前一两千年的历史中，粟的应用比稻的更加广泛。粟很可能是由川滇的夷人通过陆路经缅甸、泰国和马来亚半岛而传入南洋群岛。粟早在公元前1700年就在法国的阿尔卑斯地区引种栽培，但是经过了青铜时代晚期的精耕细作之后，在铁器时代初期的粟种植由于气候恶化（主要是降雨量减少）而归于沉寂，直到罗马时代、欧洲中世纪，粟再次迸发巨大活力。可见粟传入欧洲的时间并不晚于亚洲其他地区，也难怪有人认为粟大约在公元前4000年传入欧洲。目前在欧洲的意大利、德国、匈牙利栽培较多。

粟的西传路线，有人研究到达西亚以后，又分为两个传播渠道：一是沿地中海北岸，从希腊到南斯拉夫、意大利、法国南部的普罗旺斯、西班牙一线；二是沿多瑙河流域，从东南欧，穿过中欧，直到荷兰、比利时等低地国家地区。事实上，粟在梵语、印地语、孟加拉语、古吉拉特语中分别称"Cinaka""Chena（Cheen）""Cheena""Chino"，都是"秦"或"荆（楚）"的谐音，波斯语则称"Shu-shu"，不仅能够反映当时文化与中华文化之间具有某些联系，也可以佐证粟西传的事实。

粟经山东半岛或辽东半岛，传入朝鲜和日本，与中国的云南、台湾等边疆地区处于同一时间序列。日本在绳文文化末期已经栽培粟，在水稻传入后，粟的地位才有所下降。总之，在史前至晚到中古时期，粟已经在当时世界上已知的大部分地区种植。粟在大移民时代由欧洲人带入美国，1849年后由于奖励政策进入新阶段，20世纪初已占美国黍类作物的90%。

（二）粟对世界的影响

粟较强的抗逆性和价格的低廉性决定其可以在相对贫瘠的土地和相对不好的年景取得产量并用于救荒。其食用价值在世界古代史、中古史上不可或缺。罗马帝国中的粟作为重要作物贯穿农业社会的始终，然而上流社会食之甚少，食用粟与否，甚至作为区分地位高低的一个标志。罗马时代粟在农业生产、日常烹饪、医药服用等方面占有重要的地位，与其经济社会发展、文化价值息息相关。

欧洲中世纪，粟是穷人最重要的食物，到了19世纪，西欧的粟逐渐被小麦、马铃薯、玉米、黑麦和水稻（尤其是前三者）所取代，这与历史时期中国北方粟地位之下降异曲同工，主要原因就在于其他粮食作物的高产属性以及粟不是面包所必需的原料。但即使受到其他作物的排挤，如印度河下游、恒河下游的河谷和三角洲集中种植栽培稻，仍有大片土地，尤其是贫瘠的土地会种植粟。

南洋群岛的当地原始农业块茎类文化和后发的稻文化之间，显然还有一个介乎二者中间的粟类文化，所以才有印尼"粟岛说"。

现在粟在世界粮食作物中所占的份额低于以前，欧洲粟种植面积的缩减是比较重要的因素，但是今天粟依然在西欧的一些小区域种植，主要作为家畜的饲料；而在东欧，粟一直作为面包和发酵酒的重要原料，大量种植具有举足轻重的地位。在中国、印度、西非更是如此，1934—1938年世界平均总产量为2 600万吨，中国、印度、东欧（苏联）、西非（法属）是当时世界上的主要生产国和消费国。

三、大豆

稻、粟虽然均起源于中国，但是在历史时期上尚有分歧，随着考古发掘的演进，才逐渐厘清思路，然而大豆（黄豆）的唯一起源中心为中国，则是历来没有争议的。豆科植物众多，但以"豆中之王"大豆的重要性最突出，与人民生活最密切，对世界影响最大。大豆同粟一样，重要性在古代史历史上一度超过稻、麦，是用养（地）结合、轮作倒茬的重要作物，与粟、麦轮作优势明显。

（一）大豆在世界的传播

大豆走向世界的时间相对粟、稻较晚，所以时间脉络比较清晰。约在公元前5世纪甚至更早，大豆传入朝鲜，稍晚从朝鲜传入日本。亚洲南部地区，均是在1世纪到15世纪地理大发现之间推广的大豆，如至晚在13世纪传入印度尼西亚等东南亚地区。

1740年法国传教士曾将中国大豆引至巴黎试种，1760年传入意大利，1786年德国开始试种，1790年英国皇家植物园邱园首次试种大豆，1873年维也纳世界博览会掀起了大豆种植的高潮，随后在欧洲各国开始种植，1880年到葡萄牙，1935年终抵希腊。美国大豆是1765年才由曾受雇于东印度公司的水手塞缪尔·鲍恩（Samuel Bowen）带入美国，塞缪尔·鲍恩在佐治亚州种植大豆，或是出于制作酱油再贩卖到英国的目的，但在接下来的一百五十五年中主要作为饲料；1855年加拿大人开始种植大豆。1876年中亚的外高加索地区种植大豆，1882年大豆在阿根廷落脚开启了南美传播模式，1898年俄罗斯人从中国东北带走大豆种子在俄罗斯中部和北部推广，1857年大豆扩展到非洲埃及，墨西哥和中美洲地区可以追溯到1877年，1879年大豆引种到澳大利亚。

1600年日本南部的酱油技术传入印度。1879年，驯化的大豆引入澳大利亚，是作为日本内政部部长的礼物；巴西大豆引种相对较晚，但发展很快，20世纪50年代巴西出于土壤改良的目的种植大豆，紧接着向亚马逊雨林进军，目前已经是世界第二大大豆生产国，远超第三大生产国阿根廷。

（二）大豆对世界的影响

"植物蛋白之王"大豆营养丰富，孙中山先生说："以黄豆代肉类，是中国人之发明。"中国种植业与农牧业严重不协调，肉类蛋白和奶类蛋白严重缺乏，仰仗大豆的蛋白质，才满足了中华民族正常的人体需求。民国时期人们又发现大豆为三百五十余种工业品的原料，其价值远甚于单纯作为粮食作物。

豆腐的发明，是古代食品领域的一大贡献，是大豆利用中的一次革命性的变革。中国的制豆腐技术从唐代开始外传，首先传到的国家是日本。日本人认为制豆腐技术是754年由鉴真和尚从中国带到日本的，所以至今他们仍将鉴真和尚奉为日本豆腐业的始祖，并称豆腐为"唐符"或"唐布"，1654年隐元大师东渡日本，又把压制豆腐的方法传入日本。中国的豆腐技术大约在20世纪初传到欧美，1909年西方第一个豆腐工厂由国民党元老李石曾在法国建立，生产豆腐、豆乳酱、豆芽菜等豆制品，李石曾称豆腐为"二十世纪全世界之大工艺"。

除了豆腐之外，大豆丰富的副产品在世界也很有市场，豆浆、豆豉、豆酱、豆腐乳、酱油、纳豆、味噌等受到东方的认可。在西方则是以豆油（第一次世界大战后由于植物油缺乏受到广泛关注）和豆粉（豆奶）为主。

美国农业专家富兰克林·哈瑞姆·金早在1909年来华访问时就盛赞："远东的农民从千百年的实践中早就领会了豆科植物对保持地力的至关重要，将大豆与其他作物大面积轮作来增肥土地。"1920年之后，尤其是在大萧条时期，由于大豆根瘤的固氮功能，美国干旱区的土地可以靠大豆来恢复肥力，农场能够增加产量来满足政府的需求；大豆本身的需要也愈发旺盛，从1924年开始伴随大豆需求的增长，大豆排挤棉花，栽培面积迅速扩展；1931年亨利·福特成为大豆产业的领军人物，福特公司成功开发人造蛋白纤维，到1935年每辆福特汽车都有大豆参与其制造，福特的介入为大豆连接工农业开启了一扇新的大门。1939年，美国是世界第二大大豆生产国，到1954年，美国已经成为世界最大的大豆生产国，到今天与中国的领先优势愈拉愈大。目前美国、巴西、阿根廷、印度、中国是位于世界前列的大豆生产国。

思考题：
1. 中国稻对世界的影响有哪些？
2. 中国粟对世界的影响有哪些？
3. 中国大豆对世界的影响有哪些？

推荐阅读文献：
1. 曾雄生. 中国农业与世界的对话[M]. 贵阳：贵州民族出版社，2013.
2. 劳费尔. 中国伊朗编——中国对古代伊朗文明史的贡献[M]. 林筠周，译. 北京：商务印书馆，2015.

3　王思明，沈志忠. 中国农业发明创造对世界的影响——在 2011 年 "农业考古与农业现代化" 论坛上的演讲 [J]. 农业考古，2012（1）：26-32.
4　罗桂环. 近代西方识华生物史 [M]. 济南：山东教育出版社，2005.

第六节
农产品贮藏与加工技术

贮藏开始于农业起源前的采集与狩猎时代，最初的贮藏行为不仅有效解决了食物采集的季节性问题，而且促进了农业的起源。农业自起源之后，遵循自然变化规律春种、夏耘、秋收、冬藏，季节性特点更为明显，食物供应上，常常收获的季节食物相对丰富，而其他季节则特别拮据，青黄不接。时常因为饥荒肆虐，常常三年耕须备九年之食。为了积谷防饥，并能够远距离运输，先民发明创造了多种多样的农产品贮藏与加工技术。在历史的早期，农产品加工技术的主要目的是长期保存食物，延长食用期限，加工所产生的味蕾享受倒是其次。

一、农产品贮藏

（一）冷藏保鲜

天然冰所创造的低温环境能有效降低微生物的活性，抑制其繁殖，同时抑制食物中所含酶的活性和化学反应速度，从而延长食物的保存时间。中国古代先民在两千多年前就开始利用天然冰的低温来贮藏农产品了。《诗经》中有"二之日凿冰冲冲，三之日纳于凌阴"的诗句，《周礼》中记载有"凌人"的职官，而考古工作者在陕西凤翔秦都雍城发现了一处能贮存 190 立方米冰块的凌阴遗址。这些都是古代采集天然冰、利用凌阴贮存天然冰并进行食物冷藏保鲜的相关证据，凌人就是负责天然冰采集收储与分配使用、凌阴的管理与维护的职官。湖北随州战国曾侯乙墓出土的冰鉴，外层空间用来存放冰块，里层空间可以存放酒和食物，可以算是中国最早的冰箱。

自先秦时期起，冰窖就是历代宫廷建筑的重要组成部分。越王勾践和吴王阖闾都有自己的冰室,《汉书》记载未央宫中有凌室,唐代宫廷设有冰井,宋代皇城司设置冰井务管理宫廷冰窖。清代皇室藏冰规模极大,设有官方冰窖18处,总藏冰量达20多万块。冰既被用来贮藏食物,也被用来夏季消暑,还是宫廷给大臣的重要赏赐,颁冰仪式从先秦时期起就是重要的皇家仪典。

唐代以前,天然冰是宫廷及贵族的专属用品。宋代开始,百姓用冰逐渐增多,街市上开始出现用冰保鲜食物、用冰加工冷饮食品的相关记载。明清时期,民间冰窖繁荣,主要用于满足普通百姓的用冰需求。当官府冰窖入不敷出时,还会向民间冰窖采买。明代还出现了一种冰鲜船,是最早的冷链运输工具,主要用于鲥鱼的远距离保鲜运输,运送到千里之外的长安等地。

(二)常温贮藏

古代除了利用天然冰来冷藏保鲜外,还会在常温条件下,通过建造仓储设施、器物贮藏、蜡封贮藏、干燥贮藏、液体保鲜、留树保鲜和混藏保鲜等多种方法,实现常温下的食物贮藏保鲜。

早在新石器时期,先民就已经开始建造仓窖来贮藏粮食了。距今7 000多年前的河北武安磁山新石器时代遗址发现了400多座窖穴,其中88座贮存了炭化粟粒,说明窖穴是当时的贮粮设施。河南洛阳唐代含嘉仓遗址是一座大型国家粮仓,发现了大小仓窖400多座。

除了地下窖穴贮藏,地上还有仓、廪、囷等设施用于贮藏粮食。汉晋时期发现了大量的陶仓、陶囷等明器和粮仓画像,既有官仓,也有民仓,反映了这类贮粮设施的普遍。南北方粮仓形制有所不同,北方干燥,粮仓多建于地面,常见多层仓楼,有的还有家兵看守;南方相对潮湿,粮仓多呈干栏式,贮粮空间架离地面,有利于防潮防湿。汉代还出现了不同粮食分类贮藏的技术,种子也要单独存放,这样有利于更好地贮藏各种粮食,准确掌握贮藏时间,定期翻晒。

古代还会利用地下坑、沟、窖等贮藏蔬菜和水果。《齐民要术》记载有坑藏瓠瓜、蔬菜、梨、葡萄等方法。唐代《四时纂要》有窖藏萝卜、芜菁、韭菜和紫苏的记载。宋代《橘录》记载有沟坎藏橘的方法。元代王祯《农书》有窖藏菠菜、水萝卜法。明代《农政全书》有深沟贮梨、地窖贮甘蔗及各种果蔬的记载。清代《营田辑要》中有利用阴湿环境埋藏莲藕的方法。《豳风广义》记载了一种大窖套小窖的双层窖贮方法。

器物贮藏法是将蔬菜水果放入密封的缸、坛、瓶、竹筒等器物中进行贮藏。唐代从岭南运送荔枝应该就使用了这种方法。明代徐𤊹《荔枝谱》详细记载了利用巨竹密封贮藏荔枝的方法。中国古代还可见用器物贮藏橘子、樱桃、石榴、橄榄等水果的方法。

仓窖贮藏和器物贮藏，创造了相对密闭的保存环境，通过调节环境中的二氧化碳和氧气含量来抑制植物的呼吸作用，延长保存时间，这与现在食物保鲜中常用的"气调贮藏"原理一致。

南北朝时期《齐民要术》记载了谷物干燥的"窖麦法""蒸黍法""剉麦法"等技术。"窖麦法"是将麦子晒干后趁热进窖，并且进窖时间有要求，"立秋前治讫""立秋后则虫生"。立秋前日光强烈、温度高，谷物容易晒干，也利于消灭害虫。"剉麦法"是将收割下来的麦铺成薄薄一层，顺风点火，着火之后用扫帚扑灭，然后再脱粒。火烧可以杀死麦粒上的虫卵、虫蛹等寄生物，但火烧时温度高，麦胚也会被烫死而影响发芽能力，故所藏的籽实不能作种子用，只能食用。同样，稻子也可用此法，如藏稻"若欲久居者，亦如'剉麦法'"。

《齐民要术》还记载有干沙贮藏栗子、灰汁浸泡后再晒干贮藏栗子、堆藏生姜的方法。《隋书》记载有柑橘蜡封保鲜的方法。宋代史籍记载了用干燥的松针贮藏橘子，阴室堆放贮藏葱韭，梨包裹于树上或带枝插在萝卜中贮藏保鲜，柑橘类水果与绿豆、佛手柑与冰片、冬瓜与茄子等混藏保鲜的方法。

二、农产品加工技术

在贮藏之外，古人还通过加工的方式对收获的农产品进行处理，既可以延缓变质，还能够增加适口性。加工方式以干制和腌制为主，对于特定种类农产品还有一些特殊的加工方式。

（一）干制加工

在古代，干制是简便易行的食物加工方法，既可以直接阴干、晒干、熏干、焙干，也可以先调味腌制后再进行干制，干制还是多种食物加工的预处理技术，是古代食物加工的重要方式之一。

古籍中常见的"脯""腊"等就是干制食物。《周礼》记载有"腊人"职官，主管周代宫廷各种干制肉类的加工供应。当时还形成了不同种类的干制肉类，包括预先用姜、桂、椒、盐等腌制入味后再进行干制的肉制品。长沙马王堆汉墓出土的竹简中记载了牛、鹿、羊、兔等多种干肉制品。《史记》记载浊氏因贩卖干制羊胃（胃脯）而致富，说明市场消费量可观。

北魏《齐民要术》专有一章记载了多种口味的干肉制品，既有禽畜干肉制品，也有水产干制品。其中，鱼干是南方地区常见的干制食品。水产品加工最重要、最常见的技术是干制。特别是到了宋代，随着海洋捕捞和滩涂养殖的发展，干制水产海货日渐丰富，在当时的笔记小说、地方志中多有记载。

唐代出现了干肉制品"火腿"。宋代《梦粱录》《武林旧事》等记载了多种"脯腊从食"，种类丰富，说明当时人们对干肉制品的喜爱。当时还出现了肉松，《事林广记》称之为"肉珑松"，是利用火焙法加工成的肉制品，与现在的肉松加工技术基本相同。明代《宋氏养生部》记载了火猪肉、风猪肉等干肉制品。清代还出现了风干肠，是将猪肉等用各种调料加工后灌入猪肠内干制而成。

除肉类外，干制技术还被用于加工蔬菜、水果等。东汉《四民月令》记载有干葵，是干制葵菜。《释名》记载有瓠脯、杏脯，是干制瓠瓜和杏。《释名》中还记载有奈油、杏油，是将奈、杏果肉捣烂后涂在缯上，晒干制成，类似现在的枣泥。《齐民要术》中的枣油也属此类。

《齐民要术》中记载了干制芜菁、蒜、蜀芥、兰香的方法，大多是放在阴凉通风处阴干或置于太阳下暴晒晾干。菌类干制也有记载，是将一种称为"地鸡"的菌洗净蒸过后，再阴干。书中还记载有用盐腌制后暴晒干制白李、白梅，暴晒干枣，烟熏乌梅干，用蜂蜜等煮过的葡萄阴干制成葡萄干，以及火焙干燥柿子来脱涩的加工方法。书中所记的干制果粉，是将酸枣、杏、李、奈、林檎等水果果肉研磨、捣烂，取其汁晒制而成，被称为"麨"。食用时，加水调和成饮品，也可以放入谷物粉末中拌食。

宋代文人诗词中经常称赞笋脯美味，笋脯是用竹笋加工成的笋干。《菌谱》记载有香菇干。《东京梦华录》中记载有各式果干，仅梨一种，就有梨条、梨干、梨肉、梨圈等不同种类。

元代王祯《农书》记载有干制龙眼（桂圆）、菠菜和莙荙菜。干制龙眼的方法曰"龙眼锦"，是将桂圆用梅卤浸泡，晒干后火焙制成。

（二）腌制加工

古代先民发明了用盐、酱、蜜、糖、酒、糟、醋等腌制食物的方法，有的利用了乳酸菌发酵技术，有的则是利用了渗透压原理，不仅能有效延长食物的保存期限，还给食物增加了咸、甜、酸、辣等独特的味道，形成了丰富多样的腌制食物。

1. 盐渍酱腌

先秦时期发明了腌制蔬菜，称为"菹"。腌制时如果加入的食盐量比较大，会制成不发酵的"盐菜"，主要是利用盐分使蔬菜脱水，抑制微生物生长，达到长期保存的目的；如果加入少量盐腌制，则能抑制有害微生物的生长，不影响乳酸菌的繁殖，从而腌制出酸味的蔬菜，就是现在常说的酸菜，属于发酵腌制方法。

在汉代，盐菜已经是基层官吏和普通百姓的基本生活消费内容，所以崔寔在《政论》中将其作为计算基层官吏日常生活收支的重要方面。北魏《齐民要术》有"作菹法"，记载了多种用盐腌制蔬菜的方法。腌制葵菜、菘菜、芜菁、蜀芥时，会先将菜扎成捆，放入极咸的盐水中清洗，再装入瓮中，将极咸的盐水倒入，浸没过菜进行腌制。书中记载的腌菜方法中，还有一类需要加入粥清和麦䴷（发酵剂），能够促进乳酸菌的生长繁殖，腌制成酸菜。书中还记载用盐腌制咸鸭蛋的方法。后世的蔬菜腌制方法基本是在《齐民要术》的基础上发展起来的。

酱腌法在东汉《四民月令》中已有记载，五月先酿豆酱，再用豆酱腌制瓜类。《齐民要术》记载的酱腌越瓜、胡瓜、冬瓜法，一般被称为藏瓜法，可见，当时用盐、酱等腌制蔬菜，最主要的目的还是延长新鲜蔬菜的保存期限。后期随着酱油的发明与普及，还出现了用酱油腌制蔬菜的方法。

2. 糖蜜渍

糖蜜渍法是用蜂蜜、麦芽糖、蔗糖等调味品腌制食物的方法。北魏《齐民要术》引《食经》"蜀中藏梅法"，是将梅子去皮阴干，先用盐腌制杀菌后，再放入蜂蜜中腌制而成。书中还记载了用蜜腌制木瓜、生姜的方法。除了用来腌制蔬菜瓜果，蜂蜜还可以用来腌制螃蟹。《齐民要术》记载的藏蟹法就是用麦芽糖和盐共同腌制螃蟹。这种糖蟹备受隋炀帝的喜爱。而《南史》记载宋明帝刘彧喜欢食用"蜜渍鱁鮧"，是用蜜腌制的鱼肠、肚、鳔等。

宋代，蜜煎类食物非常受欢迎，当时用蜜腌制的各式蔬菜瓜果有数十种之多，还会将蜜煎雕刻成各种复杂的花纹，被称为"雕花蜜煎"，形味兼备。

随着蔗糖的普及，元代以后，用蔗糖腌渍果蔬开始盛行，"蜜饯"一词出现，并逐渐取代了"蜜煎"，沿用至今。明清时期，糖蜜渍技术既可以加工各种水果，也用于多种蔬菜的腌制，部分药材、可食用花卉也可以进行糖蜜渍加工。

3. 糟制酒渍

用酒糟、酒等腌制食物的历史可能早至先秦时期，《周礼》中记载有用酒腌制肉酱的方法，但应该仅限于宫廷使用，且主要利用的是酒的杀菌作用。

《齐民要术》记载了制作糟肉和糟制越瓜的方法。前者是将肉放入酒糟、盐、水调和成的粥状腌制料中，放在屋内阴凉处腌制存放，将肉炙烤后即可食用。后者是先用盐腌制越瓜使其脱水，再加入酒糟和盐腌制，之后再放入新的酒糟、盐、曲混合物中进行二次腌制，腌制越久，味道越好。

史载隋炀帝喜欢吃糟蟹，唐代南方人会腌制糟姜。宋代是糟制加工普及和糟制食物广受欢迎的时期。《梦粱录》《武林旧事》中记载了多种市场上常见的糟制食物。《吴氏中馈录》中记载了多种糟制食物的加工方法。

宋代还出现了用酒腌制食物的记载。此前酒比较珍贵，一般用酿酒的废弃物酒糟等腌制食物。宋代以来，酒因价格低廉，较普遍用于腌制食物。《吴氏中馈录》中记载了酒腌虾、醉蟹等酒渍食物。明清时期，糟制酒渍食物依然盛行，还出现了关于甜糟、香糟、糟油等腌制料的加工方法的记载。

4. 醋渍

醋至迟在周代就已经出现，根据《周礼》的记载，醯人就是掌管当时宫廷酿醋及醋渍食物的职官。《齐民要术》中记载了醋渍蘘荷，是将蘘荷放入煮沸的醋中焯过，晾凉后再和梅干一起放入瓮中，浇上盐醋汁，腌制二十日就可以食用了。醋还被用作快速腌制酸味蔬果的原料。

宋代《梦粱录》《武林旧事》中记载了醋赤蟹、醋姜、姜醋生螺等醋渍食物，且多作为下酒菜肴。明代《宋氏养生部》中专有"醋浸"一节，介绍了十八种可以醋浸的食物，既有水果，也有蔬菜，还有面筋、豆腐等食物，主要方法是将食材处理好后，放入瓮中，浇入白米醋和甘草熬煮晾凉的醋汁，再加入适量盐腌制即可。书中还记载了糖醋制法，是先用盐腌制处理食材，之后浇入浓醋、红糖熬煮的糖醋汁进行腌制。醋渍和糖醋渍的方法一直延续使用至今。

（三）几种农产品的加工技术

1. 豆制品加工

中国是栽培大豆的起源地。大豆从先秦时期起就是粮食作物之一，开始是粒食，随着磨粉技术的发明，被加工制成豆豉、豆酱、豆腐等多种食品，形成了丰富多彩的中国豆制品饮食文化。

（1）豆豉及豉汁

豆豉是以大豆为原料，利用曲霉菌发酵技术制成的带有特殊香味的一种调味品。

《汉书》记载长安樊少翁因经营豆豉生意而成为天下闻名的富豪，说明当时豆豉的市场消费量很大。汉代史籍多见盐豉并称的记载，是人们日常生活中最常用的两种调味品。学者们也因此推断，豆豉加工技术的出现不晚于战国时期。

北魏《齐民要术》详细记载了多种豆豉加工技术，其中最主要的一种是"淡豆豉"。一般在四五月份制作，主要工序是先将大豆煮熟，放入暖荫屋中堆晾，其间多次翻动，促进大豆生出"白衣"，进而变成"黄衣"，也就是曲霉菌。之后扬簸洗去大豆上的黄衣，继续放入暖荫屋中发酵，十多日后便可制成豆豉。后世基本沿用了《齐民要术》记载的豆豉加工方法，会在豆豉二次发酵时加入多种食材调味，还形成了干豆豉、湿豆豉等不同的种类。

豆豉加入骨汤中熬煮便可得到豉汁，豉汁是《齐民要术》中记载的重要液体调味品之一。一直到宋代酱油的出现，豉汁的使用才逐渐减少。

（2）豆酱及酱油

先秦时期，中国先民就已经开始利用发酵技术制作酱了，但当时的酱主要是肉酱。特别是周代，酱是宫廷的大宗加工食物之一。《周礼》记载有"醢人"职官，掌管周王室祭祀与饮食所需肉酱的制作与供应，而掌管王室饮食的食官之长"膳夫"，"酱用百有二十瓮"，数量很多。

豆酱至迟汉代已经出现，《四民月令》记载了用碎豆制作末都，就是豆酱。北魏《齐民要术》中记载了做酱之法，一般在十二月、正月做酱。主要工序是先将黑豆蒸熟，晾凉后拌入盐、黄蒸（米、麦制成的发酵剂）、麦曲（小麦制成的发酵剂）等进行密封发酵，制成酱醅（酱黄）。之后加水稀释，日晒发酵一百天左右就能制成。这种先制酱醅再日晒发酵制成豆酱的两步发酵法，一直是从古至今制作豆酱的基本工序。书中还记载了做麦酱法，是以小麦为原料发酵成酱，类似现在的面酱。

豆酱上层聚集的汁液被称为"豆酱清""酱清"，用于烹饪食物，算是原始的酱油了。宋代时开始出现酱油的名称，当时酱油不仅用于热菜炒制，还用于调拌凉菜，说明味道不错。元代《云林堂饮食制度集》中记载了酱油的制作方法，是直接以大豆为原料，在伏天晒酿酱油，说明酱油的加工已经从豆酱加工中分离出来，成为独立加工的调味品。随着酱油酿制技术的不断进度与成熟，其成为与醋齐名的液体调味品，至今仍在中国饮食烹饪中占据重要地位。

（3）豆腐

豆腐是享誉世界的中国特色加工食物。关于其加工技术的出现时间，学术界并没有形成一致的看法。最早关于豆腐的文献记载为五代末北宋初陶谷的《清异录》，之后关于豆腐的文献记载日渐丰富，淮南王刘安发明豆腐的说法是在宋代出现的，宋代也是豆腐加工技术及食用普及化的时期。

传统豆腐加工的主要工序包括浸泡后磨制成豆浆，豆浆过滤后煮沸，加入卤水促进豆花凝结，压制豆花并排出多余水分就是豆腐。这中间，先利用了石磨磨制，形成蛋白质胶体——豆浆，然后加热促进大豆蛋白质变性，最后还使用盐卤、石膏等凝固剂促进蛋白质凝聚沉淀，蕴含着丰富的科学原理与加工智慧。

中国先民还以豆腐为原料发明创造出丰富多样的豆腐制品，包括豆腐干、豆腐皮、豆腐乳、臭豆腐、冻豆腐、油豆腐、腐竹等，充分利用发酵、腌制、熏制等多种加工技术，形成了千变万化的豆腐家族食物。

2. 乳制品加工

乳和乳制品自古以来便是中国西北民族重要的食物，除富含优质蛋白质外，还含有多种维生素和矿物质。古代乳制品加工的主要种类包括乳酒、酪、酥、醍醐和乳腐等。

（1）乳酒

《汉书》中记载汉代有职官"家马令"，汉武帝时更名为"挏马令"，其主要职责是收取马乳，通过捶打加工成略微发酵、带有酸味的马酒，也称为"马奶酒"。

马奶酒在元代备受推崇，还出现了细乳、粗乳之分。细乳又称黑马乳，是品质最好的马奶酒，因捶打时间长、色清味甜而得名，在南宋时期已经是北方蒙古族首领的专享了。粗乳因为加工时间短，色白浑浊，味道发酸，品质略差。元代宫廷重大祭祀活动和宴席中，马奶酒是必备饮品。元代的文人诗作中也多见饮用、赞颂马奶酒的诗句。

（2）酪

酪是乳汁的乳酸菌发酵食物，汉代已经出现。北魏《齐民要术》中有酪的详细加工方法记载。书中指出，牛乳、羊乳或别的牲畜乳汁都可以加工成酪，一般在三月末至八月初加工乳酪，因为这段时间饲草充足，牛羊等营养好，从九月开始，天寒草枯，牛羊渐瘦，就不适合取乳作酪了。

做酪的主要工序是煎煮乳汁并捞取浮皮，剩下的乳汁过滤后放入瓦瓶中，加入旧酪作为发酵剂，保温发酵，第二天便可制成乳酪。这种方法制成的酪含水量较大，类似现在的酸奶，是从古至今主要的制酪方法。

此外《齐民要术》还记载了以乳酪为原料，利用煎煮、暴晒等方式加工干酪的方法，可以长时间保存。书中还提到制作马酪酵，也就是制乳酪加工酵母的方法。

唐代进士及第时流行举办樱桃宴，会食用乳酪和新上市的樱桃，这种吃法直到宋代依然流行。宋代宫廷设有"乳酪院"，专门为宫廷加工制作乳酪等乳制品。元代《马可波罗行纪》记载了一种干乳粉，是将乳酪晒干所得，算是一种干酪粉。

（3）酥

酥是提取乳汁中脂肪所形成的乳制品，汉代也已经出现。北魏《齐民要术》中记载的做酥法主要有两种：一种是以酪为原料，放入瓮中暴晒后，用长柄工具不断上下搅动撞击，使酪中的脂肪逐渐分离出来，其间要加入热水稀释，再加入冷水促进脂肪凝结，瓮上层凝结的脂肪捞出后就是酥；另一种是乳酪加工的过程中捞取乳汁煎煮冷却后形成的浮皮（凝结的脂肪），即为酥。

唐代敦煌文书中经常可以见到酥的相关记载，酥不仅是常见的市场销售商品，还是寺院的主要收入之一。莫高窟壁画中可以看到抨打酥油的图像。酥的加工技术到元代发生了变化。《饮膳正要》中记载的酥油加工方式是通过直接抨打牛乳，使其中的脂肪凝结而成。明代《本草纲目》记载亦如是，说明从元代开始，用乳汁直接抨打加工酥油的技术出现，并逐渐发展成为加工酥油的主要方法。

（4）醍醐

醍醐是提炼后的酥油，汉代《说文解字》已有记载。魏晋南北朝时期的《涅槃经》指出，"从牛出乳，从乳出酪，从酪出酥，从生酥出熟酥，从熟酥出醍醐"，可知醍醐就是酥油经过多次提炼后的制品，类似现在的精炼黄油。元代《饮膳正要》中记载的醍醐，是将一千斤上等酥油煎煮过滤后，放入大瓮中贮藏，冬季瓮中上层没有凝冻的油脂，就是醍醐。

（5）乳腐

乳腐的记载最早见于隋唐时期。根据《食疗本草》的记载，乳腐是固态物质。元代《居家必用事类全集》称之为乳饼，是将牛乳过滤煮沸，点入醋，使其凝结，再压出多余水分制成，类似豆腐的加工方法。云南的特色美食乳扇，就是利用酸性凝固剂促使乳汁中的蛋白凝固制成的一种干制乳制品。

3. 油脂加工

油是饮食烹饪不可或缺的物质，最早被利用的食用油主要是动物油脂。《礼记》在记载周王室一年四季的肉类食谱时，还特别注明了不同季节的不同食物需要用不同的油脂来烹饪，包括牛油、猪油、羊油、狗油等，是用不同动物脂肪加工的油脂。

植物油脂至迟东汉已经出现，《四民月令》记载了大麻籽油，主要是利用舂捣的方式提取，但不是制作食用油，而是用作照明的原料。魏晋南北朝时期出现了芝麻油，起初也主要是用作照明原料和助燃材料。《齐民要术》中记载有白苏子油（荏油）、芝麻油（胡麻油）和大麻籽油（麻子脂膏），并比较了彼此的用法与优劣，且都已用于食物烹饪。书中还记载了多种利用芝麻油加工的菜肴，既有热炒菜，也有凉拌菜。

唐代，人们已经认识到油菜籽可以榨油。宋代开始，菜籽油比较普遍，且已经将榨油后的油饼用于养猪和肥田。宋代开始出现大豆油。元代王祯《农书》记载了一种较为先进的榨油工具及技术，是将芝麻炒熟、碾碎、蒸制后，用草包裹放入油槽中，通过往油槽中加入楔子，用碓或锤从高处或侧面击打木楔加压的方法榨取芝麻油。这种方法可以压榨大豆、菜籽等硬度较大的油料。

明代宋应星《天工开物》全面介绍了十余种油料作物的产油量、油品性状以及榨油方法，还描绘了榨油工具的图像，说明明代末期中国古代食用油加工技术已经趋于成熟。花生作为外来物种，大约于明代传入中国，所以花生油在中国的主要食用油中出现得最晚。明代文献已经记载了花生含油量高，适合榨油。

4. 糖类加工

中国古代的食用糖主要有两类：麦芽糖和蔗糖。这两种糖在汉代以前基本都已经出现。

麦芽糖在古代称为"饴""饧"。先秦时期，人们应该已经认识到利用谷物能够加工麦芽糖。汉代的多种文献都提及了饴、饧。北魏《齐民要术》记载了麦芽糖的加工方法，还指出加工原料及加工技术不同，制成的麦芽糖颜色也不同，比如以小麦为原料制成的饧颜色淡亮，以大麦为原料制成的饧呈琥珀色。

制作麦芽糖时，要先用麦类制蘖，也就是将小麦或大麦培养至发芽，再将嫩芽切成碎末，放入蒸熟的米饭中拌匀，覆盖保温，等到米饭消减、汁水渗出后，加入开水充分混合，然后滤取汁水，入锅用小火煎煮成浓稠状，即制成麦芽糖。这种加工技术主要利用了小麦麦芽中所含天然淀粉酶的糖化作用，将大米中的淀粉转化为麦芽糖而制成。浓稠的麦芽糖经过不断牵拉可以制成固态的干饴糖，中国传统年俗中祭灶的重要祭品就是麦芽糖。时至今日，以上加工技术仍是麦芽糖加工的基本方法。

蔗糖是利用甘蔗汁加工而成的糖。先秦时期人们已经利用甘蔗榨汁做成饮品，汉代已经开始利用甘蔗汁加工成糖了。蔗糖加工技术最早应该出现于南越国控制的交趾地区（今越南北部红河流域），被称为"石蜜"，主要是通过煎煮、暴晒，去除蔗汁中的水分制成。南北朝时期，这种技术传入广州地区，加工成的蔗糖颜色发黑，呈块状，质地坚硬，因为最大限度地保留了蔗汁中的各种成分，算是一种粗制糖。因破之如沙，也被称为"沙糖"。

据《新唐书》记载，唐太宗贞观年间，派使臣专门到中印度王国摩揭陀学习熬糖法，回来后用扬州甘蔗加工成糖，味道颜色都远超西域所产，是一次成功的技术引进，促进了唐朝蔗糖加工技术的进步。敦煌文书中发现的"印度制糖法"也佐证了受到中外技术交流的影响，中国古代的制糖技术已有了显著提升。

宋代出现了结晶冰糖，具体的加工技术在王烁《糖霜谱》中有详细记载。明清时期开始利用鸭蛋液、黄泥等对蔗糖进行去杂脱色，从而加工出洁白的砂糖。

5. 爆米花

今天我们所知的爆米花具有松、香、易于消化、可即食的特点，出现在宋代，当时成为孛娄，可用于占卜一年水稻的收成。宋代《田家五行》中记载："雨水节烧锅，以糯米爆之，谓之孛娄花，占稻色。"明代李诩《戒庵漫笔》还用诗的形式，记载着这种以爆米花占卜年景的风俗："东入吴门十万家，家家爆谷卜年华，就锅抛下黄金粟，转手翻成白玉花，红粉美人占喜事，白头老叟问生涯。"

6. 松花蛋

松花蛋的加工技术出现于明代，《竹屿山房杂部》称之为"混沌子"，《养余月令》中称为"牛皮鸭子"。松花蛋的制作方法是先用茶煎汤，放入几片松竹叶，将鸡蛋浸洗完毕，每百只用盐十两、栗炭灰五升、石灰一升，一起放入坛中腌制；入坛三天后取出，上下层之间调换，过二天又重新上下调换，共调换三次；再封藏一个多月，就制成了松花蛋。《物理小识》一书还记载用不同质地的灰，可得到不同颜色的松花蛋。

思考题：　1　如何理解农产品贮藏和加工技术的起源？
　　　　　　2　古代豆制品加工的主要种类与技术有哪些？
　　　　　　3　古代乳制品加工的主要种类与技术有哪些？

参考文献：　1　梁家勉. 中国农业科学技术史稿[M]. 北京：农业出版社，1989.
　　　　　　2　陈文华. 中国农业通史：夏商西周春秋卷[M]. 北京：中国农业出版社，2007.
　　　　　　3　张波，樊志民. 中国农业通史：战国秦汉卷[M]. 北京：中国农业出版社，2007.

4 王利华. 中国农业通史：魏晋南北朝卷[M]. 北京：中国农业出版社，2009.
5 曾雄生. 中国农业通史：宋辽夏金元卷[M]. 北京：中国农业出版社，2014.
6 闵宗殿. 中国农业通史：明清卷[M]. 北京：中国农业出版社，2016.
7 孙机. 中国古代物质文化[M]. 北京：中华书局，2014.
8 黎虎. 汉唐饮食文化史[M]. 北京：北京师范大学出版社，1998.
9 王利华. 中古华北饮食文化的变迁[M]. 北京：生活·读书·新知三联书店，2018.

第七章
主要园艺和经济作物栽培历史及文化

中国古代作物除了淀粉类禾本科粮食作物以外，还有众多的其他作物，如油料类、茶果类、蔬菜类，等等，为大众提供了丰富的食物资源。

第一节　豆类作物栽培

第二节　油料作物栽培

第三节　蔬菜栽培

第四节　花卉栽培

第五节　果树栽培

第六节　茶的栽培

第七节　葛麻棉等织物栽培

第一节
豆类作物栽培

中华民族的祖先在植物驯化方面取得过辉煌的成就。为了生存和发展，先民们或将产自当地的野生植物驯化成为栽培植物，在国内各地相互引种；或将国外的作物引入，使之适应中国的气候土壤条件。数千年以来，已有大量豆科植物被当作粮食、油料、饲料、绿肥和其他经济作物而栽培，其中大豆、绿豆、豇豆、刀豆、蚕豆、豌豆、菜豆等则被当作豆类蔬菜而种植。豆科植物的果实由单雌蕊发育而成，称为荚果，俗称豆荚。大豆、绿豆、豌豆、蚕豆常以鲜嫩的饱满种子供食用，而菜豆则以种子刚开始发育的成长嫩荚作为蔬菜，果实和种子一并食用，故称之为豆荚类蔬菜。现将主要豆类作物的栽培历史分述如下。

一、大豆

大豆是中国古代重要的粮食和油料作物。中国是大豆的原产地，也是最早驯化和种植大豆的国家，栽培历史至少已有四千年。

（一）起源与发展

大豆古称"菽"或"荏菽"，《诗经·大雅·生民》中记述后稷"蓺之荏菽，荏菽旆旆"。《史记·周本纪》也说：后稷幼年做游戏时"好种麻菽，麻菽美"。卜辞中贞问"受菽年"而系有月份的，目前已发现有两片，说明至晚商时期已有大豆栽培。《诗经》中有关菽的诗句很多，如"荏菽旆旆，禾役穟穟"，"黍稷重穋，禾麻菽麦"，等等。这里的"菽"专指大豆，说明大豆已是重要的粮食作物。大豆因不易保存，考古发掘中发现较少。迄今已发现的有吉林永吉乌拉街出土的炭化大豆，经鉴定距今已有两千六百年左右，为东周时的实物，是目前出土最早的大豆。山西侯马出土的十粒战国时的大豆，外形与现在的大豆相似。黑龙江宁安大牡丹屯出土的炭化大豆粒形较现在的大豆略小。

（二）栽培技术

在大豆的栽培技术方面，除了注意整地、抢墒播种、精细管理、施肥灌溉、适时收获、晒干贮藏、选留良种等外，最突出的有以下三项：

其一，轮作。在《战国策》和《僮约》中，已反映出战国时的韩国和汉初的四川很可能出现了大豆和冬麦的轮作。后汉时黄河流域已有麦收后即种大豆或粟的习惯。从《齐民要术》的记载中可看到至晚在6世纪时的黄河中下游地区已有大豆和粟、麦、黍稷等较普遍的豆粮轮作制。《陈旉农书》还总结了南方稻后种豆，有"熟土壤而肥沃之"的作用。其后，大豆与其他作物的轮作更为普遍。如《山西农家俚言浅解》就谈到19世纪末至20世纪初时有"一年豌豆二年麦，三年糜黍不用说，四年荍谷黑豆芥，五年回头吃豆角"的农谚，这是山西朔县包括大豆在内的多年轮作制的好经验。

其二，大豆与其他作物的间、混种。《齐民要术》中有大豆和麻子混种，以及和谷子混播做青荻饲料的记载。宋元间的《农桑要旨》说桑间如种大豆等作物，可使"明年增叶二三分"。《农政全书》也说杉苗的"空地之中仍要种豆，使之二物争长"。清代《农桑经》说：大豆和麻间作，有防治豆虫和使麻增产的作用。可以说，大豆和其他作物的轮作或间、混种，以豆促粮，是中国古代用地和养地结合，保持和提高地力的宝贵经验。另外，《四民月令》明确指出"种大小豆，美田欲稀，薄田欲稠"。因为肥地稀些，可争取多分枝而增产；瘦地密些，可依靠较多植株保丰收。直到现在一般仍遵循这一"肥稀瘦密"的原则。

其三，对大豆的根瘤的认识。中国古代对大豆的根瘤，早有觉察，并在"尗"的象形字中反映出来。故汉代《说文解字》说"尗，豆也，象豆之形也"，还说"豆之根有'土豆'，丰年则坚好，凶年则虚浮"，说明当时人们已经认识到根瘤的多少和大豆的丰歉有关。可以说早在三千年以前造"尗"字的时候，人们已观察到大豆有根瘤的现象。此外，《氾胜之书》提出"豆生布叶，豆有膏"，说明当时人们已经知道大豆在幼苗时期，本身就有肥美的养料，故"不可尽治"，即不宜过多中耕。清代《齐民四术》也说豆"自有膏润"，在中耕时"唯豆宜远本，近则伤根走膏润"。这些记载清楚地说明中国古代很早就知道大豆本身具有养料，且同豆根有密切关系。

（三）大豆的利用

中国古代对大豆的利用是多方面的。在汉代以前，大豆主要是作为食粮。汉代开始用大豆制成副食品的记载逐渐增多。《史记·货殖列传》已指出当时通都大邑中已有经营豆豉千石以上的商人，其富可"比千乘之家"，说明以大豆制成的盐豉已是普遍的食品。汉代还用大豆合面制酱，这在公元前1世纪的《急就篇》中已有记载。汉代称黄豆芽为"大豆黄卷"，长沙马王堆汉墓中出土的一百六十一号竹简上已有"黄卷一石，缣囊一笥"的记载。后汉三国间的《神农本草经》也载有"大豆黄卷"。当时的"黄卷"是作为药用的干制品，后来才用鲜豆芽作蔬菜。《齐民要术》还引述《食经》中的"作大豆千岁苦酒法"，"苦酒"即醋，说明至晚6世纪时已用大豆作制醋原料。总之，自汉代开始，中国北方的大豆已逐渐转入"蔬饵膏馔"之列，成为北方人们食品中蛋白质的主要来源。相传豆腐是汉代淮南王刘安发明的，但没有确凿的证据。近年来河南密县打虎亭东汉墓发现的线刻砖上，发现有制作豆腐的绘图，说明汉代时确能制作豆腐。关于豆腐的明确记载始见于五代末至北宋初陶谷的《清异录》："时戬为青阳丞，洁己勤民。肉味不给，日市豆腐数个，邑人呼豆腐为小宰羊。"有关以大豆榨油的记载，始见于北宋《物类相感志》："豆油煎豆腐，有味"和"豆油可和桐油作舱船灰，妙"等语，说明至晚在北宋以前已能生产豆油。《本草纲目》中有豆腐皮的记载，说它是"入馔甚佳"的食品。豆饼和豆渣也是重要的肥料和饲料。《群芳谱》说"油之滓可粪地"和"腐之渣可喂猪"。清初豆饼已成为重要商品，清末已遍及全国，并有相当数量的豆饼出口。《王祯农书》称大豆为"济世之谷"，清代《阅世编》指出"豆之为用也，油、腐而外，喂马溉田，耗用之数几与米等"。

二、绿豆

绿豆又名绿小豆，是中国古代重要的豆类作物之一，原产于中国，栽培历史已有两千多年。

元代以前，绿豆在北方种得较多。《王祯农书》说"北方唯用绿豆最多，农家种之亦广"，而"南方亦间种之"。明代以后绿豆种植在南方也较普遍，《本草纲目》指出"绿豆处处种之"。清代《舟车所至》还说当时西藏也有种植。宋代曾从印度引进过绿豆。据宋代《湘山野录》记载，宋真宗因"西天绿豆子多而粒大"，故"遣使以珍货求其种"，后从"西天中印土得绿豆种二石"，"始植于后苑"，后可能在民间推广。绿豆对土壤的要求不高，故古代常将其种在瘦瘠地上。《王祯农书》说它宜种在新开的荒地上，至"明年，乃中为谷田"。古代常将绿豆与其他作物轮作和间作。《齐民要术》早已指出："凡谷田，绿豆、小豆底为上"。元代的《农桑衣食撮要》、明代《月令广义》等均说它"宜刈了，麻地上种"。清代《救荒简易书》还介绍河南滑县老农认为南瓜、笋瓜等"喜种绿豆茬"的经验。说明绿豆常与谷类、麻及瓜类轮作换茬。至于间作，《齐民要术》指出桑间种绿豆能"益桑"。《救荒简易书》还介绍在大灾荒时于高粱"空闲处所，补种许多绿豆，后来收高粱石余，又亩收绿豆石余"的经验。由于绿豆耐旱且生长期短，常为灾后补种作物。清代《致富奇书广集》就指出"凡遇大旱，禾苗枯死，虽雨亦不能生者，可拔去种绿豆。虽无雨亦不枯，略遇小雨则茂盛，四十余日可收矣"，所以绿豆是"旱时珍品"和"备荒之善谷"。在贮藏方面，古代有很好的经验，明代《天工开物》说："凡畜藏绿豆种子，或用地灰、石灰、马蓼，或用黄土拌收，则四五月间不愁空蛀。"清代《物理小识》也说"暴干以石灰藏之，不黑不生虫"。

绿豆用途较广，宋代《图经本草》、元代《王祯农书》、明代《本草纲目》《群芳谱》等均说绿豆"可作粥饭，可酿酒，可造粉为饵，烫皮作索，为食中美物，生白芽为蔬中佳品"，清代《抚郡农产考略》还说当时"有以绿豆粉和麦粉及糖作绿豆糕"是"食中美物"。另外绿豆也是"解毒去热良药"。绿豆还有其他的特殊用途，宋代欧阳修的《归田录》说金橘"欲久留者，则于绿豆中藏之，可经时不变"。原因是"橘性热而豆性凉，故能久"。其后不少古籍都记载了柑橘类果实藏于绿豆中可以久贮的经验。另外绿豆粉还是蚕的良好补饲料。如清代《齐民四术》就指出秋季将桑叶晒干捣为粉后收贮，至冬以清水浸绿豆及白米，每箔蚕以"半斤为度，浸一日、晒干"捣成粉，当蚕"大眠后和叶饲蚕"，能防治蚕病并提高丝的质量。绿豆还是重要的绿肥。《齐民要术》指出"凡美田之法，绿豆为上"，明清时不少农书均有类似记载，一致认为绿豆苗的肥效"胜于用粪"，后作种麦能丰收。明代《群芳谱》引《法天生意》说"豆有花，犁翻豆秧入地"，囚开花时肥效最高，故"麦苗易茂"。

三、豌豆

豌豆又名䝭豆、回鹘豆、淮豆、青小豆、小寒豆等，有时亦与蚕豆一起称为胡豆。是中国古代重要的豆类作物之一。《齐民要术》曾提到胡豆是汉代张骞从西域引入的，但很难判断这一"胡豆"是豌豆还是蚕豆。明确记载豌豆的最早文献是《四民月令》，说明豌豆在中国至少已有两千年左右的种植历史。中国古代很重视豌豆的种植，宋元间的《务本新书》说："诸豆之中，豌豆最为耐陈，又收多熟早"，故"甚宜多种"。元代《王祯农书》也说在青黄不接时，豌豆可以"接新，代饭充饱"，是"济饥之宝"。明代《月令广义》等又说它"种之耐旱，不畏虫"，清代《齐民四术》还说它"性耐旱""而又耐冻",所以主张多种豌豆,有利于救灾备荒。

明清时期豌豆的种植相当广泛,据《本草纲目》《双槐岁钞》等古籍记载,当时的东北、西藏、新疆以至江、浙、川、闽等地均有种植。在栽培技术方面,常将豌豆与其他作物轮作。清代《三农纪》就说四川的豌豆"或种稻地,或种豆地中";《山西农家俚言浅解》中记载了山西朔县实行以豆类为中心的豆粮五年轮作制,其中首尾两年都种豌豆。豌豆还常与麦子混种或间作,如清代《齐民四术》《致富奇书广集》《冈田须知》《救荒简易书》等文献,都有这方面的记载。近代河南《禹县志》谈到当地清末民初的情况时说"自昔麦中或带扁豆,谓之扁豆较子,亦属寥寥。近三十年来则以麦杂豌豆种之,谚名猴爬竿。比之分种收稳而获丰",还说"今禹西此种盛行",肯定了豌豆和麦混种的增产经验。豌豆的其他栽培技术正如清代《农桑经》所说"种植一如豆法",即同其他豆类的栽培方法一样。豌豆除炒食煮食之外,宋代《图经本草》指出还"可造粉,可为面"。豌豆粉在古代常用来制粉皮粉丝等副食品。明代《遵生八笺》载有制"寒豆芽"法,即以豌豆制成豆芽菜。此外,明代《汝南圃史》《群芳谱》和清代《植物名实图考》中都有关于豌豆的食疗和药用价值的记述。

四、蚕豆

蚕豆亦称佛豆,有时也同豌豆一起称为胡豆,是中国古代重要的豆类作物之一。《齐民要术》引《本草经》说张骞使外国,得胡豆,李时珍《本草纲目》认为张骞带回的胡豆是蚕豆,并说蜀人呼蚕豆"为胡豆,而绿豆不复名胡豆矣"。按照李时珍的说法,蚕豆自汉代便已传入中国了。

关于蚕豆最早的明确记载是北宋的《益部方物略记》和《图经本草》,前者所载四川物产"佛豆"中说:"豆粒甚大而坚,农夫不甚种,唯圃中莳以为利",后者比较详细地描述了蚕豆的形状。蚕豆在宋代的著作中极少提到,《王祯农书》更是把蚕豆和豌豆混为一谈,可见蚕豆在宋元时,种植得还不太普遍。明代的情况有所不同,《救荒本草》就说"蚕豆今处处有之"。《天工开物》还说"襄、汉上流,此豆甚多而贱,果腹之功不啻黍稷"。清代《多稼集》说江浙一带因"蚕豆得春花之最早,立夏荐新",是"七熟之一"而"人喜嗜之",故普遍种植。《植物名实图考》还指出云南"山泽之农,以其豆大而肥,易以果腹",故"种植极广",甚至"米谷视其丰歉以定价"。清代《味退居随笔》提到蚕豆"闽人最嗜之,视同珍果,宴客必具,行销各省,此为最夥"。明清时期北方也有不少地方种植,如清代《救荒简易书》就谈到河北、河南、山东等地均有种植。由于蚕豆成熟早,故《农政全书》等指出"极救农家之急",且"蝗所不食、藏之数年出亦不蛀,诚备荒佳种"。清代《齐民四术》也说"不择地,可保岁,宜多种"。蚕豆的栽培技术较简单,正如清代《致富全书》说"种法同豌豆"。不过古代蚕豆也常与其他作物轮作换茬和间作,《农政全书》就记载了蚕豆可与棉花换茬,《三农纪》则介绍它与水稻轮种的方法。《天工开物》说浙江常于"桑树之下,遍繁种之",《农政全书》及《齐民四术》都说南方常在麦沟及麦田种植。另外蚕豆比较怕寒,明代《汝南圃史》谈到北方种蚕豆,当"十二月土冻,用干草薄盖立春撤去"。《农政全书》也说南方蚕豆"亦忌水畏寒,腊水宜用灰粪盖之",说明古人十分注意蚕豆越冬的防寒工作。

蚕豆在古代的用途较多,除食用外,清代《齐民四术》及《多稼集》等还说蚕豆可"作甜酱",且"甚鲜美"。清代《滇南见闻录》还介绍了云南将蚕豆叶晒干后加工成粉的方法,"以之养猪,猪极肥美,多则粜卖,名为荳叶粉"。蚕豆也有药用价值,《群芳谱》说它能"解酒毒"。蚕豆还是重要的绿肥,《农政全书》指出蚕豆作绿肥能使棉大幅度增产。

五、菜豆

菜豆原产美洲,从明代后期开始曾多次引种至中国,清代开始逐渐兴起。菜豆早期引种的都是蔓生类型,矮生类型是清中叶以后引种的,引入后常称为"地豆",以别于蔓生类型。早期引入的矮生类型成熟期一般早于蔓生类型,但品质较差。

"菜豆"一名在明代纂修的地方志中虽已见著录,但史籍中的"菜豆"大都指以嫩荚入蔬的豇豆,也有的地方泛指"豆之专为菜用者",如扁豆、刀豆,其中也包括菜豆属的菜豆。菜豆属的菜豆引种至中国后,各地对它的称谓极不统一。据地方志记载,有架豆(云南)、四季豆(云南、四川、贵州、湖北、陕西、新疆)、二季豆(四川)、时季豆(四川)、云扁豆(河北)、云(芸)豆(东北、河北、山东)、四月豆(湖南)、联豆(内蒙古)、梅豆(浙江)等称谓,但没有任何省区用"菜豆"作为其专名。

古代栽培菜豆大都选用肥沃的土地。一年可栽培两次,或直播,或育苗移栽。直播者于农历三月播种,五月即可采收。待籽粒老熟,采收后随即播种,至秋季又可采收。育苗移栽者于清明前育苗,苗龄十余日时定植于本田。生长期勤中耕、浇灌;蔓生类型插支架供其攀缘。

思考题：	1	如何看待中国当前大豆大量进口的现象？
	2	古代豆类饮食文化对当前日常生活的影响有哪些？

参考文献：	1	郭文韬．中国大豆栽培史[M]．南京：河海大学出版社，1993．
	2	唐启宇．中国作物栽培史稿[M]．北京：中国农业出版社，1986．
	3	彭世奖．中国作物栽培简史[M]．北京：中国农业出版社，2012．

推荐阅读文献：	1	张德慈，王庆一．谷类及食用豆类之起源与早期栽培[J]．农业考古，1987（1）：273-282．
	2	叶静渊．明清时期引种的豆类蔬菜考[J]．中国农史，1994，13（3）：96-101．
	3	舒迎澜．主要豆荚类蔬菜栽培史[J]．古今农业，1994（4）：35-41．
	4	郭文韬．试论中国栽培大豆起源问题[J]．自然科学史研究，1996，15（4）：326-333．
	5	张箭．菜豆——四季豆发展传播史研究[J]．农业考古，2014（4）：218-229．

第二节
油料作物栽培

油料作物和植物油作为农业和手工业的重要组成部分，在中国古代经济社会中占有一席之地。中国历史上的油料作物主要有荏、油用亚麻、芝麻、油菜、花生等，种植历史可以追溯到秦汉以前。

一、油用亚麻

油用亚麻是中国古代重要的油料作物之一，亦有油用为主、油纤兼用的类型。油用亚麻又称胡麻、麻、壁虱。有学者认为，早在五千年前，中国已把亚麻当作油料作物栽培。《氾胜之书》以后，"胡麻"一物史不绝书，但胡麻一词究指芝麻还是油用亚麻，往往不易判定。直至北宋苏颂《图经本草》才首次使用"亚麻"之名，指出：亚麻子出兖州威胜军，甘温无毒，苗青花白，八月上旬采用。元朝统治者还敕令大同府，每年征收"油面输上都生料库供奉内府"。18世纪以来的文献记载更多，说山西、云南种之为田，茎如石竹、花小、翠蓝色，结实如豆蔻子，滇人常碾成面粉食之。华北、西北的地方志书说当地种植极为普遍："凡耕者皆种之"，"树艺极多，榨油充用甚广"。

亚麻的原产地一般认为在埃及、瑞士和地中海沿岸。中国栽培油用亚麻的历史也很悠久，且《植物名实图考》亦指出：山西省雁门山中有野生胡麻，"科小子瘦、盖本旅生、后莳为谷，花时拖蓝泼翠，袅娜亭立。"据调查，华北、西北、东北、西南及鲁、苏均散布着多种类型的野生种，当地称之为"野胡麻"或"山胡麻"。因此，也有人认为中国也可能是亚麻的原产地之一。

油用亚麻抗旱耐寒力较强，适应性亦广，对生产条件要求不甚严格，一般以肥沃的新辟土地并适当稀植为宜。生长期短，在北方一般仲春后播种，入秋收获，获后"树棚晒干、杖敲子，以净为度"。道光年间《镇原县志》还说："油饼荒岁人亦食之，又可养鱼、饲牛，油疗湿疮甚效。"关于油用亚麻的药用价值，本草家认为它的根大充元气，乌须黑发；茎治头风疼痛；叶治病邪入窍，口不能言。

二、荏

荏即白苏，原产于中国，是中国古代重要的油料作物之一，栽培历史已有两千多年。《礼记》《氾胜之书》《四民月令》《尔雅》等古籍均有简短的记载。在黑龙江宁安牛场、大牡丹、东康等地出土的炭化谷物中发现有荏。荏在古代分布较广，据晋代郭璞《方言注》中记载，当时在陕西、河南、山东、湖南、湖北等地均有分布。宋代《图经本草》说"白苏，南呼为苏，北呼为荏"，说明当时南北皆有种植。明代《救荒本草》、清代《本草述钩元》都说处处有之，但主要产区仍在北方。

荏的栽培技术比较简单，汉代《氾胜之书》只说要"天旱常溉之"和"区中草生"必除之。《齐民要术》说"荏性甚易生"，故常在"园畔漫掷，便岁岁自生"，已利用其宿子自生。《三农纪》指出"初垦荒种，可腐竹根草荄"，说明荏是一种很好的先锋作物。《救荒简易书》指出："白荏油谷，性喜高燥，宜种沙地。"只要在"立夏断风前五日种之，则苗不为沙所打，而能早熟"，同时也"宜种于石地"，因其"发苗不借多土"，而且它"六畜不敢食，其苗虫不敢食"。说明它对土壤要求不严，且能抗虫。《汝南圃史》还指出"其性喜粪，喜频浇"。

中国古代主要是利用其子榨油。苏子油用途有四：其一，食用。《齐民要术》说"荏油色绿可爱，其气香美"，但它"亚胡麻油，而胜麻子脂膏"，质量在芝麻油和大麻子油之间。其二，制烛和油物的重要原料。《齐民要术》说它"可以为烛"，且因"性淳，涂帛胜麻油"，所以"为帛煎油弥佳"，说明以荏油做的油布质量很好。其三，调漆。《名医别录》《图经本草》等说荏油调漆"柔软光泽，漆竹木滑美"，以其制的油纸质量也好。其四，荏油可以治虫。《农桑要旨》及《齐民四术》都说荏油涂在桑根四周，将桑虫振落后，因有荏油而不能再上树，易于消灭。此外，荏的老茎和种子均可入药，这在很多本草书及农书中均有记载。其老茎的药效与被称为苏梗的紫苏茎基本相似，种子与紫苏子的效用类同。

三、芝麻

芝麻是中国古代重要的食用作物兼油料作物之一，其原产地和早期的栽培历史尚待进一步研究。芝麻有胡麻、油麻、方茎、狗虱、巨胜、藤宏等别称。芝麻之名始见于宋代的《格物粗谈》。关于中国芝麻的来源，据《齐民要术》载，"《汉书》，张骞外国得胡麻"，但《汉书》和《史记》均无此项记载。有些学者认为它原产于非洲西、北部及东南亚爪哇岛等地一带，因那些地区有较多的芝麻野生种和考古发掘材料；浙江水田畈、钱山漾都发掘出四千余年前所遗存的芝麻；云南石鼓、合庆等地则有芝麻野生种，并被当地居民所食用或取籽榨油。

芝麻在长期自然选择和人工培育下变异很大，到16世纪中期已形成了种有早、晚，花有白、紫，籽有黑、白、红、黄，果有四棱、六棱、八棱等区别。北魏时已对芝麻在播种期、播种量和播种方法等方面做了总结。《齐民要术》指出收获时"以五六束为一藂，斜倚之，候口开"，然后到田间进行脱粒。这是利用芝麻的后熟作用，以减少损失的好经验。宋代发展了中耕技术，提倡早锄和多锄，元代《王祯农书》已介绍芝麻可作荒地的先锋作物，明代《涌幢小品》《便民图纂》等都说荒地先种芝麻，可令草根败烂，说明当时人们已经认识到芝麻有抑制杂草的作用。清代在茬口的安排方面，认为获稻后种芝麻最适宜，麦后可与粟杂种，棉田套芝麻"能利棉"。但多年苏子地"不宜脂麻"，更"忌重茬、烂茬"。播种时宜将种子拌以干沙，雨后均匀撒下等。

芝麻在古代主食中占有一定地位，唐宋以后，记叙以胡麻做饭的就更多了，如"香饭进胡麻""松下饭胡麻"等，故有"八谷之中，惟此为良"之说。直到明代，由于高产粮食作物的发展，芝麻才退出主食家族，"全入蔬、饵、膏、馔之中"，成为副食。芝麻用作油料的历史也很悠久，宋代《鸡肋编》说："油通四方，可食与然者，惟胡麻为上。"说明宋代以前，芝麻油已成为食用油和燃灯油的上品。出油率一般"每石可得四十斤"，高的可达六十斤。芝麻的药用价值也很高，《神农本草经》说它有"补五内，益气力，长肌肉，填髓脑"的功用。

四、油菜

油菜是白菜类型和芥菜类型两种油料作物的总称。作为油料作物，白菜类型已有一千四百多年的栽培历史，而芥菜类型只有四百多年。

（一）油菜的起源与发展

1. 白菜型油菜

白菜型油菜又分为南方油白菜和北方小油菜两种。南方油白菜由白菜演化而来。白菜古代名菘，原产于江淮及其以南一带。"油菜"之名最初专指南方油白菜。白菜在汉代已被栽培利用，南朝（5世纪）时，它已成为南方常蔬中的"味最佳者"，并且首次出现"可作油"的记录。到了南宋（12—13世纪）它已发展为掐薹为蔬，收子榨油的蔬油兼用的优良菜类。元初（14世纪）的王祯和鲁明善已把九月种油菜作为农事历的重要内容之一分别写进了《王祯农书》和《农桑衣食撮要》之中。

北方小油菜是古代栽培芸薹进化的产物。东汉以来，服虔、胡洽等相继指出"芸薹谓之胡菜"，"陇西氐羌中多种食之"，表明一千八百年前它已成为西北少数民族的常食蔬菜。关于北方小油菜的原产地，多数学者认为当在地中海沿岸，但也不排斥中国西北地区是起源中心之一。《本草纲目》就有"塞外有地名芸薹戍，始种此菜，故名"的著录。孙思邈《备急千金要方》还征引胡居士的话说"世人呼为寒菜"。西安半坡新石器时代文化遗址中，已发现芥菜或白菜一类的炭化种子。用北方小油菜的种子榨油的最早记载，见于唐代陈藏器的《本草拾遗》。明朝《本草纲目》更明确地指出：芸薹"油菜也，九月、十月下种，……炒过榨油，……近人因有油利，种者亦广"。

2. 芥菜型油菜

芥菜型油菜由古代芥菜演进而来。一般认为它起源于中国西北高原和青藏高寒山区。据有关记载，当今内蒙古、甘肃、新疆、四川西北部及青藏高原等的某些地区，仍然分布着被称为"野油菜"的野生芥菜类植物。中国芥菜驯化、栽培的历史很早，《礼记》就记有"芥",郑玄注即"芥酱"。长沙马王堆一号汉墓里也有芥菜种子,《四民月令》已记述了"种芥""收芥子"等农事活动的时宜。到了明代,嘉靖年间《沛县志》更有"薹芥,子可压油,江南人谓之油菜"的明确记载。清光绪年间《甘肃新通志》还指出芥菜在高寒山地皆能成熟,宁夏等地区人们的食用也多赖其供给。

长期以来,由于风土的影响和各地人民的精心选育,形成了若干与各地区相应的生态类型:西北等高寒地区,冬季气温较低,因而逐步形成了春种秋收的春性类型油菜种。在长江中下游以及华北一带,因气温和湿度的变化幅度较为稳定,由此渐次演化出秋种夏(或春)收的冬性类型油菜种。在长江上游如云南、贵州等地区,还分布着对气温、湿度要求不甚严格的中间类型的油菜种。此外,还有一种甘蓝类型的油菜,数十年前才从欧洲引进,不在古代油菜之列。

(二)栽培管理

油菜生长虽如古籍中所述生不择地,肥瘠皆宜,四时可种。但是其种子小、根系细、枝叶多,欲求其优质高产,仍须有较好的水、肥、土等生长条件和适当的耕作管理措施。故自13世纪以来先民们种油菜已很注意选择土层深松、水肥条件良好的"肥地种之","耕耒极细",并以骨灰或禽粪拌种播之。

在多雨潮湿的南方地区,种于高平畦上,否则,"不能行根";而在北方,为了防旱保墒,则采取低畦种植,即如《齐民要术》所说:"旱则畦种水浇。"历史上的油菜通常多用直播,但为便于茬口安排或苗期管理,育苗移栽亦时有采用。《便民图纂》提出春季油菜营养生长与生殖生长相继进入旺期时,要"削草净,浇不厌频,则茂盛"。油菜掐薹摘心,是油料作物中的一项特殊措施,它既能提供美味可口、营养丰富的鲜嫩菜蔬,又可促进其枝繁、花茂、子多。从《便民图纂》等记载的摘心"则四面丛生""花实益繁""结子繁衍"等成功经验看来,这个技术的应用,至少已有四百多年的历史了。

油菜收获要注意适时,古农谚已提到"黄八成,收十成",即油菜籽在八成黄熟时获取,可以得到十分的收成。因为"宜角带青,则子不落。角黄,子易落"。古人还指出最好是"拔收",因为带根收获,可以借助后熟作用提高油菜籽实的单产与品质。

(三)用途

油菜在饮食、医疗、工艺及日用等方面均有较高的利用价值。早在原始社会时期,它的野生植株就是人们采集食用的对象。至晚到南齐后期(6世纪末叶),《名医别录》中已了解到油菜的药用性能。此后的本草著作广泛著录了它的茎、叶、种子及油脂对丹肿、瘀血等多种疾病的治疗作用。《三农纪》所征引的《图经本草》中称其"出油胜诸子，油入蔬清香"。据测定，油菜籽含有丰富的脂肪酸和多种维生素，是较好的食用油之一。《闽产录异》等古籍上还指出其"造烛甚明，点灯光亮，涂发黑润"，有骨鲠者，刮此烛皮涂患处，少顷鲠即下。榨油渣饼（亦称油枯、菜籽饼），"饼饲猪易肥，上田壅苗堪茂"。晚清已出口行销日本诸国。油菜的幼苗和菜薹是味美质优的菜蔬，17世纪初期就以"或腌或糟俱甘鲜"而载誉中州。油菜的苗或薹以沸汤淖熟，晒干贮存，食前用汤浸透，油、盐、酱、醋等调料拌匀，美味可口。其花是一种良好的蜜源和滋补品，秸秆和子壳也可作农家燃料或肥料。

五、花生

花生是明清以来中国主要油料作物和大众化干果之一。花生又名长生果、万寿果、落地参、落花生、番豆、地豆等。一般认为它原产于南美巴西一带，大约16世纪初，经东南亚国家引入闽粤后相继传到内地各处。如王凤九的《汇书》说："近时有一种名落花生者，……皆自闽中来。"檀萃的《滇海虞衡志》载："粤估从海上诸国得其种归种之。"《三农纪》也说："始生海外，过洋者移入百越。"但浙江吴兴钱山漾和江西修水山背遗址出土了四千年前的炭化花生种子，而且在新大陆发现以前成书的贾铭的《饮食须知》已有"近出一种落花生，诡名长生果，味辛苦甘，性冷，形似豆荚，子如莲肉"的记载。而且中国花生还先后传到欧洲、日本、南亚和非洲，故花生在欧洲有"中国坚果"之称，在日本至今仍有"唐人豆"的称呼。所以，有人认为花生也有可能原产于中国。在明清时期，弘治年间《常熟县志》《上海县志》以及正德年间《姑苏县志》均有种植花生的记载。此后，清初张璐的《本经逢原》、屈大均的《广东新语》等提到闽粤地区广泛种植，说明东南沿海一带是中国花生的早期栽培地。到清末民初，除新疆、西藏等省区外，其他地方均有花生栽培。

19世纪以前，中国栽培的是小粒花生。19世纪后大粒花生才由传教士、华侨、商人等陆续从海外传到中国东南沿海栽培，并很快推广到南北各地。光绪年间《慈溪县志》有落花生"县境种植最广，近有一种自东洋至，粒较大"的记载。民国时期《续修平度县志》载："六十年前，宋格庄人袁克仁从美国传教士梅里士乞得大花生，种仁极肥硕……盛行境内，旧种几绝。"由于收获省工、产量高，大粒花生发展很快。到20世纪初，大粒花生在广东等地已超过了小粒花生的栽培。

花生性喜高燥的旱原松土，或"宜栽背阴处"，尤宜种于沙地；"且耐水淹，数日不死"。花生属豆科植物，根系有固氮作用，故有"其田不粪而自肥饶"之称。因此历史上江西省瑞金等地"土人云，较之种烟，本少而利尤多云"。管理上须"锄土极松"，要沙压横枝，或以晒谷簟筻滚压、粪箕足践等法压花覆地，以利花生落土成实。收获时用筛去土或水漂晒干妥藏。又花生乃长日照作物，一般年收一季，但在纬度较低而温度较高的岭南地区创造了两熟制花生，"一种于春分前后，大暑前后收，一种于大暑前后，白露前后收"。

花生最初是作为一种食品，直接食用。作为油料的记载始见于《三农纪》："炒食可果，可榨油，油色黄浊，饼可肥田。"说明大约在18世纪时花生已成为重要的油料作物。此外，花生还可以充菜肴、做糕点，花生苗是优质绿肥，用途极广。

思考题：
1. 如何理解历史时期油料作物的经济效益？
2. 古代油料作物的栽培技术是如何建构的？与今天种植技术的区别与联系是什么？
3. 如何看待当前日常生活中食用油的安全问题？

参考文献：
1. 唐启宇. 中国作物栽培史稿[M]. 北京：中国农业出版社，1986.
2. 彭世奖. 中国作物栽培简史[M]. 北京：中国农业出版社，2012.

推荐阅读文献：
1. 曹隆恭. 我国古代的油菜生产[J]. 中国科技史杂志，1986（6）：24-30.
2. 叶静渊. 我国油菜的名实考订及其栽培起源[J]. 自然科学史研究，1989，8（2）：158-165.
3. 韩茂莉. 历史时期油料作物的传播与嬗替[J]. 中国农史，2016，35（2）：3-14.
4. 陈明，王思明. 中国花生史研究的回顾与前瞻[J]. 科学文化评论，2018，15（2）：89-100.

第三节
蔬菜栽培

中国蔬菜栽培的历史可以追溯到六千年前的仰韶文化时期。几千年来中国农民在蔬菜栽培技术方面积累了丰富的经验。大田作物的一套传统的精耕细作方法，有不少是首先在蔬菜栽培中创造出来的。蔬菜除了给人们提供丰富可口的产品外，还参与粮食作物的间作套种。中国农业素有集约栽培的传统，间作套种增加复种指数，西汉时就有在甜瓜地里间作薤和小豆（取豆叶入蔬）的做法。《齐民要术》中也有蔬菜间套作的记载，不仅将不同的蔬菜间作（如葱地间种芫荽），而且在大田作物中间种蔬菜（如大麻地中间种芜菁等）。发展到清代，间套作更加细致，可以做到将蔬菜与大田作物及经济作物间套种，达到在一块地两年可以收获十三次。

一、古代栽培蔬菜种类的变化

中国蔬菜的种质资源极其丰富，至今中国堪称世界上栽培蔬菜类型与品种最多的国家。蔬菜种类在驯化及引种栽培中不断增加，同时随着不同时期人们消费习惯的改变，以及蔬菜发展地区条件的差异等因素，蔬菜的种类也发生相应的消长更替。

现存较早关于蔬菜方面知识的古书是《诗经》，其中涉及的植物共一百三十二种，其中蔬食的达五十多种，不过大半是采食的野菜，历代极少利用；历史上有栽培及受到重视的蔬菜类共约二十五种，即瓜（薄皮甜瓜）、瓠、菽（藿，即大豆）、韭、蓼、葵（冬寒菜）、荼、苣、蒿类（蒌、蘩）、荠、薇、莱（藜）、堇、杞、葑（芜菁）、菲（萝卜）、葛、荷（莲藕）、芹、茆（莼菜）、荇（荇菜）、蒲（香蒲）、笋（竹笋）、蕨、谖（金针菜）。见于其他先秦文献的蔬菜有：芥、葱、薤、姜、菱、芝栭（食用菌）、芓（苏、荏）、芋、藷藇（薯蓣）、苴蓴（蘘荷）、蓬蔬（茭白）、凫茈（荸荠）、蒫、小蒜、芡等十五种。以上四十种蔬菜均原产于中国。其中可以肯定当时已有栽培的只有瓜、瓠、菽、韭、葵、大葱、芋和姜等不足十种。

秦汉时期黄河中下游增加的栽培蔬菜有蓼、薤、芥（芥子菜和叶用芥菜）、苏、大小蒜、胡葱（丝葱）、芜菁、豍豆（豌豆）、胡豆（豇豆）、苜蓿（紫花苜蓿）、蘘荷。其他地区栽培的有菱、莲藕、冬瓜、茄子。这一时期开始从国外引入的蔬菜，有大蒜、苜蓿、䈬豆（豌豆）、胡豆（豇豆）、胡葱等。

魏晋南北朝时期黄河中下游在前一时期栽培蔬菜的基础上又增加了越瓜、胡瓜（黄瓜）、芦菔（萝卜）、菘（白菜）、芸薹、胡荽（芫荽）、兰香（罗勒）、芹、堇、胡葱（苍耳）、芡、蓴（莼菜）。其中胡瓜（黄瓜）、胡荽（芫荽）等是从海外引进的。长江下游太湖地区增加的有苋和茭白。茭白是一种很特殊的蔬菜，粮食作物菰的秆基嫩茎被真菌寄生后，变得粗大肥嫩，称菰笋（高笋、茭白、茭瓜），是美味的蔬菜。西北一带则有蓝菜（甘蓝的原生种）。

隋唐时期见诸史籍的栽培蔬菜有茼蒿、莙荙菜、茴香、莴苣、菠菜、百合、枸杞、蘠蘼、构菌、黄精、决明、牛膝、牛蒡、西瓜等。其中莴苣、菠菜、莙荙菜、茴香和西瓜是从国外引入的。

宋元时期新出现的有芥蓝、丝瓜、胡萝卜、豆芽菜、荸荠、慈姑、甘露子（草石蚕）、蒟蒻（魔芋）、蒲（香蒲）、香菇、香芋，这一时期各种蔬菜的类型与品种培育方面有显著成就，其中较突出的为白菜、萝卜与莴苣。直到这一时期为止，栽培的白菜（菘）都是不结球的。南宋时已出现了多种类型与品种，如耐寒性较强的塌地菘、较耐热的夏菘、蔬油兼用以幼嫩的花茎入蔬的薹心等，因而在长江下游太湖地区，不结球白菜成了可以周年供应的当家叶菜。但是，在其他地区，特别是黄河中下游，葵仍然是当家的叶菜，被人们誉为"百菜之主"。这一时期培育了春种夏收、初夏种仲夏收的水萝卜，因而在长江以南广为栽培，不过在北方，芜菁仍然栽培较多。莴苣在隋唐时引入后，经过几百年的培育，到元代形成了中国特有的茎用莴苣变种——莴笋。

明清时期新增加的栽培蔬菜大部分都是从美洲引种的，如番茄、辣椒、结球甘蓝、花椰菜、洋葱、南瓜（包括西葫芦、笋瓜等）、马铃薯、菜豆、软荚豌豆、菊芋等；只有少数几种是中国原产的，如豆薯、金针菜等。

15—16世纪大白菜（结球白菜）的培育成功是太湖地区的先民在中国蔬菜栽培史上的一项重大成就，也是对人类的一大贡献。

明清时期栽培蔬菜的种类承前启后，消长变化既普遍又明显，从而奠定了当今栽培蔬菜种类组成的格局。其中消长变化最突出的有下列几种：

一是菘（白菜）与葵（冬寒菜）。白菜栽培在明代以前基本上局限在长江下游太湖地区。早在南北朝时，已是那一带最为常食的蔬菜，宋代已培育成不结球白菜的不同类型与品种，因而已可周年栽培供应。葵自古是中国大部分地区，尤其是黄河中下游栽培的主要叶菜，早在汉代就采用分期播种的方法延长供应期，直到元代，人们还誉之为"百菜之主"。及至明代，这种状况发生了明显的变化，不结球的白菜也成了北方的当家菜，葵在北方的菜圃中消失了，仅在长江以南的福建、江西、湖南、四川等省的菜圃中还有一定数量的栽培。发展到清中叶，大白菜取代不结球白菜成为北方的主栽叶菜。清代后期，连西北的青海、东北的黑龙江等高纬度省份，栽培的大宗蔬菜也是大白菜。

二是莱菔（萝卜）与蔓菁（芜菁）。蔓菁早在汉代就是黄河中下游栽培的蔬菜，根、叶俱入蔬。发展到南北朝时，已成为那一带重要的蔬菜、油料、饲料三用作物，既可作为叶菜，分批播种，自春至秋常有供应，也可作为根菜，于农历六七月间播种，封冻前采收。可是在长江流域及其以南，栽培却较少，古人认为它不适宜在南方栽培。莱菔在黄河中下游一带，唐代以前栽培较少。自宋元之际培育成春种夏收、初夏种仲夏收的水莱菔，明代初叶又培育成四季莱菔后，莱菔便逐渐取代蔓菁成为南北各地广为栽培的根菜。而蔓菁则主要在高寒地区栽培，其他地区较少栽培。

从国外引种的蔬菜种类栽培发展并不平衡。有些种类，如辣椒等，栽培发展较快，番茄的栽培发展历程则颇为曲折。番茄于明代万历年间（1573—1620年）引种，引入后长期被当作观赏植物栽培。到19世纪中叶才渐次被引入菜圃，但是直到清代后期，番茄仍然是一种食用较少的蔬菜。

二、中国蔬菜栽培技术发展历史

目前古代关于蔬菜栽培的技术，早期主要见于北魏《齐民要术》，该书共九十篇，其中十五篇专门记述蔬菜栽培技术，共介绍了当时黄河中下游栽培的31种蔬菜，从选地到收获、贮藏、加工都做了较全面的论述。

在土壤选择与耕作方面，《齐民要术》十分注意土壤的选择，一般均选用较肥沃的土壤，如种葵（冬寒菜）和蔓菁（芜菁）要选择"良地"，芜荽宜选用"黑软青沙地"，大蒜宜选"良软地"，薤宜选"白软地"等。菜地要求熟耕，如种大蒜、芜荽要三遍熟耕，种姜要多次熟耕，最好纵横耕七遍，等等。不过也常根据具体情况灵活掌握，如当芜荽连作时，如果前茬地肥沃，而又不板结的话，可不加耕翻，以节省劳力。

关于种子处理，人们总结了播种前依蔬菜的种类不同进行不同的种子处理的方法。对葵、芜荽的种子，强调在播种前必须予以曝晒，否则长出来的菜"疥而不肥"。市售的韭菜种子，购回后应检查其新陈。可用小铜锅盛水，将韭菜籽放入，在火上微煮一下，很快就露出白芽的，便是新籽，否则便是陈籽。莲藕的种子莲子因外皮是革质，播种前可应用机械损伤法，即先将莲子的尖头在瓦上磨薄，然后再播种，便于发芽。生姜系采用无性繁殖法，早在东汉时就知道种姜要在清明后10天左右封在土中，到立夏后，种姜的芽开始萌动后再行播种。

《氾胜之书》中记有区种瓜、瓠、芋等蔬菜的方法，即依较大的株行距宽深掘坑，坑中施入大量的大粪、蚕矢、豆萁等充作基肥，于坑中播下四至五粒种子。生长期中及时浇水。如果每坑中播十粒瓠籽，待苗长到一定大小时，将十株瓠苗靠接成一株。以后每株只留三果，则可培养成大瓠，因为其三根苗的养分最后能够提供给平时一根的营养，同时又只留下三果，自然会结出大瓠。针对甜瓜种子萌发时顶土力较弱的现象，《齐民要术》中指出，可于甜瓜播种时，同时在瓜子旁播一粒大豆，借大豆萌发时的顶土力帮助甜瓜苗出土。待甜瓜长出数片真叶后除去大豆，但不可拔除大豆，而应掐去大豆，以免甜瓜根际的土松动，而且掐断大豆的伤流还可使甜瓜的根际湿润。《齐民要术》中还提到用大蒜的气生鳞茎做播种材料，可以使大蒜复壮。

在蔬菜的栽培过程中，出现了蔬菜的保护地栽培技术，是指用人工控制改变小气候，使蔬菜安全越冬或提早上市的技术。古代主要有四种蔬菜保护地栽培措施。一是利用地热资源。秦、汉、隋、唐诸朝政治中心都在长安（今陕西西安），毗邻的临潼附近，有丰富的地热温泉资源。秦始皇时，即曾在那里的山谷温泉中，利用热水在冬季栽培喜温的瓜类蔬菜。到了唐代，宫廷中安排专人管理，利用温泉热水生产瓜蔬事宜。二是温室。"温室"名称最早见于《汉书》。西汉时宫廷中已日夜用不起火焰的火加温，于冬季在室内生产葱、韭等蔬菜。明清时期的文献中有北京一带应用土温室栽培蔬菜的记载，当时称为"火室"。此外还将废灰池改建成炕洞，以烘养蔬菜。当时用火室、炕洞栽培蔬菜的效果已相当好，春节时即可有黄瓜上市。三是简易覆盖法。南北朝时，黄河中下游栽培白菜、香菜等，冬季用草覆盖畦面，使之安全越冬，提供鲜菜。四是风障畦。元代的农书中记有在韭畦的北侧，冬季用植物秸秆扎成篱障，以遮挡北风，并于畦面覆盖马粪，使韭菜在春季提早萌发，供应市场。

蔬菜的软化栽培主要体现在韭黄生产上，北宋时已出现了韭黄，到了元代《王祯农书》首次记载了培养韭黄的方法：冬季，将韭根移至地窖中，用马粪壅培，即可长成一尺多高。并且正确地指出，由于不见风日，所以长出来的叶子黄嫩，因此名之为"韭黄"。豆芽菜，现存最早的医书《灵枢经》和本草学著作《神农本草经》都提到"黄卷"，那是大豆发芽后的干制品，供药用。取发芽的大豆入蔬始于南宋，当时称为"鹅黄豆生"。入明以后，取发芽的绿豆入蔬，名"豆芽菜"。明代后期，黄豆和绿豆均用来发芽入蔬，分别称为黄豆芽和绿豆芽。

育苗移栽普遍应用在蔬菜培育过程中。西汉的文献中已有关于蔬菜育苗移栽的记载，《齐民要术》中也提到某些蔬菜的育苗移栽法。不过在历史的早期，只有少数几种蔬菜采用育苗移栽法。南北朝以后育苗移栽法在蔬菜栽培中的应用日益广泛。元代，栽培瓜类、茄子、芋、莴苣、芥菜等都采用育苗移栽法。元代以后，育苗移栽法在蔬菜栽培中的应用更加普遍。清代后期，已把育苗移栽法视为栽培某些蔬菜的必要措施，如栽培结球甘蓝，只有进行育苗移栽才能确保包心。这时在一些地区还出现了专营培养菜苗出售的菜农。随着育苗移栽的普遍采用，育苗技术不断改进。元代，已注意到瓜类和茄子是喜温蔬菜，种子萌发要求较高的温度，在气温尚低的农历正月，必须设法创造一个温度较高的环境进行催芽，才能使其萌发。当时采用瓦盆或桶盛粪秽，"候发热过"，将瓜类、茄子的种子插入，经常浇水，白天置于向阳处，夜里置于灶边，等种子发芽后，种于肥沃的苗床中。适时用稀薄的粪水浇灌，并搭矮棚遮护。待瓜茄苗长到适当大小时，带土移栽至本田。这种方法相当于现在的冷床育苗，利用粪秽"发热过"催芽，与现在利用酿热物发热的温床道理是一致的。

在蔬菜采种技术方面，蔬菜通常都是以幼嫩的茎叶、果实或块根块茎等器官供食，因而采种与食用的栽培要求往往不尽相同。古代虽然没有专门的蔬菜种子田，但古人已注意到蔬菜的采种与食用栽培应分别对待。古农书中在叙述蔬菜的栽培方法时，一般都特别说明所述该蔬菜的采种方法。例如，其一，叶菜类的采种。分期播种的叶菜，如冬寒菜，南北朝时在黄河中下游的播种期为农历五月、六月和十月，采种宜选留五月间播种者。古代栽培叶菜类，一般是在采收供食后，留一部分在地里备采种，不过要间拔令稀，使留下的种株有足够的营养面积，以便可以生长充实，结实繁盛。其二，多年生蔬菜的采种。韭菜等一年中可多次采收的多年生蔬菜，采种者只可采收一次，以培养根株，方可使种子生长充实。其三，瓜类的采种。《齐民要术》对甜瓜的采种原则及其中的道理都有详尽的叙述，指出应每年选留"本母子"瓜（节位低的瓜），并用瓜的中段的种子作种。理由是，如果选用节位高的瓜作种，则子代要在瓜蔓长到相当长时才坐果；用瓜的近蒂段的种子作种，则子代所结的瓜"曲而细"；用瓜顶段的种子作种，则子代所结的瓜"短而喎"。其四，根菜类的采种。萝卜之类的根菜，采种者宜在初冬采收后窖藏。待春暖发芽后，取出栽于留种田中。另一种方法是在初冬采收时，选择优良者，去掉根须，带叶移栽至留种田中。并且特别指出，如果不加移栽，让其就地生长，则种子不充实（斜子），用它作种，长成的萝卜"疥而不肥"。其五，雌雄异株蔬菜的采种。雌雄异株的蔬菜，如菠菜，采种应留雌株，并适当留一些雄株。古人已掌握早期鉴别菠菜雌雄株的方法：雌株一般生长较茂盛，分叉较多；雄株生长势较弱。

关于蔬菜栽培的田间管理，早在西汉时，人们就已知道应用打叉、摘心等方法控制单株结实数，以培养大瓠（葫芦）。除适时浇水、追肥外，还要及时中耕锄草，认为这对于瓜类蔬菜尤为重要，因为"多锄则饶子，不锄则无实"。到南北朝时，人们进一步认识到甜瓜是雌雄异花植物，雌花都着生在侧蔓上，栽培中应设法促生侧蔓，以便多结果。当时人们还不知道通过摘心促生侧蔓，而是选用晚熟的谷子为甜瓜的前作。谷子成熟后，只收割谷穗，而高留谷茬。犁地时，将犁耳向下缚平，使谷茬不致被翻压下去。待甜瓜发芽后，锄草时注意使谷茬竖起，让瓜蔓攀在谷茬上，便可多发生侧蔓，从而多结果。

在蔬菜的采收技术方面，叶菜类一般都是整株采收，或掐头采收，留下根株发叉继续生长。

蔬菜栽培过程中，还出现了一些特殊的栽培方法，如瓜类整蔓，经过长期栽培后，人们对各种瓜类的结果习性有了较深刻的认识。到了清代，已知道针对结果习性对不同的瓜类采取不同的整蔓措施。如葫芦要摘心，瓠子不可摘心；甜瓜要打顶，黄瓜不打顶等。还有一种嫁茄法，在茄子开花时，适当摘去一些枝叶，古代称之为"嫁茄"。据说此法可使茄子多结果。无土栽培技术也用于蔬菜种植，主要是利用浮田种蕹菜，浮田也就是水上之田。蕹菜要求高温湿润，在闽、广等地水面，人们古代常用苇秆或竹篾编成筏，浮在其上，将蕹菜籽播于水中，长成后，蕹菜的茎叶从筏孔中穿出，随水深浅而上下浮动，称为"浮田"。这可以说是最早的无土栽培方法。

蔬菜中还有一个大类，即食用菌，先秦文献中已有以食用菌作为食品的记载，《齐民要术·素食》记有食用菌的烹调方法。唐代《四时纂要》首次提到构菌的栽培方法：用烂构木及叶埋于地中，常浇以米泔水，经两至三天即可长出构菌；或于畦中施烂粪，取六至七尺的构木段，截断捶碎，均匀地撒于畦中，覆土。常浇水保持湿润。见有小菌长出，用耙背推碎。再长出小菌，再推碎。如此反复三次，即可长出大菌，可以采食了。

元代《王祯农书》中记有香菇的栽培方法：选择适宜的树种，如构树等，伐倒，用斧斫成坎，用土覆压。等树腐朽后，取香菇锉碎，均匀地撒入坎中，用蒿叶及土覆盖。经常浇以米泔水。隔一段时间用棒敲打树干，称为"惊蕈"。不久即可长出香菇。

清代在广东及江西的一些地方常栽培喜温性真菌——草菇,系以稻草为培养料栽培的。在湖南的一些地方则用苎麻秆及粗皮为培养料栽培,当地称为"麻菇"。

思考题：
1. 主要发源于中国的蔬菜品种有多少？
2. 辣椒为什么能在中国迅速传播,成为许多地区的主要蔬菜品种？

参考文献：
1. 中国农业百科全书编辑部.中国农业百科全书（农业历史卷）[M].北京：中国农业出版社,1995.
2. 梁家勉.中国农业科学技术史稿[M].北京：农业出版社,1989.
3. 曾雄生.史学视野中的蔬菜与中国人的生活[J].古今农业,2011(3)：51-62.

第四节 花卉栽培

中国的花卉资源丰富,古人在经营园圃实践中积累了花卉栽培经验,并在隋唐以后趋于成熟。花卉的栽培为人们的生活增添了色彩。

一、花卉栽培的起源和发展

中国的花卉栽培最早从何时开始目前难以考证。考证成果表明,在文字出现以前,花卉就随着农业生产的发展而被人们所利用了。在浙江余姚市的河姆渡文化遗址里,有许多距今七千年的植物被完整地保存着,其中包括稻谷和花卉,如荷花的花粉化石。河南省陕县出土的距今五千余年的仰韶文化彩陶上,绘有由多数五出花瓣组成的花朵纹饰,还有许多其他花卉题材图案在各地新石器时代的陶器上陆续发现。在国内其他出土文物中,还可以找到四千五百年前的云纹彩陶花瓶,可见,中国插花艺术的起源甚至可以上溯到夏代之前。早在公元前11世纪的商代甲骨文中就有"园""圃""林""树""花""草"等字。圃是栽培果蔬的场所,而园则是栽培果树、经济林木以及观赏植物的场所。园通常是在村旁或屋旁的空地上，四周筑以藩篱或砌以围墙，其内种植果树、蔬菜、花木之类植物，在园中又能休息与赏玩，故可认为这种园是一种早期的园林形式。而囿是以游息为目的的又一种园林形式。早期的囿是指固定地域和范围内，让花草果木、鸟兽鱼虫滋生繁育，并挖池筑台，以供帝王贵族狩猎、游乐的场所，统称园囿，以后则发展为以种植观赏花木为主的园苑。早期园林出现的同时，也出现了一定规模的花卉栽培。吴王夫差曾在会稽营建梧桐园，广种花卉；在太湖之滨灵岩山（江苏吴县境内）离宫为西施修玩花池，栽植荷花。秦始皇建造阿房宫，大种花卉。西汉司马相如和东方朔在文章中描述了秦代上林苑的盛况，苑中种植了柑、橘、橙、枇杷、柿子、奈子、厚朴、枣子、杨梅、樱桃、棠梨、枫树、黄栌、木兰、女贞等，种类相当多，有名称记载的约一百种，是中国历史上第一个大规模的植物园，其中有些不是西安地区可以露天成长的，这可以说明两千多年前，关于中国的花卉、果树的生理、生态认识及其栽培技术，已经有了较高的水平。河北望都一号东汉墓中发现墓室内壁有盆栽花的壁画，表明盆栽花至晚在东汉时已流行。

自从有了园圃和苑囿，便分化出专门从事栽植观赏植物的劳动者。这些人世代经营，经验日益丰富，形成了专业的花卉种植户花农和供应花卉的花市。隋唐时期，花卉业大兴。唐朝王室宫苑赏花之风盛行。长安城郊已有专业花农，花市上出售花木有牡丹、芍药、樱桃、杜鹃、紫藤等。春季都中还有"移春槛"活动，即将名花异卉植于槛内，以板为底，装以木轮，使人牵之自转，所到之处，槛在眼前，以供赏玩。还有"斗花"现象，富家豪商不惜千金买名花植于庭院中，以备春来斗花取胜。这些赏花游乐活动，推动了花卉种植，长安几乎成了"四邻花竞发"的城市。

宋元时期花卉的观赏普及。春天时，城中无贵贱皆插花，花开时节士人百姓竞相赏游。南宋临安以仲春十五日为花朝节，有赏芙蓉、开菊会等结社赏花活动。钱塘门外形成花卉种植基地，种植怪松异桧，四时奇花，每日叫卖于都城。民间纷纷栽种盆花，相互馈赠。明清时期花卉业进一步繁荣。华南气候温暖，更适宜花卉发展，其花卉品类亦不同于北方，花卉专业和花市盛况绝不亚于北地。广州的另一个别称是花城，其花都区原来称为花县，自古以来就有大量的人种植花卉，故名。

二、花卉栽培技术的成就

花卉的栽培技术除了部分与大田作物相似外，还有其独特的地方。清初陈淏子的

《花镜》做了系统的整理叙述。该书卷二的"课花十八法"可以说是集花卉栽培之大成。"十八法"的命名也充分反映了花卉栽培的特点，有辨花性情、种植位置、接换神奇、分栽有时、扦插易生、移花转垛、过贴巧合、下种及期、收种贮子、浇灌得宜、培壅可否、治诸虫蠹、枯树活树、变花催花、种盆取景、养花插瓶、整顿删科及花香耐久等方法。

（一）花卉的引种

花卉品类的变异和增加，与异地和异域不断引种的实践有关。最早的大规模异地引种是汉武帝时期的上林苑。以后历代的引种，连绵不断。西晋嵇含的《南方草木状》所记岭南植物八十种，其中茉莉、素馨是从波斯引入的。唐代李德裕曾将南方的山茶、芙蓉、紫桂、四时杜鹃等花木引种其洛阳平泉庄内，共有各地奇花异草七十余种。

白居易曾将苏州白莲引种于洛阳、将庐山杜鹃引种于四川忠县。牡丹原盛于洛阳，宋以后随着异地引种栽培，安徽亳州、山东曹州崛起成为牡丹新的著名产地。菊花原产长江流域和中原一带，元代起，渐向北方引种，直至边远地方也种菊花。

（二）花卉的繁殖

其一是无性繁殖，即分株法。宋代王观的《扬州芍药谱》指出："凡花，大约三年或二年中一分。不分则旧根老硬，而侵蚀新芽，故花不成。"但分株不可以过于频繁，不分与分之太频，都不是上策。陈淏子《花镜》指出：一切草木，各按其时分株，用合理的方法栽种，则长成快于用种子的。分株的标准要看根上是否发起小芽，如有，就可以分株。当分时移植，要记其阴阳，即花株生长时面对太阳的朝向，不要改变，否则不易成活。对于大的树木移植，须剪除部分枝条，以减少水分蒸腾，并防风摇致死。扦插的要点是必遇阴天方可动手，如遇连雨，则有更多的成活概率。

有关花木的嫁接技术在宋代才有记述。欧阳修在《洛阳牡丹记》中叙述牡丹的砧木要在春天到山中寻取，先种于畦中，到秋季乃可嫁接。据说，洛阳最名贵的品种"姚黄"，一个接头（接穗）即值钱五千。嫁接的技术性很强，周师厚在《洛阳花木记》中指出，在接花时砧木与接穗皮须相对，使其津脉相通。沈立的《海棠记》中提到，当时洛阳的接花工以海棠接于梨上，可以提前开花。

清代有人以艾蒿为砧木，嫁接什锦菊。嘉兴、松江等地以单瓣芍药为砧木，根接牡丹，使牡丹越接越佳，百种幻化，遂冠一时。

其二是有性繁殖，即用种子播种育苗，再行移栽。有性繁殖能加速繁殖，更能促使变异，有利于品种的选育。宋人已注意将长期进行无性繁殖的花卉，改用有性繁殖，使获得自然杂交种子，种后变异，再从中选择并获得新品种。如周密的《癸辛杂识》阐述了播种菊花籽实的方法。周师厚的《洛阳牡丹记》中亦有类似记载："御袍黄，千叶黄花也。……元丰时，应天院神御花圃中植山篦子数百，忽于其中变此一种。"所谓"山篦"，即野生牡丹。这些都是用改变生活环境的办法来促使花卉发生变异而得到新品种的例证。陆游在《天彭牡丹谱》提到"大抵花户多种花子，以观其变。"牡丹品种"绍兴春"，就是从"祥云"的实生苗中选得的。明清之际，人们普遍有意识地采用实生变异的方法培养花卉新品种：为了能获得新品种，人们注意采收较嫩的牡丹种子，认为种子嫩者，实生苗的花色易发生变异。花卉有性繁殖的应用，对大量品种的育成具有重要意义。

（三）栽培管理

1. 整枝

花卉需要借助整枝摘心等技术来管理。宋时苏州一带花农已知道识别梅的果枝和徒长枝，采取整枝、摘心、疏蕾、剪除幼果等方法，使花朵开多、开大。《花镜》从观赏的角度论及整枝的必要性，"诸般花木，若听其发干抽条，未免有碍生趣。宜修者修之，宜去者去之，庶得条达畅茂有致。"《花镜》提出修剪方法要看花木的长势，枝向下垂与向里生者，应当剪去。有骈枝两相交者，当留一去一。枯朽的枝条，最能引蛀，当速去之。冗杂的枝条，最能碍花，当择细弱者去之。粗枝用锯，细枝用剪，截痕向下，才能防雨水渗入木心，等等。这些修剪法则即使在今天看来也不过时。

2. 水肥管理

水肥管理是关系花朵大小多少、植株形态的关键技术，其复杂性表现为因花卉种类不同、时节不同，水肥供给标准不同。欧阳修的《洛阳牡丹记》载："浇花亦自有时，或用日未出，或日西时。九月旬日一浇，十月、十一月，三日、二日一浇，正月隔日一浇，二月一日一浇。此浇花之法也。"北宋温革的《分门琐碎录》主张以猪粪和土令发热后制成"肥土"，在秋冬期间进行壅根，可使植株多开花。并且指出，对各种花卉须掌握不同的施肥技术，施肥不当，会使花木枯槁。清代的广州，茉莉成为家庭常见的绿植，《广东新语》记载："以残茶、米浆及鱼腥水沃之，则花繁"，这也是中国传统农业中肥料循环思想的实践。另外，屈大均对四君子之"兰"的水肥技术的记载尤为精湛："种兰之泥，宜色黑，以日暴之。泥既干，则隔以尿，以火燔烧之，亦勿过熟，使生气多留。盖暴以取日之阳，烧以取火之暖，亦使泥一一成块而爽水也。泥不可满，水不可多，燥湿得宜，兰斯茂发。故疏之使其不逼，密之使其相亲，深之使其根固，浅之使其易芽。芽生于松不于实，花生于暖不于寒，故冬勿覆盖，春勿灌溉，夏勿晒而秋勿肥，依时以为珍护。而后兰乃畅盛也。"

3. 花期调控

堂花亦作"唐花""催花"，是促使花朵提前开放的技术。堂花之名首见于唐，"凡花之早放者，名曰堂花。"《分门琐碎录》提到菊花大蕊未开，逐蕊以龙眼壳罩之，至欲开时，隔夜以硫黄水灌之，次早去其罩即大开。此书还提到催花法，可用马粪浸水，对孕蕾植株进行浇灌，这样，原来要隔三四日方能开花的植株，可在浇灌的次日开花。

南宋都会杭州近郊东、西马塍，艺花技术名闻天下。为了使牡丹、梅花、桃花提前开花，可选一密室，将纸糊严，室内凿地作坎，上置竹帘，坎中堆放土壤，内拌牛粪与硫黄，并置沸水于坎中，然后将花枝放于帘上，让汤气熏蒸，如是经一宿，花即能开放。对于这类植物，主要是靠增加气温、湿度，以加速生长发育进程，从而促使花朵提前开放。桂花则不同，古人认为桂必凉而后放，故须将含有花蕾的枝条置于石洞、岩窦间，并扇以凉风，方能提前开放，是通过降低气温、延长黑暗时间以促使开花。

到了明代，堂花技术有了发展。谢肇淛的《五杂俎》提到，当时进贡朝廷，常有不时之花。将花木藏于土窖内，四周以火逼之，在隆冬季节，即有牡丹开花。刘侗和于奕正合撰的《帝京景物略》也有类似记载，经窖藏加温，十月中旬，牡丹已可送进宫中。但用人工生火提高窖温，以促使花卉提前开放的方法，耗资较大，多半只能供帝王显贵赏玩。

此外，《群芳谱》提到江南栽种水仙，常控制成熟鳞茎入土时间的早晚，以调节花期的先后。至清代，据李斗的《扬州画舫录》记载，堂花之法已很盛行，花农常于暖室烘出芍药、牡丹，以备正月园亭之用。袁世俊的《兰言述略》提到浙江农民，常于冬末春初上山挖掘初含花苞的兰蕙，以窖或缸适度烘之，待花苞长大临近开放，然后装篓销售于苏州、上海等地，据说一般年份可销三千余篓。

三、中国古代花卉文献

中国古代花卉园艺活动历史悠久，相应的文献记载很早出现，并逐步增加，且呈现出由通书向专书类发展的态势。《诗经·小雅·四月》云："山有嘉卉，侯栗侯梅"，被视为中国最早的有关园艺的文字记载。魏晋时期的《魏王花木志》标志着中国古代花卉文献的初步形成。到宋代，园艺业高度发展，一个突出表现就是花卉专书的大量涌现。明清时期，花卉专书数量空前增加，内容趋于细致深入，花卉通论类体例更加完善，文献资料性增强，科学技术知识更为系统化。简而言之，先秦时期花卉文献萌芽，汉魏六朝时期花卉文献形成，隋唐时宋花卉文献全面发展，明清时期花卉文献空前繁荣。

（一）按照题材和内容划分

1. 园艺通论类

园艺是指果树、蔬菜和花卉等作物的栽培。中国园艺方面的古农书很多，有一些是专讲某一种果树或某一种花卉的，还有一些是列举多种果树花卉蔬菜，分条论述的。这类列举多种花、果、蔬的农书，我们称之为园艺通论类农书。现存最早的园艺通论类农书，是唐代李德裕的《平泉山居草木记》、明朝王象晋的《群芳谱》，包括谷谱、蔬谱、果谱、茶谱、木谱、花谱、卉谱等多种植物种类，且对古代园艺技术做了很好的归纳和总结。这类农书积累了中国数千年的园艺遗产，对现代花卉园艺学与园艺业的发展极有价值。

2. 花卉通论类（通谱类）

这类花卉著作不涉及果、蔬类园艺作物，而集多种花卉于一书。以宋代周师厚的《洛阳花木记》为最早，该书列举牡丹、芍药、杂花、果子花、刺花、草花、水花、蔓花等多种花卉。陈淏子的《花镜》共记载花草类植物约三百种，并系统地阐述了观赏植物的种植原理与栽培技术，是古代花卉著作的优秀代表。

3. 花卉专谱类

这类著作原则上一书只记一种花卉。自晋末戴凯之的《竹谱》起始，到宋代陆续出现了牡丹、芍药、菊、兰、梅等专著，明、清时更多。花卉专谱类数量在现存花卉类古书中约占四分之三。其中以菊谱最多，兰谱次之，牡丹谱居第三位。戴凯之《竹谱》是中国也是世界上第一部谈论竹的专书，记竹七十余种竹及其产地和用途，对后代花卉专谱颇有影响。许多花卉专谱都是从宋代开始的，以宋代欧阳修的《洛阳牡丹记》最早，芍药专谱中以刘攽的《芍药谱》时代最早。宋代赵时庚的《金漳兰谱》是第一部兰花专著，其他花卉的专谱较少，如梅花专谱，以宋代范成大的《范村梅谱》为第一部。

4. 花卉月令类

重视农时是中国农业生产的传统，由此出现了一些月令体裁的书籍。这类书的特点是以时系事，安排花卉种植。这是一种非常重要的体裁，至今仍值得借鉴。例如，明代姚绶的《菊月令》、清初徐石麒的《花佣月令》等。

5. 插花盆景类

此类著作专门记载瓶花、盆景的制作方法、注意事项、艺术欣赏等内容。中国最早的插花著作是唐代罗虬的《花九锡》。明代袁宏道的《瓶史》详细描述了插花的方方面面，深刻阐述了插花的美学原理，进一步完善了中国插花艺术的理论体系。盆景的专著有吕初泰的《盆景》，书中叙述了关于什么是盆景、盆景的素材、盆景的修身养性等内容。

（二）按照地域范围划分

按照地域范围划分，花卉文献可分为全国性花卉文献和地方性花卉文献。

1. 全国性花卉文献

全国性花卉文献指内容可适用于较大地区乃至全国花卉生产的著作。宋代陈景沂的《全芳备祖》是中国现存最早、花卉最多的一部通论性花卉专书。书中所记录的每一种植物都详细记载了其产地，并记录了适于全国范围内种植的花卉。明代王象晋的《群芳谱》汇集了17世纪以前中国农艺和植物学的重要资料，广泛记载各地的园艺技术及各种花卉的不同类型，可供各地花卉种植参考。清代《花镜》记述全国各地的园艺技术，这些经验适用于全国的园艺生产实践。

2. 地区性花卉文献

地方性花卉文献指立足于总结某一具体地区的某种花卉的生产知识或技术经验，地域色彩鲜明，实用性较强。晋代嵇含的《南方草木状》，是中国最早记述岭南植物较详尽的书。唐代李德裕的《平泉山居草木记》记载他在洛阳平泉山庄里的花草树木。南宋范成大的《桂海虞衡志》，记载了他在广西的所见所闻。宋元时期，由于传统农业技术体系的完备以及地主经营的发展，地区性花卉著作空前兴盛。僧仲休的《越中牡丹花品》记杭州一带牡丹，欧阳修的《洛阳牡丹记》、周师厚的《洛阳花木记》、张峋的《洛阳花谱》记录的都是洛阳地区牡丹，胡元质的《牡丹记》、任璹的《彭门花谱》、陆游的《天彭牡丹谱》所记皆是四川成都附近的牡丹等。

思考题：
1. 中国古代花卉栽培技术的成就表现在哪些方面？
2. 如何理解中国花卉文化的意义？

参考文献：
1 中国农业百科全书编辑部.中国农业百科全书（农业历史卷）[M].北京：中国农业出版社，1995.
2 梁家勉.中国农业科学技术史稿[M].北京：农业出版社，1989.
3 Goody, Jack. The Culture of Flowers [M].Cambridge: Cambridge University Press，1993.

第五节
果树栽培

中国是世界果树起源中心之一，原产的果树种类繁多，栽培历史可以追溯到殷商时期，距今至少已有三千年。果树栽培起源于人们采集过程中知识的不断积累。由于果树是多年生植物，其果实能够长期不断地提供给人们，人们尝试将其种子或者枝条栽种于住处的周围，进而建立了早期的果园。在果树栽培技术方面，人们积累了丰富的经验。

一、果树栽植距离

史籍中记载的果树栽植距离因树种而异。例如《齐民要术》所记枣的栽植距离约为5.4米，李的栽植距离约为3.8米；同一树种，在不同的时代栽植距离也不尽相同。例如李的栽植距离，在汉代《僮约》所载约为8米×2.2米，南北朝时《齐民要术》所载约为3.6米×3.6米，清代《齐民四术》所载约为2.6米×2.6米。清代文献中提出，果树的栽植距离以"枝不相碍"为准。古人已注意到，果树中有雌雄异株的树种，如银杏等。宋代《琐碎录》指出，这类树种，必须雌雄同种方能结实。

二、果树移栽

果树移栽的具体操作方法在《齐民要术》中有较全面的论述，其后历代典籍中也时有述及。概括起来，要点有：其一，栽植穴要适当挖得深宽一些。其二，掘取苗木应尽量多带原土。明代《汝南圃史》提出最好于霜降后先掘成圆垛，用绳索盘缚，四周仍用松土填满，至次年早春再行移栽，以保证多带原土。《竹屿山房杂部》主张于移栽前一年的春前，先切断四周的根系，古人称为"转垛"。其三，苗木放入栽植穴时，要保持原来的方向。其四，苗木植入栽植穴时，要注意使根部舒展，勿使拳曲。其五，覆土应使苗木的根与土壤密接，勿留空隙。为此，可于覆土后轻轻摇动树干；对未带土的苗木，覆土后可将苗木向上提一提；如采取打浆栽植法则更好。其六，栽植的深度要适当，不可过深或过浅。其七，适当修剪苗木，以减少蒸发。其八，覆土到最上面十厘米时，不要筑实，保持土壤松软，以减少蒸发；移栽后，晴天每日均需浇水，经半月左右成活后，可停止浇水。其九，栽好后，切勿再摇动树干，最好立支柱扶持，以防风吹摇动树干。总之，尽量避免使苗木受伤，则可保证移栽成活。古代有"移树无时，莫教树知"的谚语，是对树木移栽技术的形象概括。

果树移栽的时间，对落叶果树，汉代的《四民月令》说，宜在农历正月的上半月。《齐民要术》则认为，移栽最好在农历正月，二月也可以，三月最差；总的原则是宁早勿晚，并提出可以根据当地的农候，灵活掌握移栽的适期。例如，枣树以在叶芽萌发如鸡嘴状时移栽最合适。而常绿果树，则宜在天气转暖后移栽。

三、果园管理

中国古代在果园土壤管理、施肥、灌溉排水等方面，创造了一定的经验。

关于果树栽培的土壤管理，《齐民要术》对黄河中下游栽培的多种落叶果树的论述表明，古代在果树栽植后，一般不耕翻土壤，但对中耕锄草相当重视。对常绿果树也是这样。例如《避暑录话》便主张柑橘园中要常年耘锄，令树下寸草不生。

元代《农桑衣食撮要》提到，农历正月果树发芽前，在树根旁宽深掘土，切断主根，勿伤须根，再覆土筑实，则结果肥大，称为"骟树"。其后的典籍中也常有此记述，只是"骟"或写作"善"。方法有点像现在辽南果农在苹果栽培中应用的"放树窠子"。

关于果树的施肥，《齐民要术》提到，桃树施以腐熟的粪肥，可以增进桃果的风味。宋代《橘录》说，橘树在冬、夏施肥，则"叶沃而实繁"。明清时期的典籍如《竹屿山房杂部》《花镜》等对果园施肥有较全面的论述，指出在果树萌芽时不宜施肥，以免损伤新根；开花时不宜施肥，以免引起落花；坐果后宜施肥，以促进果实膨大；果实采收后宜施肥，以恢复树势；冬季应施肥，以供来年树体发育。古代果园施用的肥料主要为有机质肥料，如大粪、猪粪、河泥、米泔等。

关于果树的灌溉排水，古籍中这方面的论述虽不多，内容却比较切实。例如宋代《橘录》中提到，干旱则橘树生长受碍，雨水过多则果实开裂或风味淡薄。所以橘园应开排水沟以防雨涝，遇旱应及时浇灌，并且指出，可结合灌溉进行施肥。清代《广东新语》提出要在果树休眠期"通灌之，以俟其来春发"。明代《群芳谱》则针对无花果的需水特性，提出要"置瓶其侧"，进行滴灌。清代《水蜜桃谱》中指出，桃"喜干恶湿"，在多雨地区栽培，需开排水沟，以利排水。

关于果树的修剪整枝，虽然早在先秦文献中已有树木修剪的记载，但对果树的修剪整枝，史籍中很少述及。仅明代的《农政全书》中提到，果树宜在距离地面六至七尺处截去主干，令其发生侧枝，使树形低矮，以便于采收。至于修剪，宋代的《橘录》中指出，应剪去过于繁盛而又不能开花结实的枝条以通风，以长新枝。元代《农桑衣食撮要》在农历正月的农事中，虽然专门列有"修诸色果木树"一项，可是，内容仅仅是剪去低小乱枝，以免耗费养分。明代《便民图纂》提出葡萄要在夏季结果时修剪，使其"子得承雨露肥大"。明清时期的文献中概括了几种应予剪去的枝条，即向下生长的"沥水条"，向里生长的"刺身条"，并列生长的"骈枝条"，杂乱生长的"冗杂条"，细长的"风枝"，以及枯朽的枝条。古代修剪多在落叶后的休眠期进行。所用工具视枝条大小而异，小枝用刀剪，大枝用斧。切忌用手折，以免伤皮损干。剪口应斜向下，以免被雨水浸渍而腐烂。

人们在果树种植过程中，创造了疏花疏果与保花保果技术。南北朝时，《齐民要术》已提出于枣树开花时，用木棒敲击树枝，以振落"狂花"的做法，否则枣花过于繁盛，难以坐果。其后历代典籍中也时有记载。现今华北一些地区，在枣树开花时仍有用竹竿击落一部分枣花的做法，人们称为"打狂花"，可能就是古法的延续。《齐民要术》"种枣篇"记有"嫁枣"，即在农历正月一日，用斧背杂乱敲打枣树树干。据说，不如此则枣开花而不坐果。同书"柰、林檎篇"也提到，在农历正、二月间，用斧背敲打林檎树干，则结实多。以后历代农书中也常提到"嫁枣"或"嫁（果）树"。用斧背敲打树干，可使韧皮部受到一定的损伤，使养分向下输送受阻，从而集中供给果实的生长发育。这与现代果树生产中环状剥皮技术的作用相类似。

对于果树在冬天防冻防霜，《齐民要术》提出，在黄河中下游栽培石榴，每年农历十月起，需用草缠裹树干，至次年二月除去；栽培板栗，幼龄时也要如此；栽培葡萄，每年农历十月至次年二月间，采用埋蔓防寒。宋代的《松漠纪闻》载，有在高纬度的寒冷地区，栽培桃、李等果树，创造了埋土防冻的人工匍匐形栽培法。史籍中记载的果园防霜的方法主要是熏烟，其次是覆盖。熏烟法最早见于《齐民要术》，其后历代典籍中也时有涉及。杏是一年中开花最早的果树，特别易罹晚霜为害，因此，唐代《四时纂要》、明代《群芳谱》等不少典籍都提到，杏园在花期要注意及时应用熏烟以防霜害。在江苏太湖洞庭东西山栽培柑橘，冬季极寒时，也要应用熏烟以防霜雪。荔枝的耐寒性次于柑橘，尤其是幼龄时，根系入土尚不深，更易罹霜害，所以宋代蔡襄的《荔枝谱》指出，幼龄荔枝在极寒时要覆盖或熏烟以防寒。

关于果树的病虫害防治，《齐民要术》指出，冬季可用火燎杀附着于果树枝干上的虫卵、虫蛹。唐代《酉阳杂俎》中记有人工钩杀蛀蚀果树枝干的天牛类害虫；《橘录》介绍了用杉木作钉堵塞虫孔的方法；宋及宋以后的典籍中则提出，可用硫黄或中草药，如芫花或百部叶等塞入虫孔中杀虫。《南方草木状》和《酉阳杂俎》等文献，记有华南一带的柑橘园中放养黄猄蚁以防治虫害的方法。这是世界上生物防治虫害的最早记载。到了清代，黄猄蚁也被用来防治荔枝的虫害。当时广东一些地区的果园中在放养黄猄蚁时，还以藤、竹为材料，在树间架设蚁桥，以利蚁群往来活动，消灭害虫，市场上也有整窝的黄猄蚁出卖。《橘录》中还提到地衣着生在柑橘树干上，会夺去柑橘枝叶上的养分，要及时用铁器刮除。

关于果树的采收，古代果实的采收标准依果树的种类不同而异。例如枣，宜在果皮全部转红时采收。过早采收者，因果肉尚未生长充实，晒制成干枣，皮色黄而皱；果皮全部转红而不收，则果皮变硬。君迁子，按《齐民要术》记载，宜在经霜后，果皮变为赤黑色时采收；过早采收，则味涩，不堪食用。柑橘，据《橘录》记载，在重阳节时果皮尚青，为求得善价可以采收，但若要味美，应以降轻霜后再采收为宜。《槜李谱》记载，槜李宜在果皮现出黄晕，若兰花色，并有朱砂红斑点时采摘；果皮过青者，太生，风味不好；太熟，则易落果。虽然果实的采摘标准因果树的种类而异，但是古人也曾概括了一条总的原则，即果实应及时采收，过熟不收，则有伤树势，影响来年的结果。果实的具体采收方法也依果树的种类而异。例如枣用摇落的方法。柑橘用小剪平果蒂剪下。对树形高大的橄榄，典籍中曾提到可用盐擦树干，或在根部凿洞，纳入食盐，令其自落。

四、果树繁殖技术

果树繁殖包括扦插、压条、分株和嫁接四种无性繁殖法。南北朝时，前三种繁殖方法在果树栽培中的应用已相当普遍，宋代以后则主要利用嫁接方法。古代人们已认识到采用上述无性繁殖法，可以保持种性，防止劣变。当时的农书《齐民要术》以"栽"字泛指前三种繁殖方法，也兼指采用前三种方法繁殖成的苗木。

（一）扦插繁殖法

扦插繁殖法在战国时的文献中已有记载。但用来繁殖果树最早见于汉代的文献。古代常称此法为扦（亦作"签"）或插，扦插一词是明代《农政全书》首次著录的。历代采用此法繁殖的果树主要有葡萄、石榴、无花果等。在早期，扦插时机一般是在农历三月上旬或二月。古代插条的长度出入较大：南北朝时，扦插石榴，插条长约四十五厘米；元代扦插葡萄，插条长约九十二厘米；明清时期，插条的长度通常均四十至五十厘米。插条较短者，插时将插条的一半插入土中，一半露在土外；插条较长的，则将插条的大半插入土中，只留小部分在土外。或者采用类似现在的盘条插法，例如扦插葡萄时，将插条剪成一百二十至一百五十厘米长，卷成小圈，埋入土中，只留两节在土外；扦插石榴，如一时不易得到大量的插条，可剪取较长的插条，盘成一圈横埋于土中。据说采用前者，不到两年即可使葡萄长成大棚，而且"实大如枣"；采用后者，可以萌发成多株，但是发根较差。不少典籍都提到，扦插时不将插条直接插入插床中，而是先将插条插于芋头、萝卜或芜菁中，而后连同芋头等一并插入插床中，类似于现在的球插（或称团插）法。其是否具有较球插法更优越的作用，值得进行试验研究。关于扦插注意事项及扦插后的管理，明清时期的典籍中都曾涉及，主要是扦插宜选择阴天进行；扦插后要常浇水，以保持湿润；需搭棚遮阴，冬季换用暖棚，次年方可拆除。

（二）压条繁殖法

是《齐民要术》中首次提到用此法繁殖果树。历代主要用于苹果类、荔枝及柑橘等的繁殖。史籍中记载的果树压条繁殖法有屈枝压条法与空中压条法两种。屈枝压条法在古代简称压或压条，于农历正二月间，将树下部的枝条屈倒，取木钩固定于土中，用燥土壅培近树干的一段，而将枝梢露于土外。至梅雨天即可生根。待到次年正月间，截取栽种，或于次春先行从母株截断，到霜降后再移栽则更好。空中压条，古人称为脱果法，最早见于南宋初年《琐碎录·农艺门》的记载。对扦插不易生根而又树形高大的荔枝，古代主要采用此法繁殖。具体方法是，在农历八月间，微伤分枝处的韧皮部，用牛羊粪包裹，外裹以纸，用麻紧缚，至次年夏秋间启视，见生根，则断下植于土中；也可在春初或清明前后，或荔枝开花时进行，至秋季生根后，从母树上锯下定植。

（三）分株繁殖法

果树的分株繁殖最早见于《齐民要术》。分株繁殖方法有根蘖分株与吸芽分株两种，前者主要用于李与苹果类果树，后者仅用于香蕉。据典籍记载，李树采用分株繁殖时，常先将根蘖挖出，植于苗圃中培养，待长大一些再行定植。

（四）嫁接繁殖法

此法是中国古代果树栽培中应用最广的繁殖方法，宋代以来，几乎大多数果树主要采用这种方法繁殖。中国有关嫁接的最早的明确记载是汉代的《氾胜之书》中记载的将十株瓠靠接成一株，从而培育出大瓠子的方法。不过，古代并无"嫁接"这个名称，而且史籍中对它的称谓不一：《齐民要术》中称"插"，唐末五代时成书的《四时纂要》中叫"接"，元及元以后的农书中名"接换""接缚"。《齐民要术》首次提到果树的嫁接繁殖，并详细论述了梨的嫁接繁殖技术，足见在南北朝时，果树的嫁接繁殖技术已达到相当高的水平，其后又不断有所发展。

关于嫁接时砧木的选择与处理。南北朝时，尚无"砧木"这个名称，而是称之为"主"，唐代《四时纂要》中才有"树砧"或"砧"的专称。古人首先注意到嫁接繁殖的果树，比栽培的结果年龄早，这是古代在果树栽培时多选择嫁接繁殖的主要原因。古人还观察到砧木对接穗的果实大小、品质等都有影响。例如嫁接梨，用棠为砧木者，所结果实大而且肉质细密；用杜做砧木者次之；用桑、枣或石榴做砧木者最差。随着时间的推移，人们在砧木对接穗影响方面的观察也不断深入，发现在果实色泽、种子多少、树寿长短，甚至对土壤肥力的适应性等各个方面都有影响。例如，嫁接可增进枇杷果实的品质，使果核变小，如重复嫁接可无核；梅砧上嫁接杏，结实味甜；桑砧上接杨梅，结实不酸；梅砧接李，易成活，树寿长，耐肥，果实"红而甘"；桃砧接杏，结实大；枣砧接葡萄结实"肉实如枣"；果树经多次嫁接后果核均变小，但不能再用作播种材料；柿砧上接桃，则果肉都是黄色；枫杨砧接核桃，易成活，达结果年龄也早。

古人还注意到不是任何植物互接都能成活，这就是亲和力现象。《齐民要术》中指出桑砧嫁接的梨品质量好，但成活率只有10%~20%。到唐末五代时，人们已从实践中总结出"实内子相类者"互接容易成活，即砧木与接穗亲缘关系近的嫁接易成活。不过，最近的研究表明嫁接亲和力的强弱，与亲缘关系的远近并不成绝对正相关。

关于嫁接如何选择时期，南北朝时，人们认为嫁接梨的适期最好是在春季，梨的叶芽刚开始萌动时；稍迟至梨的叶芽即将展开时也还可以。《四时纂要》中仅笼统地说，农历正月可进行嫁接。元代的农书中称，最好在春分节前十天进行嫁接，其次是春分节前后五天，接着又将嫁接适期概括为以树芽微现绿色时为准，并指出应选择晴暖之日进行。到了明代，人们进一步总结出，在春季树叶将萌发及秋季树叶将黄落时，也就是春分节以前及秋分节以后，都可以进行嫁接。

嫁接繁殖的方法，按所用材料可分为枝接、根接与芽接三大类。据史籍记载，元代以前都采用枝接或根接，元代的农书中首次提到芽接。至于嫁接方式，古代基本上都采用露地接（亦称居接），史籍中未见有掘接（亦称扬接）的记载。

枝接的操作方法，在元代以前的文献中都无名称，只叙述具体的操作方法。《齐民要术》中记述了两种方法：一法相当于现在的插接，另一法类似于现在的劈接。书中对两法的评价是，后一种方法的切口过大，砧穗不易密接，所以成活率低。

《四时纂要》中所记枝接的操作方法与《齐民要术》中的后一种方法类似，所不同的是，《齐民要术》中说将砧面切割成十字形，《四时纂要》中则说将砧面的两侧各切割一条缝。

到了元代，枝接的操作方法不仅较前代有所增加，而且还分别赋予它们不同的名称，如插接、劈接、搭接、皮接等。不过，从具体操作方法来看，除插接与搭接与现在基本相同外，其他的名称都与现在不一致：古代所谓的劈接相当于现在的嵌接，古代所称的皮接类似于现在的腹接。

《氾胜之书》中所记将十株瓠靠接成一株，以培养大瓠的方法，也是枝接法的一种。该法虽是一种较早出现的嫁接方法，但是用在果树繁殖中到明代的文献中始见记载。而且史籍中也无"靠接"这一名称，而称之为"寄枝"或"过贴"。

根接的操作方法，在南北朝时与枝接一样，也有两种，一种相当于现在的插接，另一种类似于现在的劈接。元代典籍中提到的根接的操作方法也有两种，即插接与劈接，也同枝接的操作方法一样，分别相当于现在的插接与嵌接。

芽接，史籍中称为"靥接"，具体操作方法大致相当于现在的嵌芽接（亦称贴接）。古今的差异在于，古代是先将砧木于距离地面一尺左右处截断，并剔去一侧的树皮一方寸，然后再揭取接穗的芽片嵌贴于砧木上；现在则于芽接成活后，才从芽接部位的上方截断砧木，而且往往分两次截砧，即成活后先在芽接部位的上方留十五厘米剪砧，以便用作活桩，绑撑接芽萌发成的新梢，待新梢生长充实后，再正式剪砧。

关于如何保证嫁接成活，古人也有丰富的经验。《齐民要术》中不仅记述了梨的嫁接方法，并且还论述了如何保证嫁接成活。元代农书中更做了进一步发挥，其中首要的是，应使砧穗的形成层密接。形成层是现代植物解剖学中的名词，史籍中是没有的。但是古人早已意识到它的存在。《齐民要术》在叙述枝接的操作过程中，特别指出，必须"木边向木，皮还近皮"。元代的《士农必用》进一步阐明：树木的皮层与木质部之间，是春季天气转暖时树木"津液"流动的地方，砧穗之间的"津液"一旦相连通，砧木对接穗的种种微妙影响就会出现。这就清楚地说明，嫁接成活的关键在于砧木与接穗的皮层与木质部之间的形成层的密接。

关于怎么管理嫁接苗，古人认为在嫁接苗成活以前，要不时地对四畔壅培的土浇水，使之经常保持湿润。成活后，暂时勿扒开所壅之土，如果要扒开，也要等待接合部分生长充实后，最好等到秋季。如砧木上有芽萌发，则必须及时除去。枝接时，如果在一株砧木上同时嫁接一枝以上接穗，则成活后只留一枝生长健壮者，这样效果最好。接穗成活萌发成新梢后，需及时立支柱保护，防止折断。

思考题：
1 古代果树繁殖有哪些方法？
2 嫁接技术的意义是什么？

参考文献：
1 中国农业百科全书编辑部. 中国农业百科全书（农业历史卷）[M]. 北京：中国农业出版社，1995.
2 梁家勉. 中国农业科学技术史稿[M]. 北京：农业出版社，1989.

第六节
茶的栽培

茶是山茶科山茶属多年生木本植物，全世界共有山茶科植物二十三属三百八十种，其中，中国就有十五属二百六十多种。中国是世界上最早发现和利用茶的国家，早在三千多年前就开始人工种植茶树，在茶叶种植技术、栽培管理、品种选育上积累了丰富的经验。茶叶是中国重要的经济作物，是传统的优势出口农产品之一。

一、起源与传播

中国是茶叶的故乡。在中国已发现的野生大茶树有两百多处，主要分布在西南和华南的横断山脉、滇桂黔、滇川黔、南岭山脉等四大区域，证明西南山地是全球山茶属的分布中心和起源中心。野生大茶树是在一定自然环境中经过长期演化和自然选择而生存下来的茶树类群，由于自然、地理、气候、环境的多样性，茶树种内变异，从而分化出不同气候类型的大、中、小叶种茶树，是重要的茶树品种资源。

尽管野生茶树在世界一些地方多有分布，但是世界上最早发现并利用茶树的族群是中国先民，这一点得到了世界公认。1753年，瑞典著名植物分类学家林奈（Carl von Linné）在专著《植物种志》中首次将茶树命名为"Thea Sinensis"。"Sinensis"是拉丁文"中国"的意思。1950年，中国植物学家钱崇澍根据国际命名和茶树特性研究，正式确定茶树学名为 *Camellia sinensis*（L.）O. Kuntze，并一直沿用至今。

在中国古代典籍《神农本草经》《尔雅·释木》《吴普本草》《神异记》《茶经》《梦溪笔谈》等著作中，有很多关于茶叶药用、饮用和古茶树的记载。如《神农本草经》载："神农尝百草，一日遇七十二毒，得茶而解之。"《尔雅·释木》载："槚，苦荼。"郭璞注曰："树小似栀子，冬生叶，可煮作羹饮。今呼早采者为荼，晚取者为茗。"《吴普本草》引《桐君录》载"南方有瓜芦木，亦似茗，至苦涩，取为屑茶饮，亦可通夜不眠。"唐代陆羽的《茶经》载："茶者，南方之嘉木也。一尺二尺，乃至数十尺。其巴山峡川有两人合抱者，伐而掇之。"

茶在古代也被称为荼、槚、茗、蔎、荈。唐代陆羽《茶经·之源》有言："其名一曰茶，二曰槚，三曰蔎，四曰茗，五曰荈。"据其他古籍中的记载，还有葭、葭萌、诧、皋芦、瓜芦、水厄、苦荼、酪奴、甘露、叶嘉等称呼，由此也能证明茶叶栽培的普遍性。唐代开元年间，在官修的《开元文字音义》正式收入了"茶"字，统一了茶字的应用。

据史料记载，人工植茶大约在公元前1000年西周时期的古巴国就开始了。东晋常璩的《华阳国志》载："园有芳蒻、香茗""以其宗姬于巴，爵之以子，丹漆茶蜜……皆纳贡之。"在周武王联合西南地区少数民族共同讨伐商纣王的时候，巴蜀地区所产之茶便已被列为向中原进贡的物品。秦汉一统后，随着巴蜀地区与各地经济文化交流的增强，茶的种植加工技术逐渐自西向东、自南向北传播开来。到两汉时期，皇室、贵族、道僧饮茶渐成风尚，茶叶已成为社会活动中的重要物品。到南北朝前期，随着南北文化的逐渐融合，饮茶风气也渐渐由南向北推广开来。到唐代时期，饮茶已成为一种普遍的社会风气。唐宋时期，边疆的少数民族与中原地区开展茶马互市，不仅促进了边疆各民族间经济贸易往来，也促进了中原农耕文明与草原游牧文明的交流与互鉴。

从5世纪开始，中国茶叶经由陆上丝绸之路向与中国接壤的西亚地区邻国传播。7世纪，通过茶马古道传入西亚、中亚国家。7—14世纪，中国茶叶在东亚地区的朝鲜半岛、日本列岛得到广泛的传播和影响。10—17世纪，中国的茶叶通过海上丝绸之路大量输出到东南亚、南亚诸国。

15世纪大航海时代后，中国茶因茶叶贸易和饮茶时尚而传入欧洲，波斯（伊朗）商人和西欧人的航海探险，以及传教士的中西交往，把中国茶叶文化进一步传往西方。至17、18世纪，中国与欧洲各国的茶叶贸易更为频繁，茶叶外销数量逐年增加。到19世纪，中国茶叶扩散到美洲、大洋洲、非洲等地，几乎传播至全球。

二、茶区扩展

唐代，茶已成为重要的栽培作物，"千里之内，各地种茶，山无遗土，业于茶者十之七八"。唐代中期气候转暖，有利于茶树的种植推广，茶叶生产遍布长江中下游地区。据唐代陆羽的《茶经·八之出》记载，全国有五十多个州郡产茶，划分为山南（荆州之南）、淮南、浙南、浙东、剑南、黔中、江西、岭南八大茶区，覆盖现在的四川、湖北、湖南、江西、安徽、江苏、浙江等十三个省区。这是中国历史上首次为茶叶种植划定区域，为各代茶区划分奠定了基础。

五代和宋之际，由于气候由暖转寒，中国茶业的重心由长江中下游向南部转移。全国共有六十六个州二百四十二个县产茶，形成了江南路、淮南路、荆湖路、两浙路和福建路五大茶区。由于种茶技术的提高，产茶区已从北纬32°左右（陕西汉中附近），扩展到北纬36°（山东邹平附近），植茶面积较唐代扩大了两三倍以上。建安茶区成为中国团茶、饼茶制作的主要技术中心，进而带动了闽南和岭南一带茶区的崛起和发展。

元和明前中期，中国气候回暖，茶区北限又向北推移。茶叶种植生产主要集中在湖南、湖北、广东、广西、四川、贵州、浙江、安徽、江西、江苏等省。1405—1433年，郑和将茶籽引种到台湾地区，开辟了台湾茶区。至明末清初，由于中国气候又出现一个小冰期，江北和沿江茶园再次减退。清朝中后期，逐渐形成以福建安溪、建瓯、武夷山等地为主的乌龙茶种植中心；以安徽祁门、东至，江西修水、景德镇为主的祁门红茶种植中心；以浙江杭州、安徽黄山、江苏太湖为主的绿茶种植生产中心；以四川雅安、汶川、什邡为主的边销茶种植生产中心；以湖南岳阳、临湘为主的砖茶生产中心。

在民国时期，著名茶学家吴觉农和胡浩川将中国茶区分外销茶区、内销茶区两大类型，分别为祁红、宁红、宜红、湖红、温红、屯绿、平绿以及福建乌龙茶八个外销茶区；六安、龙井、普洱、川茶、两广五个内销茶区。

1949年以后，茶叶生产快速恢复发展。随着现代茶叶生产技术的进步，南自北纬18°附近的海南岛的琼崖，北至北纬39°的河北太行山南麓，东自东经122°的台湾阿里山，西至东经98°的西藏察隅河谷，共有二十一个省（区、市）一千多个县、市种植茶叶，茶园种植范围和面积都有进一步扩大。基于地域差异、气候环境、光照温度、土壤情况、茶种类型，划分为西南、华南、江南和江北四大茶区。目前，中国茶园面积和茶叶产量稳居世界第一。

三、品种演变

数千年来，茶树经过世代的有性繁衍和地域上的广泛传播，以及多种多样的自然条件的长期影响和人工选择的作用，形成了十分丰富的茶树品种资源。

中国古代茶树选种始于晋朝（265—419年）。晋孝武帝时（265—289年），即有安徽宣城人在今湖北鄂州市武昌山采集大叶种茶树。大约在同时期，浙江余姚人虞洪在今浙江天台瀑布山采集大叶种茶树。唐代陆羽的《茶经》、宋代宋子安的《东溪试茶录》和宋徽宗的《大观茶论》，以及古代的诗词中，都可看到有关茶树选种和茶树品种性状的叙述。《东溪试茶录》是对东溪（今福建省松溪县）茶树品种的调查研究记录，其中记载了白叶茶、柑叶茶、早茶、细叶茶、稽茶、晚茶和丛茶等七个品种的形态特征、生育特性、栽培特点和产地等，至今仍对茶树品种资源的调查研究和茶树选种工作具有极高的参考价值。

中国18世纪末就已开始无性繁殖系品种的选育。如"铁现音"品种（无性繁殖系），早在一百八十年前就被选育出来，并在生产上推广应用。大约在一百年前，福建、台湾、广东等各茶区就已开展茶树良种的引种和推广应用，品种达数十个。在茶树良种资源较多的福建省创造了扦插和压条两种无性繁殖方法，后被广泛推广应用。茶树栽培技术的提高，为茶树的普及做出了重大贡献。中华人民共和国成立后，福建安溪茶农在总结古代长穗扦插法经验的基础上，进一步创造出短穗扦插法。茶苗发根快，成活率高，可以提早成园。目前印度、斯里兰卡、日本、肯尼亚、坦桑尼亚、乌干达等多个主要产茶国，都采用中国的扦插繁殖方法。

据不完全统计，中国现有栽培的茶树品种有六百多个，有较大栽培面积的就有二百五十多个。从1984年起，全国茶树良种审定委员会就不断地对地方良种进行了审定，截至2010年8月共审定国家级良种九十七个（其中无性系八十个）、省级（包括台湾地区）认定的品种一百一十个、选育品种三十四个、地方品种一百一十四个、珍稀品种四个。

四、栽培技术

中国古代在茶树的人工栽培和田间管理方面积累了丰富的经验，相继发明了茶的直播、育苗移栽、扦插等繁殖技术，促进了中国古代茶叶生产，至今仍然具有指导价值。

唐代对茶树栽培有着科学的认识，已经认识到茶树是一种适宜短日照且耐阴的植物，有"水浸根必死"的特性，应"即须于两畔深开沟垅泄水"，采取遮阴开沟泄水措施，茶园宜建在"山中带坡峻"之地。陆羽的《茶经》、韩鄂的《四时纂要》都系统地论述了茶树的形态特征、生长习性、栽制技术等。

直播法是中国早期普遍采用的茶树繁殖技术，一直被唐以后各代所沿用。唐代陆羽的《茶经》载：种茶"法如种瓜，三岁可采"。直播法有利于茶籽提早出苗，三年后即可采摘。唐代王旻的《山居要术》中就已经有种茶法的记载。唐末韩鄂的《四时纂要》也详细记载了直播技术。明清时期，茶树育苗移栽技术逐渐成熟，成功的经验也越来越多。明朝罗廪的《茶解》有言："每一坑下子一掬，覆以焦土，不宜太厚，次年分植，三年便可摘取。"茶籽育苗，易于选择和培育壮苗，有利于优良品种的繁殖。

中国茶农历来重视茶园的中耕除草，认为这是增产的关键。农谚有"茶地不挖，茶芽不发"等。现代研究表明，深耕可以疏松土壤，改善土壤物理性状，促进土壤中的养分加快分解，提高土壤肥力，有利于茶树生长和改善茶叶品质。

早在唐代就已提出茶园间作并应用，明代《茶解》对此有详细记载。茶园间作花木，既提高了土地利用率，又为茶园营造了良好的生态环境，有利于茶树生长。这一技术被世界上一些主要产茶国所采用。

五、茶的制作

中国制茶历史悠久，各种茶类的品质特征形成，除了茶树品种和鲜叶原料的影响，制作技艺是重要的决定因素。制茶技术被誉为中国的"第五大发明"。

中国制茶历史悠久，从咀嚼鲜叶、生煮羹饮、晒干收藏到蒸青做饼、炒青散茶；从绿茶到多茶类，从手工操作到机械化制茶，期间经历了复杂的变革。三国魏时，张揖的《广雅》有"荆巴间采茶作饼，成以米膏出之"的记载，将采来的叶子先做成饼，晒干或烘干，这是制茶工艺的萌芽。

唐代发明了蒸青制茶工艺，"晴，采之，蒸之，捣之，拍之，焙之，穿之，封之，茶之干矣"，经过七道工序加工成饼茶，便于贮藏和运输。宋代，制茶技术又有很大发展，龙凤团茶盛行。据宋代赵汝励的《北苑别录》记载，团茶有"蒸茶、榨茶、研茶、造茶、过黄、烘茶"六道制茶工序。通过洗茶、压榨去汁以制饼，保持了茶叶绿色，降低了茶叶苦涩味。自唐至宋，贡茶兴起，促使国家成立贡茶院，组织官员专门研究制茶技术，从而促使茶叶生产不断改革。

宋末元初，为了改善团茶制作工艺中过度的水浸和榨汁造成的茶气和茶香的丢失问题，以及制作工艺的耗时费工问题，创造了蒸青散茶工艺。因此，出现了宋至元，饼茶、龙凤团茶和散茶同时并存的状况。元代在茶叶生产上的另一个成就，就是利用水力机械加工制作茶叶。据《王祯农书》记载，当时有些地区采用了水转连磨，即利用水力带动茶磨和碓具碎茶，显然较宋朝的碾茶又前进了一步。

1391年，明太祖朱元璋下诏"罢造龙团，惟采茶芽以进"，使得蒸青散茶大为盛行。其制法为高温杀青、揉捻、复炒、烘焙至干，这种工艺与现代炒青绿茶制法非常相似。明代炒青绿茶的普及，带动了其他茶类发展，由此出现了黄茶、黑茶、花茶。清代时，在明代的基础上又出现了红茶、白茶、乌龙茶的制法，至此中国的六大茶类制法全部形成，成为世界上茶类最多的国家。清朝时俄罗斯、英国茶商在汉口开设使用汽压机的砖茶厂，首开中国机器制茶之先河。

20世纪60年代，中国引进西方现代化机械制茶方式，生产碎茶和速溶茶。这是茶叶加工的一次重大变革，此后纯粹的手工制茶逐渐被现代化机械制茶取代。

六、饮茶文化

中国饮茶历史悠久,从羹饮法、煮茶法、点茶法,再到泡茶法,饮茶方式不断演变,其在于不断追求茶的本真。

秦汉至魏晋南北朝,饮茶基本采用混煮羹饮的方法。唐朝盛行饼茶煮茶法,也称煎茶法。茶圣陆羽指出:"茶之为用,味至寒,为饮最宜。"烹茶经过"焙炙—碾碎—筛罗—煮水加盐—加茶末—品茶"的过程。宋代流行点茶法,将茶碾成细末,置茶盏中,以沸水点冲。边注边用茶筅击拂,使之产生泡沫。宋代将茶的制作和饮用推到一个历史高峰。明代饮茶重香、味,所以明代茶馆不用茶鼎或茶瓶煎茶,而用沸水冲泡茶叶,如同今人的饮茶习惯。此种方法简单且保留了茶的真味,是中国饮茶史上的一次革命。

茶道是中国茶文化的核心。人们在品茗过程中,除了追求茶艺的外在形式带给人们的感官享受之外,还上升到精神层面、哲理上的追求等心灵感受。中国茶道提倡"清、寂、廉、美、静、俭、洁",侧重强调个人的修身养性,饮茶成为励志、怡情、养廉的一种手段。

茶不仅是老百姓生活的必需品,也是重要的待客之道。中国自古就是礼仪之邦,由于饮茶在中国人生活中的重要性,茶成为上至宫廷礼仪,下至民间礼俗最重要的载体,以茶祭祖、以茶表礼、以茶祈福、以茶待客,无茶不成礼。饮茶是中华各民族的共同生活习惯,藏族的酥油茶、蒙古族的奶茶、维吾尔族的香茶、回族的刮碗子茶、壮族侗族的打油茶、白族的三道茶、土家族的擂茶等都各具特色。

七、社会贡献

世界著名科技史专家李约瑟博士称茶是继火药、造纸、指南针、印刷术之后,对人类做出重大贡献的中国第五大发明。

茶深受世界各国人民喜爱,先后被传入西亚、东亚、东南亚和欧美等地。与饮茶文化一起传播到世界的,还有中国的茶艺、茶道和茶器,以及茶树的种子、栽培管理、制茶技术,等等,甚至茶的发音,都是直接或间接地从中国传入的。无怪乎西方学者认为,"茶无疑是东方赠与西方最有利之礼物"。

茶是重要的经济来源。目前,全球有六十多个国家和地区种茶,中国有八千多万茶农赖以增收致富,发展中国家数百万家庭赖以为计,最不发达国家数百万贫困家庭赖以为生，茶叶经济有助于增加收入、应对饥饿、减少极端贫困。

茶园的农业生态系统调节价值体现在，茶园作为一种次生形态的常绿植物群落系统，除具有经济和文化价值以外，还具有蓄积有机物、循环养分、涵养水源、保持土壤、调节气候的生态价值。

思考题： 1 全世界共有山茶科植物二十三属三百八十种，为什么唯独在中国被发现和利用？
2 为什么古代严格限制茶种和制茶技术外传？

参考文献： 1 陈文怀．我国茶树品种资源概况[J]．茶叶通讯，1981（1）：22-26．
2 陈文怀．中国茶树品种演化和分类的商榷[J]．园艺学报，1964（2）：191-198．
3 王潮生．古代茶树栽培技术初探[J]．农业考古，1983（2）：276-281．
4 王平盛，虞富莲．中国野生大茶树的地理分布多样性及其利用价值[J]．茶叶科学，2002，22（2）：105-108+134．
5 盛敏，刘仲华，林海燕．近代中国茶文化向西欧的传播与中西文化交流[J]．农业考古，2017（5）：32-37．

第七节
葛麻棉等织物栽培

中国的纺织历史悠久。早在原始社会，先民们已经采集野生的葛、麻、蚕丝，通过搓、绩、编、织等技术手段制作成粗陋的衣服，以取代遮体的草类和兽皮。在后来漫长的历史时期，中国纺织业得到了极大的发展，纺织材料进一步增多，纺织工具得到改进，纺织技术不断进步。从汉代到唐代，葛逐步为麻所取代。宋代至明代，麻又为棉所取代。元、明两代，棉纺织技术发展迅速，人们日常衣着逐步改用棉布。

一、葛

葛是中国古代早期最重要的纤维植物，主要用于衣着。利用葛纤维的历史已有六千年以上，明确记载的栽培历史也有两千五百年以上。江苏吴县草鞋山新石器时代遗址出土了炭化的葛布残片，距今已有六千年，是迄今发现的最早葛布。《诗经》中多次提到它，如"维叶莫莫。是刈是濩，为絺为绤，服之无斁"等，说的是利用葛纤维织布制衣。《周礼·地官司徒》中有"掌以时征絺绤之材于山农"，说明当时的葛仍是野生或半野生状态。人工种葛始见于《越绝书》，该书说"葛山者，句践罢吴，种葛，使越女织治葛布"。当时葛布生产规模相当大，据《吴越春秋》记载，越王勾践给吴王夫差献上"弱于罗兮轻霏霏"的葛布，一次便多达十万匹。以后，人工栽培葛和采集野生葛一直并存。在人工栽培方面，历代文人时有提及，如唐代戎昱的《和李尹种葛》载："弱质人皆弃，唯君手自栽。"明代张时彻的《种葛篇》载："种葛南山下，春风吹葛长。二月吹葛绿，八月吹葛黄。腰镰逝采掇，织作君衣裳。"宋元以后，随着棉花的大面积推广，葛的种植面积逐渐缩小，但在棉花种植较少且天气炎热的岭南地区，葛布生产仍有所发展，如明清时期的增城女儿葛，"卷其一端，可以出入笔管"。

关于葛的采收和加工，《诗经》中已提到"是刈是濩"，"濩"就是用水煮烂后进行加工。《广群芳谱》卷十二"采葛"中提道："夏日葛成，嫩而短者留之，一丈上下者连根取，谓之头葛。如太长，看近根有白点者不堪用。无白点者，可截七八尺，谓之二葛。"接着的工作便是"练葛"："采后即挽成网，紧火煮烂熟。指甲剥看，麻白不粘青，即剥下，于长流水边搥洗净，风干，露一二宿尤白，安阴处，忌日色，纺之以织。"葛的块根，一般在夏历五月采挖，可鲜食，可晒干，可制粉，还可入药。

二、大麻

大麻是中国古代重要的纤维作物兼食用作物。大麻原称为"麻"。三国以后"麻"字逐渐发展为麻类作物的总称，为了便于区别，在唐代便改称为大麻，以后又有汉麻、火麻、黄麻等别称。

大麻栽培历史悠久。甘肃东乡林西曾出土大麻籽，且有光泽，与现在的大麻籽近似，是距今五千年的实物。从文字记载上看，金文中已有"麻"字，《诗经》中有"东门之池，可以沤麻"等诗句。其他如《尚书》《礼记》《管子》等先秦古籍都有关于麻的记载。《周礼》记载周代曾设置"典枲"的职官，管理全国麻织物的生产，说明大麻主要分布在黄河中下游地区。

古代大麻栽培技术主要有以下几点：其一，轮作和间作套种。早在《齐民要术》

中就指出"麻欲得良田，不用故墟"和"田欲岁易"，否则会引起"点叶、夭折之患"而"不任作布"，即大麻不宜连作而宜轮作，如连作会发生病害而影响纤维质量。《补农书》谈到浙江嘉兴的"东路田皆种麻，无桑者种之，盖取其成之速，而于晚稻、晚豆仍不害也"，又说"春种麻，麻熟，大暑倒地，及秋下萝菔。萝菔成，大寒复倒地，以待种麻，两次收利"，介绍的是大麻与水稻、豆类和蔬菜轮作。

其二，浸种催芽和冬播。《齐民要术》中记载了大麻的浸种催芽方法："取雨水浸之，生芽疾，用井水则生迟。浸法：著水中，如炊二石米，顷漉出。著席上，布令厚三四寸。数搅之，令均得地气，一宿即芽出。水若滂沛，十日亦不生。"这是大田作物浸种催芽方法的最早记载。中国古代利用大麻耐寒的特性，实行冬播。如元代《农桑衣食撮要》就指出"十二月种麻"，并说"腊月八日亦得"。这是大麻生产上的重要创造，直到今天仍在生产中应用。

其三，多次追肥和提高灌溉水温。《陈旉农书》中提出要"间旬一粪"，即隔十天就要追肥一次，且要以蚕粪、熟粪、麻子饼等和草木灰配合使用，这和今天大麻追肥以氮为主、辅以钾肥的原则是一致的。关于大麻的灌溉，《氾胜之书》提出"天旱，以流水浇之，树五升。无流水，曝井水，杀其寒气以浇之。"这是因为井水温度低，须经暴晒提高水温后才能使用。

其四，去雄。《齐民要术》指出"既放勃，拔去雄"，如"若未放勃，去雄者，则不成子实"。所谓"放勃"，就是指雄株大麻开花时散发的花粉。在雌株受粉后，拔除雄株可利用其麻皮，并有利于雌株的生长和种子的发育成熟。如果在"放勃"前拔去雄株，雌株就不能结实。这种对植物雌雄异株的认识及其在生产上的应用，是世界生物史上的一项突出贡献。

其五，沤麻时发酵程度的掌握。中国的沤麻技术有悠久的历史和丰富的经验。《氾胜之书》《齐民要术》等介绍了沤麻所宜的季节、水温、水质、水量等。同时认为在沤麻过程中如何掌握好发酵程度是极为重要的关键点。清代《三农纪》介绍了当时老农沤麻的好经验：将麻排放入沤池后，"至次日对时，必池水起泡一两颗，须不时点检。待水泡花叠，当于中抽一茎，从头至尾捋之，皮与秆离，则是时矣。若是不离，又少待其时，缓久必泡散花收而麻腐烂，不可剥用。得其时，急起岸所，束竖场垣。逢暴雨则麻莹，晒干，移入，安收停，剥其麻片。"

中国古代对大麻的利用是多方面的，首先是利用其纤维织布，其次也用来制毯被、雨衣、绳索、牛衣和麻鞋等。先秦文献有将大麻籽列为五谷之一的记载。大麻籽供食用到宋以后已少见，明代宋应星的《天工开物》曾对此表示怀疑。大麻籽油的利用，大约在汉代以前就已开始，主要是用来饰物及照明。大麻籽饼是古代重要的饼肥之一。大麻籽还是很好的饲料。《农政全书》指出用来饲猪，可"立肥"，饲鸡可"日常生卵不菢"。此外大麻籽及花还是药材，这在《神农本草经》《图经本草》《本草纲目》等书中均有记载。最突出的是中国从汉代开始就已经用麻纤维作造纸原料了。

三、苎麻

苎麻原产于中国西南，是古代重要的纤维作物之一，栽培历史约有五千年。1949年以来，先后在福建崇安、湖南长沙、安徽舒城、江苏六合、江西贵溪等地出土了从新石器时代到西汉时期的苎麻织物。其中最早的是浙江钱山漾新石器时代遗址出土的苎麻布和细麻绳，距今已有四千七百余年。中国文字记载苎麻的，最早是《诗经·陈风》："东门之池，可以沤纻"。直至前汉《上林赋》及《僮约》中才开始称苎。此后很长时期内纻苎并用。

古代苎麻栽培有有性繁殖和无性繁殖两种方法，各有其利。《农政全书》指出"无种子者，亦如压条栽桑，取易成速效而已。然无根处取远致为难，即宜用种子之法。"说明用种子繁殖容易扩大面积，但费工而收割迟。分根繁殖省工而收割早，但很难扩大至远处。

苎麻繁殖主要利用种子繁殖。播种前要精选种子。分根繁殖也是重要的方法，据《群芳谱》说，苎麻"至年久，根科盘结不旺，掘旺分栽"。古人非常注意种根的选择，明代《菽园杂记》已经指出"老根生白蚁"，故不能作种用。19世纪末出版的《种苎法》和《抚郡农产考略》等指出"老根，下垂如芋者，俗谓之麻肚，弃之不用，以其无萌芽之可生发也"。关于分枝，清代《三农纪》明确指出"苎已盛时，宜于周围掘取新科移栽，则本科长茂"，说明分株的主要目的一是繁殖，二是使本株繁盛。

古代强调收割要适时。明代《菽园杂记》指出："若过时而生旁枝，则苎皮不长。生花则老，而皮粘于骨不可剥。"在具体掌握上有三个标准。第一是根据根旁小芽高度来确定时间。这一经验最早见于《士农必用》："割时须根旁小芽高五六分，大麻即可割。大麻即割，其小芽荣长，即二次麻也。若小芽过高，大麻不割，芽既不旺，又损大麻。"这是最早运用的方法。第二是根据根部颜色来确定时间。《农桑衣食撮要》提出"看根赤获刈"。第三是根据麻皮色泽来确定时间，如《种苎法》和《抚郡农产考略》等说："视麻之皮转灰黑至梢，则可剥。尽半月内须剥尽。过早则太嫩，过迟则浆干。"这一方法比前两种更易掌握。也有把几种方法结合起来运用的。

苎麻在古代除了作为主要纺织原料外，苎根也可食用。明代《救荒本草》《本草纲目》等就指出苎麻可"救饥，采根刮洗去皮，煮极熟，食之甜美""可刮洗煮食救荒、味甘美"。《补农书》也说"苎头更可入粉为食"。这些记载说明苎根是一种救荒食物。清代《广东新语》还说"其苗之穉者可茹，名曰麻，广人多以醋炒食之"。苎麻的根、叶也可入药。

四、棉花

棉花是中国古代继葛、麻之后十分重要的纤维作物。栽培种中包括棉属的四个种，分别是亚洲棉、非洲棉、陆地棉、海岛棉。随着时代的变迁，栽培的棉花品种亦在不断变化。中国古代种植的棉花是亚洲棉和非洲棉，陆地棉则自近代才开始引进，海岛棉的引进时间难以确定。

中国南方的棉花可能已有四千年的栽培历史。从14世纪开始，棉花很快从西北向整个黄河和长江流域扩展，逐步取代了丝麻纤维的地位，成为民间最重要的衣着原料。

一般认为《尚书·禹贡》所载"淮海惟扬州，……岛夷卉服，厥篚织贝"的贝为棉的最早记载。1979年在福建崇安县武夷山的悬棺中发现一批纺织物残片，经鉴定是距今三千二百多年棉织物遗物，说明三千多年前华南的某些地方已经懂得种棉织布。

据三国时的《南州异物志》、晋代的《蜀都赋》和《吴录》、南北朝时的《后汉书·西南夷传》和《南越志》，以及宋代的《文昌杂录》《泊宅编》《岭外代答》等的记载，1—12世纪在云南、广东、广西、海南、福建等地种植的棉花，都是多年生木棉。大约在12世纪中叶以后，才引种或培育了一年生的棉花。中国种植的亚洲棉，较多的学者认为是从印度先引入云南、两广、海南和福建，再发展到长江流域和黄河流域。一般认为亚洲棉原产于印度，也有人认为印度种棉虽较早，但很可能是从非洲东北部引进的。

非洲棉称"草棉"或"小棉"，最早是由中东经丝绸之路传入新疆，后发展至河西走廊，但没有向东扩展到黄河中下游地区。新疆巴楚县晚唐遗址中出土过棉籽，鉴定为非洲棉，是9世纪时的遗物，有力地证明一千多年前的新疆确实已种植非洲棉了。

陆地棉亦称"美棉"，正式引入陆地棉的是清末湖广总督张之洞，他为了给湖北机器织布局提供较好的纺纱原料，在1892年、1893年及1898年均由美国引入。以后清政府及地方当局又多次从美国和朝鲜引入推广，均以失败告终。1919年上海华商纱厂联合会再次引种推广，由于吸取了以前的失败教训，采取有效措施，得以成功。

海岛棉主要分布于美国东南沿海，因其纤维长，又被称为长绒棉。关于海岛棉的传入时间，比较明确的记载是20世纪初期，主要在云南种植。

中国古代棉花的分布和发展，以宋代为界限，划分为宋以前和宋以后两个阶段。在宋代以前，棉花只分布于边缘地区。在南方，除《禹贡》记载南方某些岛屿有棉花外，3—5世纪的《蜀都赋》等文献也记载，在今广东沿海、广西桂林及云南西部一带早有多年生棉花的种植。这些地方气温较高，能满足棉花越冬的条件。在北方仅分布于新疆，除考古中发现过汉代的棉织物外，《梁书·西北诸戎传》记载，当时在今吐鲁番的高昌国有棉花种植。

宋代以后，棉花从边缘地区向长江和黄河流域发展。在南方，据宋代《文昌杂录》等记载，除两广、海南岛、云南种棉外，还在福建种植。长江流域由于气温较低，多年生棉花不能越冬，所以直至12世纪中后期，引入或在华南培育出一年生棉花后，才逐渐推广种植。宋末元初胡三省在《资治通鉴》注时指出："木棉，江南多有之。"元代《王祯农书》也说"近江东、陕右亦多种"，又说"木棉产自海南，诸种艺制作之法，骎骎北来。江淮川蜀，既获其利。至南北混一之后，商贩于此。"这说明长江流域在宋末元初已较多地种植棉花，而且发展很快。《元史》指出，至元二十六年（1289年）元政府曾"置浙东、江东、江西、湖广、福建木棉提举司。责民岁输木棉十万匹"，此后元政府在颁布江南税制时，还将棉花及棉布列为夏税征收的实物之一。这说明13世纪后期，长江中下游地区的植棉业和棉纺业均较发达。上海及其附近地区已处于领先地位。这和松江人黄道婆从海南岛带回先进的纺织工具和技术有关。从明代起长江三角洲的植棉业发展迅速，黄河中下游地区的植棉业也有很大发展，种棉最多的是河南。18世纪的张九钺在《拾棉曲》中也谈到从开封到灵宝五百里间，不论高低田，多种棉花。该省棉花还销往山西及陕西。

由于宋元以来植棉业的迅速发展，棉花种植几乎遍及全国，逐渐代替了丝、麻的地位，其原因正如《王祯农书》所说种棉花"比之蚕桑，无采养之劳，有必收之效。埒之枲苎，免绩缉之工，得御寒之益，可谓不麻而布，不茧而絮"，所以能成为"地无南北皆宜之，人无贫富皆赖之"的最大众化的衣服原料。

除了利用棉花纤维纺纱织布等外，明代《本草纲目》已将棉籽油列为药物，清代《木棉谱》说棉籽"性解毒，能治恶疮乳痈"。《物理小识》说："其子仁可榨油，为粘舟用"。《三农纪》说:"子可榨油,渣可粪田。子饲牛马易壮,秸可炊,叶饲畜。"《南越笔记》还说,当时广州"牛必以吉贝核渣饲之,乃肥有力。核中有仁,榨油已,其渣尚有润泽,故牛嗜之"。这些说明棉有多种用途,所以在古代后期成为最主要的衣物原料。

农业文明时期,男耕女织具有同等的重要性。民以衣食为本,耕解决了吃的问题,织则解决御寒的问题,同时也让人们能够展现美的风采。男耕女织,上述几种重要的纤维类作物,给古代农耕文明注入了靓丽的风景。

思考题:
1 如何看待葛、麻、棉的栽培发展史?
2 请简述中国纺织业未来发展趋势的展望。

参考文献:
1 唐启宇. 中国作物栽培史稿 [M]. 北京:农业出版社,1986.
2 彭世奖. 中国作物栽培简史 [M]. 北京:中国农业出版社,2012.
3 汪若海,承泓良,宋晓轩. 中国棉史概述 [M]. 北京:中国农业科学技术出版社,2017.

推荐阅读文献:
1 杨希义. 大麻、芝麻与亚麻栽培历史 [J]. 农业考古,1991(3):267-274.
2 纪俊三. 中国苎麻的栽培历史与利用 [J]. 农业考古,1990(2):304-309.
3 罗桂环,张彤阳. 中国古代对葛的开发利用 [J]. 古今农业,2020(3):18-23+43.

第八章

主要畜禽及水产养殖历史及文化

中国古代以农业为主，即种植业占主要地位，而养殖业，或者说畜牧业处于次要地位，但是中国在养殖业方面仍然拥有悠久的历史与辉煌的成就。

本章主要阐述六畜的养殖及兽医技术，其中狗因为其特殊性，并入特种动物而不单独叙述，其他方面包括水产养殖、蚕桑等。

第一节　养马历史
第二节　养牛、羊历史
第三节　养猪历史
第四节　养禽历史
第五节　特种动物、禽类及昆虫养殖
第六节　兽医技术体系
第七节　水产养殖
第八节　栽桑养蚕历史

第一节
养马历史

在中国古代，马既是耕力，也是运力，还是战力。鉴于其在农业生产、交通运输乃至国家军事领域中所起到的特殊而重要的作用，马历来被视作"六畜之首"。自人类把野生的马属动物驯化成家畜以来的几千年中，养马一直是畜禽养殖行业中最为重要的部分之一，中国养马史的资料留存、技术体现也是其他畜禽难以比拟的。

一、先秦时期养马业

关于马的起源，国外学者认为马最早起源于中亚地区乌克兰草原上。但是以谢成侠为代表的中国学者认为，中国可能很早就驯化了马，蒙古野马是中国家马的祖先。中国最早驯养马的地区应该是蒙古野马生活的华北和内蒙古草原地区。马的驯化饲养要比其他家畜晚，在较早期的新石器时代遗址中未发现马的遗存，最早的驯养历史可以追溯到距今约四千年的龙山时代。山东历城城子崖、河南汤阴白营、吉林扶余北长岗子、甘肃永靖马家湾等遗址都出土过马骨。《管子·轻重戊》中就有"殷人之王，立皂牢，服牛马，以力民利，而天下化之"的记载，可见商人很早就懂得了服驯牛马为己所用。商周时期，马已经普遍饲养，养马业是商代畜牧业的重要组成部分。《诗经·小雅·鸳鸯》曰："乘马在厩，摧之秣之。"《诗经·周南·汉广》有言："翘翘错薪，言刈其楚；之子于归，言秣其马。""翘翘错薪，言刈其蒌；之子于归，言秣其驹。"楚是荆属，蒌为蒿属之草，割来喂马，说明当时马已畜养在马厩之内。《诗经·小雅·白驹》曰"皎皎白驹，食我场苗。""皎皎白驹，食我场藿。"藿是豆苗，这是放牧野外的马驹啃食禾苗的情形。《夏小正》有"颁马"的记载，颁马即《礼记·月令》中的"游牝别群"之意，就是将已受孕的母马分别放牧，说明当时的牧马已积累了一定经验。

商代以前牲畜都只用作食用和祭祀，从商代起，马和牛等大牲畜就逐渐用作军事、交通、狩猎和农耕的动力。在殷墟武官村北地王陵区祭祀场所发掘的四十座祭祀坑中，埋马的有三十座，共埋葬马一百一十七匹，由此可见商代养马规模之大。到了春秋时代，马、牛的使役显得更加重要，已成为交通、农耕和军事的主要动力。此外，由于战争的频繁，骑射和打仗都要用马，马在战争中的作用越来越重要。陕西眉县李村西周窖穴出土的"盠驹尊"展示了周王亲自举行的"执驹礼"，即让小马离开母马，入住王的马厩，从此成为服马，这也说明了统治阶级对马的重视。春秋战国时期，开始用百乘（一车四马为一乘）、千乘、万乘来标志国家的大小和实力的强弱。《吴子·治兵》中特别强调对军马要精心饲养和管理，要"适其水草，节其饥饱""冬则温厩，夏则凉庑"，要"刻剔毛鬣，谨落四下，戢其耳目，无令惊骇"，平时训练要"习其驰逐，闲其进止，人马相亲，然后可使"，役使时勿使之过度劳累，"日暮道远，必数上下，宁劳于人，慎无劳马"。《周礼·夏官司马》还记载有专门医治马病的"巫马"和为良马保健的"趣马"等职，亦可见马在当时六畜中处于首要地位。为了鉴定马的优劣，春秋时期出现了相马专家，如秦国的伯乐和九方堙，相传伯乐还著有《相马经》。《吕氏春秋·观表》提到战国出现了十大相马家，以相马的个别部位而著名。相马术的出现可视为中国"家畜外形鉴定学"的发端。

二、秦汉至魏晋时期养马业

秦汉时期是中国历史上畜牧业发展较为兴盛时期，秦汉两朝都建都于关中，《史记·货殖列传》上说："西有羌中之利，北有戎翟之畜，畜牧为天下饶"。西北各郡也成为秦汉时期畜牧业的重点地区，"武威以西……地广人稀，水草宜畜牧，故凉州之畜为天下饶。"由于军事和动力上的需要，政府对养马业非常重视，认为"马者甲兵之本，国之大用。安宁则以别尊卑之序，有变则以济远近之难。"因此都有专门的官吏"掌舆马"。秦朝建立了专门的畜牧业管理机构，制定马政条例。以太仆卿掌国马，从此逐渐建立了完备的马政机构及设施，并从西域引入良马，加以繁殖。在军事上，设太尉掌理兵马大政；置太仆，列为九卿之一，辅以二丞，掌专为皇室用的舆服车马；设六个牧师令，奴役无数人民在边郡各地养马；还有五辂及战车，掌于车府，车府令就是秦二世的丞相赵高。此外，还制定了中国最早的畜牧法《厩苑律》。

汉武帝时期朝廷及时采取措施，大养战马并积极鼓励民间养马，畜牧业进入大发展阶段。《汉书·食货志》上说："众庶街巷有马，阡陌之间成群"。武帝出猎时，有"从马数万匹"。西汉时期已有国有牧场，当时在全国各地建立了许多牧马苑，由国家大规模繁殖、饲养马匹。仅西北边郡就设立了牧马苑三十六所，养马达三十万匹。与此同时，各种马政法令也相继颁布，为以后历代着力推行马政奠定了基础。《史记·大宛列传》有载："大宛在匈奴西南，在汉正西，去汉可万里。其俗土著，耕田，田稻麦。有蒲陶酒。多善马，马汗血，其先天马子也。"为了改良马种，汉武帝曾派使臣去西域大宛交换汗血种马，从而获得善马三千匹。这对于中国马种的改良具有重要作用。这一时期，作为家畜优良饲草的苜蓿也传入了中国。《史记·大宛传》载："马嗜苜蓿，汉使取其实来，于是天子始种苜蓿、蒲陶肥饶地。及天马多，外国使来众，则离宫别观旁，尽种蒲陶、苜蓿。"汉代对苜蓿很重视，栽种苜蓿的园苑设有专官管理。

魏晋南北朝时期养马业在连年战乱中因战争消耗大部分。北魏由于是由内迁的游牧部族统治，十分重视畜牧业，先后建立四个大型国有牧场。《魏书·燕凤传》记载苻坚问北魏使臣燕凤有多少人马，燕凤说："控弦之士数十万，马百万匹。"又说："云中川自东山至西河二百里，北山至南山百余里，每岁孟秋，马常大集，略为满川。"当时北方的养马业比南方发达得多，这是因为自汉代以来，马匹在北方已运用在农业生产上，加上战争的需要，以及游牧部族善于畜牧的特征，所以北方养马业有一定的基础。北魏初期对北方农牧地区实行按户征收赋税的办法，马是当时主要的征物。北魏的养马业在饲养、放牧、阉割、兽医等方面积累了丰富的经验。贾思勰所著《齐民要术》集中总结了当时的农牧业生产技术和管理经验，是中国现存最早最系统的农牧业科学技术专著，其中有很多前人关于家畜饲养管理的经验，例如针对作为动力使用的大家畜的役使饲养原则是"服牛乘马，量其力能；寒温饮饲，适其天性；如不肥充蕃息者，未之有也。"要求使役不能过度，须根据牲畜的特性饲喂。具体的饲养方法在于"三刍"和"三时"："三刍"是指将饲料分为恶刍、中刍、善刍，即粗、中、精三等，"饥时与恶刍，饱时与善刍，引之令食，食常饱，则无不肥。"所谓"三时"，是指马的饮水分为朝饮、昼饮和暮饮三个时间。"朝饮少之"，昼饮要有节制，暮饮则尽量喝足。这种按牲畜的饥饿程度喂以精粗不同的饲料，按时间的早晚，给水量有多少之分，正是区别对待、因时制宜的饲养方法。

三、隋唐时期养马业

隋唐时期畜牧业发展甚为发达，其中养马业尤为兴盛。耕地面积扩大，粮食产量增加，为隋代的畜牧业发展提供了很好的客观条件，虽然畜牧业在国民经济中所占比例有所下降，但政府对养马业依然十分重视，因而官马甚多，《旧唐书·屈突通传》记载：开皇年间，文帝遣亲卫大都督往陇西检覆群牧搜得隐藏马多达二万余匹，从侧面反映隋朝畜牧数量可观。隋朝沿袭前制，设有专门的马政机构：设太仆寺，主管马畜之政，设寺卿一人从三品，少卿一人从四品上，又寺丞三人，主簿二人，兽医博士员一百二十人；另置驾部侍郎，隶于兵部，掌舆车乘，传驿厩牧，司官私牛马杂畜的簿籍。驾部与太仆寺是并行关系，但太仆寺所属牧监的马羊籍账，每年都要汇总交给驾部，以备考课。但是隋炀帝好大喜功，横征暴敛，曾搜括民马十余万匹，大业六年又搜括十万匹马，终使畜牧业遭到严重破坏。

唐朝建立初期，养马业残破情况和汉初相似，国有马匹荡然无存。经唐太宗在战后收拾残骑，并把从突厥俘获来的两千匹马和隋朝遗留下来的三千匹马，统一牧养于陇右一带，并大规模兴办牧场，才将养马业重新恢复。值得一提的是，唐初领导养马业的组织者太仆卿张万岁（张景顺），因精通养马，被唐太宗委以群牧马政长达二十四年，得到陇右人民极大信任，《事物纪原》记载："张万岁缉其政，恩信大行，既没，种以马岁为齿。"宋代史学家范祖禹亦道："唐之国马，唯得一能臣而掌之，不数十年而其多二百倍，由其任职之专也。"唐政府对马政极为重视，中央设太仆寺、驾部、尚乘局和闲厩使，地方设监苑，形成严密的监牧制度。唐代以西北地区作为养马基地，在今甘肃、陕西、宁夏、青海等地分设四十八监牧，养马七十多万匹，还在全国各地建立了六十多个监牧所，史称"秦汉以来，唐马最盛"。唐代建立了完备的登记马种优劣的马籍制度。《新唐书·百官志》中说："马之驽良皆有籍，良马称左，驽马称右，每岁孟秋，群牧使以诸监之籍合为一，以仲秋上于寺"。为了严行马籍，还相应建立马印制度，给各种马匹打上不同的印记，以示区别。这样区分马的良驽强弱，既便于马匹征调，还能存优去劣，同时也为马匹的良种繁育提供便利条件。据《唐会要》记载，唐朝在西北及塞外广大草原地区引进或接受赠献的良马就有近四十种之多，如骨利干马、结骨马、悉密马、回纥马、契丹马等。《唐会要》卷七十二记载："康居马，康居国也，是大宛马种，形容极大。武德中，康国献马四千匹，今时官马，犹是其种。"《续博物志》亦有言："天宝中，大宛进汗血马六匹，一曰红叱拨，二曰紫叱拨，三曰青叱拨，四曰黄叱拨，五曰丁香叱拨，六曰桃花叱拨。"另有阿拉伯马和远东一带的良马被引入中国。西域良马的输入从唐代的雕刻及塑形等艺术上亦可窥见一二。例如，各地出土的唐三彩陶马健壮优美的形态，即"既杂胡种，马乃益壮"的真实写照。唐朝的养马业也有严格的法律制度监管，通过对历代马法总结并修补，重新制成《厩库律》，定有二十八条。基本精神是赏罚分明，责任到人，对从事养马生产者以酷刑治之。它是中国古代马事律令的典范，唐以后各朝都以其为蓝本。

四、宋元至明清时期养马业

公元907年起进入五代十国时期，唐朝的马政制度几乎全部被摧毁了。所以《宋史》上说，"国马之政，历五代而寝废"。在五十多年的分裂局面中，畜牧业遭到很大损失。至960年赵匡胤夺取后周政权而建立宋朝后，才又逐渐统一起来。北宋初期，由于战争的需要，宋朝政府对养马颇为重视，《宋史·兵志·马政》说："国马之政，历五代寝废，至宋而规制备具。"为了解决国防上所需的马匹供应问题，宋朝政府采取了两种措施：一是市马，设立名为"估马市"的马匹收购机构，用钱买或用茶换西夏等国家的马匹；二是自繁自养，在各州设置牧监（种马牧场），创行"保马法"和给地牧马制度，鼓励人民养马。宋朝在中央设立管理马政的机构，并在中原一带设置十四个监牧，废弃唐代在西北设立的牧监牧场。但中原地区放牧面积和放牧条件不比西北地区，因此养马业受到一定的限制，加上宋与辽、夏、金的战争接连不断，黄河以北适宜牧马的土地大部分被掠夺，所以宋朝养马业没有唐朝兴盛。元朝对各农业区的民间养马，实行括马政策。括马当时又称"刷马"或"拘刷"，就是大量搜括民间马匹，打上官马烙印，以充军用。元世祖中统元年开始括马一万匹，后来括马范围越来越大，数目越来越多，制度越来越严格。据《新元史·兵志·马政篇》记载，自元世祖中统元年至文宗天历元年，元政府在农区共括马二亿二千六百九十六万余匹，严重破坏了农区的养马业和农耕生产。另据《新元史·兵志·马政》记载，至元二十三年规定："有马者。……汉人尽所有拘取。又军、站、僧、道……亦拘之。……马价续当给降，隐藏及买卖之人，乞斟酌轻重杖之"。至元三十年诏："……养马之家，应尽数赴官"。延祐五年中书省奏："不分军民站赤，一概拘刷马匹"。从这几句话中可以看出括马政策之蛮横毒辣，简直到了竭泽而渔的地步。元代之所以采取残酷的括马政策，除了军事和经济上的需要之外，更重要的是防止汉族人民造反，这也直接导致当时人民怨声载道，民不聊生，对当时及后代的养马业造成极大伤害。

鉴于元代残酷压榨人民，引起了人民大暴动的恶果，明朝初期，为了巩固封建统治，朱元璋确定了"休养生息"的恢复和发展生产的政策，积极恢复和发展农业及畜牧业，所以对养马业非常重视，在兵部之下，设立南北二太仆寺及四个行太仆寺，掌管养马事宜，督促民间养马。在南京附近六府三州设立户马制和大批监苑所，划定草场范围，发展官方养马业。在少数民族地区推行茶马互市制度，"以茶驭番"，用茶和边区人民交换马匹。洪武三十年间，对西北各"纳马之族"发金牌四十一面，以为纳马凭证。茶马比价，明初定为"上马一匹，给茶百二十斤，中马七十斤，驹五十斤"，后又改为"上马给茶八十斤，中马七十斤，下马六十斤"，永乐年间更降至"上马每匹茶六十斤，中马四十斤，下马递减"。整个明代，茶马互市始终未断，成为军马的重要来源。经过几十年的努力，官马、私马数量大增，养马业得到显著发展。

满族原来是一个游牧民族，善畜牧骑射。入关以后，为了防止汉族壮大骑兵势力，对其进行反抗，故承袭元代故技，在中原及南方各地，实行抑制农民养马的政策，废除明代遗留下来的苑马寺各监，摧毁明代官督民牧制度，颁布多条禁令严格限制民间养马，对于农业区的养马业，起了很大的破坏作用。而对于边远地区各少数民族的茶马互市制度，亦由逐渐削弱而终至废除。《清朝文献通考·兵考》中有多处例证：顺治五年（1648 年），规定现任文武官及兵丁准其养马，其余人等不许养马；康熙三年（1664年）又颁禁令："凡违禁贩卖马匹被出首者，马给出之首人，价入官，……不论马贩、马牙，俱处绞刑。"清朝的养马业建设主要体现在察哈尔地区的牧场，在太仆寺下设立左翼四旗和右翼四旗牧厂，总管那些游牧的察哈尔各大马群。另在西北亦设立多所牧场，为地方驻军供应军马。总的来说，清朝除八旗、驿站、文武官员及兵丁外，其余的人都不许养马，违者或杖责，或没收马匹，凡违禁贩卖马匹的，处以绞刑，由此可见清朝对待民间养马业的残酷。

思考题：
1. 家马起源于本土还是外国？
2. 历史上汉唐的兴盛与养马业存在何种关系？

参考文献：
1. 谢成侠. 中国养马史 [M]. 北京：农业出版社，1991.
2. 安岚. 中国古代畜牧业发展简史 [J]. 农业考古，1988（1）：360-367.
3. 张仲葛. 中国畜牧业发展史 [J]. 中国畜牧学杂志，1958（3）：145-149.

第二节
养牛、羊历史

牛在中国农业史上的大部分时段里都是最重要的畜力，牛耕相对于人力耕作，效率大大提高，有人称一牛能够顶十人之力。史学界常把牛耕看作奴隶社会向封建社会转变的标志之一，可见其在古代社会中的重要地位。战国经济的发展，得益于铁犁牛耕的作用，只有两者结合，才能相得益彰，铁器的破土效率才能够发挥出来。因此在古代，牛的养殖得到全力发展，政府与民间都积极养牛。相对而言，羊的养殖则仅仅是提供肉食，地位与牛相比，大大逊色。

一、先秦时期牛羊业

羊是中国驯化饲养较早的家畜之一，早在七千多年前就有羊的饲养历史。河南新郑裴李岗遗址出土的羊骨、陶羊头，陕西临潼姜寨遗址出土的羊头式陶塑器盖把钮，浙江余姚河姆渡遗址出土的陶羊，都能印证这一说法。在新石器时代仰韶和龙山文化遗址中，出土文物有羊骨，其形态与蒙古羊相似，蒙古羊中的肥尾羊由东方盘羊衍化而来。牛有黄牛、水牛之分，驯养历史稍晚于羊，考古工作者首先在长江以南河姆渡文化遗址发现了经过驯养的水牛骨骼，说明牛的驯养最早在六七千年前。在河南、河北、山东、内蒙古、甘肃等许多距今五六千年前的仰韶文化遗址中，也发现了牛的骨骼。在黄河流域遗址中，如大汶口遗址、邯郸涧沟村、长安客省庄等，除出土黄牛遗骸外，也发现过水牛骨骼，说明新石器时代淮河以北已经饲养水牛。南方的遗址以出土水牛为多，其中河姆渡遗址就出土了十六具水牛头骨，江苏吴江梅堰出土过七具水牛头骨。

商周时期畜牧业已在社会经济中占据重要地位。早期六畜中的马、牛、羊多用于食用，如《穆天子传》载："甲子，天子北征……因献食马三百、牛羊三千。""壬申，天子西征，至于赤乌。赤乌之人献酒千斛于天子。食马九百，牛羊三千。"此外，牛羊也被作为祭祀牺牲和陪葬品，商代帝王祭祀时所用牛羊多达几百头，如"贞……御牛三百""丁亥……卯三百牛"。王室贵族也喜用玉石雕琢成牛的形象作为陪葬品，祭祀用的青铜礼器上也喜用牛头纹作为装饰。商周时期，王室贵族和民间都重视养牛。相传商汤的七世祖王亥作服牛，十一世祖相土作乘马，说明当时已开始役使牛马来拉车或驮运东西。早期人们是将绳子系在牛角上牵拉的，安阳妇好墓出土的一件玉牛，"牛的鼻隔有小孔相通，应是牛穿鼻的真实写照。"说明商代晚期可能已经发明了穿牛鼻子的技术。商的祖先"立皂牢"，皂是喂牛的槽，牢是关牛羊的圈，可见商代已采用放牧和圈养相结合的饲养模式。《诗经·小雅·无羊》曰："谁谓尔无羊？三百维群。谁谓尔无牛？九十其犉。尔羊来思，其角濈濈。尔牛来思，其耳湿湿。或降于阿，或饮于池，或寝或讹。尔牧来思，何蓑何笠，或负其餱。三十维物，尔牲则具。"诗中生动描绘了牛羊成群在野外吃草饮水，牧人披蓑戴笠背负干粮辛勤放牧的情景，由此可见，西周时期牛羊的饲养已初具规模。西周时期有专门管理六畜的职官，称为牧人，负责放牧六畜，供应祭祀所需牺牲。《周礼·地官·牧人》曰："牧人掌牧六牲而阜蕃其物，以共祭祀之牲牷。"另有专门负责牛、羊饲养的牛人、羊人，江永曰："国有祭祀，牧人共之。于王朝，牛入地官牛人、充人及司门；羊入夏官羊人……"。牛人、羊人等是供应牺牲的职官，他们需要的牲畜从牧人处领取。春秋战国时期，政府对养羊业甚为重视。《礼记·王制》强调"大夫无故不杀羊"，《礼记·坊记》又载"大夫不坐羊，士不坐犬"。郑玄注曰："古者杀牲，食其肉，坐其皮。不坐犬羊，是不无故杀之。"不随意杀羊是为了保护种羊的繁育增殖，由此可见当时对养羊业的重视程度。春秋战国时期，冶铁技术发展，铁质农具开始出现，尤其是犁的出现促使牛成为农耕的主要役畜，农业生产伴随着牛耕而日益发达起来。牛耕铁耜改变了传统的耕作方法，农民不仅可以深耕，还能多耕，成为春秋战国以及秦汉时期生产力发展的主要因素之一。

二、秦汉至魏晋时期牛羊业

秦汉时期牛耕进一步推广，因而养牛业受到整个社会的重视，正如应劭的《风俗通义·佚文》所述："牛乃耕农之本，百姓所仰，为用最大，国家之为强弱也。"《史记》卷二十五"律书"也称"牛者，耕植种万物也。"秦汉时，牛不仅是农业生产的主要畜力，而且是百姓的重要家产，故国家通过颁布法律来保护耕牛。

有学者综合分析文献、考古材料，指出当时政府为了确保养牛业的健康发展，提供丰富的畜力，制定了严厉的法律条文，涉及偷盗、争讼、死伤、丢失等各个方面，尤其惩治盗牛、禁杀伤牛的法律，不仅保护了官私牲畜财产的安全，而且为畜牧业的持续发展以及农业生产力——牛耕的推广提供了法律保障。同时为了重视养牛业，从中央到地方有一套严密的牧牛和管理系统，维持完善的牛政制度。秦朝设有专门的养牛管理机构与饲养人员，《睡虎地秦墓竹简》中的《厩苑律》记载：国家设有大厩、中厩、宫厩三个机构专门负责朝廷、宫室牛马的需要。《睡虎地秦墓竹简》中的《厩苑律》《秦律杂抄》"牛羊课"中记载：田啬夫、皂者（饲养员）、牛长、佐是负责饲养官牛的专门人员。汉袭秦制，设有专门机构与人员饲养官牛。《汉书·百官公卿表》记载：大厩、未央、家马三令，系太仆属官；厨厩长丞、厩官令长丞，系詹事属官；六厩官令丞，系水衡都尉属官，掌畜令丞，系主爵中尉属官，均是主管马牛等牲畜供养。除此之外，宫室中设有"牛官令"，军队中设有"牛吏"，专门负责刍牧牛。为了确保官牛的饲养，秦汉政府对中下层官吏分配的牛与车，配备了专门的养牛人员，称"见牛者一人"。据《睡虎地秦墓竹简》《金布律》云：都官的有秩吏及其分支机构的啬夫，每十人，配备车牛一辆，看牛者一人。在江陵凤凰山一六七号汉墓遣策上也有"牛者一人，大奴一人"的记载，说明了秦汉时期对官吏用牛有明确规定，并且设专人饲养、看管。

秦汉政府还实行严格的评比奖惩制度，每季度对耕牛饲养情况进行考核评比，对评为最好者给予赏赐，对不合格者给予惩罚。民间养牛业主体是大规模养殖牛马羊的畜牧业专业户，《史记·货殖列传》记载："故曰陆地牧马二百蹄，牛蹄角千，千足羊……此其人皆与千户侯等。"另有一些富贵人家也多养牛羊，《汉书·董仲舒传》有载："身宠而载高位，家温而食厚禄，因乘富贵之资力，以与民争利于下，民安能如之哉。是故众其奴婢，多其牛羊。"《论衡·骨相篇》亦云："富贵之家，役使奴僮，育养牛马。"由此可见秦汉时期养牛业的盛况。秦汉时期的西北地区是养羊业的主要牧区，"畜牧为天下饶"，由于"水草丰美，土宜产牧"，因而出现"牛马衔尾，群羊塞道"的兴旺景象。随着商品经济的发展，中原及江南各地也开始大量养羊。西汉的卜式就是以养羊出名而拜官的。据《汉书·卜式传》记载："卜式，河南人也，以田畜为事。有少弟，弟壮，式脱身出，独取畜羊百余，田宅财物尽与弟。式入山牧十余年，羊致千余头，买田宅，而弟尽破其产，式辄复分与弟者数矣。"卜式在山区牧羊百余只，十几年后即增殖千余只。由于养羊致富，后来为天子牧羊于上林苑中。《史记》中记载："（卜）式曰：'非独羊也，治民亦犹是也。以时起居，恶者辄斥去，毋令败群。'"即注意饲养管理，定时喂养，淘汰劣种和病羊，使羊群得到健康的发展。

总的来说，秦汉时期养牛业较养羊业兴盛，一方面是因为商品经济的发展，畜牧业生产趋于商品化，养牛的商业利润丰厚，促使养牛业发展；另一方面，以铁犁牛耕为主的农耕方式促使农民重视养牛业。

魏晋南北朝时期，国家政权动荡，对畜牧业的影响较大。北魏作为当时最强大的国家，其畜牧业相对发达。《魏书·食货志》记载："世祖之平统万，定秦陇，以河西水草善，乃以为牧地。畜产滋息，马至二百余万匹，橐驼将半之，牛羊则无数。"北魏的畜牧业成就在贾思勰所著《齐民要术》一书中得以充分体现。《齐民要术》第六卷专讲畜牧，内容涉及马、羊、牛等家畜的选种繁育、饲养管理、疾病防治、畜产品加工等诸多方面。《齐民要术》畜牧部分有关马、牛等动力大家畜的饲养提出了"服牛乘马，量其力能；寒温饮饲，适其天性"的家畜饲养管理的总原则。据游修龄先生统计，《齐民要术》畜牧卷中，叙述马的字数占全部叙述畜牧字数的45.45%，羊占25.75%，马和羊合占71.20%。这也充分说明了马和羊在北魏畜牧业生产中的地位。作为北魏统治者，拓跋鲜卑是游牧民族，羊的皮毛、肉酪可以满足他们的衣、食、住等方面的需求，所以羊在游牧民族的生活中占有非常重要的地位。随着拓跋魏入主中原，"一向对于乳类没有多大兴趣的汉民族，似乎由于学习北方民族的风尚，大量养羊"。《齐民要术》养羊篇中总结得十分详细：在选种繁育方面，要"常留腊月、正月生羔为种者，上；十一月、二月生者，次之"；在饲养管理方面，要求牧羊人"必须大老子、心性宛顺者，起居以时，调其宜适""既至冬寒，多饶风霜；或春初雨落，青草未生时，则须饲，不宜出牧"，要求饲羊需舍饲与放牧相结合；在饲草储存方面，"积茭之法：于高燥之处，竖桑、棘木，作两圆栅，各五六步许。积茭著栅中，高一丈，亦无嫌"；在制酪做毡方面，制酪需"于铛釜中缓火煎之""四五沸便止""以张生绢袋子，滤熟乳，著瓦瓶中卧之"，做毡"秋毛紧强，春毛软弱"，应该混用，并且"不须厚大，唯紧薄均调乃佳耳"，在疾病治疗方面，"羊有疥者，间别之"等等。《齐民要术》养羊篇所总结和反映的北魏畜牧业的生产技术，代表了中国6世纪初卓越的养羊技术成就，在中国的养羊史甚至于畜牧史上都具有非常大的价值和影响。它是"保存到现在的最古中国养羊技术资料"，并且"要了解古代养羊的实际方法，应以《齐民要术》的记载为最有价值"。

三、隋唐时期牛羊业

隋唐虽以养马业为盛，但牛羊等家畜也相继得到重视。魏晋南北朝时期的战乱给民间养牛业带来很大打击，耕牛几乎被杀尽。隋朝建立之初，隋文帝为鼓励民间养牛，将政府所属牧场所养的五千头官牛分给农户饲养，以图增殖，这种奖励耕牛繁殖的政策对当时及后代的农业生产发展起到很大作用。唐代犁耕的动力主要靠牛，因此对耕牛的饲养非常重视，认为"农功所切，实在耕牛"，"君所恃在民，民所恃在食，食所资在耕，耕所资在牛。牛废则耕废，耕废则食去，食去则民亡。民亡则何恃为君？"唐政府出于对农业生产的关注，十分强调要保护耕牛，禁止宰杀。《唐律·厩库》中明确规定："诸故杀官私马牛者，徒一年半。"先天二年（713年），唐玄宗即位初期亦下敕文："杀牛马骡等犯者科罪，不得官当，荫赎"。朝廷在常规的祭祀活动中，也禁止以牛为祭祀牺牲，常以其他牲畜替代。唐高祖曾颁布诏书，要求朝廷祭祀活动主动降低规格，去除用牛羊豕三牲的太牢，改用只祭羊牲的少牢："至于畜产，思致蕃息。祭祀之本，皆以为身，穷极事神，有乖正直。杀牛不如禴祭，明德即是馨香，望古推今，祭神一揆。其祭圜丘方泽宗庙以外，并可止用少牢。先用少牢者，宜用特牲。待时和年丰，然后克循常礼。"《旧唐书》卷十八亦载："起大中五年正月一日已后，三年内不得杀牛。如郊庙享祀合用者，即与诸畜代。"因此，唐代的养牛业得到很大发展。唐朝统治者累下禁屠令，禁屠的主要是牛、马、驴、骡等能提供生产动力的大牲畜，而羊、猪等提供肉食的牲畜并不在禁屠范围之内。自初唐开始，羊畜一直是统治者、官僚贵族乃至百姓的肉食来源之一。据《唐六典》记载，朝廷官员"每日常供具三羊，六参之日加一羊焉。行幸从官供六羊，释奠观礼具五羊。"《法苑珠林》载：唐长安市里，每年元日，市人轮流相邀饮宴，往往都要杀羊相待。《广异记》亦载："颍川陈正观斫割羊头极妙。天宝中，有人诣正观，正观为致饮馔。方割羊头……"由此可见唐代民间食羊亦十分普遍。这也促使民间养羊业的发展。而羊作为草食动物，喂养较为方便，既可成群放牧，又能舍饲家养，因此民间养羊者较多，成群饲养多集中在牧区，而在半农半牧区或农业区羊的饲养较少，一般为家庭副业。当然，也有一些养羊专业户，饲养规模较大。《旧唐书·杜伏威》有载："杜伏威，齐州章丘人也。少落拓，不治产业，家贫无以自给，每穿窬为盗。与辅公祏为刎颈之交。公祏姑家以牧羊为业，公祏数攘羊以馈之。"由此可见，唐代养羊业的发展亦十分可观。

四、宋元时期牛羊业

牛作为农业生产的主要役畜，在农区十分受重视。宋代随着农业的巨大发展，以及商品经济的繁荣和畜牧技术的进步，牧牛业更是空前兴盛，官、私牧牛的数量都超过了前代，这和其发达的社会经济是一致的。宋建国之初就非常重视牧牛业的发展，在京师开封成立了官营畜牧业的管理机构驾部和牛羊司。驾部"掌牛、马、驴、骡"，管理牛、马等大牲畜；牛羊司负责宫廷祭祀所用的牛、羊等牺牲和为各种宴会提供肉类。牛羊司内还养有乳牛，为乳酪院提供牛乳。一些监牧、车营务等牧养机构内也饲养有牛群："自今十坊监、车营务、乳酪院、诸园苑、开封县西郭省庄，有孳生纯赤黄色牛犊，别置栏圈喂养，准备拣选供应……逐处有新生犊，即申省簿记，关太仆寺逐祭取索供应。"《陈旉农书》详细总结了中国南方农民种植水稻以及养蚕、栽桑、养牛等生产技术的丰富经验，也是中国第一部有专篇较为全面地论述牧养耕牛的农书。陈旉在书中十分强调耕牛的重要性，认为上下都要重视和爱惜耕牛："必也在上之人贵之重之，使民不敢轻；爱之养之，使民不敢杀，然后慢易之意不生矣。视牛之饥渴，犹己之饥渴；视牛之困苦羸瘠，犹己之困苦羸瘠；视牛之疫疠，若己之有疾也；视牛之字育，若己之有子也。若能如此，则牛必蕃盛滋多，奚患田畴之荒芜，而衣食之不继乎？"书中有很多关于饲养管理方面的记载：在饲喂方面，"春夏草茂放牧，必恣其饱。每放必先饮水，然后与草，则不腹胀。又刈新刍，杂旧藁剉细和匀，夜饫之。"在畜栏卫生方面，"于春之初，必尽去牢栏中积滞蓐粪。亦不必春也，但旬日一除，免秽气蒸郁，以成疫疠；且浸渍蹄甲，易以生病。"在役使方面，"至五更初，乘日未出，天气凉的用之，即力倍于常，半日可胜一日之功。日高热喘，便令休息，勿竭其力，以致困乏。时其饥渴，以适其性，则血气常壮，皮毛润泽，力有余而老不衰矣。"牧羊业也是宋代畜牧业的重要组成部分，宋元时期牧羊业仍以北方为盛。羊肉由于肉质鲜美，深得宋朝廷的喜爱，"御厨止用羊肉，此皆祖宗家法所以致太平者。"官方对羊的需求量很大，除了向民间和周边政权购买外，官方自己也发展牧羊业。宋初成立牛羊司，"掌畜牧羔羊，栈饲以给烹宰之用"，经营者达一千一百二十六人。宋真宗时，牛羊司仅栈养羊就有三万三千只。自宋王朝南渡以后，北方居民大量南迁，把生长于黄河流域的绵羊也带到江南。太湖流域缺乏牧羊场地，只好实行圈养。农民利用野草和养蚕剩下的桑叶、蚕沙全年舍饲养羊，此举亦可存肥料用于农田。经过长期的风土驯化，北方的绵羊逐渐适应南方的水土，终于培育成耐湿热的著名品种——湖羊。

元代统治者虽为游牧民族，但也十分重视耕牛，忽必烈就认为"凡耕佃备战，负重致远，军民所需，牛马为本。"鲁明善在《农桑衣食撮要》中也表明"家有一牛，可代七人之力，虽然畜类，性与人同，切宜爱惜保养。"元政府沿袭宋朝禁止屠宰耕牛的惯例，明令禁止官民私自屠杀耕牛，《元史·刑法志》载："诸私宰牛马者，杖一百，征钞二十五两，付告人充赏。两邻知而不首者，笞二十七。本管头目失觉察者，笞五十七。有见杀不告，因胁取钱物者，杖七十七。若老病不任用者，从有司辨验，方许宰杀。"元代为征赋税，对牲畜采取抽分政策，即抽取一定比例的牛羊归官。据《新元史·兵志·马政》记载:"元太宗五年起,其家有马、牛、羊及一百者,取牝马、牝牛、牝羊一头入官;牝马、牝牛、牝羊及十头,亦取牝马、牝牛、牝羊一头入官;有隐漏者尽没之。"定宗五年改为"诸色人等马牛羊群十取其一",宪宗二年又改为"诸人孳畜,百取其一"。元代由于其统治者的民族属性,对羊的需求较宋代更甚,因此养羊业发展较为迅速。据《元史·英宗纪二》记载:"宣徽院臣言:'世祖时晃吉剌岁输尚食羊二千,成宗时增为三千,今请增五千。'帝不许,……命遵世祖旧制。"按当时政府对畜牧业实行按畜群百头抽一的抽分税制计算,世祖时期弘吉剌部已有羊二十万头,成宗时较世祖时期增长50%,达到三十万头。元代朝廷为向南方推广养羊技术,专门设司管理,取名羊楼司。

五、明清时期牛羊业

明初由于战乱的原因,耕牛十分缺乏,为满足农业生产需要,政府非常重视对耕牛的保护和繁殖,曾奖励民间大力繁殖耕牛,禁止屠宰耕牛,取缔榨乳,由太仆寺统筹管理。明洪武年间(1392年)派遣官员赴广东、湖南、江西等地购运耕牛给予中原屯种的人民;成祖永乐元年(1402年)又派遣官员到朝鲜征收耕牛一万头,分给辽东屯垦士兵以事屯田,宪宗时(1418年)特设蓄牧所,管理和奖励发展养牛事务。当时南方人口增加,人均土地面积较小,限制了大牲畜养殖的发展,正如《农政全书·农事》上所说:"江南寸土无闲,一羊一牧,一豕一圈,喂牛马之家,鬻刍而饲焉"。明代晚期,在江浙太湖、嘉兴、湖州一带,大力提倡养猪养羊,农民以粮食喂猪,以猪粪肥田,以桑叶养羊,以羊粪壅桑,这也是农牧结合的具体实践,对当时及后世的农牧业生产有重要影响。明清时期,人们利用杂交优势繁育家畜,培育出品质优良的新品种,其中最突出的是藏族人民用牦牛与黄牛杂交育成犏牛。明代《水东日记》载:"牦牛与黄牛合,则生犏牛。"明清时期,国家对牧羊业也较为重视,《大明会典》卷二百二十五记载,上林苑绵羊两千五百六十九只,内母羊两千一百四十八只,公羊二百四十八只;山羊一百七十三只,内母羊一百五十七只,公羊十六只。及至清代,清政府不仅在北方设立大型官营畜牧场,饲养大量绵羊、山羊,民间养羊业也有一定发展。雍正元年世宗谕曰:"至孳养牲畜,如北方之羊,南方之豵,牧养如法,乳字以时,于生计咸有裨益。"由于对养羊业的重视,养羊技术进一步提高,当时人们已经推广栈羊法以催肥商品羊,懂得草料的制备和补充蛋白质的重要性,结合多次饲喂的方法催肥,《居家必用事类全集》中有记载："初来时，与细切干草，少着糟水拌。经五七日后，渐次加磨破黑豆，稠糟水拌之。每羊少饲，不可多与，多则不食，可惜草料，又兼不得肥……可一日六七次上草，不可太饱。"

传统社会中，"国之大事，在祀与戎"，祭祀是国家政治生活中的重要事务，是沟通天地、维护其合法统治地位的重要手段，因此历代统治者对此格外重视。古人以"牛、羊、豕"三牲为祭祀牺牲，尤其是羊，无论太牢、少牢均需使用羊，由此可见，羊在古代社会的祭祀活动中占据重要地位。而牛作为农业耕作必不可少的役畜，在古代农牧业生产中也起到不可忽视的作用。

思考题： 1　牛在古代经济社会中的作用与意义是什么？
　　　　　2　古代出台关于养牛的法令法规的目的是什么？

参考文献： 1　谢成侠.中国养牛羊史（附养鹿简史）[M].北京：农业出版社，1985.
　　　　　2　袁靖.中国新石器时代家畜起源的问题[M].文物，2001（5）：51-58.
　　　　　3　温乐平.论秦汉养牛业的发展及相关问题[J].中国社会经济史研究，2007（3）：90-102.

第三节
养猪历史

中国古代历史上，猪是最早被先民驯化的家畜，并成为财富的象征。猪在早期主要为人们提供肉食，后来随着农业的发展，猪被赋予了新的角色，即处理人不吃的农副产品并积肥，为大田作物取得好的收成贡献力量。

一、先秦时期养猪业

畜牧业起源于原始狩猎活动。远古人群"拘兽以为畜"，现在的家猪就是原始社会人类从野猪驯化而来的最早家畜。迄今为止，在众多的考古发现中时间最早和数量最多的家养动物是猪，目前最早出土家猪骨骼的遗址分别是南方的广西桂林甑皮岩遗址和河北徐水南庄头遗址，经考古学家初步判断是驯化过程中的动物，距今已有九千余年。在河北武安磁山、河南新郑裴李岗、浙江余姚河姆渡等新石器时代遗址中，发掘出距今七八千年家猪的骨骼或陶猪模型，其形态处于亚洲野猪和现代家猪之间，应属于原始家猪阶段。新石器时代晚期的遗址中出土的猪骨数量更大，如山东莒县大朱庄和陵阳河遗址共出土猪骨二百四十多件，山东泰安大汶口遗址出土猪头骨九十六件，河南安阳后岗遗址出土猪骨八十三块，江苏邳县刘林遗址出土猪牙床一百九十一个，辽宁大连郭家村遗址出土猪骨一百一十六块，由此可见猪在原始畜牧业中已占据重要地位，是财富的象征，这对后世的畜牧业产生深远影响。

据《铁云藏龟》补遗记载，约在三千年前的商代，殷墟出土的甲骨文中已有"豕"的象形字，这可能是关于猪最早的文字记载。金文中的"家"字，从"宀"从"豕"，据宋代周伯温的《说文字原》解释，"豕居之圈曰家"，表明至晚在周朝就已经有专门修建的猪圈用以养猪了，无豕不成家，是早期家庭养猪的写照。在奴隶主贵族的祭祀中，猪在其中所占的比例和新石器时代一样也是很高的，可能是"以多为贵"来表示祭祀时的虔诚程度的缘故，大凡成组的祭祀活动，一般都会用猪。商代往往是马、牛、羊、猪，或者牛、羊、犬、猪和羊、犬、猪成组的搭配。周代的太牢用牛、羊、豕三种家畜，少牢则用羊、豕两种家畜。两者都有猪在其中担当主要角色。至春秋时期，一般低级的贵族和士阶层，往往以"特豕""特豚"来祭祀，猪的使用相当普遍。另外，当时还有一个"豢"字，据许慎的《说文解字》解释，为"以谷圈豕养也"。说明至晚在周朝时就已经用谷物喂猪了，显然这是后世普通农家只给人不吃的米糠和泔水的级别无法相比的。圈养的猪因为无法野放自由觅食，食物必然由人另外提供。《竹书纪年》卷下说"季历之妃曰太任，梦长人感己，溲于豕牢而生昌，是为周文王。"这是帝王家建有猪圈的最早记载。《周礼·天官冢宰》有"凡会膳食之宜，……豕宜稷"，说明在宴会中，猪肉是不可少的角色。《周礼·地官司徒》又有："牧人，掌牧六牲而阜蕃其物。"这说明周王朝设有专人掌管六畜繁殖，可见当时养猪和养牛羊一样，已经是宫廷养殖业中的一个重要组成部分。西周时，最早的诗歌集《诗经》中有咏猪的诗歌："执豕于牢，酌之用匏"（圈里捉猪宰杀，杯中酌满美酒）、"言私其豵，献豜于公"（自己留下小猪，大猪献给公家）。猪的"去势术"早在西周时期已见于文字记载，据《周易·大畜卦》载，"豮豕之牙吉"，是说阉割过的猪，性情变得温顺，虽有牙也不为害。可见在三千多年前,猪的阉割技术已经运用到畜牧生产过程中,这也是世界上最早关于猪的阉割的记载。《越绝书》越绝卷第八记"鸡山、豕山者,句践以畜鸡、豕,将伐吴,以食士",说明春秋战国时期,养猪业已遍及各地,地处东南的越国,已经大规模养猪鸡,以作为战备物资。《孟子·尽心上》曰:"五母鸡,二母彘,无失其时,老者足以无失肉矣。"这是说,只要每个家庭饲养五只母鸡、两头母猪,并尽心于家畜的饲养,依照家畜生长繁殖的规律,就可以让年长的人吃上肉。这一记载表明,当时有部分家庭饲养猪的数量不是很少,基本的规模是两头母猪。

二、秦汉至魏晋时期养猪业

秦汉时期,中央政府设立了专门的畜牧机构,牧猪现象较为普遍。两汉之际著名隐士梁鸿,曾牧猪上林苑:"后受业太学,家贫而尚节介,博览无不通,而不为章句。学毕,乃牧豕于上林宛中。"《后汉书·王充王符仲长统列传》中亦有一则材料:"豪人之室,连栋数百,膏田满野,奴婢千群,徒附万计。船车贾贩,周于四方;废居积贮,满于都城。琦赂宝货,巨室不能容;马牛羊豕,山谷不能受。"这描绘了当时在山谷中放牧猪群的现象。两汉还有较大规模的放牧,《汉书·货殖传》记载,当时的列侯封君、豪强富人,家产庞大,其中"陆地牧马二百蹄,牛千蹄角,千足羊,泽中千足彘,水居千石鱼波,山居千章之萩",此处"泽中千足彘"的"千足",是以"足"代"猪",一猪四足,"千足"合为二百余头,这个规模在当时来说已经十分庞大。《二年律令》是吕后二年(公元前186年)施行的法律,其中《田律》有云:"禁毋牧彘。"令义"禁毋牧彘"也透露出秦、汉初猪的饲养是以放牧为主,但是为了保护庄稼免遭毁坏,开始禁止牧养,这或许促使圈养方式兴起。从汉墓出土的各种类型陶猪圈的考证也可体现当时已出现舍饲与放牧相结合的方式。汉代在猪种选育方面,继先秦时期的"六畜相法"有进一步发展,如汉代《史记·日者列传》记载:"留长孺以相彘立名"。

魏晋南北朝时期是中国历史上一个较大的动荡时期,漫长的战争给当时的养猪业造成很大破坏,尤其是南北朝时期,生活在北方的游牧民族大举入侵中原地区,以草食动物为主要饲养对象的游牧民族无法提供猪所需的饲料,自然不会养猪,这也影响了当时养猪业的发展。三国时期,由于军事需要,政府很重视农业生产,对于养殖业也十分重视,地方官员督促百姓在种植粮食作物的同时饲养家畜,主要是养猪。如《三国志·魏书·杜畿传》记载:"渐课民畜牸牛、草马,下逮鸡豚犬豕,皆有章程。百姓勤农，家家丰实。"魏晋南北朝以后，人们养猪的经验日益积累，舍饲与放牧相结合的饲养方式逐渐替代以放牧为主的饲养方式。北魏贾思勰所著的《齐民要术》中总结了当时的养猪经验，全书九十二篇，其中五十八篇是养猪篇，是中国现存最早的养猪专著。其中载有："圈不厌小，圈小肥疾；处不厌秽，泥秽得避暑。春夏草生，随时放牧，八九十月放而不饲，所有糟糠，则畜待穷冬春初。"说明当时人们已注意到放牧与舍饲的结合、因季节而实行不同的饲养方式、利用放牧节约饲料等重要观念。此外，《齐民要术》第七至九食品加工卷中，还介绍了用猪肉制作肉酱、腌肉以及蒸、煮、煎、炒、烤、炸等美食烹调法。

三、隋唐至明清时期养猪业

隋、唐以来，随着生产力不断发展，养猪业日益兴旺，官家与私人均养，养猪成为农民增加收入的一种重要手段。诗圣杜甫居川时有"家家养乌鬼"（四川称用作祭神的猪为乌鬼）的诗句，足见养猪业的盛行与普遍。《朝野佥载》中载："唐洪州有人畜猪以致富，因号猪为乌金。"这就是古代的养猪专业户。《新唐书·卢杞传》载："大历末卢杞为虢州刺史。奏言……虢有官豕三千为民患。德宗曰：'徙之沙苑'！杞曰：'同州亦陛下百姓。臣谓食之便。'帝曰：'守虢而忧他州，宰相材也'。诏以豕赐贫民"。可见当时官办养猪场经营规模已达数千头。与此同时，也出现许多宰猪专业户。《北梦琐言》载："唐路侍中岩，……镇成都日，……尝过鬻豚之肆，见侩豕者谓屠者曰：'此豚端正，路侍中不如。'"这是说在成都，有专门的猪肆，肆中有侩豕者，即猪商，也有屠者，即屠宰户。唐代沿袭前朝的舍饲与放牧结合的养猪模式，韩鄂的《四时纂要》载："牧豕：豕入此月（指八月）即放，不要喂，直至十月。所谓糟糠，留备穷冬饲之。猪性便水生之草，收浮萍、水藻饲之则易肥。"杜甫《刈稻了咏怀》也说"旭日散鸡豚"。是说太阳升起后，就将猪、鸡散放出去。这里既然强调"旭日散鸡豚"，也衬托出日暮之后应驱猪入舍。

由于经济的发展以及文化发达，宋代是历史上关于养猪记载较多的朝代，养猪的规模十分可观。《东京梦华录》中记载北宋末年京都开封每天从南薰门赶进猪只的情况："唯民间所宰猪，须从此入京，每日至晚，每群万头者。"这说明了当时城市发展对猪肉的需求程度和宋代养猪业发展的情况。随着经济的发展，人们对饲养以及猪肉的质量的要求亦有所提高。苏东坡游历民间，因此尝过各地的猪肉，"慢著火，少著水，火候足时它自美，每日起来打一碗，饱得自家君莫管"是东坡肉做法最真实的写照。

元代统一政权，结束了南北长期分裂的政治局面，强调"以农桑为急务"，把恢复和发展农业生产置于重要地位。《马可·波罗游记》一书中也提到了元代养猪业发展的盛况："在这个地区，看不到绵羊，但有许多公牛、母牛、水牛和山羊，至于猪的数目则特别的多。"这是对当时中国浙江省衢州养猪业景象的描绘。这一时期农学著作较多，如《农桑辑要》《王祯农书》《农桑衣食撮要》中都载有养猪经验的内容。王祯编著的《王祯农书》是中国第一部关于全国范围农业技术的综合性农书，记载了很多养猪技术方面的发明创造和可贵经验。就江南水乡多湖泊的情况提到"江南水地多湖泊，取萍藻及近水诸物，可饲之"，说明当时南方可以采取萍藻等水生植物来喂猪，增加了饲料来源。

明代猪的养殖一度受到干扰，明朝武宗皇帝忽然觉得国姓之"朱"和"猪"同音，不能容忍，竟然于正德十四年（1519年）下令禁止民间养猪，违者永远充军。禁令一下，全国各地纷纷杀猪，或减价贱售，小猪则被埋葬。《万安县志》记载："正德中，禁天下畜猪，一时埋弃俱尽。"此事非常荒谬，且与唐代因鲤鱼与李姓同音而禁止养鲤在本质上是一样的，说明"同音趋利避害"的迷信忌讳始终未散。

清代则是另外一事干扰了猪的养殖，即有人痛批猪吃粮食，认为是大逆不道。道光二十年山东《钜野县志》说："闻江西广西地方，竟有以米谷饲养豚豕者，试思谷食之与肉食，孰重孰轻，孰缓孰急，而乃以上天之所赐，小民终岁勤劳之所获者，为豢养物类之用，岂不干天和而轻民命乎……"。须知，如果给猪提供优质饲料，其回报肯定比低质饲料要高，但论者只是认为，猪不必吃好的粮食。类似的事件并非首次，早在西汉时期，就有所谓"肥马瘦人"之讥，而唐代白居易《采地黄者》一诗，讽刺了以粟喂马的做法。在人的粮食问题得不到解决的前提下，以粮食喂马的做法在道义上是行不通的。而猪更是不能吃人吃的粮食。尽管历史上家畜应该吃什么样的饲料一直没有明确的说明，不过底线显然是不能比人吃得好，即使是事关军国大事的马，也不能与人相提并论，显然这种看法值得商榷。

明清时期，由于社会经济方面发生显著变化，养殖业中各类家畜地位也有所变化。由于人口众多，人均占有土地减少，地价较高，农民以种植业为主，而猪作为舍饲对象，既可以吃人不能吃的农副产品和残羹剩菜，又可以提供大田所需的肥料，因此在当时畜牧业比重下降的情况下，养猪业所受影响相对较小。这一时期养猪科技有所发展，农书数量大增，其中关于养猪的内容明显增多。明代科学家徐光启在《农政全书·牧养》中所总结的养猪法是："猪多，总设一大圈，细分为小圈，每小圈止容一猪，使不得闹转，则易长也。"由于长期精心饲养，不断总结经验，猪的培育品种日益增多，而且各有特点。李时珍《本草纲目·兽部·豕》提道："生青、兖、徐、淮者，耳大；生燕、冀者，皮厚；生梁、雍者，足短；生辽东者，头白；生豫州者，喙短；生江南者，耳小，谓之江猪；生岭南者，白而极肥。"当时四川的养猪业居全国之首，荣昌的白猪、松潘的香猪，都是闻名遐迩的特产。清代养猪技术又有所提高，养猪文献也较多，如四川终身务农的张宗法所著《三农纪》对猪的饲养、选种、医病及相猪等方面论述较为详实。杨屾的《豳风广义》总结了当地关于猪的选种、饲养、疾病防治等方面的经验。

四、历史上关于养猪的农谚、民谣及文化现象

农谚是农业生产第一线的广大劳动人民在生产过程中的经验总结，它在农业生产中的作用比农书运用得更加广泛。关于养猪的农谚涉及养猪的意义、饲养方法、饲料来源、管理措施等。养猪的意义主要在于养猪与种地的关系，养猪是为了田间庄稼有一个好收成，这一点在农谚中有诸多体现，例如"农家第一宝，六畜挤满槽""无牛不成农，无猪不成家""有猪有牛，攒粪不愁""要想庄稼好，还得猪上找""养猪两头利，吃肉又肥田""栏中无猪，田中无谷"。从这些农谚中可以看出养猪是手段，而生产出更多的粮食才是目的。有关猪的饲料来源也有农谚涉及："猪长糟糠，鱼长粪草""猪草磨成粉，养猪不亏本""下地篮子随身带，收工满篮草和菜""猪吃百样草，就怕人不找""豆渣喂猪，越吃越粗"。饲料的利用方式也有提及："猪吃百样草，发酵喂更好""温食暖圈，一天斤半""猪要喂得好，下食不冷不热还要早"。农谚中关于猪的饲养方式的记述更为详尽：与精细喂养有关的有"养猪没啥巧，七分服侍，三分饲料""花草花料，肯吃上膘""饲料多样，猪体肥胖""常喂花草，畜病减少"，"猪吃欠食，不吃厌食"，"南瓜喂几筐，猪毛亮又光"；有关猪的栏舍卫生的，"养猪'四勤'好，勤洗、勤喂、勤垫、勤打扫""若要猪无病，必须要四净"；还有关于猪在饲养过程中的放养问题，"猪不放不长""要想猪壮，就要散放""小猪要奔，大猪要困"。

在中国古代，猪的价值不仅仅体现在给人提供肉食和农业生产所需的肥料，猪的形象也开始进入人们的精神层面。在原始宗教时代，猪的形象与龙并列，这不仅体现在出土的文物中，在民间传说中也有反映。考古工作者曾在内蒙古自治区翁牛特旗三星拉村出土的红山文化玉雕卷龙，出现了猪首龙身的造型，其年代距今约六千年，这也是第

一次出现猪龙合体的造型。明代张英等编写的《渊鉴类函》引宋代《东坡志林》提到"猪龙"二字，将猪与龙并提。随葬猪牙、猪颚骨乃至整猪头是新石器时代一种非常普遍的丧葬习俗。

迄今为止，各地新石器时代遗址出土的动物骨骼和模型中，以猪的形象数量最多，约占其中三分之一，尤其是在新石器时代晚期的遗址中出土的猪骨数量更多，牛马数量则相形见绌。2007年，在安徽含山县铜闸镇凌家滩遗址发现的猪形玉器全长七十二厘米，重达八十八千克，是目前中国新石器时代发现个头最大、质量最重、年代最早的"玉猪"。原始神话传说和古典小说中也多涉及猪的形象。图腾是原始宗教的一种表现形式，关于中国历史上的猪图腾崇拜，徐显之在《山海经探原》一书中指出："在《北次山经》中所述共46个山，其中有20个山的山民崇拜马，另外26个山的山民崇拜猪。"马昌仪先生说："中国西南的傈僳、哈尼、珞巴等民族古时候曾以猪为氏族图腾。"在中国古代神话小说中，明代吴承恩的《西游记》则成功地塑造了一个天蓬元帅贬下凡尘后，变成好吃懒作、爱贪小便宜、耍小聪明、贪生怕死、善嫉进谗的"猪八戒"形象。这一时期猪的地位与形象发生了显著变化，可用"一龙一猪"来形容，即从龙变成了猪。猪在明代以后文化地位下降，主要与猪在中国古代社会经济与文化发展中地位的变化有着重要关系。因为猪在农耕社会的作用远不及马和牛，地位必然下降，人们自然就不会继续将猪作为崇拜对象。

思考题：
1. 猪为什么在早期被视为财富的象征？
2. 造成猪在古代的地位从神逐渐降到普通及至负面的原因是什么？

参考文献：
1. 徐旺生. 中国养猪史[M]. 北京：中国农业出版社，2009.
2. 罗运兵. 中国古代猪类的驯化与饲养"与猪同行"[J]. 大众考古，2013（4）:44-47.
3. 张仲葛. 中国养猪史初探[J]. 农业考古，1993（1）: 210-213+209.
4. 乜小红. 唐五代畜牧经济研究[M]. 北京：中华书局，2006.

第四节
养禽历史

饲养家禽自古以来就是畜牧史上不可或缺的一部分，与农业经济和人民生活有着密切联系。中国是饲养家禽最早的国家之一，家禽养殖一般以鸡为首，鸡也是六畜之一，同时还包括鸭、鹅、鸽以及一些可驯养及有经济价值的其他禽类。

一、养鸡历史与文化

中国是世界上已知最早养鸡的国家，中国驯养鸡的历史至少可追溯到新石器时代早期，如河北武安磁山遗址出土的距今七八千年的鸡骨，是世界上已知最早的家鸡遗存。家鸡是由野生原鸡驯化而来的，在黄河流域的仰韶文化和龙山文化以及西北地区的马家窑文化，长江流域的屈家岭文化以及江西、云南等地的新石器时代晚期遗址都有鸡骨或陶鸡的出土，说明鸡已成为当时普遍饲养的家禽。据不完全统计，截至20世纪80年代末，中国考古发现的历代鸡骨、鸡蛋、鸡模型、鸡舍、鸡笼等文物已达一百八十多处，其中新石器时代就有十八处之多，充分说明中国养鸡历史的悠久。先秦时期，鸡已被列为六畜之一，是主要的食禽，同时也常用于祭祀和殉葬，殷墟已发现祭祀殉葬的鸡的骨架。郭沫若曾指出：用鸡祭祀的痕迹在彝字中可以看出，彝字在古金文及卜辞中均作二手奉鸡的形式。周朝设有"鸡人"一职，《周礼·春官·鸡人》记载："鸡人，掌共鸡牲，辨其物。大祭祀，夜嘑旦以嘂百官。"老子《道德经》曰"邻国相望，鸡犬之声相闻"，《孟子·尽心上》也有"五母鸡，二母彘，无失其时，老者足以无失肉矣"，可见，春秋战国时期鸡的饲养已相当普遍。长江下游的吴、越地区还出现了大型养鸡场——"鸡陂"。《越绝书》载："娄门外鸡陂墟，故吴王所畜鸡处，使李保养之，去县二十里，……鸡山在锡山南，去县五十里"，这也是史料记载中国最早的养鸡场。早在先秦时期，鸡的司晨报晓功能就已被运用于生活中了，按照《说文解字》中的解释，"鸡，知时畜也。"关于鸡鸣之声的文献记载，最早可见诸《诗经》之中，《齐风·鸡鸣》中有女子催促丈夫上朝的场景："鸡既鸣矣，朝既盈矣"，《郑风·风雨》中有描述无论风雨凄凄、潇潇还是如晦，鸡仍会按时啼鸣的情形："风雨凄凄，鸡鸣喈喈。既见君子，云胡不夷？风雨潇潇，鸡鸣胶胶。既见君子，云胡不瘳？风雨如晦，鸡鸣不已。既见君子，云胡不喜？"随着养鸡业进一步发展，鸡也出现不同品种，《庄子》说："越鸡不能伏鹄卵，鲁鸡固能矣。"秦汉至魏晋时期，鸡的饲养更为普遍，养鸡技术也有所提高，出现了《相鸡经》《鸡谱》等总结养鸡经验的专书，对后世养鸡业的发展影响很大。刘向的《列仙传》还提到一位养鸡专业户："祝鸡翁者，洛人也。居尸乡北山下，养鸡百余年。鸡有千余头，皆立名字。暮栖树上，昼放散之。欲引呼名，即依呼而至。卖鸡及子，得千余万。"晋代已有栈鸡技术，利用限制鸡运动的方法，使之减少消耗而加速肥育。明代《便民图纂》中即有栈鸡易肥法的记载："以油和面，捻成指大块。日与数十枚食之。又以做成硬饭，同土硫黄研细。每次与半钱许，同饭拌匀喂之，不数日即肥。"关于鸡的选种也有记载，《齐民要术·养鸡》指出母鸡要选"形小、浅毛、脚细短者"，这种鸡"守窠，少声，善育雏子"，是生蛋会带小鸡的好母鸡，自古农谚也有"矮脚鸡，蛋起堆""矮脚鸡娘勤生蛋"的说法。

家鸡除了司晨报晓和为人类提供肉食蛋品外，还是古代民间传统娱乐项目的主角。据文献记载，"斗鸡"这一娱乐项目在中国由来已久，可以追溯至西周时期。汉语中有"呆若木鸡"一词，其典故即来源于纪渻子为周宣王养斗鸡。至春秋后期，斗鸡开始在贵族间盛行，《左传·昭公·昭公二十五年》记载了因斗鸡而引发政治变动的故事。春秋战国以后，斗鸡已成为贵族和平民竞技娱乐的重要载体，正如《史记·货殖列传》中所说，"博戏驰逐，斗鸡走狗，作色相矜，必争胜者，重失负也。"及至唐代，斗鸡娱乐更为盛行，唐玄宗李隆基为斗鸡"立鸡坊于两宫间"，养斗鸡千余只，"并选六军小儿五百人为鸡奴，命贾昌为鸡坊五百小儿长，以司其职"。当年日本的遣唐使还将唐朝推行斗鸡的见闻介绍回国，仿效行之于古代日本宫中，可见其影响之大。自此以后，斗鸡活动在中国经久不衰，宋代京都、民间皆盛行斗鸡，明代民间还成立了斗鸡社。

二、养鸭历史与文化

家鸭起源于野鸭，中国家鸭是由鸭科河鸭属的绿头鸭和斑嘴鸭驯养而来的，而绿头鸭是中国最常见的野鸭。中国是世界上驯养鸭最早的国家，根据福建武平岩石门丘山采集的新石器陶鸭，以及河南安阳殷墟和妇好墓出土的玉鸭、石鸭等，可知中国驯养鸭至少有三千多年的历史。春秋战国时期，根据《周礼·夏官》记载，当时已有一专门掌管驯养"鹅鹜"和使它们繁息的官职。从文献记载上看，家鸭古称鹜，《诗经·尔雅·释鸟》称："舒凫，鹜。"郭璞注："李巡曰：'野曰凫，家曰鹜'"，鹜指经过驯养行动迟缓的野鸭。《左传》襄公二十八年亦载："公膳，日双鸡，饔人窃更之以鹜。"另外，从《战国策》记载的"而君鹅鹜有余食"也可看出当时已经开始舍饲养野鸭。春秋时期，长江中下游的太湖地区养鸭十分普遍，陆广微的《吴地记》中提道："鸭城者，吴王筑地，以养鸭，周数百里。"可见，当时已开创大规模集中养鸭的历史。自秦汉至魏晋时期，养鸭业进一步发展，鸭也成为人们生活中一种重要的肉食来源，《南史·陈本纪》有载：陈武帝与齐军相拒，文帝送米两千石，鸭一千头，炊米煮鸭，誓军攻之，齐军大溃。这一时期养鸭技术也得到很大提高，如《齐民要术·养鹅鸭》就有关于鸭饲养繁育的记载：在饲养管理上，当时已认识到鸭"五谷、稗子及草、菜、生虫……麋不食矣"，尤其是"水稗实成"，饲鸭最好。此外，饲养蛋鸭要"纯取雌鸭，无令杂雄。足其粟豆，常令肥饱"，这样"一鸭便生百卵"。在繁殖上，提出公母比例要"五雌一雄"，选"一岁再伏者为种"，因"一伏者得子少……三伏者，冬寒，雏亦多死"。在幼雏的培育上，"量雏欲出时，四五日内，不用闻打鼓、纺车、大叫、猪、犬及春声"。雏鸭出壳后，要"别作笼笼之"，并"先以粳米为粥糜，一顿饱食之，名曰'填嗉'。然后以粟饭，切苦菜，芜苛英为食"。饮水时要用清水，初次下水"寻宜驱出"，放入笼中，置予高处，"敷细草，令寝处其上。十五日后乃出笼"。

至隋唐时期，中国养鸭业进一步发展，突出表现在有以养鸭为生以及出现了大群放牧的饲养形式，这种饲养方式称为"蓬鸭"，据《括地志》载："去东湖三四里有村曰杨墩，左右皆杨其姓者。有杨四九者，以养鸭为生，数百为群。"《朝野佥载》亦载："陈怀卿，岭南人也，养鸭百余头。"《云仙杂记》也有："富扬庭蓄鸭万只，每饲以米五石，遗毛覆渚"。这也标志着中国养鸭逐渐从一家一户分散饲养走上专业化饲养道路。这一时期，"斗鸭"也成为时兴的娱乐活动，《吴中纪闻》载："陆鲁望有斗鸭一栏，颇极驯养"。"斗鸭"最早出现在三国时期，《三国志·吴志·陆逊传》载："时建昌侯虑（孙权之子）於堂前作斗鸭栏，颇施小巧。"唐代文学家李邕还作过《斗鸭赋》描绘群鸭相斗的场面，而这斗鸭之戏的观赏者便是"笑傲阊门"的"东吴王孙"。自宋元至明清时期，"蓬鸭"更为兴盛，嘉泰《吴兴志》载："……今水乡乐年尤多畜，家至数百只，以竹为落，暮驱入宿，明旦驱出已收之田食遗粒取其子以卖。"《便民图纂》中提到了养雌鸭的方法："每年五月五日，不得放栖，只干喂，不得与水，则日日生卵；不然，或生或不生。"乾隆年间《建昌府志》记载："乡间多畜鸭，母鸭百余可当五亩之入，故多专人司之。或老叟或童持竿以为督，鸭则视竿而之焉旅进退"。鸭作为水禽，依水而生，因此中国自古以来养鸭业都以南方水乡为主，主要分布于长江中下游流域以及珠江流域的广东和四川成都平原地区。

三、养鹅历史与文化

鹅是由野雁驯化来的，中国古代饲养的家鹅绝大部分由鸿雁驯化而来。鹅在中国的饲养历史与鸭相仿，是中国古代重要的家禽之一，曾被列为六禽之首。鹅古称舒雁，亦直接称雁，指经过驯养飞行舒迟的雁。《诗经·尔雅》云："舒雁，鹅。"郭璞注："李巡曰：野曰雁，家曰鹅。"《庄子·山木》载："舍于故人之家。故人喜，命竖子杀雁而烹之。竖子请曰：'其一能鸣，其一不能鸣，请奚杀？'主人曰：'杀不能鸣者。'"春秋战国时期，野雁即已被驯养成家鹅了，《楚辞·七谏》中的"畜凫驾鹅"可以证实，《战国策·齐策三》和《管子·轻重甲》也提到鹅有食、有舍，可见，当时已开始舍饲养鹅。秦汉至魏晋时期，民间养鹅已十分普遍了，例如，西汉《盐铁论》提道："今富者春鹅秋雏"，《齐民要术》引沈充的《鹅赋》序说："于时，绿眼黄喙，家家有焉。太康中，得大苍鹅，从喙至足，四尺有九寸，体色丰丽，鸣声惊人。"《齐民要术·养鹅鸭》也有关于鹅的饲养繁育技术的论述："鹅鸭，并一岁再伏者为种"，因在三四月天气转暖，青草初生，白昼放养时间长，苗鹅、苗鸭发育快，长得好，最适宜留作种用。鹅的饲养方式基本与鸭类似，但特别指出："鹅唯食五谷、稗子及草、菜，不食生虫"，鹅是素食禽类，因此不食生虫。西晋末期，《晋书·五行志》记道："孝怀帝永嘉元年二月，洛阳东北步广里地陷，有苍白二色鹅出，苍者飞翔冲天，白者止焉。"这里的苍鹅指的是野鹅，白鹅指的是家鹅。

唐宋时期，养鹅规模增大，基本上家家都养鹅。据《新唐书·李愬传》载，元和十二年，唐宪宗讨吴元济，李愬夜袭蔡州时："夜半至悬瓠城，雪甚，城旁皆鹅鹜池，愬令击之，以乱军声。"由于养鹅者较多，这一时期也有养鹅大户出现，《广异记》载："信州刘老者，以白衣住持于山溪之间。人有鹅二百余只，诣刘放生，恒自看养。"唐代还设有专门管理这类家禽的部门，《唐书·百官志》载"钩盾署，掌薪炭鹅鸭"。钩盾署原是汉代上林苑中的一机构基础上发展起来的一个独立部门，是专为皇室服务的。唐代还时兴斗鹅的娱乐游戏，类似于斗鸭。唐僖宗时，在田令孜的影响下，"喜斗鹅走马，数幸六王宅、兴庆池与诸王斗鹅，一鹅至五十万钱。"

宋代也有不少文学作品记录鹅事，如苏轼的《东坡仇池笔记》载：钱塘人"日屠百鹅，而鬻之市。余自湖上夜归，过屠者之门，群鹅皆号，声振衢路。……园池养鹅，蛇即远去。"到明代，养鹅业发展更盛，仅就永乐五年在北京近畿创设的上林苑而论，其所属蕃育署，饲养种鹅就多达八千四百七十只，雌雄各占半数，光禄寺每年为皇室取用滋生鹅达一万八千只。由于养鹅较多，当时岭南的人们就利用丰富的鹅毛织成棉被："洞人生理尤苟简。冬编鹅毛木棉，夏缉蕉竹麻紵为衣，抟饭掬水以食。"《臞仙神隐书》卷五还记载了填鹅法："栈鹅易肥；以稻子煮熟，先用砖盖成小屋，放鹅在内，勿令转侧。门以木棒签定，只令出头吃食，日喂三四次。夜多与食，勿令住口，如此五日，必肥。如稻子、小麦或大麦，皆要煮熟喂之。"此种填鹅法也适用于填鸭，至今仍在沿用，著名的北京烤鸭就是通过填鸭法饲养而成的。

四、养鸽历史与文化

家鸽起源于野鸽，驯化时间晚于鸡鸭鹅等家禽，据历史文献记载，中国古代鸽的出现最早见载于《越绝书》："蜀有苍鸽，状如春花。"在广西贵县出土的陶楼模型，在屋檐角下有鸽子伏窝的塑像，表明中国养鸽历史可追溯到汉代。汉代许慎《说文解字》里有篆文鸽字，而且解释为"与鸠同类"。据唐代《酉阳杂俎》记载的中国古代养鸽的技术，最初与东南沿海番船上的舶鸽有关。中国古代至晚在唐代已利用鸽子作为民间和军事上的通信工具。唐代《开元天宝遗事》载："张九龄少年时，家养群鸽。每与亲知书信往来，只以书系鸽足上，依所教之处飞往投之。九龄目之为'飞奴'。时人无不爱讶。"李肇的《唐国史补》亦载："南海舶外国船也，每岁至安南、广州，……舶发之后，海路必养白鸽为信，舶没，则鸽虽数千里，亦能归。"《酉阳杂俎》卷十六引唐大理丞郑复礼说："波斯舶上多养鸽，鸽能飞行数千里，辄放一只至家，以为平安信。"这说明早在唐朝国外就有航海者和商人用通信鸽互通消息。《福建通志》引宋代梁克家《三山志》道：舶鸽，"善识主人之居。舶人笼以泛海，有故，系书放之以归"。江少虞《宋朝事实类苑》亦道："今人驯家鸽通讯，皆非虚言也。携之外数千里，纵之辄能还。蜀人以事至京师者，以鸽寄书，不旬日皆得还，及贾人舶航浮海，亦以鸽通讯。"可见，唐宋时期，利用鸽子作为通信工具已经十分常见。北宋初年，中国已有哨鸽，并将其用于战争，成为军鸽。据《宋史》记载，庆历元年（1041年），西夏就是靠"悬哨家鸽"的指引包围了宋军。

唐五代时期，兴起食鸽风气，有专人开始饲养肉鸽，《南唐近事》载："陈海嗜鸽，驯养千余只。"此外，由于鸽性温顺，外观美丽，这一时期还选育出了体态娇美的鸽子作为观赏鸽，不少文学家更是将其作为诗赋的对象，例如，白居易诗云："感彼云外鸽，群飞千翩翩。来添砚中水，去吸岩底泉。"张说之的《鸽赋》更是赞美信鸽最早的文学作品。宋代叶绍翁的《四朝闻见录》也记载了南宋时期临安流行养鸽的见闻："东南之俗，以养鹁鸽为乐，群数十百，望之如锦。……既而寓金铃於尾。飞而扬空，风力振铃，铿如云间之佩，或起从凤山。"南宋民间还出现专门以"调鹁鸽，养鹌鹑"为业的一批人。元代的养鸽技术已达很高的水平，据《辍耕录》记载，饲养了十七年的鸽仍能千里传书。明代养鸽最盛，李时珍的《本草纲目》说：鸽"处处人家畜之"。明末张万钟所著《鸽经》详细总结了前代的养鸽经验，内容涉及鸽的鉴别、饲养卫生和鸽病治疗等，还详细论述了不同的鸽种，认为"鸽之种类最繁，总分花色、飞放、翻跳三品""诸禽之中，惟鸽于五色俱备，参差错杂，成纹不乱，是以有花色之目"，总结出鸽子的花色种类多达三十种。明朝时期，民间还成立了放鸽会，组织赛鸽活动，据李调元的《南越笔记》记载，广州就有这样的活动。清代，为满足食乳鸽和鸽卵的需要，还培育成了"地白"和"麻四"等优良品种，而且在山东还出现了以养肉鸽为业者。

思考题：
1. 古代养鸡的目的是什么？
2. 鸽在什么时候被用于军事目的？

参考文献：
1. 谢成侠. 中国养禽史[M]. 北京：中国农业出版社，1995.
2. 李群，李新. 我国家禽饲养历史考[J]. 中国家禽，2008，30（23）：5-8.
3. 李群，李士斌. 我国养鸭史初探[J]. 农业考古，1994（1）：307-309.

第五节
特种动物、禽类及昆虫养殖

在古代，家养动物除了前面重点介绍的猪、马、牛、羊、鸡、鸭、鹅和鸽以外，还有很多其他的动物，本文称之为特种动物、禽类和昆虫，它们构成了中国古代养殖文化整体。

一、特种动物养殖

本节所述的特种动物包括六畜中的犬，此外还有兔、猫、驴、骆驼、驯鹿、鹌鹑。

犬又名狗，属食肉目、犬科，是中国最早驯养的家畜，也是中国历史上最重要的猎畜，曾是农区主要肉畜之一。关于犬的直系祖先问题，目前学术界还存在争议，主要观点有二：一是由狼驯化而来；二是根据犬的多形态和多起源地认为，犬由多种动物包括狼、狐、胡狼等混合杂交驯化而来。犬被驯化的一个原因大概是人类在游猎过程中遗弃的猎物残骸，吸引了喜食腐肉的狼、豺和其他犬属动物，它们为觅食而追随人类迁移，与人类建立某种依赖关系，进而被驯化为人类助猎的工具。狗之名大概是春秋战国之后才流行起来，见于《老子》《孟子》《尔雅》等书。进入农业社会以后，犬除助猎和守卫以外，还为人类提供肉食。磁山遗址出土狗骨很破碎，系吃后的残留。古文献《汲冢周书》中说：商汤时，四方献，伊尹请正南欧、邓、桂国等，以珠玑、玳瑁、短狗为献，以及"用小牲羊、犬、豕于百神"，可见当时犬不仅用于狩猎、食用，而且还是重要贡品和祭祀神灵的家畜。春秋战国到秦汉，是中国历史上养犬较多的时代，犬是当时重要肉畜，农家养犬像养猪鸡一样普遍，魏晋南北朝以后犬的地位逐渐下降。北魏时《齐民要术》讲畜牧，牛、马、驴、骡、羊、猪、鸡、鹅、鸭都谈到了，唯独无犬。在牧区和其他少数民族地区，养狗也源远流长。在北方游牧民族地区，狗不但用于助猎，而且用于帮助牧羊。

中国历代人们培育了不少有独特性能及地区特色的犬品种。如《诗经·驷驖》："载猃歇骄"，据毛传解释是两种猎犬，长嘴的叫猃，短嘴的叫歇骄；除猃和歇骄外，《尔雅》还记有一种叫"狣""绝有力"的狗，等等。藏族人民则驯化了藏犬，古代文献称为"獒""麑"。西南民族地区则有著名的"蛮犬"。此外，历史上还从国外引入波斯犬（三国时）、高昌佛狗（唐时）等。

犬在古代是一种多用途的动物，主要用于狩猎、看门、食用，但在今天，随着人们生活水平的提高，全球化的深入，犬的养殖已经进入了宠物时代，人们养殖的目的更多的是作为人的伴侣。

猫，在动物分类学上属哺乳纲、食肉目猫科动物，家猫是全世界饲养较为广泛的宠物，在中国有相当久远的驯养历史。猫原产地为亚洲及非洲，亚洲家猫的祖先是印度沙漠猫，欧洲家猫的祖先是非洲山猫。中国古代很早开始饲养猫。在距今六千多年前的浙江余姚河姆渡遗址中，已出土了猫的骸骨，据考证，很可能是家猫。而且在河南汤阴白营和山东潍县鲁家口龙山文化遗址中，有似家猫的遗存出土。驯猫捕鼠的最早记载见于春秋战国时期，见于《韩非子》《吕氏春秋》等文献中。汉时仍称猫为狸，大约自隋唐以后，驯化的猫渐被称为狸奴、狸猫等。

在古代，相猫术对固定猫的优良外形和性能起到了积极作用。李时珍指出："猫狸身而虎面，柔毛而利齿。以尾长腰短，目如金银，及上腭多棱者为良。"咸丰三年（1853年）黄汉编的《猫苑》，是中国第一部猫的专著，作者辑录了古代散失的《相猫经》，指出："头面贵圆，耳贵小贵薄，眼贵金银色，鼻贵平直，须贵硬，腰贵短，后脚贵高，爪贵藏，尾贵长细尖，声贵喊，口贵有坎，睡要蟠而圆"。所以历史上相猫术的发展，推动了优良猫种的形成。在古代，经过长期的养猫实践，自然淘汰和人工选择，培育了一些优良的猫的品种。家猫的品种，大致可分为短毛猫和长毛猫两大类别，其中以短毛暹逻猫和长毛波斯猫最为名贵。

兔是哺乳类、兔形目、兔科下属所有的属的总称，是中国饲养较多的动物之一，有两千多年的饲养历史。兔一词最早见于《诗经·小雅》，《战国策》中有"狡兔三窟"，《韩非子》中有"守株待兔"，《礼记》《周记》《山海经》《吕氏春秋》等都有关于兔的记载。至于何时开始驯养兔，一般认为早在秦代以前就开始了，至少不晚于汉代。《西京杂记》谈到梁孝王兴筑兔园，故址在商丘县东，另据《后汉书》记载，东汉豪门梁冀大造兔园于河南（今洛阳），从各地调集活兔，并在兔毛上做标记。汉代后，由于与西域的交往以及佛教在国内的发展，不少佛教徒又把西方兔种大量引入中国，至唐代养兔已很普遍，至宋元明清时期，中国饲养的兔种更多。兔在中国古代最初期饲养量很少，多做宫廷玩物，其后才逐渐发展为肉用或毛皮用，并广为饲养。

驴是中国古代重要役畜之一，"驴"一词最早见于《尔雅》，《史记·匈奴列传》及《说文解字》等文献中亦都有记载。迄今最早的家驴遗存，见于甘肃永靖秦魏家齐家文化墓地。也有人认为驴是从国外引进而来的。据《逸周书》记载，伊尹为献令，北方居民贡品中有马、驴杂交后代，可见中国西北民族早就养驴。汉代中国西北地区养驴业相当兴盛，但直到西汉中期以前，驴在中原仍是罕见之物。随着中原与西域交通日益频繁，大批驴、骡运入中原。《盐铁论》载："驴驼，衔尾入塞。"到了东汉末年，驴已成为民间常畜。至三国两晋南北朝时期，不仅西北及黄河流域养驴，而且进一步扩展到长江流域及东南沿海地区。据《齐民要术》记载，用公马和母驴交配的，生出驴骡，或者称为驴骡；如选择七八岁体大的母驴，与公马杂交，也可生产出较大体格的马骡。同时指出，母骡不产，在饲养上还应防它们扰乱驴、马的正常繁殖。唐代，驴又进入福建地区。至此，驴从北到南，从西到东，基本遍及全国，就是历来无驴或少驴的贵州，亦有好事者带入。唐宋以后，驴更被普遍饲养，数量逐渐超过马匹。

由于驴与马的生物学特性很相近，饲养繁育技术一般与马类同。对驴和马远缘杂交产生杂种后代，在《说文解字》中已有记载，《齐民要术》做了进一步论述。明清时，《三农纪》还特别提出驴的外形鉴定技术，指出驴要面目清秀，耳长竖直，颈厚胸宽，四肢有力，起走轻快，臀满尾垂，声大而长。中国古代驴的用途，除肉食、祭祀外，早在汉代就成为交通运输上的重要役畜，或驮运，或驾乘。南北朝时，已有用于耕驾的记载。近代的华北地区，由于饲料等生活资料的匮乏，养牛让位于养驴。因为驴更加耐粗饲料，且抗病力强，所以受到欢迎。

骆驼在动物分类学上属哺乳纲、偶蹄目、骆驼科。根据古生物学和考古学研究，骆驼同马一样最早起源于北美洲，关于中国骆驼驯养，据研究早在公元前2000年即已在中国西部荒漠地区被驯化。《史记·匈奴列传》记载："唐虞以上，有山戎、猃狁、荤粥，居于北蛮，随畜牧而转移，其畜之所多，则马、牛、羊。其奇畜，则橐驼"。骆驼首先在接近北方游牧民族地区的地方饲养。到汉初被中原人视为稀罕珍奇之物。汉通西域后，驴、骆驼"衔尾入塞"。汉武帝时，黄河流域养驼业有一定发展，但汉王朝最重要的骆驼生产基地仍在羌胡故地的河西。南北朝时由于战乱频繁，北方游牧民族纷纷进入中原，带入大量骆驼，使黄河流域养驼业进一步发展。唐代的国有牧场也大量养驼。至宋元，出现了不少医驼、相驼、养驼的书籍，如《疗驼经》《马牛驼经》《橐驼医方》《橐驼经》等。中国骆驼主要用于交通运输，由于骆驼具有极强的耐饥渴能力，适应沙漠地区恶劣气候，因而成为古代中西经济文化交流的重要工具。汉时大量用于对匈奴、西域的军事活动。此外，北魏时有人利用骆驼耕挽，驼耕在新疆吐鲁番盆地也曾使用过。除双峰驼外，中国历史上也曾饲养过单峰驼。自汉代通西域后，中西骆驼来往频繁，单峰骆驼在西汉时期流入南疆。从现存单峰驼的形态特征等方面考察，可能由于性情暴烈难驯，或因环境的不适应或血缘问题等，真正的纯种单峰骆驼逐渐被淘汰甚至绝种。

鹿类动物在远古是山野草原上最活跃的哺乳动物，品种多，数量大，地下发掘到的古遗存中多有这类动物的遗骸，反映了它们是古人狩猎的主要对象。在中国境内，鹿的分布非常广泛且种类也很多。中国考古学家先后在浙江、山东、河北、甘肃、北京、福建、广西、内蒙古等地区发掘出中新世直至新石器时代的鹿骨、鹿角和其骨制工具，表明中国也是鹿类动物的主要起源地之一。

中国驯养鹿类可追溯到新石器时代，陕西临潼姜寨仰韶文化遗址的牲畜夜宿场中，即有不少鹿骨出土，说明黄河流域原始居民很早就试图驯化当时的主要狩猎对象之一鹿。古代养鹿主要是用于狩猎和观赏，历代帝王贵族的苑囿养鹿一般采用散养或半散养的方式，在有些养鹿的地方，还设有专人管理和专人饲养。在鹿种方面则以养麋鹿为多，《庄子》曾谈到麋和鹿，二者常并称，而且麋在前，鹿在后，反映麋在古代中华大地上数量相当多。历代帝王猎苑中养的也以这种鹿最多。但后来由于大量捕杀，麋鹿数量迅速减少，到清代时仅存北京城南南苑三海子内的一小群。除用作狩猎外，还用于祭祀，并一直延续至清朝，鹿全身是宝，鹿肉可食，鹿皮可衣，鹿尾更是餐桌上的珍肴。驯鹿还可负载骑乘。

二、特种禽类养殖

特种禽类包括鹌鹑、鸬鹚、鹰等。

鹌鹑是鸡形目、雉科、鹌鹑属统称，家鹌鹑由野鹌鹑驯化而来，野鹌鹑在中国自古有之，分布很广，而鹌鹑的饲养历史至少有一千五百年。中国古代关于鹌鹑的记载，最早见于《诗经·小雅》，其中载"匪鹑匪鸢"，《诗经·魏风·伐檀》曰"不狩不猎，胡瞻尔庭有悬鹑兮"以及《礼记·内则》载"雉、兔、鹑、鷃"等，表明鹌鹑很早就是人们的狩猎对象，而且是劳动人民向统治者贡献的一种美味食品。其后由于捕鹌鹑方法的改进，捕获量越来越大，当时猎鹌鹑除射猎、犬猎外，还有用网活捕的，大量猎捕的鹌鹑除供统治者食用外，也是民间喜食的美味佳肴。另据晋代张华的《禽经》载"鹑，野则义，豢则搏"，表明人们已掌握它们好斗的习性，饲养做斗鹑。唐宋时期，中国驯养鹌鹑已很普遍，不过，当时主要是供玩赏、斗鹌鹑之用，未有蛋用鹌鹑出现，至于中国目前大量饲养的蛋用鹌鹑，是1937年首次从日本引入并逐渐发展起来的。

鸬鹚，古称鷧、鸬、鹢鸬，俗谓鱼鹰、水老鸦、乌鬼等。鸬鹚善潜水捕鱼，喜温暖湿润气候，栖息于河川湖泊和海滨地带，是一种世界性水鸟。全世界有三十多种鸬鹚，分布在中国的有五种，即普通鸬鹚、班头鸬鹚、海鸬鹚、红脸鸬鹚和颈鸬鹚。中国驯养的多为普通鸬鹚，据考古发掘和史料记载，中国是世界上最早驯养野生鸬鹚用以捕鱼的国家，其历史可追溯到公元前3000年左右的新石器时代后期。驯养鸬鹚的方法，大体是把捉到的鸬鹚先养几天，剪去翅膀，防止飞逸，然后进行调教训练。开始训练捕鱼时，先用长绳子缚在脚上，绳的另一端缚在岸边，赶其下水捕鱼，待捉到鱼时，训练人口里发出特别叫声，将鸬鹚召回岸上，再喂给小鱼，吃后再赶下水，如此训练一个月左右，再用小船载鸬鹚到河湖中做捕鱼训练，一月余，就基本驯服听渔人指挥了。驯服了的鸬鹚，可以解掉脚上的绳子，另在颈项部套一圆环，使鸬鹚的颈项只能吞下小鱼，不能吞下较大的鱼，大鸬鹚驯服后小鸬鹚就可以跟着学，不必再花时间训练。鸬鹚的寿命在十三至十五年，极少数可活二十年甚至更长。二至七岁的鸬鹚捕鱼能力最强，此后捕鱼能力下降，故鸬鹚的实际工作年限约为十年。

豢养鹰科猛禽助猎在中国有悠久历史，据文献记载，不晚于周代。早在夏商至西周，已盛行田猎，似已运用鹰犬助猎，但缺乏文献记载。文献记载楚王喜田猎追逐，一日有吴人献神鹰于王，则养鹰助猎最晚在春秋时期已盛行，距今约两千七百年以上。历代帝王的苑囿无不豢鹰。渔猎在中国北部、西部一些民族社会经济中占较重要地位，畜鹰的习惯也保留得比较长久。新疆的维吾尔族、塔吉克族等和云南的一些少数民族都以养鹰著称。鹰的种类众多，中国古代畜养的有鹰、鸢（鹞、隼）、雕三大类中的十几个品种，均系野生，尚没有家养繁殖的鹰隼。人们从巢中捉到雏鹰，或用捕鹰网捕捉新出巢的幼鹰进行豢养和调教。元代利类思著有《鹰论》，述说了鹰的形体毛色和性情，并且对鹰病的病因、病原，以及各种治疗方式做了综合的探索，并列举了鹰的十八类疾病和简单疗法。

三、特种昆虫

特种昆虫包括蜂、白蜡虫等。

蜂，通常指所有蜜蜂总科的昆虫，主要分为两类，分别是胡蜂科及蜂族，和蚂蚁同属膜翅目，所有的蜂都以花蜜和花粉为食物，并在花授粉过程中起重要作用。人类所养蜂，一般指蜜蜂，属蜜蜂总科蜜蜂科中的一种普通蜜蜂。中国养蜂历史悠久，至少有两千三百多年。公元前25年的《山海经·中次六经》载："平逢之山，蜂蜜之庐。"这是最早明确指蜂蜜的文献，亦为最早饲养蜜蜂的记载。对于蜜蜂的生活习性，据郭璞的《蜜蜂赋》注中描述：蜜蜂性喜林中做窠，蜂房结构致密，重叠并向阳开启，以利保温和充分利用阳光。这说明当时人们对观察蜜蜂营窠和生活于窠中的活动情形已十分了解，还将蜂王地位、群蜂分工以及严明的纪律描述得十分精确，对于蜂王选择、蜂及蜂窠和酿蜜等的描述也十分生动。

中国饲养蜜蜂最初的方法，是收取土蜂（野蜂）进行驯养。据西晋张华的《博物志》卷九记载，收取土蜂的方法是"则人以桶聚蜂，每年一取……以木为器，中开小孔，以蜜蜡涂内外令遍""春月蜂将生育时捕取三两头著器中，蜂飞去，寻将伴来，经日益渐，遂持器归"。西晋时期皇甫谧的《高士传·卷下·姜岐》中载"姜岐，字子平，东汉延熹，汉阳上邽人也。……隐居，以畜蜂、豕为事。教授者满於天下。营业者三百馀人"，这是最早关于养蜂授徒的记载。宋元时期，中国养蜂水平已经很高，元代《农桑辑要》卷七载："春三月，扫除如前。常于蜂窝前置水一器，不致渴损。春月蜂成，有数个蜂王，当审多少、壮与不壮。若可分为两窝，止留蜂王两个，其余摘去"，这段文字说明清理蜂巢和早春供水的必要，并指出分群当根据王台数和蜂群强弱而定王台的去留，这在饲养管理和分群技术上又前进一步。明代李时珍的《本草纲目》中记有蜜蜂"嗅花则以须代鼻"和"蜜以密成"两句，颇有深意，如不具昆虫形态解剖知识的人，确难判断蜜蜂以须（触须或触角）代鼻（嗅觉器），同时指出密封了的蜜才算成熟，仍是今日强调取封盖蜜的根据。

白蜡虫养殖的主要应用是采收白蜡。文献上关于白蜡虫的记载始见于唐代的《元和郡图志》，当时白蜡已作为贡品。到宋代，白蜡虫的饲养扩展到了江南，而且其饲养技术也已相当成熟。周密的《癸辛杂识续集》记载："江浙之地，旧无白蜡，十余年间，有道人自淮间带白蜡虫子来求售，状如小芡实，价以升计。其法以盆栽树，树叶类茱萸叶，生水傍，可扦而活，三年成大树。每以芒种前，以黄草布作小囊，储虫子十余枚，遍挂之树间。至五月，则每一于中出虫数百，细若蠛蠓，遗白粪于枝梗间，此即白蜡。则不复见矣，至八月中，始剥而取之，用沸汤煎之，即成蜡矣，其法与煎黄蜡同。又遗子于树枝间，初甚细，至来春则渐大，三四月仍收其子，如前法散育之。或闻细叶冬青树亦可用，其利甚博，与育蚕之利相上下。白蜡之价，比黄蜡常高数倍也。"

思考题：　1　养犬的主要目的是什么？
　　　　　　2　犬作为食用动物饲养是否正当？

参考文献：　1　梁家勉.中国农业科学技术史稿［M］.北京：农业出版社，1989.
　　　　　　2　邹介正.中国古代畜牧兽医史［M］.北京：中国农业科学技术出版社，1994.

3 中国农业百科全书编辑部.中国农业百科全书（农业历史卷）[M].北京：中国农业出版社，1995.
4 闵宗殿.中国农业通史（明清卷）[M].北京：中国农业出版社，2016.

第六节
兽医技术体系

中国畜牧业有着悠久的历史，服务于畜牧生产的兽医事业亦由来已久。早在原始社会时期，人们在驯化野生动物的过程中逐渐对动物的疾病有所了解，并不断寻求治疗方法，从而促成了兽医知识的起源。此后先人们在长期的生产实践中，积累了极为丰富的家畜疾病防治技术，并形成了以整体观和辨证论治为特点，以理、法、方、药以及各种家畜疾病防治为中心内容的学术体系。

一、古代中兽医的起源

中兽医的起源是一个漫长的历史时期，最早可追溯到人类开始对野生动物的驯化并将其转化为家畜的时期。人们在长期的生产、生活实践中，逐渐积累了一些医药知识，这也为人类与家畜疾病做斗争提供了先决条件。为了保障畜牧业的发展，便开始了与家畜疾病的斗争，这就促成了兽医知识的产生。在原始畜牧业的生产中，家畜患病与死亡，严重威胁着畜牧业生产的发展。从事畜牧业的生产者，为救治家畜的伤病，减少畜群死亡造成的损失，势必想方设法，或按照医治人的办法去医治伤病的家畜，或探索新的医疗措施；为了力求仔畜的存活，或在母畜分娩时助产，或于产后加强护理，促成兽医职业的出现。考古发现中国早期原始社会已经出现了动物驯化和家畜饲养的踪迹。例如，河南仰韶遗址（约公元前5000—前3000年）发掘出猪、马、牛等家畜的骨骼以及石刀、骨针和陶器等，陕西半坡遗址（约公元前4800—前4300年）和姜寨遗址（约公元前4600—前4400年）不但发掘出猪、马、牛、羊、犬、鸡的骨骼残骸及石刀、骨针、陶器等生活和医疗用具，而且还有细木围成的圈栏遗址。在内蒙古多伦县头道洼新石器遗址中出土的砭石，经鉴定具有切割脓疡和针刺两种作用。由此可见，原始社会家畜饲养过程中，人们为了治愈牲畜的疾病，保护自己的食物，已经能够使用骨针、石刀等作为医疗工具来进行简单的治疗。这些都是原始的兽医活动。经过不断积累，世代相传，于是逐渐产生专业兽医。

二、古代中兽医知识的积累

原始社会的兽医技术在随着时代进入奴隶社会时期后有了更为明显的知识积累，并且这一阶段提供了兽医学未来发展的重要奠基石。河北藁城商代遗址中，出土有郁李仁、桃仁等中药，表明当时对中药也有认识和应用。商代青铜器的出现和使用，为针灸、手术等治疗手段的发展提供了有利条件，出现了阉割术或宫刑。殷商之际出现的带有自发的朴素性质的阴阳和五行学说，后来成为中医和中兽医学的推理工具。西周时期制定了明确的医官制度，出现最早的兽医职称见于《周礼·天官冢宰》："兽医掌疗兽病，疗兽疡。凡疗兽病，灌而行之，以节之，以动其气，观其所发而养之。凡疗兽疡，灌而剐之，以发其恶，然后药之，养之，食之。凡兽之有病者，有疡者，使疗之。死，则计其数以讲退之。"用现代汉语表述就是内科实行喂灌药物、抑制邪气、调动正气，然后观察其变化，注意调养；外科采用内灌药物、外刮疮疡、排毒去腐、敷涂药物、调理饲养的疗法。可见，西周时期已有专门的兽医人才，并将兽医学分为内科和外科，这些医疗方法不仅符合中国传统的中医理论，即使从现代兽医学的观点来看也是相当科学的。此外，在《周礼》《诗经》和《山海经》中，记载了人畜通用的药物有二三百种之多，《山海经》提出"流赭（代赭石），以涂牛马无病"的药物预防措施，在《周礼》和《山海经》中还有采药和"聚蓄百药"的记载。《左传》《国语》中记有医和提出的"六气致病说"，可谓病因学说的最早记载。上述种种表明，中国的兽医学早在奴隶社会就有了较为显著的发展。在早期兽医学发展过程中，还涌现出一批献身此业的畜牧兽医名人，其中有马师皇、造父（约公元前 10 世纪）、孙阳（号伯乐，约公元前 7 世纪）、王良（约公元前 6 世纪）等。春秋时期秦穆公时代（公元前 659—前 621 年），孙阳因善于相马和善治马病而闻名。之所以他善识千里马，是由于他不仅是春秋战国时代掌管畜牧兽医的官员，而且还是一位善用针灸治马病的兽医，对马的生理和病理情况了如指掌，具有超群的相马技能。与他齐名的还有相马能手九方皋和相牛能手宁戚。

三、古代兽医学术的发展

中国封建社会的前期，是兽医学的重要奠基阶段。据《列子·黄帝篇》和《淮南子·原道训》记载，战国时期（公元前475—前221年）便有了专治马病的"马医"及"医驼以治病"的"驼医"，可见，当时的兽医业已有医马和医驼的专业分工。随着人们对家畜疫病的认识逐渐增加，兽医的分工也更加专业，《晏子春秋》中还提到了"马暴死""大暑而疾驰，甚者马死，薄者马伤"，这就是现代兽医学中所指的中暑症状。中兽医学逐步建立了自己的学科体系。约公元前3世纪出现的《黄帝内经》，是中国现存最早、最珍贵的一部医学典籍，它比较系统和全面地反映了当时中医学发展的成就，中兽医学基本理论最早源于该书，形成了以阴阳五行为指导思想、以整体观念和辨证论治为特点的学术体系。秦汉时期出土的一些汉简也反映出兽医管理在不断完善。"其大厩、中厩、官厩马牛也，以其筋、革、角及其贾（价）钱效，其人诣其官"，说明秦朝时中央政府就已经设置了专门用于畜牧管理的机构，并制定畜牧兽医法规《厩苑律》，汉代改名为《厩律》。汉武帝之后，由于国防的需要和推广牛耕、《厩律》渐次充实和马政的不断完善，畜牧业得到了迅速发展，服务于畜牧业的兽医业也得到了相应的发展和提高。民间不仅有专治马病的马医，还有因耕牛的发展而出现的专职牛医。至此中国已有了治疗不同家畜的专职兽医，兽医业的分工更加明确，这不仅表明当时的兽医事业兴旺发达，而且反映出当时的兽医学发展已初具水平。东汉末年出现的《神农本草经》，收藏药物三百六十五种，是中国最早的一部人畜通用的药学专著，其中有些药物指明专用于家畜，"牛扁杀牛虱小虫疗牛病""梓叶傅猪疮""雄黄治疥癣"等。汉代名医张仲景所著《伤寒杂病论》《金匮要略》充实和发展了前人辨证论治的原则，对中兽医学产生了影响；他创立的六经辨证方法及其方剂一直为中兽医临床所用。这一时期还有《相六畜》《相马经》《马经》《牛经》等专业书籍以及众多的兽医方药传世。从出土文物如《流沙坠简》《居延汉简》《武威汉简》等中的兽医方简可知，当时的兽医在临床上不仅使用了内服的汤剂、散剂、丸剂和外用的膏剂、敷剂等，还有针药配合的综合疗法，并从其使用复方来看，当时已能进行药物配伍中的加减化载。河南方城汉墓出土的"拒龙阉牛图"，表明家畜去势术的发展和提高。

四、古代兽医学体系的形成

秦汉以后，封建社会经济体系逐步发展完善，同时医药学不断发展，兽医学也不例外。魏晋到五代时期是中国兽医学迅速成长的阶段。魏晋南北朝时期，随着《肘后备急方》和《齐民要术》的出现，兽医药方从之前的零散收录在其他处方之下开始转变为有专属自己的独立章节和卷册，中兽医学这一概念和派系开始逐渐独立于人医之外。晋代名医葛洪所著《肘后备急方》卷八中有"治牛马六畜水谷疫疠诸病方"，其中有药治法、针灸法、炙熨法和直肠入手法等多种治疗方法。比起早期，此时的兽医方记述完整、体例完备，详细记录了该处方对症的病名、症状及详细用药。由于战争的需要以及北魏游牧民族的性质，魏晋南北朝时期政府对养马业十分重视，因此这一时期的兽医大部分的研究和治疗对象都是以马作为着手点，这既有利于马病理论的形成，促进马病学系统化和不断完善，也有利于兽医方的体系化和概括化。但是，《肘后备急方》中的兽医方也从侧面反映出诊疗对象的单一化和片面化。北魏贾思勰所著《齐民要术》卷六就是针对家畜养殖、动物治疗方面专门独立开设的畜牧兽医专卷。卷六开篇之初就提出了十六字的全面役养原则，即本卷的指导性养殖原则"服牛乘马，量其力能；寒温饮饲，适其天性"。这说明魏晋时期的兽医诊疗不仅仅是病发而治，更重要的是要全面认识到动物的特性和天性，结合相应时宜在日常的饲养中就要贯彻养护和预防的养殖和疾病治疗手段。书中对各种家畜的二十六种病，提出了四十八种简便易行的疗法，有针灸、手术（掏结术、用削蹄法治疗漏蹄和猪、羊的阉割术）和方药（包括内服、外用及水洗、烟熏等）等多种方法。书中还特别记载了对家畜传染病或群发病的认识及防治措施，如《齐民要术》卷六养羊第五十九中指出："羊有疥者，间别之；不别，相染污，或能合群致死。"这是用隔离病畜的方法防止疾病传染。这些兽医思想和诊疗方法表明当时的兽医技术已有相当高的学术水平，且为兽医学术体系的形成奠定了良好的基础。

隋唐时期的兽医学在畜牧持续发展的带动下，进入中国古代历史上第一个辉煌时期。这一时期的兽医事业依托畜牧业的发展日渐兴盛渐成体系，在学科内容和数量上都有了极大提升。隋代已经设立专司兽医之职的机构太仆寺，统管马政与牧政，《隋书》有载："太仆寺又有兽医博士员，一百二十人。"这足以说明这一时期经过系统培训的具有从业资格的兽医渐渐增多，兽医这一职业在社会中也占据一定地位，政府对兽医学的重视程度在不断提高。同时兽医学的分科已渐完善，出现关于病症诊治、方药及针灸的专著，如《治马牛驼骡等经》《疗马方》《马经孔穴图》等，但原书均已散佚。唐代是中国养马业的鼎盛时期，在主要通过祖传或师徒相授两种形式进行中兽医技术传授的基础上，开始了官办兽医专业教育，据《旧唐书》记载，神龙年间（705—707年）的太仆寺中设有"兽医六百人，兽医博士四人，学生一百人""博士，以教众生徒"。唐代后期著名兽医学家李石编著的《司牧安骥集》一书，对马病的诊断和治疗有比较系统的论述，全书共八卷，卷一至卷六主要记述医疗思想和疾病，卷七、八以临床内外医方为主，书中对于五疗十毒、各种汗症、黄症、结症的论述更为详尽，是中国现存最古老的系统论述马病诊断治疗的兽医学著作，成为后来宋、元、明各代的重要兽医参考著作。

五、古代兽医学术体系的提高

继唐代兽医学逐渐形成体系后，宋代及以后的兽医事业又有了进一步的提高和发展，反映兽医学术发展成就的著作相继问世，兽医名人辈出，尤以后期数量较多。宋代是中国官办"兽医院"的开端。据《宋史》记载："（景德）四年，以知枢密院陈尧叟为群牧制置使，又别置群牧使副、都监，增判官为二员。凡厩牧之政，皆出于群牧司，自骐骥院而下，皆听命焉。诸州有牧监，知州、通判兼领之，诸监各置勾当官二员。又置左右厢提点。又置牧养上下监，以养疗京城诸坊、监病马。"景祐三年（1036年）规定："凡收养病马，……取病浅者送上监、深者送下监，分十槽医疗之"。"病马监"相当于今天的兽医院。后又规定："牧养上下监，史掌疗马病，有耗失则送皮剥所。"另据《文献通考》记载："宋之群牧司有药蜜库，监官二人，以京朝官充，掌受糖蜜药物，以供马医之用。""药蜜库"即兽医中药房，"皮剥所"为专门解剖家畜尸体的机构。山西阳城兽医常顺因创用药浴法治疗马疥癣，而被封为"广禅侯"。当时有很多专著流传，例如王愈的《蕃牧纂验方》《安骥药方》（世界最早的兽医方剂学专著）、贾耽的《医牛方》等。此外，宋代的农书中也有兽医相关记载，例如《陈旉农书》里指出家畜"用药，与人相似也，但大为之剂以灌之，即无不愈者"。但用药前必须审明"热结"或"冷结"之症，才能对症下药。元代《王祯农书》中也说："相病用药，不必予陈方药"。元代著名兽医卞宝（卞管勾）著有《痊骥通玄论》，该书除对马的起卧症和跛行包括直肠入手进行了总结论述外，还提出了"脾不磨时，草谷不化，故名胃气不和，则生百病"的脾胃发病论。书中"点痛论"和"跛拐症"是后世诊断跛行的理论基础。《赵泽中讲黄帝歧伯问答疮黄论疗毒论》，充实并发展了兽医病因学，例如其中记载的"春不抽六脉之血，夏不灌清凉之药，以致气血太盛，热注三焦，致令周身发生痈肿，皆缘久积热毒于内也"是内热引起的牲畜疾病。卞管勾、赵泽中的学术成就，深刻地影响着后世兽医学的发展，如被人誉为兽医典籍、流传甚广的明代的《元亨疗马集》，及以后的一些兽医专著，都在一定程度上受到卞、赵二氏学术的影响。

  明代是中兽医学的巩固发展时期，也是古代兽医学的第二个辉煌时期。明代继承和发展了前朝畜牧管理制度，并结合自身的国情状况，制定和设立了一些新的律法条令和畜牧机构。除官办兽医继续发展外，也开始重视和培养民间兽医。洪武二十八年（1395年）规定，每二十五匹种马（永乐以后改为五十匹）为一群设兽医一人，由"每群长下选聪明子弟二三人，习学医兽。定业成一人，专看治马"。兽医由百姓担任，政府不再指派兽医官。喻仁、喻杰正是在做民间兽医的过程中积累了大量实践经验，接触了历代以来的许多医方和疗法，才能够编纂著成《元亨疗马集》这一具有兽医学代表性的专著。书中理、法、方、药具备，内容非常丰富，是一部理论与实践紧密结合的中兽医学代表作。《元亨疗马集·七十二症》还开了脉色系统诊断的先河。《元亨疗马集》主要涉及马病、牛病和驼病的诊疗方法。除马病外，牛病有了很大发展，主要与明朝对养牛业的重视有关。值得一提的是，驼病首次独立成册出现在专门的医书之中，主要在于少数民族频繁的往来和商贸交易范围的不断扩大，骆驼的利用也更加普遍，因此对于驼病的诊疗也受到重视。

  及至清代，由于民族矛盾和阶级矛盾尖锐，政府限制人民群众养马，使得养马业逐渐衰退，阻碍了马病学的发展。但是禁马政策仅仅阻碍马病的研究，由于大力提倡其他家畜家禽的养殖，促进了牛、猪等其他家畜及家禽等疾病的研究，因此这一时期的中兽医从着重研究马病等转变为研究家禽等疾病。清代出现的兽医经典有《鸡谱》《养耕集》《猪经大全》等书，这填补了以往家禽等疾病医治的空白。《鸡谱》中有关鸡的疾病和防治，继承了中国传统的中兽医理论，从治疗方法的角度系统地总结了鸡的各种疾病和防治措施。傅述凤手书《养耕集》是一本专门记述牛病的医书，从以往的马病学中分离出来，治疗物种更具针对性和专业性，从针灸治法和方药的角度完善了牛病的医治，使牛体针灸学形成一个完整的体系。这打破了中国古代兽医发展中马病学占据统治地位的不平衡局面。

思考题:
1 中兽医什么时候开始起源?
2 中兽医的主要治疗体系是什么?

参考文献:
1 牛家藩.中兽医学的起源与发展[J].中国农史,1991(1):78-85.
2 喻仁,喻杰.元亨疗马集校注[M].北京:农业大学出版社,1990.
3 朱芹,王成,李群,等.中兽医学发展史[J].中兽医医药杂志,2012,31(2):77-80.

第七节
水产养殖

中国地处亚洲温带和亚热带地区,水域辽阔,鱼类资源丰富,为原始人的捕鱼业的发展提供了有利条件。在旧石器时期,人类就已经开始了捕鱼经验的积累和方法的摸索。

一、原始社会至夏商周时期的捕鱼与周代人工养鱼起源

早在原始社会的早期发展阶段,鱼类就成为人们赖以生存的食物之一。现有的考古发现表明,中国捕鱼开始于一万八千年前的山顶洞人时期,那时人们在附近的池沼河溪里捕捞鱼类,当时已能捕获长约八十厘米的大草鱼。在新石器时期,先民开始大量使用渔具,原始渔业已发展成为最初的经济门类,捕鱼活动普遍在中国南北各地展开。这时主要使用的渔具有弓箭、鱼镖、鱼叉、鱼钩、渔网、鱼笱、鱼卡。公元前21世纪,捕鱼仍占有一定比重。夏文化遗址出土的渔具,其中有制作较精细的骨鱼镖、骨鱼钩和网坠,反映出当时的捕捞生产已有进步。商代,黄河中下游流域的捕鱼活动进一步发展,捕鱼工具主要有网具和钓具。商人捕捞的鱼类范围很广,有淡水鱼类青鱼、草鱼、赤眼鳟和黄颡鱼等,有河口鱼类鲻。周代捕鱼有进一步发展,捕捞工具已趋多样化,有罛、九罭、汕、罯、罶、钓具、笱、罩、罾等多种,可归纳为网渔具、钓渔具和杂渔具三大类。此外,还创造了一种叫槑的渔法,成为后世人工鱼礁的雏形。到春秋时代,随

着冶铁技术的发展，开始使用铁质鱼钩钓鱼。

随着捕鱼业的发展，人们开始人工养殖鱼类。关于中国人工养殖何时起源目前有两种观点：一种观点认为始于殷末，依据是殷墟出土的甲骨卜辞"在圃渔，十一月"的记载，认为是指在园圃内捕捞所养的鱼。据此，中国养鱼始于公元前13世纪；另一种观点认为始于西周初年，《诗经·大雅·灵台》中说到"王在灵沼，于牣鱼跃"，认为是中国人工养鱼的最早记载。据此，中国养鱼始于公元前11世纪。到了战国时期，各地养鱼普遍展开。这时的养鱼方法较为原始，只是将从天然水域捕得的鱼类，投置在封闭的池沼内，任其自然生长，至需要时捕取。

二、汉至南北朝开始小规模养鱼

汉代是中国池塘养鱼的发展时期，开始利用小水体进行人工饲养。武帝初年，养鱼业开始进入繁荣时期。这时开始选择鲤鱼为主要养殖对象。在养殖方式上，常与水生植物兼作，以增加经济收益并使池鱼获得食料来源。在鱼池四周，常植以楸、竹，以美化养殖环境。汉代还从池塘养鱼发展至湖泊养鱼和稻田养鱼。湖泊养鱼主要在西汉时期的京师长安。到东汉，汉中地区开始稻田养鱼，当地农民利用夏季蓄水种稻期间，放养鱼类。稍后，巴蜀地区也开始稻田养鱼，当地农民利用两季田的特性，在夏季蓄水种稻期间，放养鱼类。汉代在养鱼业发达的基础上，出现最早的养鱼专著《陶朱公养鱼经》。关于该书的成书年代有不同的看法，一般认为成书于汉代。自三国至隋唐，战乱不已，水产养殖一度衰落，但《齐民要术》记载了当时池塘养鱼获取鱼苗的方法，在河湖有大鱼的地方，取泥巴放入池塘之中，因为里面有小鱼卵，即可以得到鱼苗。

至武帝初年，养鱼业开始进入繁荣时期。汉至隋唐时期主要以池塘养鲤为主。主要养鱼区在关中、巴蜀、汉中等地。养殖对象从前代的不加选择，变成以鲤鱼为主。在养殖方式上，常与水生植物兼作，在鱼池内种上莲、芡，以增加经济收益并使鲤鱼获得食料来源。

汉代捕鱼业较前代更加兴盛。捕捞技术也有进步，唐代徐坚的《初学记》引《风俗通》说，罾网捕鱼时已利用轮轴起放，这是最早使用机械操作捕鱼。魏晋南北朝时期，黄河流域历遭战乱，捕鱼业衰落，在长江流域，东晋南渡后经济得到开发，渔业也在相应发展。这时出现了一种叫鸣根的声诱鱼法。在东海之滨的今上海，出现一种叫沪的渔法。这时人们对鱼类的洄游规律也有一定程度的认识。

三、隋唐是中国养殖业发展的重要时期

唐代的主要鱼产区在长江、珠江及其支流，这时除承用前代的渔具、渔法外，还驯养鸬鹚和水獭捕鱼，这是捕捞技术中的新发展。唐末，诗人陆龟蒙对长江下游的渔具、渔法做了综合描述，写成著名的《渔具诗》。唐代中叶以前，以养鲤鱼为主，因为李与鲤同音，一度禁止食鲤鱼，自然影响了鱼的养殖。《酉阳杂俎》上说不能吃鲤鱼，卖鲤鱼的杖六十。不过禁止养鲤促进了四大家鱼"青草鲢鳙"的养殖。唐末，开始饲养草鱼，成为中国养殖草鱼、青鱼、鲢鱼、鳙鱼这四种著名鱼类的起始。唐代获取鱼卵的方法，除了延用取泥的方法外，还新发明了割菰草的方法。唐代仍以养鲤鱼为主，大多采取小规模池养方式。随着养鱼业的发展，鱼苗的需求量增多，到唐代后期，广东、广西等地出现以培育鱼苗为业的人。由于大江中草鱼、青鱼、鲢鱼、鳙鱼等的繁殖期大致相同，渔民获得草鱼苗时，也会得到其他几种鱼苗，从而成为中国饲养这四种著名养殖鱼类的起始。文献记载，唐代养鱼开始出现人工投喂饲料。同期还出现了盆养观赏鱼，这不仅是中国最早的观赏鱼，也是中国最早的水族箱。

四、宋元出现了鱼苗专业户

宋代随着东南沿海地区经济的开发和航海技术的进步，浙江杭州湾外的洋山，成为重要的石首渔场。马鲛鱼是重要的捕捞对象。使用的渔具有大莆网和刺网等。在长江中游，出现空钩延绳钓，钩捕江中大鱼。竿钓技术也有进步，邵雍的《渔樵问答》把竿钓归纳为由钓竿、钓线、浮子、沉子、钓钩、钓饵六个部分构成，这与近代竿钓的结构基本相同。这一时期，位于东北地区的辽国，开始冬季冰下捕鱼。宋代以后，在鱼苗饲养和运输、鱼池建造、放养密度、搭配比例、分鱼、转塘、投饵、施肥、鱼病防治等方面，积累了丰富的经验，为后来养鱼业的发展奠定了牢固的基础。北宋时期，长江中游的养鱼业开始发展。人们直接从江中捞取小鱼苗。鱼苗主要集中在九江一带，人们在此地捞鱼苗贩卖至他乡，成为一个新的职业。到南宋，九江成为重要的鱼苗产区。养鱼户将鲢鱼、鳙鱼、鲤鱼、草鱼、青鱼等多种鱼苗，放养于同一鱼池内，出现最早的混养。宋代还出现了人工育珠的方法以培育珍珠。另外还出现了人工养殖贝类。

在宋代，开始出现中国特有的观赏金鱼的饲养。金鱼是一种观赏鱼种，又名锦鱼，起源于野生鲫鱼。野生金鲫的最早发现，一般认为是晋代桓冲在庐山上的湖中所见的赤

鳞鱼。宋开宝年间（968—976年）秀州刺史丁延赞在陆瑁池获得金鲫鱼，遂命名该池为金鱼池并加以保护。11世纪初，杭州开化寺后亦有金鱼池。这时的金鲫养殖条件虽有所改善，但仍在与其他鱼鳖杂处的环境中，故实属半家化时期。到了南宋后，金鱼已逐渐进入家化阶段了。金鱼养殖不论在饲养技术、数量、种类、形态变异和分布范围等方面，均有较大的发展。还出现了专门以蓄养金鱼为生计的职业。在池塘养殖过程中，开始培育出新品种。

五、明代主要养鱼区在长江三角洲和珠江三角洲

明代养殖技术更趋完整，在鱼池建造、鱼塘环境、防止水中缺氧、定点定时喂食、轮捕等方面，都积累了丰富的经验。鱼池通常同时使用两至三个，以便于蓄水、卖鱼时去大留小。池底通常在北部挖得深些，使鱼常聚于此，多接受阳光，冬季可避寒。明代后期，珠江三角洲和太湖流域渔民创造了桑基鱼塘。

混养技术也有提高，开始按一定比例混合放养多种鱼类，以充分利用水层和池塘里的各种不同食料，并发挥不同种鱼类间互利利用的特点，以提高单位面积产量。

河道养鱼也始于明代。嘉靖十五年（1536年），绍兴三江闸建成，河道的水位幅度变小，为开展河道养鱼创造了条件，以后不久，利用河道养鱼的事业开始兴起。

明代后期，中国东南沿海渔民开始养殖贝类。主要养殖对象有牡蛎、缢蛏和泥蚶。成化年间（1465—1487年），福宁州（今福建霞浦、宁德）开始插竹养殖牡蛎。至明末清初，广东东莞、新安渔民改用投石法，将烧红的石块在牡蛎繁殖季节投置海中，以利牡蛎苗的附着，一年间两投两取，产量有明显提高。牡蛎养殖主要在广东、福建沿海，泥蚶养殖在今浙江宁波。

明代海洋捕捞业继续受到重视。明代屠本畯撰的《闽中海错疏》是中国现存最早的地区性海产动物志。该书主要是作者对海洋动物进行观察与研究的记录，并简略地描述了各种海产的形态特征与生态习性，所记不少水产动物在生物学史上很有意义。明初和明代后期，因海禁影响，生产遭到破坏，但海禁开放后，海上捕鱼很快得到恢复和发展，主要捕捞对象仍是石首鱼。这时渔民已观测到石首鱼的生活习性和洄游路线。到明代后期，政府建立渔船署朋制度，组织渔民下海捕鱼。这时出现大对渔船，以两艘船为一生产单位，其中1艘称网船，负责下网起网，另一艘称煨船，供应渔需物资、食品及贮藏渔获物。

到明代，金鱼由池养发展为普通的盆养，有利于选育和保存优良品种。随着盆养的兴起，金鱼的品种日见增多。金鱼在明代由郑和带至南洋，1502 年起相继传到日本和欧美。日本最有名的金鱼品种"琉金"和"兰寿"都是中国金鱼的后代。

六、清代养鱼技术的成熟

清代养鱼技术趋于成熟，体现在养鱼专著《记海错》一书的问世。该书是山东登州府栖霞县郝懿行在考证古书、致力于经学之余，将他常见、熟知的部分海产鱼类记录而成的。主要记文登、莱阳、即墨、日照、福山等海域的水产，在写作风格、对海洋生物形态、行为的认识和水产加工方法等方面均具特色。

清代养鱼以江苏、浙江两省最盛，其次是广东。养鱼技术主要承袭明代，但在鱼苗饲养方面有一定发展。屈大均的《广东新语·鳞语》出现了最早的撇鱼法。在浙江吴兴菱湖，渔民创造了挤鱼法。其法是降低水中含氧量，淘汰鱼苗。

思考题：
1. 人工养鱼出现在什么时候？
2. 金鱼是什么时候出现的？它是由什么物种演变而来的？

参考文献：
1. 梁家勉. 中国农业科学技术史稿［M］. 北京：农业出版社，1989.
2. 中国农业百科全书编辑部. 中国农业百科全书（农业历史卷）［M］. 北京：中国农业出版社，1995.
3. 陶思炎. 中国鱼文化［M］. 南京：东南大学出版社，2000.
4. 闵宗殿. 中国农业通史（明清卷）［M］. 北京：中国农业出版社，2016.
5. 陈洁. 中国淡水渔文化研究［M］. 上海：上海远东出版社，2019.
6. 赵颖，赵文武. 中国渔文化与休闲渔业［M］. 北京：中国农业出版社，2020.

第八节
栽桑养蚕历史

中国是植桑养蚕的起源地,在种桑、养蚕、制丝、织绸的长期实践中,形成了独具魅力的桑蚕文化,体现了中华民族博大精深的农耕智慧,是中华优秀传统文化的绚丽瑰宝,在古代男耕女织、农桑并举的古代社会中享有很高的地位,还催生了东西方物质文化交流的通道丝绸之路,为中华文明乃至世界文明做出了重要贡献。

一、养蚕的起源

在远古时期,地球上有野蚕的地方不少,却只有中国把野蚕驯化成家蚕,从蚕茧抽出丝,把丝"织"成绸,成为养蚕技术的发源地。中国养蚕起源于新石器时代,人们可从神话传说、考古发现、生物学研究、蚕桑崇拜、农耕技术追溯其历史踪迹,并据此推测在距今五千五百年前后,至晚在五千年前,蚕的家养时代就已经开始。

汉、苗、藏、纳西等民族都流传着自己的发明养蚕的事迹。在汉族地区则有"嫘祖始蚕""马头娘化蚕""西陵氏始蚕""蚕丛教桑""伏羲化蚕"等反映养蚕起源的众多传说。嫘祖始蚕说在汉族中流传较广,据《隋书》载:皇后"至蚕所,以一太牢亲祭。进奠先蚕西陵氏神"。元代《王祯农书》载:"(黄帝)元妃西陵氏始蚕,实为要典。"民间将一个骑在白马身上的小姑娘供奉为蚕神,称为"马头娘"或"蚕花娘娘"。在蜀地和江浙一带,过去都可见到供奉马头娘塑像的蚕神庙。

古史传说表明,中国在黄帝时代已开始养蚕,近些年的考古发掘也印证了这一史实。河南舞阳贾湖地区遗址发现距今八千五百年的蚕丝蛋白的遗留物,山西夏县西阴村仰韶文化遗址出土距今六千多年的半割茧壳蚕茧,河南省荥阳城东青台村和汪沟村仰韶文化遗址出土距今五千三百多年的桑蚕丝绸残片,河北省正定县南杨庄仰韶文化遗址出土距今五千多年的两件陶蚕蛹,河南省安阳殷墟出土的甲骨文中有"蚕、桑、丝、帛"等象形文字,并且甲骨文中发现了与蚕桑有关的卜辞等,众多历史文物有力地佐证了黄河中下游地区是蚕丝业的发祥地之一。而浙江省湖州钱山漾新石器时代遗址出土距今四千二百年的丝线、丝带和绢片,其中绢片为平纹组织,表面细致、平整、光洁,而且单丝纤维表面光滑,截面呈完全度较好的钝三角形,是当今世界上最完整的家蚕丝织物,此外,浙江省余姚河姆渡遗址出土距今约七千年的木卷布辊、骨机刀、木经轴和有"编织纹"与"蚕纹"的牙雕小盅,江苏省吴县梅堰遗址出土的绘有"蚕纹"的黑陶,都表明长江中下游地区也是蚕丝业的发祥地之一。可见,先民在新石器时代中期已经利用野蚕茧缫丝,新石器时代晚期已经人工饲养家蚕。

科学家对家蚕与野蚕的习性、化性、染色体等的研究表明,家蚕与野蚕的幼虫体态、体色、茧形、茧色、胚胎期的形态,卵壳斑纹等都极相似。而且两者的血缘极其亲近,丝蛋白的合成机理相似,染色体数相同或接近,并能够进行交配繁衍后代。但是家蚕和野蚕在产卵、发育、幼虫觅食等生活习性和化性方面,存在着很多显著的差异。相对于野蚕,家蚕的蚕茧增大、生长速率和消化效率增强,但蚕蛾飞行和抗病能力减弱。野蚕和家蚕的基因有很明显的不同,在两者之间很少有基因流动。这说明,从野蚕到家蚕,只经历了一次单一且短暂的驯养过程,即家蚕由中国野桑蚕而来的驯化变异,是单一的驯化事件造成的。从此,野蚕和家蚕便"分道扬镳",至今已形成了大量区域品系和突变基因系统。

远古先民对蚕的驯化利用,经历了从野外采集、栽桑招养、室内饲养的漫长过程。首先要让野蚕变成家蚕,定居生活是野蚕家养的基本条件。其次,要养家蚕就需要人工植桑,而对桑树的营林、栽种一定是在稻、粟等粮食作物的种植技术已经比较成熟的基础上开始的,而且植桑技术的形成是移植和借鉴粮食作物栽培技艺的结果。最后,人工养蚕的难度较大,一定是在人工普遍饲养家畜、家禽之后,从驯养家畜、家禽中得到饲养技术和经验的示范和启示。可见,养蚕的起源并非出自偶然,而是在农耕生产发展到一定的阶段,在蚕桑崇拜的驱动下完成的。

二、桑树的栽培

桑树是影响世界的中国植物,被广泛用于生态保护、畜禽饲料、果酒饮料、保健食品、化妆品、医药用品、造纸等领域,被誉为东方圣树。在古人看来桑树是一种神树。唐代《艺文类聚》记载:"桑木者,箕星之精,神木也。虫食叶为文章。人食之,老翁为小童。"当代基因研究进一步揭示了桑树神奇的奥秘,桑树基因的进化速度是同属于蔷薇目的苹果、葡萄、桃、李、杏等的2.5倍,且存在一系列新的多倍体类型。桑树次生代谢旺盛,具有更广泛的适应性和抗逆性,功能性物质多,蛋白质含量高。这是"桑为圣树"的科学依据。

新石器时代野生桑树在黄河、长江流域随处可见。特别是乔木桑，树形高大，可采集的野生桑蚕所结的茧特别多，既可缫丝织绸又有蚕蛹可食用，十分神奇。这是传说中高大无比、上至于天的神树——扶桑灵感的源泉。后来，先民们已不满足于采集野蚕茧，从自然生长的幼桑中，选择树干直、叶形大、叶肉厚的桑树进行移植，大规模营造桑林。上海崧泽新石器时代遗址的孢粉分析表明，该遗址从下文化层中期开始，桑属和禾本科植物孢粉增加，到中文化层上部，孢粉组合中的桑树花粉已非常多。这种变化表明在距今五千三百多年前人们在垦山为田的过程中已有意识地保留了桑树，甚至很可能开始人工植桑。

夏商西周时期，中国已有人工栽培桑树的文字记载。《夏小正》记载，三月农事有"摄桑委扬"，即整理桑树，伐掉扬出枝条。这里的桑应该是人工栽培的。商代统治者把"桑谷共生"当作祥瑞，将蚕桑生产与粮食生产相并重，甲骨文中有大量的桑林祭祀等相关记载。在周代，统治者对桑树生长实行严格保护，严禁春季滥伐，并规定宅地周围要种植桑麻。《诗经》所载各种植物中，桑出现的次数最多，超过主要粮食作物黍稷。《诗经·国风·豳风·七月》中有"女执懿筐，遵彼微行，爰求柔桑。……蚕月条桑，取彼斧斨，以伐远扬，猗彼女桑。"和《诗经·郑风·将仲子》中有"无逾我墙，无折我树桑"，各种桑树诗篇不胜枚举，从中可以推断，当时既有大面积的桑林、桑田，亦广泛在宅旁和园圃中种桑，桑树的分布遍及黄河中下游地区，其地域相当于现在的陕西、山西、河南、河北、山东、湖北等省，而且既有人工种植的，又有自然植被。

春秋战国时期，各诸侯国都十分重视蚕桑业。《谷梁传》中记载：齐国桓公十四年（公元前672年）："王后亲蚕，以共祭服。"王后亲自率领贵妇们采桑养蚕，用于做祭服。《史记·伍子胥列传》记载，楚国的边境县钟离和吴国的边境县卑梁相邻，两地都种桑养蚕。公元前518年，两边的采桑女因争夺桑叶发生纠纷，引起边民冲突。吴楚两国因此爆发了一场战争。在成都出土的一个战国铜壶上，图案画面是桑株成行整齐排列，十五名采桑女分工协作，说明当时的植桑养蚕已经颇具规模。当时已有三种树形：第一种桑树树身低矮，人站立在地上即可采摘，属低干或无干地桑。第二种是中干桑，树下一人站在另一人的背脊上采摘木桑的叶子。这种是经过人工整修后的低干乔木桑树，树冠展开，既美观又高产。第三种是经过整修的高干桑。这种桑树树形高大、遮阴蔽日，要攀登上树才能采摘桑叶。春秋《左传·僖公二十三年》写道：晋公子重耳与从者"谋于桑下"却全然不知"蚕妾在其上"，可见这棵桑树之高大。这个时期出现的鲁桑，就是高干桑，是绵延上千年的优质丰产桑树品种。

秦汉时期，不仅形成了黄河下游、四川盆地、太湖和钱塘江流域三大蚕桑生产优势区域，而且在生产技术上实现突破。西汉《氾胜之书》记载：每亩以黍、椹子各三升，混合播种。生苗后对桑苗进行间苗。当黍成熟时，桑苗正好与黍一样高。收黍后，连黍秆和桑苗一起齐地割断，晒干放火燃烧。第二年春天桑树发芽成长，一亩桑田可养三箔蚕。这种采用桑和黍间作的方法，不但充分利用了耕地，而且可提高桑叶的产量。汉代四川盆地西部出现的桑园画像砖上，大部分画面是枝繁叶茂的桑树，看上去葱茏一片。园内有一女子手持长杆正在采摘桑叶。整个画面生动、自然，具有浓郁的生活气息，像是一幅写意国画，为我们形象地勾勒出村女穿梭于桑林田园间的窈窕倩影，再现了当时妇女在桑园劳作、忙碌的场面，反映了蚕桑已成为有些农户的专业生产。在岭南汉代也有进行"桑蚕织绩"和"采桑饲蚕"的种桑、育蚕、丝织的生产活动。"高则桑土，下则沃衍"，反映了当地已利用高地种植桑树。

魏晋南北朝时期，南北经济文化交流加强，促使桑树种植地域扩大。曹植曾讲到当时的繁茂情况，他说："出自蓟北门，遥望胡地桑，枝枝自相值，叶叶自相当"。南朝刘宋武帝"劝课耕桑，使宫内皆蚕"大力发展桑蚕业。南齐永泰元年（498年），"教民一丁种十五株桑、四株柿及梨粟，女丁半之，人咸欢悦，顷之成林"。魏晋先民已经认识到要使养蚕有好收成，必须有优质丰产的桑树。北魏贾思勰在《齐民要术》"种桑柘"篇中，专门记载了几个桑树品种，有女桑、檿桑、荆桑、地桑、鲁桑。在这五种桑树名称中，女桑是树形小而枝条长的桑树；檿桑可能就是柞树；地桑仅是一种无主干修剪养成的鲁桑；荆桑并非一个桑树品种，而是某一地区的实际生长桑树的统称，分布在长江以南；只有鲁桑才是在《齐民要术》中出现的桑树品种名称，分布于山东一带。鲁桑可细分为黑鲁桑、黄鲁桑等，并提出黑鲁桑是较好的品种。鲁桑无论在土丘、石山、水涯、下平之处都能生长良好。

隋唐宋元时期，桑树栽种区域不断扩大，且中心区域逐步南移。南宋杨万里的《桑茶坑道中八首》云"田塍莫道细于椽，便是桑园与菜园"，描写夏日江南田野景色。陆游的《山南行》载"平川沃野望不尽，麦陇青青桑郁郁"，描写了陕西汉中的田野景色。《资治通鉴》载"桑麻翳野，天下称富庶者无如陇右"，表明陇西一带因桑麻繁茂而富裕。可见这个阶段从西北到江南都在发展蚕桑业。这一阶段桑苗的繁殖技术又有了新的发展。隋唐时期采用实生苗、压条和扦插繁殖桑苗良种，宋元时期则以嫁接培育桑苗。直播育苗是最常用桑苗繁殖方法，其播种方法有点、条、撒和绳播法。扦插、压条，也是当时先民常用的桑苗繁殖方法。《务本新书》说：如果有较多桑树供截取插穗，则用扦插法繁殖。北宋以后，在南方的先民首先把嫁接技术运用到桑树繁殖上，用鲁桑的枝条嫁接到荆桑上，这样得到的桑树兼有荆桑和鲁桑的优点。经嫁接后的桑树"其叶倍好"，桑叶的品质和产量都得到提高。这是因为嫁接成活后，接穗和砧木在营养和代谢上互相交换、互相同化，新的植株根系强盛、性状优良。《陈旉农书》最先谈到桑树嫁接，书中说，湖州安吉人都能用嫁接繁殖桑树。元代《农桑辑要》论述插接、劈接、搭接、靥接四种方法，《王祯农书》中又增加一种皮接。

明清时期，为了缓冲棉花的冲击，两代王朝都采取了鼓励植桑养蚕的政策。明初甚至规定每一户，头年种桑枣二百株，次年四百株，三年六百株。凡不种桑的要交纳绢一匹。后来，由于栽桑养蚕比种植粮食作物的利润更高，在长三角和珠三角地区蚕桑业得到快速发展，并在低洼地创造了一种"塘基种桑、桑叶喂蚕、蚕沙养鱼、鱼粪肥塘、塘泥壅桑"的桑基鱼塘生产模式，提高了土地的利益率。在桑树培育管理方面，明代已总结出许多有价值的经验，特别是应用嫁接技术成功地培育出优良的桑树品种——湖桑，并进行树形的拳式养成。到了清代这种树形养成法，更加成熟、细腻，从开始定植到正式投产要经过三年时间，才可养成两层支干的低中干树形，称为"三腰六拳法"。

三、家蚕的饲养

中国的养蚕技术经历了长达五千多年的历史传承和积淀。黄河和长江中下游地区的先民早在新石器中晚期就已经掌握了饲养家蚕的技术。商代王室设有"女蚕"，为掌蚕之官。甲骨卜辞中有祭蚕神的文字，对蚕事极为尊崇。周代有"亲蚕"制度，天子与诸侯都有"公桑蚕室"。秦汉时期饲养的桑蚕品种主要是一年内自然发生一代的一化性蚕和两代的二化性蚕。北魏到隋唐时期北方养蚕技术的不断进步，为唐代丝绸业的兴旺发达提供了基础。宋代蚕农发明创造了许多适应南方自然条件的先进养蚕技术，逐渐形成了一套适合南方自然条件的栽桑养蚕技术经验，使中国的蚕桑技术进入全面发展时期。元代蚕农已经掌握了养蚕过程中的关键技术措施，农学家将此总结成"十字诀"，即"十体、三光、三稀、五广、八宜"。明代蚕农开始利用杂交技术进行蚕的品种改良，养蚕生产进入精养阶段。清代各地都形成适合当地生态条件的地方家蚕品种，蚕种繁育进一步专业化。在长期的生产实践中逐渐形成了一套比较完善的技术体系，现按家蚕生长发育的四个阶段依次叙述。

（一）卵的阶段——浴蚕和护种

从周代起，先民就"奉种浴于川"，把蚕种放到溪流中洗浴，把蚕卵上的蛾尿及病原物等洗去。唐代王建在《雨过山村》中描述了这一场面："雨里鸡鸣一两家，竹溪村路板桥斜。妇姑相唤浴蚕去，闲着中庭栀子花。"明代浴蚕一般使用盐水浴、草灰水浴和石灰水浴，熬炼卵壳里的休眠胚子，只让强健者活下来。《永嘉记》记载，北魏时永嘉地区把刚产的卵放在低温中抑制，使胚胎期从七到八天延长至二十一天，并通过人工低温催青改变蚕的化性，不断获得不越年的蚕种，做到一年养八批蚕。这是中国蚕业史上人为控制滞育（低温催青产不越年生种）的最早记录。蚕的胚胎发育成蚁体需要一定的温湿度条件，当清明前后温度低时，要把蚕种扎成包，捆在蚕娘的身上焐三至四天取余温护种。

（二）幼虫阶段——饲养和防病

蚕种卵色转青的第二天，便孵化成蚁蚕。蚕农把蚁蚕收起来饲养，叫收蚁。最早的收蚁方法是"羽扫法"，宋代徐照《春日曲》中有云："中妇扫蚕蚁，挈篮桑树间。"接着出现了"打落法"，后来发展到"网收法"和"吸引法"。蚁蚕适宜的室内温度较高，北魏收蚁前，要在屋内四角点火加温。北宋有"自从蚕蚁生，日日忧蚕冷"的诗句。元代明确收蚁时，室内温度应加到让蚕母着单衣感觉适宜为止。

给桑是养蚕的最重要事项。北魏时蚕农养小蚕喂荆桑之叶，大蚕喂鲁桑之叶。晋代根据蚕的不同生长阶段，采摘不同的桑叶，切成不同的大小饲养。元代《农桑辑要》记载收蚁到头眠，第一昼夜给桑四十九顿或三十六顿，第二天三十顿，第三天二十余顿……第一龄给桑的顿数很多，这是因为稚蚕期生长速度快，咀嚼桑叶的能力较弱，必须保持桑叶的鲜嫩，因此要采用多顿薄饲法。此外，还记载了抽饲断眠法，提出要根据黄光体色蚕的占比而增减给桑量，如果十分之八的蚕体表黄光入眠，则减去八分的桑叶，把叶切得更细，撒叶更薄，给桑更频繁。

就眠阶段是蚕蜕去旧皮，长出新皮，不吃不动，比较脆弱的时期。眠中要确保蚕座（蚕箔）干燥，其做法：一是眠前除沙，二是小蚕眠期在蚕座中撒石灰末和班糠，大蚕眠期还要再加菜籽荚或切成小段的稻草。《蚕经》说："眠起不齐丝减少。"要"迟止桑，迟饲食"，即催眠蚕室升温，除沙饱饲，然后渐住食；起蚕待其起齐后进行喂食，不能饱饲，只能慢慢饲叶。

蚕病是养蚕的大敌。春秋初期，齐国宰相管仲曾重赏高聘防治蚕病的能手。晋人记载了三种蚕病。除了白礓病外，还有伪蚕病和黑瘦病。晋代诗人有"伪蚕化作茧，烂熳不成丝"的诗句,诗中的"伪蚕"即一种"假熟蚕",现代养蚕学上称为空头性软化病;黑瘦病即为现在所说的蚕微粒子病。唐代发现了蚕的蝇蛆病,诗人王建在《簇蚕辞》中写道:"但得青天不下雨,上无苍蝇下无鼠。"这是蚕蝇蛆病的最早记载。

(三)茧蛹阶段——上簇和杀蛹

蚕的成熟在唐代称为老,"蚕欲老,箔头作茧丝皓皓"。一般情况下,从"茧蚕初引丝"到"开箔雪团团"约需三天时间。上簇结茧所用的簇具,上古时代多用蒿草茎秆物扎结。到唐代可用作蚕簇的东西很多。宋代《陈旉农书》记载了一种以箭竹做马眼隔,又以无叶竹条,纵横搭之,这可能是最早的方格簇。从宋代起,上簇时要在下面生炭火加温,促其作茧。明代进一步总结了吐丝结茧时"出口干"的要领,即吐出丝来,随即干燥,以便于缫丝,保持丝质。

早期的缫丝必须在茧出蛾以前短短的几天里,夜以继日地完成。否则,蚕蛹就会化蛾,使蚕茧报废。为避免出蛾坏茧,古代先后出现了日晒法、盐泡法、蒸茧法、烘茧法等杀蛹技术。元代《王祯农书》指出,在日晒、盐泡、笼蒸中,笼蒸最好。成书于洪武中期的《种树书》最早记载烘茧法的技术要领。这是近代烘茧技术的先声,也是世界蚕业发展的一件大事。

(四)成虫阶段——选种和育种

"汰弱留强,优中选优"的选种原则贯穿蚕的每一个阶段和技术环节。在卵期,古人通过浴种淘汰病弱。收蚁时,淘汰最早孵化的蚁蚕及不上叶的蚁蚕。蚕期中,拣取整齐强健之蚕留种。茧蛹期,择留茧重厚者做种。北魏时,只在蚕簇的中央选摘种茧。因为体质强健成熟比较齐一的熟蚕,通常一上山簇便立即选择适当营茧位置,立即吐丝结茧。清代选择近上向阳或在苫草上的强健好茧做种茧。制种时,只选留中间时段出蛾者,并以蛾尿"粉红及微黄者为上"。

古代桑蚕育种的突出成就:一是由于各养蚕地区长期的地理隔离和饲育者自留蚕种的不同选择目标,千百年来,蚕的遗传基因和性状产生了变异,种性发生分化,从而形成众多的地方品种。二是利用蚕的不同品种间的杂交优势,来选育家蚕良种。明代科学家宋应星记载当时已用两组家蚕进行杂交,一组利用吐白丝的雄蚕和吐黄丝的雌蚕杂交,产生能吐出褐色丝的杂种蚕。另一组是利用雄性的"早种"与雌性的"晚种"进行杂交,早种蚕所结的茧丝质较佳,而晚种蚕可以耐高温。两者杂交所得的后代吸收了各自优点,产生出能耐高温的"嘉种"蚕。该蚕可做夏蚕蚕种,不但能促使家蚕健壮,还能提高茧丝量。这是中国家蚕育种技术上的一次飞跃。

思考题: 1 养蚕栽桑起源于中国吗?是什么时候开始出现的?
2 为什么蚕是影响世界的中国植物?

参考文献: 1 周匡明. 蚕业史话 [M]. 上海:上海科学技术出版社,1983.
2 夏鼐. 我国古代蚕、桑、丝、绸的历史 [J]. 考古,1972(2):12-27.
3 赵丰. 中国丝绸艺术史 [M]. 北京:文物出版社,2005.
4 唐志强. 中华桑蚕文化图说 [M]. 北京:中国时代经济出版社,2010.

第九章

乡村组织与社会

农耕文明不仅包括生产环节,还包括乡村组织与社会经济等方面,本章主要阐述乡村基层组织与村落结构及市场,家庭与宗族及共同体,士绅与乡贤,五口通商以来的乡村社会结构演变和近代乡村建设运动及其影响等,让我们对中国古代社会有一个更加广泛的了解。

第一节 农村家庭结构与宗族
第二节 乡村基层组织与乡村市场
第三节 乡村的士绅与乡贤
第四节 鸦片战争以来乡村社会结构的演变
第五节 近代乡村建设运动

第一节
农村家庭结构与宗族

一、家庭结构

中国的传统农村是一个以家庭为基本单元,以家庭生产为基础的农耕社会。家庭是以婚姻关系、血缘关系或收养关系为基础的人类生活的基本群体,在整个社会结构中有着特殊的地位。在几千年的历史长河中,传统中国最主要的产业始终是农业,最基本的单元始终是农村,最多数的个体始终是农民。农耕文明的底色和基调,决定了中国传统农村家庭结构主要是农耕社会结构,农耕社会又呈现出多代同堂、聚族而居、男耕女织、自给自足的特点。

西周、春秋时期,社会上层,即贵族层、统治者层,皆按宗法制组成父系家长制集体大家庭。这种大家庭是一个血缘亲属关系复杂、人数众多、组织庞大的宗族集团。宗族集团或异财,或共财,或异财共财相结合。虽然在宗族组织中,有时会分成若干分支家庭,甚至小家庭,但这些个别家庭在社会、政治与经济活动中均不具有独立性格,而是被埋没在宗族体系之中。这种庞大的宗族共同体便构成了西周、春秋时期贵族社会最根本的社会组织。社会下层,即广大"持手而食"的劳动者,则不得立宗庙,因而不行宗法。他们只有"亲昵"与"分亲"家庭,但并不按宗法制结成宗族集团。所以说,周之宗法实即贵族的"氏族"组织法。周之宗族组织有三个层次,是宗—族氏—家长制大家庭。按宗法制结成的宗族组织,与父权家长制大家庭并不完全是一回事。父权家长是宗族下的大家长,他有大家庭。宗族长及大家长奴役着众多子弟、宗族成员以及非血缘的私属家庭。宗族的一切权位,包括宗族长权、政治权、经济权等由宗子继承。宗子对全族成员除了具有强烈的支配权之外,也负有收养义务,能否收族也就成为宗子权能否存在与贯彻的根据。宗统与君统的继统原则是"立嫡以长不以贤;立子以贵不以长",因此要严辨妻妾、嫡庶,是为宗法之要事。于宗族内分别出大宗、小宗系统,为的是使小宗服从大宗,以确立贵族内部严格的等级秩序,进而巩固其宗族的统治权位。由上述看来，并非所有的血缘亲属关系皆可归之于宗法。宗法制自有其特定的内涵。它的基础是领主世禄制，它的核心在于宗子法。"致邑立宗"，一语道破了宗法的要害。邑是宗的依托，无其邑则无其宗，亡其宗也便失其邑。不论哪一级贵族，既得一邑土，也就自成一宗族了。西周、春秋时期的家庭形态，除了宗法贵族集体大家庭之外，另有庶民、奴隶等个体家庭，但它们无经济、政治上的独立性，被包容于宗法大家庭以及各类共同体如村社外壳之中。后来历史发展的轨迹便是大家庭破灭，个体小家庭独立而成为支配社会的主体结构形态。

春秋战国时期，由于社会生产力的发展，工商经济繁兴，人口流动性加大，个体劳动渐成为主要方式，加之国家实行授田制，遂使小家庭渐渐在经济上独立，形成了摧垮一切共同体躯壳的力量。同时，政治制度也发生变迁，世官世禄消亡，直接导致了宗法制宗族及其大家庭的毁灭。世禄不存，宗法氏族也就被扫除了。这不仅使贵族组织发生变迁，也使整个社会家庭制度发生了根本性变革，宗法氏族渐让位于即将形成的封建家族制，集体大家庭亦为新兴的个体直系小家庭所取代。

战国时，旧宗法氏族离析，宗子败落，非但无收族之力，而且自身也难以为养。秦在商鞅变法前，宗法制的残余、与宗法制有密切联系的旧家庭制度的残余，以及奴主父家长的支配权均较多地存在，社会家庭风俗还比较原始落后，直系小家庭虽然存在，但是并未真正独立，也未分析到最小限度，这就是商鞅变法改革家庭制度所面临的社会家庭背景。秦孝公用商鞅变法，对家庭严厉推行分户析居的改革政策，规定"民有二男以上不分异者，倍其赋"，把家庭单位强令分析到最细小程度，这是对宗法制的彻底否定。秦的分户政策自商鞅变法开端，直至秦末，贯彻始终。

秦自商鞅变法后，确立了最小型个体小家庭结构形态，而且这种小家庭成为社会上的普遍形式与基本形态。不仅是劳动者，官僚、富庶人家也普遍建立起个体小家庭。这种家庭，就血统世系而言，一般为两代层结构，很少涉及祖孙三代者，就其成员间亲属关系而论，多是以一对夫妻为核心，加之其未成年、或虽已成年而未婚子女，就人数而言，通常为五口之家。这种家庭具有结构简单、内部关系单纯而亲昵、人数少等特点。汉代的家庭结构似多承袭秦制，虽不见得限于父子两代的核心家庭，但兄弟通常是分居的，平均家庭人口数不超过五口，有研究者称之为"汉型家庭"。汉代家庭是以夫妻和子女所组成的核心家庭为主体，父母同居者不多，兄弟姐妹同居者更少，家庭人口大约在四五人左右。这就是"汉型家庭"结构的特色。至汉武帝时期，也只是适应新的社会形势而强令徙强宗大姓，不得聚族而居，并未涉及小家庭的细分问题。汉武帝以后，儒教受到社会尊重，要求继承制度能符合孝悌之道，逐渐趋向父母亡后一次析产的办法。自昭、宣而后，尤其是元、成以降，似已提倡同居共财，封建大家族制逐渐形成。应劭以为"凡同居，上也"，"察孝廉，父别居"，已为世所轻贱而不容。东汉则大力宣扬并鼓励数代同居共财。至三国魏明帝诏陈群、刘劲制作魏律，则明定"除异子之科，使父子无异财"。

唐时正式颁布别籍异财的禁律。《唐律疏议》卷十二指出："诸祖父母、父母在，而子孙别籍异财者，徒三年。"《唐律》同文又说："诸居父母丧，生子及兄弟别籍异财者，徒一年"，居丧期间析产也是违法的。《宋刑统》完全抄袭《唐律》，也有上述规定，但增加若干特许的例外情形。《明律》亦依此传统，只是改徒为杖。及至唐代，出现了"唐型家庭"，其特点是尊长犹在，子孙多合籍、同居、共财，人生三代同堂是很正常的，于是共祖父的成员成为一家。否则至少也有一个儿子的小家庭和父母同居，直系的祖孙三代，（主干家庭）成为一家。

中国传统家庭不乏累世同居、聚族而居的大家庭。正史记载的累世同居的"义门"，多数朝代都有。东汉时期，有樊宏、蔡邕家"三世共财"。六朝时期，世代同居的规模有了新的发展，四代、五代、六代至八代同居的屡见不鲜。隋唐至宋时期甚至有达到十几代同居，一家人口多达数千人的。唐高宗时，张公艺家九世同居。江州陈氏，南唐时达700余口，到宋代增至1000余人，最高达到3700余人。宋代越州裴承询十九世同居。信州李琳十五世同居，人数也达1000余人。宋以后各代，这样的例子不绝于书，像这种十多代同堂而居的，是封建王朝特地选为居家典范表彰于世的，实际上在现实生活中绝不会有很多。但三代、四代同堂的大家庭，比较常见。因为传统农耕社会是一种以家庭为生产单位的人力密集型农业，人多劳足，生产就发展；人少劳缺，生产就不能发展。同时，同所有的经济一样，自然农业也要求一定的经营规模，要求获得规模效益。在中国农村土地占用殆尽，所有权继承由众兄弟均等分割的条件下，要想保持一定的家庭生产规模，就只有累世同居不分家。所以，大家庭制度的存在与发展，表面上看，是封建文化影响的结果，实际上它受制于传统自然农业特定的技术、人口和资源条件。

不过，在多子继承制度下，因为古代传宗接代人人有责，每个男子都有传宗接代的义务，分家是常态。所以，家庭人口大多维持在五口之家的范畴，大家庭能够存在，是一种非常态才被单独作为特例记录下来。一旦父母过世，家庭便开始分家。中国这种传统的一次析产分家、诸子均分的继承制对农村经济有很深远的影响。这是中国农村过密型生产模式的源泉。中国诸子继承制度，特别强调平均分配原则。分配家产，特别是土地时，强调肥瘠均搭，如果父母有三块地，肥瘠不同，现由兄弟五人均分，往往是把三块地的每一块都切割成五等份，每房各得三块并不毗连的田地。这也是中国农村土地越来越零细化的原因之一，对于农田管理经营造成极大的不便。

从历史发展视角来看，中国农村社会经历了从传统社会向总体性社会的变迁，中国农村家庭结构类型由委托式家庭向机构型家庭转型，改革开放以来中国总体性社会开始解体，农村家庭结构以户式家庭为主要类型，并向原子式家庭转化。

传统中国乡村社会是一个自给自足的农耕经济社会。人们世世代代固定在一定的土地上，家庭是一个生活单位，也是一个生产单位，男性是家庭中的主要劳动力，男性家长是家庭劳动的组织者和家庭财产的占有者，享有绝对权威，而其他家庭成员则处于服从地位，这就决定了传统中国农村社区的家庭关系是父权家长制，这种家庭类型就是委托式家庭。在委托式家庭占主导地位的社会里，国家的建构基本上是以亲属义务为基础的，它通过家庭履行统治、保护、支持和教化家庭成员的职能。

二、乡村宗族

宗族是家庭的联合组织，是家族组织的延伸，以共同的祖先为纽带联结而成，在农村是仅次于家庭的最重要的社会群体之一。"宗"是尊奉共同祖先的族人，有大宗、小宗、群弟若干层次，"族"是上至高祖下至玄孙的五服亲。宗族，即同一父系祖先若干分支结成的同姓集团，"是有男系血缘关系的各个家庭，在宗法观念的规范下组成的社会群体"。宗族是在长期历史发展中形成的，主要经历了以下五个发展阶段。

（一）先秦典型宗族制时代

原始公社末期，随着以男性为中心的家庭的出现，以血缘关系为纽带的某一家长的后裔结合成的氏族组织开始产生，这便是宗族的早期形式。商代有很多这种氏族组织。商朝灭亡后，西周将商族遗民分派给各地诸侯，并建立起强有力的宗法体制。周天子是天下大宗，天下的共主，而诸侯和王室的卿大夫则是周室的小宗。在周代，上层社会中有宗族组织，即周王族、诸侯、卿、大夫、士等各级贵族有宗族组织，少数平民也建立宗族团体，但不发达，且依附于贵族宗族。周朝实行大小宗法制度，周王室是大宗，拥有祭祀始祖权力，同姓诸侯是小宗，只以始封君为祖先进行祭祀。祭祀始祖权，是宗族制度的重要内容。宗法制与分封制相配合，维护周王为共主、封建诸侯直接治民的政治制度，巩固分封制所确定的社会等级制度，实现宗统和君统的统一，即在周王和同姓诸侯之间，周王既是宗主又是天子，集两权于一身，成为天下共主。在异姓诸侯中，也是依照大小宗法制原则进行统治，诸侯既是国君又是宗主。所以，宗统与君统的统一贯穿全国，只是周天子的宗统不能贯穿异姓诸侯国。周代以后，大小宗法制基本不能实行，宗统与君统分离，因此说周代是典型宗族制时代。从宗族结构方面观察，周代天子和各级贵族拥有宗族，贵族宗族内部的平民成员也秉命于具有贵族身份的宗长，因而也可以说，周代是君主贵族宗族制时代。

（二）秦唐间世族、士族宗族制时代

秦唐间宗族成分增多，除皇族、贵族以外，其他社会成分的宗族也在发展，有秦汉时期的世族宗族、魏晋至隋唐的士族宗族，它们都有政治特权；还有豪族宗族、少数民族的酋豪宗族，它们有社会地位，但无政治特权；而寒人宗族、义门宗族，多为平民宗族。相对皇族来讲，世族、士族以下的宗族，都是民间宗族，称为"素族"。秦唐间素族宗族生命力及宗族史探讨价值在发展，这是宗族民间化的第一阶段。这使宗族不再基本上是贵族的社会群体，而有了一定的民众性。秦唐间宗统与君统分离，分封皇族仍在进行，但周代的分封制已经变异，只在西汉初年、西晋初年诸侯王有封建诸侯的意味，其他时期的宗室受封，不过是享受爵禄而已，没有治理民事的权力。分封不行，天子不能像西周那样收族，大小宗法制失去作用，只是在贵族政治继承权方面实行嫡长子继承制，保存了大宗法的原意。宗统与君统分离，即族权与君权分离，君主不能任意支配宗族，南朝寒门出身的权贵要求皇帝宣布他们为士族，与高门士族通婚，皇帝无权答应，只是要他们自行找士族代表人物商量，或打消联姻的念头。同时皇权为取得士族的支持，实行对其出仕有利的九品中正制，为此修纂宗族谱牒，形成官修谱书的黄金时代。

（三）宋元间大官僚宗族制时代

宋元时期高级官僚非常关心宗族的建设，宋代宰臣中，范仲淹、张浚等分别设立宗族义庄，进行宗族内的经济互助。范氏开义庄之先河，经历几代经营，使该族义庄保存800余年。欧阳修编写《欧阳氏谱图》，首创流行后世的私家纂谱体例。司马光留心于宗族教育，纂辑《家范》。范仲淹、张浚、欧阳修、司马光的宗族活动表明，大官僚与宗族连为一体。宋代的官僚与晋唐间的士族不同，多半是由科举入仕逐步提升的，虽也有荫子权，但不似士族之荫子出仕地位高、升迁快，它的世袭性大为削弱，故宋代的官僚宗族与中古士族宗族不同，难以长久维持。历代王朝实行的亲属法，以五服关系为范围。可是宗法制规定的祭祀法，贵族、官僚可以依照爵位品级设立家庙，祭祀高、曾、祖、祢四代，士人、庶人不得立庙，只能在寝室内供奉祖先牌位，祭祀父亲一代。这种在法律上强调五服关系，实际祭祀时多数人只能祭祀父辈的祭祀法，不利于亲属法的贯彻和孝道伦理的实现。思想家程颐、张载、朱熹都想在理论和宗族活动的实践中解决这一问题，让平民可以祭奠数代祖先。程颐的高祖为大官僚，但曾祖、祖父两代未出仕，其父官至知州，可是他家就不按祭祀法规定，自行祭祀高祖以下祖先。朱熹赞同程氏做法，认为这符合祭祀法之意。宋元时代，出现子孙为先人在墓处立祠祭祀的现象，时间一长，墓祠祭祖所祭之人，成了远代祖先，具有祭祀始祖的味道，突破了家庙祭祀的规定。从宗族的管理层看，宋元宗族的特点是官僚，特别是大官僚掌握宗族，使之成为官僚的宗族。从民间向官定祭祖法挑战的情形看，更多的民众关心宗族建设，使它比秦唐间更有民众性，这是宗族民间化的第二个阶段。

（四）明清绅衿平民宗族制时代

明清时期宗族组织普遍出现，尤其盛行于长江流域及其以南地区。标志这一群体出现的是王朝允许宗族建立祠堂，这是以前朝代所不允许的。祠堂是一姓族人祭祀、集会、族尊施政的场所。主持宗族事务的主要是绅衿，他们筹建祠堂，制定宗规族约，编修家谱，甚或设立义庄，赈济族人。他们控制祠堂，既管理族人，又为宗族代表。一般农民、商人，也能成为族长，因为宗族遍及民间，不是每个宗族任何时期都有绅衿人物出现，故毫无功名身份的人也会成为宗族事务主持人。宗族活动继续冲击宗法制对祭祖权的规定，使得政府放宽禁令，允许民间祭祀五世祖，允许非官僚的衿士设立家庙，平民不仅有了祭高曾祖先的权利，事实上还在祭祀始祖、始迁祖，政府对此睁一只眼闭一只眼，并不过问。宗族参与社区事务，组织祈神赛会，办学塾接纳宗族子弟，兼收邻里子弟入学；与什伍组织配合，维护社会治安。明清时期是宗族进一步群众化的时代，是宗族民众化的第三个阶段，比前两个时期更体现出民众组织的性质。

（五）近现代宗族变异时代

近代、现代的宗族有的保留传统因素，基本上与明清时代一样，它们没能反映变化了的宗族时代特点，而有些宗族则与从前的宗族有了重大区别。在组织原则和形式上，近代西方议会制观念在中国传播之后，一些宗族召开宗族会议，决定宗族大事，以此削弱族长权力，在中国香港和台湾，以及国外南洋、美洲等地区的华人社会中出现宗亲会组织，均实行理事会、监事会管理制度，取消族长制。血缘原则受到一定破坏。宗亲会吸收成员，以同姓为原则，甚而异姓联宗，合数姓为一组织，不再像过去严格执行排斥同姓不宗的同宗法则。新修的族谱、会章同样承认赘婿、螟蛉义子的成员权。男性系统的血缘原则放松了，拓宽了成员的来源。宗亲会吸收女性成员，改变了过去宗族纯粹是男性天下的状况。另外，这一时期宗族的功能也发生变化。在近代，宗族规约中有反对吸食、贩卖鸦片烟的条文，表现出爱国主义精神；在海外的宗亲组织，许多成为反对清朝的社团。在现代，有些宗亲会宣扬保持中华文化传统，可知宗族政治功能随着时代的变化而变化。近现代以来，宗族的互助功能大大加强，济贫、助学的内容为多数宗族的奋斗目标。族人之间互相介绍职业、代打官司、组织文化娱乐活动、开展旅游和访亲寻根等活动，并进行宗族历史的研究，赞助学术研讨会等。

纵观上述宗族发展历史演变，有以下四个特点值得注意。一是宗族制度演变的总趋势是逐渐削弱，有时削弱得很严重，但不妨碍它在某些方面的复苏发展。终古代、近代之世，宗族制度始终存在，影响着整个社会的政治、经济、文化及人们的日常生活。二是平民化的发展，即由贵族为基本成员的群体，发展到以平民为主体的组织，由社会上层人物为管理人，逐步演变为士人和平民掌握的组织。平民化，使其自身得到发展，成为经久不衰的社团。三是宗族功能的变化，其政治功能在古代是宗族基本功能，这种功能一直保存到近现代，但其作用不断下降，反之，原来居于次要地位的社会功能，逐渐加强，至近现代占据主要地位，这也是这种组织宗法性削弱的表现，标志着这一群体性质上的进步。四是宗族的宗法性质由强变弱，先秦的宗族内部具有严格的等级性，大宗统治小宗，族人人身依附性强烈，秦汉以降实行小宗法，宗族内部的等级性基本消失，族长控制力日趋削弱，族人人身依附关系减轻。宗族的宗法性质，变成带有一定的宗法性，在向民主性转变，而到近代族会出现，完成这种过渡。

思考题：
1. 影响古代家庭人口数量的关键因素是什么？
2. 古代家庭人口数量大致是一个什么水平？
3. 宗族在古代社会的功能与地位如何？
4. 明代宗族开始盛行的原因是什么？

参考文献：
1. 张金光. 商鞅变法后秦的家庭制度 [J]. 历史研究，1988（6）：74-90.
2. 李根蟠. 从秦汉家庭论及家庭结构的动态变化 [J]. 中国史研究，2006（1）：3-24.
3. 赵冈. 传统农村社会的地权分散过程 [J]. 南京农业大学学报（社会科学版），2002，2（2）：56-62.

4 常建华.宗族志[M].上海:上海人民出版社,1998.
5 冯尔康.中国宗族社会[M].杭州:浙江人民出版社,1994.
6 冯尔康.中国宗族史[M].上海:上海人民出版社,2009.
7 李红婷.结构与功能百年中国农村家庭历史变迁[J].民族高等教育研究,2013,1(4):62-66.
8 谭景玉,齐廉允.货殖列传:中国传统商贸文化[M].济南:山东大学出版社,2017.

第二节
乡村基层组织与乡村市场

传统中国是一个农业大国,与农业直接相关的农村及乡村基层社会的统治和管理历来备受统治者高度重视。随着朝代更替,乡村基层组织在名称、结构、功能以及运行原理等方面,都表现出不同特色。中国农村基层组织历史沿革,可以追溯到原始社会的氏族公社,后经几千年历史发展,它的组织形式日渐完备,组织结构日趋复杂。

一、乡村基层组织的演变

(一)周代以前的乡村组织

原始社会乡村组织主要是血缘家庭公社和氏族公社。血缘家庭公社是中国古代建立的第一个社会组织,它是以血缘为基础而组建的家庭组织形式,其目的就是满足人类维持公共秩序和共同抵御自然灾害的需要。后来,随着生产力的进一步提高和人类认知的发展,人类社会认识到血缘家庭公社的弊端,开始实行族外群婚,从而明确了"族"的概念,产生了氏族,形成了氏族公社并自然发展成为社会组织系统的基础。原始社会的血缘家庭公社和氏族公社构成了人类社会组织的最初萌芽。

夏商周是中国古代最早的建立在宗族血缘基础上的国家,经济结构是以井田制为基础的自然经济结构,与之相应的村落社区组织称为"邑里制"。据《文献通考》记载:"昔黄帝始经土设井以塞争端,立步制亩以防不足,使八家为井,井开四道而分八宅,凿井於中。……既牧之于邑,故井一为邻,邻三为朋,朋三为里,里五为邑,邑十为都，都十为师，师十为州。夫始分之于井则地着，计之于州则数详。迄乎夏殷，不易其制。"这是夏商时期的农村组织，"邑"既是由城墙围起来的城邑，也是社区的中心，还是基本的行政单位。"里"则是管理居民的组织单位，里设有"里君"，为一里之长。

周朝时全国分为"国、野"两部分，"国"是国都地区，就是王城周围百里之内的地方，国都以外的地区称为"野"。乡遂制是周朝时乡村社区的主要组织形式。《周礼》中对乡遂制做了详细记载："国"中设有"六乡"，"野"中设有"六遂"。"六乡"为"比、闾、族、党、州、乡"六个层次的组织体制，"五家为比，使之相保；五比为闾，使之相受；四闾为族，使之相葬；五族为党，使之相救；五党为州，使之相赒；五州为乡，使之相宾。"每个等级设有专门的官职来管理，乡有乡大夫，州有州长，党有党正，族有族师，闾有闾胥，比有比长，都由本地人充任。"六遂"为"邻、里、酂、鄙、县、遂"六个层次的组织体制："五家为邻，五邻为里，四里为酂，五酂为鄙，五鄙为县，五县为遂。"每一级组织的乡官要主持一切调查、教化、军旅之事，完成政教合一、文武合一的社区理想。

（二）秦汉至明清乡里制与保甲制

秦汉至明清时期，乡村基层组织的演变经历了乡里制到保甲制的历史演变。秦汉到隋唐时期乡村形成了乡里制基层组织体系，北宋至清朝乡村则开始实行保甲制基层组织体系。

乡里制组织体系起于秦汉，止于隋唐时期。乡里制历经千余年，在历史的变迁中既有继承又有发展，在各朝之间其具体形式不尽相同，但其实质内容都是一样的。乡里制作为集行政、教化、司法、自我管理和监督于一身的基层组织体系，其职能有四个方面：一是利用地方长老进行"教化"活动，使封建伦理道德深入乡民；二是管理户籍，征敛赋税和徭役；三是维护社会治安，以"什伍连坐法"的强有力措施，达到维持社会稳定的目的；四是通过"乡举里选"，向朝廷推荐官吏。

乡里制组织在唐末藩镇混战和农民起义中瓦解。中唐以迄北宋前期，乡遂逐渐向以赋役征纳为核心的籍账汇总单元和人文地理单元演变。在乡逐步退出乡村事务的具体运作之后，管、都保等相继成为县与里之间的、统领数村的地域行政单元，其所领户数在250户至千余户不等。明代里甲制下，县直辖各里，没有严格意义上的乡级行政管理层级。到了清代，随着保甲制的全面推行，以千家为基本编制原则的"保"在乡级的基础上发展起来，成为以百家为原则、以村落为基础编排的"甲"或"里"之上的地域性行政管理单元，并为近代以乡镇为核心的乡村控制体系奠定了基础。

乡里制组织形式瓦解后，取而代之的是源于北宋的保甲制组织形式，并一直沿袭到清代。保甲制乡村组织体系就其实质来说和源于秦汉的乡里制组织体系并没有什么本质区别，但也有自己的特点：一是建立了一个更加严密的社会治安网络，加强了对人民的统治；二是寓兵于民，注意加强对壮丁的军事训练，强化了国家防御力量，有效地抵抗了外族的入侵；三是有利于农业生产的发展。保甲制中的长官，刚开始称里正，后来又叫里长、地保或地甲、保甲、保长、保正，类似于今天的村长或者镇长，平时负责各种基层管理工作，诸如户籍登记、治安防范等，他们不仅在刑罚豁免方面可享受官吏待遇，还可能获得一种正规入仕资格。这种来自田间的泥腿子角色虽然没有在衙门里办公的职权，但在公共活动中享受县丞的待遇。

明朝以自然村为基础设立里甲制，同时兼施粮长制和里老制。里甲的具体编制是：一里包括一百一十户，推举十户为里长户，每年轮差一户当里长，称现年里长；其他九个里长户协助里长开展工作，为本里的十甲的甲首。其余百家又分为十甲，每甲十户，加上甲首共十一户。同时还设立了粮长。后来，在乡里还设立里老，由德高望重的老人担任。里长的职责是追征钱粮、处理民间诉讼、管理户籍和督促农业生产。粮长制是保证国家田赋税收的重要组织措施，粮长负责催缴、征收和解运田赋。随着这一制度的推行，粮长的职权扩大，后来演化为一个粮区的基层官员，有的还管理基层事务，有司法权力。里老是为了加强对农村自然村的管理而设置的，主要负责处理民间户籍、婚姻、屋宇、田产以及打架斗殴等一般纠纷。明朝基层组织健全，但对乡村统治和控制更加严密，特别是后来设置粮长和里老，其实质是官府向基层社会的延伸，乡村社区笼罩在朝廷的统治之下。

清朝非常重视基层政权建设。清朝统治者将保甲制和里甲制进一步发展，使之成为清统治者控制和管理广大乡村地区的重要手段。一方面，它继承和发展了起源于宋朝的保甲制，另一方面，它继续推行明朝遗留下来的对征收赋役行之有效的里甲制，因此在清朝出现了保甲制与里甲制并行的双轨乡制。清朝的保甲制主要在直隶、山西、山东的乡村推行，将县以下的城乡分为保、甲、牌三级组织，即十户为一牌，设牌长一人；十牌为一甲，设甲长一人；十甲为一保，设保长一人。保甲长由官府选用。在保甲制下，每户都应当挂上印牌。保甲作为基层政权组织，其主要职责是户口稽查、瞭望巡更、督御警事、客店盘查等事宜。清朝的保甲制从康熙时就进行了修订，雍正时保甲制起到了主导作用，在乾隆时期，"更定保甲之法"，编制范围不断扩大，内部组织更加严密，保甲职能更加扩大和加强。但是自清中期以后，保甲组织多为土豪劣绅把持，保甲长成了鱼肉乡里的恶棍。清王朝统治的二百多年中，保甲制通过不断调整和完善，使乡村社会处于统治者严密监控之下，其自主自治功能逐渐消逝。清朝的里甲制以一百一十户为一里，推选十户为里长户，轮流担任里长，其余一百户又分为十甲。里甲制以户为主，目的是查清每户的田粮、丁银，以便征收赋税。里甲制从清朝统治者定都北京直至雍乾之际，存在将近一个世纪，对清政府的建立与巩固起到了重要的作用。

保甲制与乡里制并没有本质区别，但也有自己一些特点，比如保甲制更加强化治安功能，社会治安网络更趋严密。此外，保甲制还寓兵于民，更加注意加强对壮丁的军事训练，强化了国家防御力量，对外有效地抗击了外族的入侵。总之，保甲组织除编审户籍入丁，并以此催征赋税和征用劳役，保证国家的经济来源之外，更多的是强调军事和治安功能。

（三）民国时期的乡村组织形式

民国时期，在乡村组织形式上主要沿袭了保甲制。民国成立之初，由于受西方以个人为社会组织单位政治观的影响，曾一度废弃了保甲制。但一些地方实力派在自己所控制的地区内，仍实行着相似的制度，如广东的"牌、甲制"，广西的"村、甲制"，云南的"团、甲制"，北方不少省份的"间、邻制"等。

1928年10月，国民党二届中常会第179次会议通过《下层工作纲领案》，将保甲运动列为全国性七项运动之一。1934年，国民党"中政会"第432次会议议决由行政院通令各省市切实办理地方保甲，据此，行政院于同年12月通知各省，普遍实行保甲制。于是，保甲制便由"剿匪区"推向全国。从20世纪30年代初开始推行的保甲制，持续近十年在全国范围内陆续建成，绝大部分省份均以《剿匪区内各县编查保甲户口条例》为蓝本，根据地方实际，制定了地方编制保甲规程。也有个别省份虽秉承了中央政府的保甲精神，但在具体名称和实施上并不完全相同。

民国时期保甲制实施的基本形式是十进位制，十户为一甲，十甲为一保，十保以上为乡镇。在具体实施时，采用了有弹性的做法，规定"甲之编制以十户为原则，不得少于六户，多于十五户"，"保之编制以十甲为原则，不得少于六甲，多于十五甲"，"乡（镇）之划分以十保为原则，不得少于六保，多于十五保"。保设保办公处，有正副保长及民政、警卫、经济、文化干事各一人，保长兼任保国民兵队队长和保国民学校校长，与乡（镇）长一样，亦实行政、军、文"三位一体"。

保甲制实行"管、教、养、卫"并重原则，使保甲制既服务于"自治"，亦有利于所谓自卫。"管"即保甲人员压制民众，加强在甲内的监督作用，实行连环监察，一户"犯罪"连保连坐,都要受到牵连,采取封建社会株连办法。"教"即办理保学,实行"保甲公约""国民公约",教民安分守己。实行社会军事训练,成人强迫加入保甲队,参加国民党。儿童则强迫参加童子军、三青团,实行"党化教育、特务教育",向人民灌输奴化的封建思想。"养"是指农村经济建设,制定乡政生产计划。实际上,农村绝大部分土地都掌握在地主、富农手里,保甲长是他们的代理人,他们制定的"计划""积谷""仓储"等条款都是变相的剥削,使他们对农民的剥削合法化。"卫"就是维持治安,国民党在乡一级政府设立了武装,称为乡警,并且建立了联防团,专门对付人民的反抗,并专事催粮、催款、征兵、征夫等。保甲成为包括政治、军事、经济、文化四方面内容的基层组织。

保甲制,是民国时期重要的乡村基层组织制度。作为一项统治手段,它脱离不了它的历史环境,有着其维护独裁统治、侵犯人民权力、有违时代精神的一面,但同时,这项制度在规范乡村治理、稳定社会秩序以及促进经济发展上仍发挥了积极作用。

二、乡村集市

乡村集市是指设于乡村和城郊,在固定时间和地点进行交易的场所,是中国乡村以定期举行交易为核心的商品流通网络。它在不同地区有不同名称,南方多称"墟"或"圩",北方多称"集",西南等地则称"亥""街"或"场",江西亦称"街"。不论名称是什么,其功能和安排基本上是一样的。集市通常设在买卖者走路就可以到达的地方。虽然偶尔也有买卖双方来自邻近各县,但是路程也不是很远。由于集市场所的分布要按照其服务的乡村的需求情况而定,乡村集市之间的距离以及集市同县城之间的距离各不相同,乡村集市通常坐落在离县城相当远的地方。至于县城,通常拥有自己的市场。

先秦时期,乡村中就有"市井""日中为市"之说。周边农户往往自发在经常前往汲水的井旁进行交易,或在几个乡村的交通要冲自然形成简易市场。西汉初年已有了丰国市那样五日一会的农村定期集市。这种农村集市不同于城市中的市,一般没有什么设施,附近的农民和手工业者各持自己的产品按期赶到集市场地交易,事毕而散。东汉时,农村集市又有新发展。有些地方官在各地立市,便民交易,互通有无,在一些大地主田庄里也设有集市。

魏晋南北朝时期,在县以下的乡村中,出现了不定期的草市或墟市。如在建康城的边缘地带，就有草市之置，《南齐书》卷十九《五行志》载：建武四年（497年），"王晏出至草市，马惊走，鼓步从车而归，十余日，晏诛"。同书卷五十《文二王 明七王传》载：永元三年（501年），"京邑骚乱，宝夤至杜姥宅，日已欲暗，城门闭，城上人射之，众弃宝夤逃走。宝夤逃亡三日，戎服诣草市尉"。淮河岸边的寿春（今安徽寿县）是南北互市交易的集散地，《水经注》卷三十二《肥水》载：肥水经过寿春县，"北入于淮……肥水左渎，又西径石桥门北，亦曰草市门"。这些史料反映，草市在南朝时确实存在。至于墟市，则有一条相对清楚的材料，南朝宋沈怀远在《南越志》中说："越之市为墟，多在村场。先期招集各商或歌舞以来之。荆南、岭表皆然。"墟市在南方乡村中普遍存在，在村落的广场上，或预先约定客商来此交易，或用文娱活动招徕客商，是乡村中盛大的赶集活动，有利于小生产者经常性的产品交换。草市和墟市的出现，是商品经济深入农村的反映。

两宋时期，乡村集市在各地广泛兴起，持续发展，不仅直接推动了农村市场体系的发育成长，而且对小农家庭的生产和生活也产生多方面的影响。宋代乡村集市的发展总体上经历了由量的增长到质的提升的过程。北宋时，各种集市的大量涌现在很大程度上改变了以往农村集市贸易零散、孤立的状况。宋室南渡后，集市在数量进一步增加的同时，市场形态也发生明显变化。尽管不少集市仍停留于传统的小规模、临时性村落交易点状态，但更多的集市逐渐发展成为较成熟的期日集市和常设性集市。期日市作为农村集市贸易的一种基本形态，在南宋时才全面确立起来。从活动类型来看，具体又可分为两种，一种是日常性的定期集聚交易，属于最常见的期日集市。由于各地在自然条件和经济社会发展水平上存在着很大差异，市集的周期也有长有短。其中，周期短的一般间隔两日或一日。另一种是与灯会、庙会等地方风俗和节日活动相结合的商品交易集会，属于特殊形式的期日集市。这类集市一般每年定期、定点举行，虽然间隔时间比较长，但相对于日常性期日集市，具有规模大、范围广的特点。常设性集市是比期日集市更高层次的市场形态，一般已形成相对独立的活动空间和较为稳定的运作机制。北宋时期农村地区的常设性集市大多兴起于镇级中心地，只有少数是由一般乡村集市发展形成的。进入南宋时期，常设性集市的数量明显增多。特别是在经济发达地区，常设性集市开始成为乡村集市的一种重要形式。据《嘉定赤城志》《宝庆四明志》《咸淳毗陵志》等地方志记载，浙东台州、庆元和浙西常州等地，都形成了不少较具规模的草市。

明清时期，农村集市得到了进一步发展，是这一时期商品经济发展的产物和重要组成部分。从发展阶段来看，集市的勃兴大致始于明代中叶，明末清初因战乱灾荒的影响一度受挫，经康熙、雍正年间的恢复、整顿，乾隆以降进入全面的持续发展阶段。清代中叶，全国主要省区集市数量已超过两万，与明代中后期相比，至少增长了一倍，并且仍然保持增长势头。康熙、雍正、乾隆年间清政府对集市牙行、税收制度进行了一系列的清理、整顿，使集市管理开始走上制度化、规范化的轨道。清代中叶，全国集市税收比康熙时增加了一倍，有些省区、州县甚至增加了四五倍、十余倍。从地区分布来看，江南、珠江三角洲发展较早，明朝中叶已经达到相当程度；华北平原大体是在明中叶起步，到清代中叶形成一个涵盖广阔、运作自如的农村集市网；湖广、江西、关中平原、四川盆地等与华北平原大体处于同水平；东北等新开发地区则起步较晚。从开市频率来看，明清时期，在集市数量增长的同时，集市开市频率也呈增长趋势。如福建邵武县和平墟、朱坊墟，明代每月仅开市一次，到清代中叶已经增加到每旬两集，即每月开市六次；永定县溪口墟，乾隆时每旬一集，道光时增至每旬两集。山东金乡县康熙年间共有乡集 19 处，其中每旬开市两次的 9 集，每旬开市四次的 9 集，另有 1 集每旬只开市 1 次，总计每月开市 57 次；乾隆年间该县乡集增至 23 处，并全部改为"十日四集"，总计每月开市 92 次。

思考题：
1. 古代乡村基层组织的特点是什么？
2. 集市在古代乡村社会的意义是什么？

参考文献：
1. 鲁西奇."下县的皇权"：中国古代乡里制度及其实质[J]. 北京大学学报（哲学社会科学版），2019，56（4）：74-86.
2. 萧公权. 中国乡村：19 世纪的帝国控制[M]. 北京：九州出版社，2018.
3. 杜婉言，方志远. 中国政治制度通史（第 9 卷）[M]. 北京：人民出版社，1996.
4. 许檀. 明清时期农村集市的发展[J]. 中国经济史研究，1997（2）：21-41.

第三节
乡村的士绅与乡贤

士绅是指士族与乡绅的结合体,由乡村社会有影响的人物构成。士族包括世族、世家、巨室、门阀、富商等,即地方上有钱有势、有头有脸有文化的中小地主、退休回乡或长期赋闲居乡养病的中小官吏、宗族元老、富商财阀等。士绅严格意义上不是官员,不享受俸禄,但是参与地方事务,为朝廷治理乡村所依赖。

一、作为阶层的士绅与乡贤出现

古代中国是一个乡村社会,以农耕为主要生产方式,乡村成为整个社会的主体。管理乡村除了依赖国家设立的官职,还可以依赖地方一些有名望的人士。西周时期已有"乡老"之职。《周礼·司徒官第二》记载:"乡老及乡大夫、群吏献贤能之书于王。"秦统一后,在全国乡里普遍设立"三老"之职。汉承秦制,乡置三老成为定制,且不断完善。汉高祖二年(公元前205年),刘邦下令:"举民年五十以上,有修行,能帅众为善,置以为三老,乡一人。择乡三老一人为县三老,与县令、丞、尉以事相教,复勿徭戍。……乡有三老、有秩、啬夫、游徼。三老掌教化。……皆秦制也。"不过,三老不是行政职务,无固定俸禄,但是它是国家依赖用以管理乡村的重要力量。

中国社会结构可以看作由国家、士绅、民众三个层次构成。士绅是作为国家与民众之间的中介、缓冲力量而存在的。一方面,士绅是皇权在基层的延伸,协助皇权在基层的运作;另一方面,士绅作为地方领袖,代表地方利益应对国家的渗透,保护地方不受国家的过分侵入。

在乡村社会的权力关系中,绅权是非常重要的权力之一。代表绅权的士绅更成为地方权威的代表,他们使国家的行政权和乡村自治权融为一体,是传统乡村政治的重要纽带。士绅集团同时具有两个方面的特性——该集团既是中国古代知识分子的群体,又是地主阶级的重要组成部分——因此,士绅集团不仅具有相当的权威并在国家政治序列中占有一席之地,而且还掌握着一定的政治治理技术,后者使他们或多或少在强大的国家力量下保留了一定的"自由余地"。

二、士绅与乡贤的构成

赵秀玲在《中国乡里制度》一书中,将士绅分为以下四类:第一类士绅为离职官僚。由于离职的官僚从官职上说有大小之别,到了乡里也就有了大士绅和小士绅的差异。这类士绅大多年长、明智且权大声隆,上下关系通连。

第二类士绅是暂居乡里的官僚。乡村社会不仅是中国农民世世代代休养生息的地方,也是离职官僚发挥余热和安享晚年的地方,同时乡村社会由于远离政治斗争的中心漩涡,往往也是许多官僚喘息、避风和等待时机的地方。这类士绅突出的特征为暂居性和"官性十足"。

第三类士绅为担任乡里组织领袖者。士绅担任乡里组织领袖反映了绅权与官权的"合作"趋势,因此这类士绅具有以下特点:一是此类士绅多有钱有势有知识,他们具有较强的号召力和领导力。二是这些士绅上与州县连通,下与百姓熟悉,加上了解本地本乡情况,往往起到"中介"和"桥梁"的作用。三是这些士绅一般热心参与乡间的公共事务。

第四类士绅是定居乡里的自由绅士。这些人大多不受国家控制,具有相当的自主性和自由度。他们与官僚政治和乡村有某些距离,具有相当的游离色彩。当然,这并不是说此类士绅完全游离于乡村社会之外,相反,他们总是关注乡村社会的命运,只是以较为间接的方式服务乡里罢了。

张仲礼在《中国绅士——关于其在十九世纪中国社会中作用的研究》一书中提出了另外一套对士绅群体的分类标准,即建立在学衔和功名基础上的上层集团和下层集团:"根据这一划分,许多通过初级考试的生员、捐监生以及其他一些有较低功名的人都属于下层集团。上层集团则由学衔较高的以及拥有官职——不论其是否有较高的学衔——的绅士组成。""上层绅士享有的特权要多于下层绅士,并且一般说来,在行使各种社会职责时也居于下层绅士之上。"

三、士绅与乡贤存在的理由

中国古代乡村治理离不开士绅、乡贤,所以其全程都有士绅、乡贤的参与。

其原因一是皇权不易下乡,族权掌管地方。由于传统社会以自然经济为主体,并且受到地域环境、经济、治理能力等因素的限制,国家无法也无必要将权力延伸至每一个乡村区域，因此对郡县以下地域控制的广度、深度和力度都相对有限，故有"皇权止于县"的说法，所以国家政权对于农村社会的控制依靠族长、乡绅或地方名流。宗族成员共同参加各项生产活动，每个宗族成员的劳动都建立在宗族共同利益的基础上，劳动成果与直接利益相关，可以更好地提高宗族成员的积极性。由于生产力低下，基于亲缘关系的宗族成员齐心协力应对严峻的生产生活环境，所以农业家族规模经济一直与自给自足的小农经济共存。在古代社会，宗族以其强大的内聚力和地域优势影响着人们的日常生活，足以看出宗族在中国古代社会中的重要作用。

以宗族为代表协助或代替乡里基层行使行政管理权，统治阶级利用国家机器的政权力量，用宗法血缘这个深入人心的纽带将"家"和"国"紧密联系在一起。之所以能够代表国家政权行使行政治理权，是因为宗族是介于"国"和"家"之间的一种社会单位，但归根结底还是中央和地方、政权和族权在乡里基层最终相互妥协平衡的结果。通过国家机器的授权，宗族组织确立了族权的官方形象，获得一系列国家赋予基层的行政管理权，提高了宗族的权威性，进一步增强了对成员的掌控力度。国家通过宗族这个地方权力机构，不但控制了乡村社会，也极大程度地弥补了国家行政力在乡村地区的不足，既方便国家机器最大限度地攫取乡村资源，又最大幅度地降低了乡村治理的成本。此外，国家政权对宗族的扶持力度，一般因国力强弱而定。国家繁荣强盛时，国家则侧重于对宗族的控制，避免其势力过于庞大而威胁国家统治根基；当国力单薄虚弱时，则侧重于对宗族势力的利用，利用宗族来治理好乡村，便于国家攫取乡村资源以增强国力。

二是皇权间接干涉，士绅担当重责。历代王朝的行政区划多是止于县的，社会的官僚体系都是以县令为终端，"皇权止于县政"，即政府一般不直接干预乡村生活。统治者想控制县以下的行政区划，就只能在乡村内部寻找权力代理人，借助其管控乡村。王朝统治者在乡村一般都会选择德高望重、声名显赫之士作为管理者，这些人平日里就受到广大老百姓的敬仰和尊重，国家通过官方授权来进一步提升他们的统治权威。士绅官僚是传统中国政治结构中极为重要的一个阶层，他们在经济上拥有土地，在政治上通过考试和捐纳等方法成为官僚。他们在乡村里拥有一定地位和话语权。按照权势和职责也可以划分为上层和下层两个集团，但对乡村治理产生主要影响的则是居住在乡村的下层士绅。乡村的士绅极为重要，甚至与地方官平起平坐。统治者依赖士绅这个阶层实行对乡村地区的控制，同时也担心其权力过大而威胁政府统治。乡绅的身份是多重的，一方面是国家权力的乡村代理人，协助国家行使行政权力；另一方面，他们本质上还是乡村的一员，作为乡民的代表，他们同时还需要在维护乡民的共同利益时站出来。国家赋予乡村士绅一定的管理地方事务的权限，并且可以在法律及赋税徭役上都享有一定的特权，可从税赋中获取利益。但士绅需要服从国家行政单位管理并且完成国家交办的任务。当然，国家也会一直关注宗族势力的发展态势，干涉乡村治理，绝不允许宗族势力过于强大以致威胁国家安全。一旦宗族势力过于强大，国家就会对其进行打击。所以，从这种意义上来说，这种乡绅自治实际上依然是在政府的管控范围内的，即这种自治是在皇权的制约与控制下运行的。

三是官民共治，行政权与自治权并存。为了更好地加强乡村社会的治理，维护乡村社会的稳定，也为了更方便地汲取乡村资源，统治者在乡村治理方面一直坚持官民共治的基本政策。乡村治理中出现了行政权与自治权并存的现象。行政权是指国家的行政组织管理权，但是这种权力不可能延伸至基层每一个村落。官民共治一方面可以在大幅度降低成本且不激起民愤的情况下控制乡村体系，另一方面君主也可以最大幅度攫取乡村资源。乡里制以及后期的保甲制虽经历封建社会多年的变迁且称谓、形式发生了变化，但制度的本身一直延续，且呈现出明显的间断性、跳跃性、地域性特征，其治理模式也由乡官制模式逐渐向职役制模式转变，但是，无论乡村治理的制度如何复杂，其本质依然如故，在实行乡里制和保甲制时，虽然皇权不直接下到乡村，但皇权利用其行政权控制民间自治权，共同管理乡村。也就是说，官民共治的政策在很大程度上强化了国家对乡村的管理，用行政手段从侧面控制乡村社会。

官民共治的另一特点是：行政权与自治权相互利用和相互倚重，又存在此消彼长的关系，彼此之间存在冲突，故而又相互提防。官民共治使乡村成为国家行政力量与民间宗族力量的权力交汇地带，代表王权和族权在这个地带相互融合又相互博弈，两者此消彼长。当两者相对平衡时，乡村社会稳定而繁荣，国家亦可以从乡村获得大量的资源，历史上的盛世，如"文景之治""贞观之治""咸平之治""康乾盛世"基本上就是在这两者相对平衡时出现的。当两者矛盾激化，就可能出现农民起义，更有甚者会导致王朝更迭。

四、历史上士绅乡贤在治理乡村中的作用

士绅乡贤在历史上的作用与历代乡村组织的定位密切相关。纵观历史，中国古代乡村治理模式的演变可分为三个阶段，分别是以官方为主的治理阶段、官绅结合的治理

阶段和以士绅为主的治理阶段。在这三个不同的阶段中，士绅乡贤的作用是不一样的。

公元前221年至公元595年为官方为主的治理阶段。此时采取的是以国家行政力量为主导的乡里制，中央王朝体系力图将权力的触角延伸到最基层的乡村。公元前221年，秦灭六国实现大一统，通过建立从中央到地方的各级国家机构并设立苛刻的封建律法，不断巩固其统治地位，从而控制整个社会。郡县行政区划的设立，使得封建统治者的统治直接到达全国所有的郡和县，甚至可以将行政力量和宗族力量结合来控制乡村。在行政区划设置上，秦始皇将西周的诸侯国改为加强中央集权的郡县，在县以下设若干乡、亭。乡、亭以下设里，因此，乡和亭是这个时期地方的最底层行政区划。这种治理制度叫做乡里制，也被称为乡亭制。乡官主要由官派产生，辅以民间推选，并享有俸禄品秩，民选的乡官大多是年龄较大的德高望重者，因为这些人在乡村里具有较高的地位，易使乡民信服。但是，在这一时期，由于种种原因，专制统治无法达到高度集权的程度，此时的乡村社会依然基本处于半自治状态，士绅乡贤仍会在其中发挥作用。

公元595年至公元1070年，是官绅结合的治理阶段。官僚与士绅是中国传统社会的政治精英人物，在古代乡村治理过程中，两者分别担当了不同的角色，他们既有协作又有冲突，形成了所谓"官绅共治，政事协商"的乡村治理模式，即官、绅结合，共同对乡村进行治理，这一时期乡村治理的一大特点是，乡里制逐渐转变为职役制。

这一时期的乡村治理受地方政府控制，但主要依赖乡村士绅。他们在古代乡村治理中发挥着重要的作用，是古代乡村治理的主体之一。

公元1070年至公元1906年，是以地方士绅为主的乡村治理阶段。这个阶段从北宋王安石变法持续至清末地方自治的出现。这一时期，乡村治理制度正式由乡里制转变为职役制，权力核心从乡镇直接回到县这个行政级别，县成了基层行政组织。为加强皇权统治力度，巩固皇权在乡村的统治基础，县以下实行保甲制，基于族权庞大的宗族组织，建立以拥有绅权的士为纽带的乡村自治体系。

这一阶段的乡村治理官员基本以乡绅为主。乡绅是一个独特的社会团体，他们是代表国家权力的官僚队伍成员，是统治中国社会的特权阶层之一，体现了王朝意志。与此同时，由于乡绅是从地方或宗族中走出来的，在地方或宗族文化的熏陶和培养中成长，必然是它们利益的忠实代表，因此，乡绅在乡村治理中发挥了重要作用。

乡绅在乡村治理过程中不但要从意识形态上对老百姓进行引导，还要在政治、社会和经济事务的实际管理上行使行政职权。一方面，乡绅作为治理官员，发挥领导作用并在增进地方福利中扮演积极角色，赢得了普通老百姓的尊敬和追从；另一方面，乡绅缺乏威权，只能对官员的决策过程施加影响，促使官员创制、修改或撤销某个决定或行动。

士绅既代表国家行政力量，又与广大百姓保持密切联系，成为官民之间的纽带和桥梁，是国家行政力量在乡村地区的延伸。士绅受官府委托，行使行政权力，维护地方稳定。与此同时，作为老百姓的代言人，士绅在一定程度上又是百姓利益的忠实代表。正是士绅在国家机器和广大百姓之间不断进行调节，在一定程度上维持了社会稳定，促进了国家与社会的不断整合。

五、士绅的其他作用

隋唐以后，随着科举制度的建立，很多读书人可以通过考试进入仕途，但失意者只能生活在乡间，他们中的部分人，尽管政治上无所作为，但是仍然承担着其他方面的功能，成为士绅中的一部分。中国古代有相当一部分农学家就是从他们中走来的。唐代陆龟蒙，出身官宦世家，其父陆宾虞曾担任御史之职。早年的陆龟蒙也曾热衷于科举。但最终在进士考试中以落榜告终。后来他回到了他的故乡松江甫里，过起了隐居的生活。他写了许多与农业生产有关的诗歌和小品文，其中在农学上最有影响的当属《耒耜经》。宋代的陈翥，自称"铜陵逸民"，早年曾闭门苦读，却一次次地名落孙山，四十岁时，始感到仕途无望，于是"退为治生"，于庆历八年（1048年）在村后西山南面植桐种竹，并在此基础之上，写就了《桐谱》一书，以"补农家说"。清代的蒲松龄，也是在多次考试落榜之后，转而隐居，从事文学创作和农书的写作，写出了《聊斋志异》和《农桑经》等著作，成为著名的文学家和农学家。清代刘应棠也是这样的一位农学家。他自幼读书，因为应试不得意，就打断了博取功名的念头，隐居在梭山务农，同时集徒讲学，《农谱》就是在梭山写作完成的，故称为《梭山农谱》。丁宜曾失意于科考后，长期在山东日照县西石梁乡间务农，写成《农圃便览》一书。

这些士人的乡间经历，成为当地人们生产的教师角色，在某种意义上促进了古代农业科技的传播与发展。

思考题： 1 士绅乡贤是由什么人组成的？
2 士绅乡贤的主要作用是什么？

参考文献:

1. 杨建荣. 中国传统乡村中的士绅与士绅理论[J]. 探索与争鸣, 2008 (5): 44-47.
2. 朱亮. 中国古代乡村治理模式演变及其特点[J]. 池州学院学报, 2019, 33 (4): 55-58.
3. 曾雄生. 隐士与中国传统农学[J]. 自然科学史研究, 1996, 15 (1): 17-29.
4. 骆正林. 中国古代乡村政治文化的特点——家族势力与国家势力的博弈与合流[J]. 重庆师范大学学报(哲学社会科学版), 2007(4): 11-16+46.
5. 赵秀玲. 中国乡里制度. 2版[M]. 北京: 社会科学文献出版社, 2002.
6. 张仲礼. 中国绅士——关于其在十九世纪中国社会中作用的研究[M]. 李荣昌, 译. 上海: 上海社会科学院出版社, 1991.

第四节
鸦片战争以来乡村社会结构的演变

一、五口通商对乡村社会结构的影响

清道光二十二年（1842年），鸦片战争后，清政府与英签订《南京条约》，以上海、广州、福州、厦门、宁波为通商口岸，称为五口通商。保持了两千多年的大一统社会，在晚清时期被西方工业文明暴力打破，接下来被列强强行拖入世界历史。中国就此开始了内忧与外患、革命与动荡、战争与苦难交织的百年飘摇。在这个背景下，城乡关系也开启了分离模式，此前的城乡流动由双向为主向单向为主转变。

在中国漫长的古代社会，城乡关系具有明显的同一性，呈现出相互依存的关系。在行政区划上，城乡无差别，城市作为封建统治的政治中心，乡村依附于城市；在经济上，自给自足的自然经济占据统治地位，乡村始终是经济活动的重心；在文化上，城乡之间联系密切，作为文化最高阶层的士绅，既可以在城市，也可能在乡村从事文化活动；城乡人口长期处于稳定状态。总之，城市与乡村被集权统治紧密地维系在一起，"城"与"乡"浑然一体，当然，这是低水平的城乡一体化。鸦片战争以后中国开启了近代化进程，社会发生了剧烈变革，呈现出"未有之变局"。率先发展起来的沿海沿江通商口岸城市在地区发展中的作用不断提升，乡村自然经济受到猛烈冲击，工业与农业分离，城市与乡村差距拉大，城乡融合关系被打破，走上了彼此分割的道路。"文明的城市"与"落后的乡村"成为中国近代社会的主要特征。

在西方工业文明冲击下，开埠城市被迫率先开放对外贸易，并逐渐波及周边农村和腹地，中国迈入了近代城市化的大门。从鸦片战争五口通商至20世纪初，设置的对外商埠达100余个，其中被迫开放的有70多个，自行开放的有30多个，这些开埠城市主要分布在沿海沿江地区，也有一些分布在东北地区，形成了一个面向外部世界的开放型城市体系；另一种则为传统城市，主要分布在广大内陆地区。

在畸形的半殖民地半封建社会背景下，中国传统的城乡秩序被打破，乡村开始衰败。上海在近代出现畸形繁荣，使周围广大乡村逐渐衰败，城乡分割日益严重，而北京不但自身停滞并衰败，也使周边乡村呈现出寥落的景象。买办商人成为开埠城市里新的社会阶层，外来文化与本土文化相结合形成了新式文化。在新式文化的猛烈冲击下，城市呈现出与中国传统秩序截然不同的景象。在千百年来中国传统的官、绅、民社会结构中，乡绅阶层在维护乡村社会秩序方面发挥着举足轻重的作用，但近代中国乡村精英向城市单向性流动，使乡村社会失去了对土豪劣绅的制衡力量，乡村的道德环境和社会秩序随之恶化。

如果说五口通商启动了有史以来城乡融合一体解体的话，那么此后的科举制度废除则更是推波助澜，使得城乡分离更加明显地走上了一个新的台阶。

二、科举制度废除对乡村社会结构的影响

1905年9月2日，袁世凯、张之洞等六位督抚联衔奏请立停科举，以便推广学堂，咸趋实学。清廷诏准自1906年开始，所有乡会试一律停止，各省岁科考试亦立即停止，并令学务大臣迅速颁发各种教科书，责成各督抚实力统筹，严饬府厅州县赶紧于乡城各处遍设蒙小学堂。

1906年延续了1 300多年的科举制度正式废除，中国社会长期以来以四书五经选拔人才的传统终止，代之以新式学堂。这种改变，对于中国传统的乡村社会，产生了重要的影响，如果说五口通商更多的是财富向城市转移，那么科举制度的废除则是人才与资金全方位向城市转移，明显的是读书人开始向城市聚集。

科举制度废除后二三十年间，乡村新式读书人离村的现象是明显的。彭湃在1926

年说:"廿年前,乡中有许多贡爷、秀才、读书六寸鞋斯文的人。现在不但没有人读书,连穿鞋的人都绝迹了。"杨开道大约同时也观察到,一方面是农村最缺"领袖人才",而乡村读书人向城市浮动已成"普通潮流":"一般有知识的人,能做领袖的人,都厌恶农村生活,都抛弃农村生活到城市里去。"梁漱溟1929年从广州北上,考察了江苏昆山、河北定县及山西太原等地,他也发现:"有钱的人,多半不在村里了。这些年内乱的结果,到处兵灾匪患,乡间人无法安居,稍微有钱的人,都避到城市都邑。"同时,"有能力的人亦不在乡间了,因为乡村内养不住他,他亦不甘心埋没在沙漠一般的乡村,早出来了"。因内乱离村只是原因之一,更多人可能是到城市去寻求发展的机会。这些人当然不尽是读书人,但读书人的比例较高。

科举制度废除的一个重要社会后果就是乡村中士与绅的疏离,"乡绅"的来源逐渐改变,不再主要由读书人组成,特别是下层乡绅中读书人的比例明显下降,乡绅与书本"知识"的疏离可能意味着道义约束日减,其行为也可能会出现相应的转变,容易出现所谓"土豪劣绅"。结果是"劣绅"及其伴随的"土豪""土棍""地棍""土劣"等用语日渐普及,从一"独夫"的帝王统治变为"千万无赖之尤"的混治,这是导致后来所谓"社会矛盾激化"的重要原因之一。

中国的古代士绅可分为上层士绅和下层士绅两个集团,前者包括官吏、进士、举人、贡生,后者则包括各类生员。乡村社会各类生员通过寒窗苦读,被科举制度吸纳进国家政权,但大多数沉淀下来,继续苦读或者教书,启蒙其他乡民参加科考。因此,他们又成为科举考试的推动力。因为前者为官以后还将退回到乡村,所以这些士绅能够成为乡村文化与经济的引领者。士绅趋于乡村—城市—乡村间的流动模式,造就了中国古代的城乡互动格局。遍布乡村的士绅从乡村流入城市,最后又从城市回到他们心理与情感上真正认同的人生归宿——乡村,这种流动模式维持着城乡文化一体化同步发展。总的说来,这些传统乡村社会的精英,扮演着儒家思想的宣传者和实践者的社会角色,是传统儒家思想最忠实的维护者和信仰者。科举制度废除之后,传统的中心信仰成为明日黄花。

科举制度废除之后,新式学堂并没有在乡村普遍建立起来,乡村文化开始衰落,同时传统士绅去城市就读和谋生,除了乡村人才流失外,在某种程度上抽走了乡村的资金,因为乡村的资金也跟着流向了城市。乡村经济开始贫穷化,从此城乡出现了大分流。

在科举制度下,传统的士绅受着儒学的教育,扮演着"道在师儒"的社会角色,他们可能在本村内剥削农民,但是乡间的财富并没有大规模外流。科举制度废除后,他们移居城市,继续通过租佃关系、商品关系和债务关系将大量财富抽往城市。据黄宗智考察,20世纪30年代的河北省良乡县吴店村,全村没有一户拥有亩以上的土地,地主全部居住在城里。美国人马若孟考察河北省滦城县发现,12户有名气、有势力的地主全部居住在县城和其他大城市里,为数众多的中小地主也多居住在县城。费孝通调查的开弦弓村20世纪在三四十年代70%的农民是佃农,他们以40%的收获交给离乡地主。这些被集中起来的财富主要不是用于生产,而是用于军政开支、奢侈性消费或其他商业高利贷活动,造成了社会财富从乡村向城市的单向流动格局。资本流向城市导致了乡村的赤贫化。民国初年,有人考察了江苏、直隶等省的农村经济情况,江苏68%的农户每年平均田产收入不过90元,直隶则55%的农户每年田产收入不过20元。社会学家杨开道等人在20世纪40年代已经认识到正是废除科举制度后,乡村士绅的外流,使乡村社会受到前所未有的"侵蚀",受到侵蚀的乡村社会日益贫困和衰落,"无论从哪一方面去看——社会方面、经济方面、政治方面、教育方面,都是一点生气也没有,简直可以说是已经死了一半或一多半"。

20世纪二三十年代一些知识分子提出"到民间去""到乡间去"的口号,正是那时城乡两极分化的最好证明。由此可见,科举制度虽以一纸诏书被废除,但是新式学堂非一纸诏书所能在乡村普遍建立,导致了士绅流向城市就读和谋生,也带走了乡村的财富。城乡差距的扩大,科举制度废除是最大的分水岭。科举制度的废除也对传统的乡村权力结构带来了影响。科举制度废除之后,传统的士绅去城市谋生,或发生分化,远离政务,由此乡村政权出现了权力真空,权位被土豪劣绅所代替,乡村政权出现了痞化,乡村社会孕育着革命。在传统中国,国家机构的直接统治只到达县一级,县以下"士绅""绅士""绅绪"或"乡绅"一向被视为维系乡村社会秩序、连接国家和社会的关键。事实上,在县以下的基层社会,实际存在着三个非正式的权力系统在运作。其一是附属于县衙的职业化吏役群体。如清代州县吏役人数,大县逾千,小县亦多至数百名。其二是里甲、保甲等乡级准政权组织中的乡约地保群体。这一群体每县亦有数十至数百人不等。其三是由具有生员以上功名及退休官吏组成的乡绅群体。政权的运作就是三者的互动。县衙门的命令通过衙门胥吏向下传达。这些命令很少是直接发到各家各户去的,多是把命令传给乡约地保。衙门吏胥虽直接代表统治者和人民接触,但其社会地位特别低,受人奚落和轻视。乡绅是不出面和衙门吏胥直接在政务上往来的。同样,乡约地保也是一个苦差,大多由平民百姓轮流担任。当乡约地保从衙门吏胥那里接到公事后，就得去请示乡绅。乡绅如果认为不能接受的话就退回去。因为违抗了命令，这时乡约地保就会被吏胥送入衙门。于是，乡绅以私人关系出面和地方官交涉，或通过关系到地方官的上司那里去交涉。交涉成了，县衙命令自动修改。乡约地保也就回乡。所以，政治链条中需要绅士来参与政治，凭着权威穿梭于地方与衙门之间。

但是，随着科举制度的衰落以至废除，农村士绅们通向上层特权的途径被切断，失去了晋升的希望和政治的屏障。地方权威也被削弱。"科举制度曾经是联系中国传统的社会动力和政治动力的纽带，是维持儒家学说在中国正统地位的有效手段，是攫取特权和向上爬的阶梯，它构成了中国社会思想的模式，由于它被废除，整个社会丧失了它特有的制度体系。"传统士绅退出，其他群体必然一跃而代替他们的地位。首先是以前的边缘人物吏胥和地保，他们拥有从政的经验，只是从政时由于士绅的压制而变得压抑，随着士绅离开农村，他们迅速开始填补权力真空。20世纪初，随着国家政权的建设，需要各种资源，国家政权逐渐渗入乡村，乡村自然成为国家政权诈取的对象，征收赋税和摊派是最主要的工作，国家政权必须寻找最合适的乡村代理人，而在乡绅退出后，吏胥和地保变得非常适合，这就是"赢利形经纪"。杜赞奇从"权利文化网络"的角度认为，在国家政权现代化进程加快时，摊派加重，打破并破坏了原来的文化网络，使原来"保护型经纪人"退出村庄领导职位，"赢利型经纪人"占据了主导地位。

科举制度的发展与成熟造就了中国古代城乡互动格局，城乡发展基本平衡。"传统士人是以耕读为标榜的，多数人是在乡间读书，继而到城市为官，最后多半还要还乡。新制则大学（初期则包括中学）毕业基本在城市求职定居，甚至死后也安葬在城市，不像以前一样要落叶归根。"这就是说科举制度废除使以前"士人回流"的机制在相当程度上中止。有才干的乡绅离开农村后，乡村成了被文化精英遗弃的地区，宗法伦理关系淡化，劣绅与游民、饥民、贫民矛盾开始尖锐。士绅们从农村带走了相当多的资金，加上清政府此时国库亏空，为办新教育不得不靠地方政府和民间筹捐，使农村金融凋敝，资金匮乏。农民在经济和社会待遇上被逼向边缘地位，生计断绝，不得不外出就业或者沦为饥民甚至盗贼。广大乡村劳动力流失，田地荒芜，逐渐成为酝酿仇恨与动乱的温床。而此时，部分城市正在利用农村来的资金、劳动力、原材料等进行着现代化的生产。城市的人口增加，各种实业兴起，陈规陋俗也被渐渐革除，新式风尚出现，而广大农村的贫困状况不但没有得到改善，反而在下降，城乡差距越来越大，导致了中国农村和城市的全面对立，即"近代化的城市生活与中世纪的农村生活相对立，用机器生产的城市工业与用手工劳动的农村农业相对立。资本主义经济为基础的城市经济与封建主义经济为基础的农村经济相对立。外国侵略者、城居大地主、大高利贷者、银行家、政府机关和官僚们所在的城市与贫苦农民居住的农村相对立。利润、利息、地租、赋税的主要集中地城市与赋税、地租、利润的主要来源地农村相对立"。

因此有些学者认为晚清现代化的推动者们忽视或者遗弃了农村，直到20世纪三十年代，政府和一些知识分子才注意到农村破产这一严重问题，才有了民间和政府对农村的调查和晏阳初、梁漱溟等对乡村改造的诸多尝试，但成效不大，城乡差距问题越来越突出。

思考题：
1. 五口通商是否是中国开始纳入全球体系的关键原因？
2. 科举制度对乡村社会产生了何种影响？

参考文献：
1. 罗志田. 科举制废除在乡村中的社会后果[J]. 中国社会科学，2006（1）：191-204.
2. 侯艳兴. 科举制度的废除与乡村社会变动[J]. 中国农史，2006，25（3）：103-109.
3. 李美霞. 科举制废除对乡村社会的影响[J]. 山东农业工程学院学报，2008，24（4）：105-106.
4. 薛亚玲. 中国近代社会城乡分割的产生、原因及影响[J]. 中共宁波市委党校学报，2020，42（3）：70-76.
5. 邱国盛. 近代北京、上海城乡关系比较研究[J]. 西南民族大学学报（人文社科版），2008，29（6）：106-112.

第五节
近代乡村建设运动

乡村建设运动是20世纪二三十年代的一批知识分子发起的意在全面改造传统农村的探索运动，其内容包括从现代角度对农村政治、农业经济和农民素质进行改造。运动主要在河北定县，山东邹平，江苏无锡、昆山，重庆北碚，河南镇平等地。

一、乡村建设运动的背景

乡村建设运动出现在 20 世纪二三十年代，此时的中国农村遭遇了一连串的天灾人祸，一是军阀战乱频繁，国家政治秩序动荡不安，各地匪患丛生，农村不断成为内战的战场和土匪侵扰的对象；二是水旱灾害频发，受灾面积广阔，受灾人口众多；三是 20 世纪 20 年代末的世界经济危机深度波及在世界经济体系中处于弱者地位的中国，由于进出口结构以出口农产品和工业原料、进口工业成品为特点，本来就不堪一击的小农经济坠入深渊。农村"破产"，是朝野上下、社会各界的共同结论。破产表现为大量农业人口因战乱和灾荒而损失或者流离失所；农产品滞销、价格惨跌，并致土地价格下跌；农村金融枯竭，农民购买力下降，负债比例和幅度上升；农民离村率上升，土地抛荒现象严重，等等。与经济落后相伴而生的，是文盲充斥、科学落后、卫生不良、陋习盛行、公德不修等不良现象。导致农业生产手段落后，生产水平低下，农民生活不能温饱，无法接受最基本的教育和医疗保健。正是在这样的现实背景下，救济农村、改造农村逐渐汇集成一股强大的时代潮流，成为知识界投身乡村建设运动的强大动力。当时在知识界的普遍认知中，农村对国家的经济、政治、文化具有决定性的重要意义，认为"农村破产即国家破产，农村复兴即民族复兴"。这一看法有其现实基础。20 世纪 30 年代初，农业人口占总人口的 80% 以上，国民生产总值中农业所占比重高达 61%，其中尚未包括农村手工业。在一般人的心目中，农业所占比重达到 90%，因此，认为"国民经济完全建筑在农村之上"。这是就经济而言。在文化上，当时的知识界认为乡村是中国文化之本，西方的可取之处"团体组织""科学技术"要嫁接在乡村这棵老树上，才能发荣滋长。在政治上，新的政治习惯的养成、新的国家制度的建立，也奠基于乡村民众的自觉。如在梁漱溟看来，民国以来的"政治改革之所以不成功，完全在新政治习惯的缺乏；换言之，要想政治改革成功，新政治制度建立，那就非靠多数人具有新政治习惯不可"。而新政治习惯的培养，"天然须从乡村小范围去作"。如果说作为文化保守主义者的梁漱溟强调乡村的重要性是顺理成章的话，那么具有浓厚西方文化背景的晏阳初最终选择以农村为工作对象，更能说明农村在当时人心目中的份量。因此，乡村建设运动的出现，不仅是农村落后破败的现实促成的，也是知识界对农村重要性自觉体认的产物，两者的结合，导致了领域广阔、面貌多样、时间持久、影响深远的乡村建设运动。

二、乡村建设运动的源起与过程

开展乡村自治、合作社和平民教育活动为主要内容的乡村建设运动，最初萌芽于1904年河北定县翟城村米氏父子的"村治"活动。此后，斐以礼创立的金陵大学农学院所进行的农村活动开始了真正意义上的乡村建设，并引起了中国某些知识分子与美国康奈尔大学等团体和个人的合作，开始从事中国农村的建设活动。1923年又有"中国华洋义赈救灾总会"在河北省组建农村信用合作社。与此同时，孙中山在其民生主义讲义里提到合作的理想，认为合作社将在一个既非资本主义，也非马克思主义的理想社会中起重要作用，并提到了农业合作、工业合作、交易合作、银行合作、保险合作以及农民与政府合作等。

20世纪20年代初，晏阳初于美国获得硕士学位回国，开始提出"乡村建设"这一概念，并创办民间组织中华平民教育促进会，逐渐把工作重点放到农村，于1926年在河北定县进行以识字教育为中心的乡村建设试验。但是这些都属于萌芽和理想状态，到1927年以后逐渐成为一种潮流，进入20世纪30年代后形成高潮，相继出现了以梁漱溟为首的山东邹平乡村建设实验区、中华职业教育社设立的江苏徐公桥等实验区、江苏省立教育学院研究实验部成立的各实验区、金陵大学农学院创立的安徽乌江农业推广实验区，等等，总计达千余处，其中尤以邹平和定县的实验区为典型。

据统计，20世纪30年代全国从事乡村建设工作的团体和机构有600多个，先后设立的各种实验区有1 000多处。形形色色的乡村建设团体的出发点各不相同，有的从扫盲出发，如晏阳初领导的中华平民教育促进会；有的有感于中国传统文化有形的根——乡村和无形的根——"做人的老道理"在近代以来遭受重创，因此欲以乡村为出发点创造新文化，如梁漱溟领导的邹平乡村建设运动；有的从推广工商职业教育起始，如黄炎培领导的中华职业教育社；有的以政府的力量推动乡村自治，以完成国民党训政时期的政治目标，如江宁自治实验县；有的身感土匪祸乱的切肤之痛，因此以农民自卫为出发点，如彭禹廷领导的镇平自治；有的则以社会调查和学术研究为发轫，如金陵大学、燕京大学等。随着工作的进展，乡村建设运动对农村问题的关注由点到面，并逐渐接近。这种接近，一方面是指各主要乡村建设团体所进行的工作无论以何者为切入点，后来基本上都包含政治改革、文化教育、科技改良和推广、卫生保健、组织合作社、移风易俗、自卫保安等内容，当时常概括为"政、教、富、卫"四个方面，即众多的乡村建设流派最终汇合成有相同内涵的乡村建设运动。另一方面是指组织上的接近。1933年7

月、1934 年 10 月、1935 年 10 月，从事乡村建设的主要团体代表分别在山东邹平、河北定县和江苏无锡召开乡村工作讨论会，交流经验，讨论问题。参加会议的团体数，由 35 个增加到 76 个、99 个，出席会议的代表由 60 余人增加到 150 人、170 余人，可谓规模盛大。会后均有《全国乡村建设运动概况》出版。到此时，乡建运动已经蔚为大观。

三、乡村建设运动的主要内容

乡村建设运动的内容非常丰富，有社会调查、行政改革、基层自治、教育卫生（学校教育和社会教育，后者涉及文字教育即扫盲、文艺教育、科学教育、卫生教育、公民教育等内容）、科技推广、移风易俗、合作理念培养、自卫保安、卫生保健等诸多方面。

（一）扫盲和进行文化教育

文盲的存在无疑与国家的现代化目标严重冲突，扫除文盲不仅是乡村建设最重要团体之一——中华平民教育促进会工作的出发点和重点，也是当时广受社会关注并致力甚多的一个领域。当时编辑出版了《市民千字课》《士兵千字课》及《农民千字课》。这些千字课有很大的类同性，人们总结其大致可概括为以下十方面：一是识字的重要性，多把不识字的苦处编写成故事以引起重视。二是做识字的劳动者。只有识字，才能够做好技术工作。三是人贵自立，更贵合作。这些千字课宣讲一些浅显易懂的道理，如"吃自己的饭，流自己的汗。我自己的事，应当自己干。依赖人的人，不算是好汉。"但是自立固然重要，合作也不能少。"人贵自立，又贵合群。各人的事各人去管，大家的事大家来干。大家的能力无穷，一人的能力有限。只要大家同心，什么事都能办。"四是勤俭节约。劝导家庭经济要有预算，"出入款项，须有预算。出入一样，两抵合算。入多出少，有余有剩。入少出多，务求节省。"五是强调应用文写作。对于平民而言，这是最有实用价值的文体，也是不少人上平民学校的直接动因。因此，在各类千字课中，书信、借据、收条、簿记、发票等的写作方法占了相当的比例。此外，如存钱、邮政汇兑和邮政储金、寄信等当时生活中常须面对而为传统社会所不具有的基本知识也是教授的对象。六是卫生保健常识。如《传染病》介绍相应的预防知识，宣传清洁卫生的重要性，《种痘》推广科学方法。在强调个人和家庭卫生的同时，还引入了"公共卫生"的概念，强调作为整体的环境的清洁对社会人生的重要性。七是国民观念和国家观念。尽管千字课总体上政治色彩比较淡，但关于国民、国家等方面还是有所涉猎。如《国民》："国民是什么？国民是国家的主人。主人怎样做？尽爱国的责任。责任怎样尽？先公益，后私情，有公战，无私争。"国民须爱国，《爱国》一课谱成歌曲，在平民教育学校广为传唱。国家是什么？国家有"领土、人民、主权"三要素，国民有选举权，对地方事务有自治权："我也是这地方的人，你也是这地方的人，他也是这地方的人。我们组织一个团体，办理这地方的事情，就叫做地方自治。"八是自然科学知识。如空气、雷电等自然现象的解释，物理化学基本原理的介绍，从诸葛亮的木牛流马到瓦特的蒸汽机的描述。九是历史地理知识。所选大致为大众熟悉的历史人物，如孔子、孟子、墨子等，注意选择意义有别的故事，如《士兵千字课》中选用蒙恬、苏武、岳飞等军事历史人物。但也有关于国耻、欧战等近现代历史的内容。十是休闲教育和文艺熏陶。比较重视闲暇时间的健康利用，积极提倡有益的休闲活动。

（二）动植物良种的引进和推广

各乡村建设团体把试验和推广繁多的动植物种类作为发展地方经济的手段。山东乡村建设研究院在邹平引入了许多外来的作物新种，"最受欢迎的是美棉"，1932年种植脱利斯美棉58公顷，次年推广到1551公顷，第三年达到2752公顷。邹平划为自治实验县后，山东乡村建设研究院农场设立了桑蚕育种场，自育或从外地引进无毒优良蚕种供蚕户饲养，逐渐替代本地蚕种。在山东乡村建设研究院的努力下，养蚕农户逐渐增多。在畜牧业方面，猪种改良、鸡种改良均取得良好成绩，此外，还引进荷兰乳牛、瑞士乳羊、意大利蜂、俄罗斯长绒兔等进行研究繁殖。青岛市乡村建设办事处所设农场试验的农作物以小麦、粟、棉、马铃薯、甘薯为主，果树以桃、李、苹果及樱桃为主。家禽家畜优良品种有巴克夏种猪、美利奴绵羊、莎能奶山羊及来航鸡等，各村农民均可前往配种，并订立了"免费分发种畜暂行办法"。

定县在农业改良方面颇有系统性，从农技知识的宣传讲解、动植物良种的引进试验，到表证农家的选择和良种的逐渐推广，都有严密的设计。中华平民教育促进会组织生计巡回训练实验学校，按照生产和生活需要施以合适的教育：春季3个月进行植物生产训练，如土壤肥料，小麦、高粱、大豆、棉花等农作物选种，介绍各种改良种子，梨树整枝，烟草汁防除棉花蚜虫，捕蝗，防治病虫害机械、药剂；夏季进行动物生产训练，如选择鸡种、猪种，改良鸡舍、猪舍，家畜疾病的预防和治疗，新法养蜂，介绍新品种；冬季3个月进行乡村工艺及经济合作训练，如棉花纺织，家庭记账，农场管理，农产市场，合作社等。

（三）建立农村医疗保健体系

建立农村医疗保健体系，是中华平民教育促进会一个伟大的制度创造，中华人民共和国成立后的"赤脚医生"的源头就是当时的村级保健员。身体的病弱是社会病态的集中反映，也是中华平民教育促进会概括的四大社会问题之一。这种病弱，是由经济落后、营养不良、缺乏卫生习惯以及缺医少药造成的。中华平民教育促进会根据实际设计了村、区、县三级保健制度，于1932年开始试行。中华平民教育促进会还设计了最早的"赤脚医生"制度。这些"赤脚医生"由各村平民学校毕业同学会选举产生，在区保健所接受十几天的训练后开始工作，他们的名称是"保健员"，主要职责是报告出生死亡情况、进行水井改良、普及种痘、宣传卫生常识以及进行简易和救急治疗。

（四）革除陋俗，涵养新风

在乡村建设倡导者看来，乡间礼俗的兴革直接关系乡村建设成效。不好的习俗不去，肯定影响建设；好的习俗不立，无以推动建设的进行。移风易俗，既包括吸毒、赌博、封建迷信、早婚、男尊女卑等社会陋习的革除，也包括新习俗如年节及婚丧礼俗的文明化、文艺体育活动的推广、读书讲演风尚的培养以及公益活动如修桥铺路、清洁卫生的提倡等。

邹平实验县对社会风俗进行改良，一方面利用村学、乡学大力宣传复兴传统良风美俗，如敬老爱幼、礼贤尚义、恤贫睦邻、扬善抑恶、勤劳俭朴等；另一方面禁止陈规陋习，如妇女缠足、早婚、吸毒赌博等，提倡"伦理情谊"，鼓励"人生向上"。该县地近交通枢纽周村，每年从周村流入大量鸦片毒品，乡村中不少人染上吸毒恶习，给乡村社会风气造成非常坏的影响。1933年邹平实验县政府颁布了禁烟治罪条例，明令取缔贩毒吸毒。

治理改革前，邹平乡村赌博风气一直很盛，一些村民因赌而倾家荡产。尽管历届县政府曾屡次颁令禁止，但均无明显效果。乡学、村学设立后，学董会相继开会议定禁赌办法，采取教育劝导与查禁处罚并行措施，由乡村学校负责向村民宣讲赌博的危害，乡自卫队负责夜间查赌抓赌，对聚赌者实行罚款。县政府也专门制定禁赌办法，限期6个月内肃清。在行政禁令和乡村查禁的双重作用下，乡村赌博现象得到杜绝。女子缠足、早婚、买卖婚姻等陋俗当时在邹平农村极为盛行。许多男子在十三四岁即成婚，女子年龄往往比丈夫大四五岁。为改变这些不良习俗，县政府成立了女子放足督查委员会及督查处，每乡派一名妇女工作者负责推动乡村妇女放足工作。乡学村学则设立放足委员会，吸收妇女参加，与妇女部一起动员农村妇女参与改良。在乡学、村学的支持下，妇女组织在移风易俗活动中扮演了重要的角色，不仅对本乡本村妇女进行宣传教育，而且协助乡村组织对妇女放足进行检查，对执意缠足者实行处罚。婚姻陋俗的改良以行政法规为后盾。1933年，邹平实验县政府颁布取缔婚姻陋俗办法，禁止重金纳彩、早婚、买卖婚姻等陋俗。乡村自治组织是婚俗改良的实施机构，妇女组织则负责监督，凡违反规定者，即对其家长进行教育，责令其退婚；对不听劝告者则罚款。随着各项改良措施的逐步推行，乡村妇女的社会地位得到一定程度的提高。

（五）倡导合作组织

合作运动是乡村建设运动的重要内容之一。在各主要实验区，几乎都建立了生产、销售、消费、信用等合作社，有的地方还成立了专门负责合作社的部门。梁漱溟认为中国文化所欠缺者一是科学技术，二是团体组织，因此对于发展合作事业有特别的兴趣。邹平县有一个特别著名的合作社——梁邹美棉运销合作社，专门运销山东乡村建设研究院正在推广种植的良种美棉，以实现农户的增产增收。

（六）加强农村自卫

民国时期的中国农村，外患日逼，内外交困，社会动荡，土匪猖獗，安定的社会秩序是进行乡村建设的前提，也是乡村建设的一项重要内容。因此，乡村建设运动非常关注治安问题，方法是加强农村自卫。山东乡村建设研究院的菏泽实验县昔为盗匪出没之区，每遇青纱帐起，或水旱天灾，盗贼尤多。组织乡村自卫班后，盗匪敛迹。不仅如此，乡村自卫班在黄河决口时的抢险和灾后收容赈济难民方面，均表现出色，对地方社会的安定起了积极作用。

四、乡村建设运动的成效与缺陷

乡村建设运动改造农村的一些思想认识和具体做法，即把改造农村问题作为中国现代化进程的关键问题，又企图寻找一条改造农村的有效途径，在农村政治改造方面力图实行民主自治制度，在农业经济改造方面试图推行具有企业化和市场化性质的股份合作体制，在农民素质改造方面企图培养初具现代文化科技知识的"新农民"，从而显示了一种比较系统的具有一定现代化意义的农村建设模式，无疑对当地的社会产生重要的推动作用，这是值得肯定的。但是从当时的时代背景和实际产生的成效来说，乡村建设运动并没有如其所愿，收效甚微，更不能成为乡村建设派所期望的解决近代中国乡村问题的根本之路。乡村建设运动仅仅是一场社会改良运动，决定了它无法也无意于推翻束缚中华民族复兴的两副枷锁，即帝国主义的侵略和封建主义的压迫，推翻不了帝国主义的侵略，中国农业的复兴就没有指望，推翻不了封建主义的土地制度，农民就始终不会从封建土地制度的枷锁里解放出来,推翻不了军阀统治的政治制度,农民就无法摆脱沉重的赋税盘剥和残酷的政治压榨。

思考题	1	乡村建设运动的产生背景是什么?
	2	乡村建设运动为何收效不大?

参考文献:	1	徐秀丽. 民国时期的乡村建设运动 [J]. 安徽史学,2006(4):69-80.
	2	徐秀丽. 中国农村治理的历史与现状:以定县、邹平和江宁为例 [M]. 北京:社会科学文献出版社,2004.
	3	虞和平. 民国时期乡村建设运动的农村改造模式 [J]. 近代史研究,2006(4):95-110.
	4	郑大华. 民国乡村建设运动 [M]. 北京:社会科学文献出版社,2000.

第十章
乡村经济与生活

农耕文明除了涉及乡村社会基层组织外,农民生活也是农耕文明的重要组成部分,本章主要阐述了历史上农民赋税负担,婚姻形式及财产分配制度,郡县制度下国家与农民的关系,历史上的移民动因及移民方式,传统节庆、节日与生活民俗等。

第一节 婚姻形式及财产分配制度
第二节 农民负担
第三节 郡县制度下国家与农民的
       关系
第四节 移民动因与模式
第五节 传统节日与生活民俗

第一节
婚姻形式及财产分配制度

中国古代婚姻形式和财产分配制度，由于祖宗崇拜等的影响，体现出一夫多妻以及诸子均分的特点，对中国古代社会产生了重要的影响。

一、婚姻形式

我们首先看古代的婚姻形式。关于婚姻，《礼记·昏义》所谓"昏礼者，将合二姓之好，上以事宗庙，而下以继后世也。故君子重之。"由此可见中国古代的婚姻不是为了男女之间的爱恋而互相结合，更多是为了家族、祭祀、延续香火等社会家庭责任而产生和发展的。摩尔根认为关于中国远古婚姻演变的轨迹，其发展是从群婚、偶婚、一夫多妻再到一夫一妻，后两者是在偶婚之后的两种顺序相承的婚姻形态。雷平、王静等认为，事实上古代中国形成了有其特色的一夫一妻多妾制度。所谓一夫一妻是指按照宗法制度的要求，一个男子只能有一个妻子，即正妻，也称嫡妻，正妻必须经过聘娶大礼迎娶；妾则指帝王与贵族占有的除正妻以外的其他女人。在《礼记·曲礼》中给妻妾定了名号。"天子有后，有夫人，有世妇，有嫔，有妻，有妾；公侯有夫人，有世妇，有妻，有妾"。这一现象与古代的祖宗崇拜有着直接的关系。由孔子提出，又由孟子加以发展的以"孝"为主旨的生育动机是中国封建社会几千年来最具驱动力的婚姻动机。虽然，"仁"是孔子思想体系的核心，但仁的根本是"孝"，"孝悌也者，其为仁之本欤"。但从心理学角度看，"孝"又是驱动人们生育，特别是驱动人们生育男孩的动机力量。这是因为在孔子学说中，"孝"首先意味着生育传嗣，延续香火。孔子说："生，事之以礼；死，葬之以礼，祭之以礼。"很显然，没有子嗣，祖宗祭祀就会结束，香火就会断绝，为人子者要做到孝，就必须生育儿子以延续宗嗣。《孟子·离娄上》有言："不孝有三，无后为大。"赵岐注认为："于礼有不孝者三事：谓阿意曲从，陷亲不义，一不孝也；家穷亲老，不为禄仕，二不孝也；不娶无子，绝先祖祀，三不孝也。"从此开始了中国老百姓传宗接代不计成本的历史,而且是人人有责。在聚族而居单一种植业需要强劳动力的环境中,没有后代不仅要承受精神上的"绝后""断子绝孙"的痛苦,而且要承受没有劳动力无法老有所养的物质上的痛苦。所以,中国古代老百姓生活的目的便是传宗接代,并且是不计成本的。那么这种要求就演变成为多妻现象。一个家族的兴旺很大程度上取决于家族的势力范围,而人丁往往是构成其势力的基本要素。古代婚礼必须在祖宗牌位前举行仪式,为了长久维持神圣的祭祀权利,就要保障本族的香火不断。在古代皇家最有条件实现这种愿望。所以,在皇室和有权势的家族中,家族十分庞大。皇帝是后宫佳丽三千人,也许夸张,但是妻妾成群是正常现象。

民间当然也不遑多让,也会实行多妻制度。为此,多妻制度便是常态,就成为古代中国的一种现实选择。但是这并非所有的人都能够做到,一般情况下是政治经济地位高的阶层才能实现多妻。特别是在富裕家庭里,存在比较普遍的多妻制度。

一夫一妻多妾制是多妻制度的表现形式,为了解决多子继承时容易出现矛盾,才规定了妻妾的等级,使得妻妾的地位有区别。夏商时期,国王的多妻使得王子甚多。因其母不分嫡庶,众子均有王位继承权。每当王位交接即王位继承时,就会产生激烈的矛盾冲突。后来一夫一妻多妾制度是被严格实行的,这样实行能够尽量避免权位之争。在宗法等级制度要求下严明的嫡庶之分也为嫡长子继承制度奠定了基础。正如《春秋公羊传·隐公元年》中说道:"立嫡以长不以贤"。皇位需要区分儿子的继承顺序,所以才确定了妻子的地位高低,即妻妾的区别,以决定其所生男子的地位的高低。

在祖先崇拜下,富裕人家普遍多妻制度下的另外一个现象是,一个家庭生活的最大愿望是"早生儿子早享福",因此,古代早婚早育是普遍现象。关于结婚的年龄,周朝人是主张晚婚的,认为一定要等性功能健全和发育成熟才能结婚。《周礼·地官》载:"令男三十而娶,女二十而嫁"。但是,到了汉朝,这个理论在实践中受到了一些冲击,有一些行不通了。例如《论衡·齐世篇》中说:"虽言男三十而娶,女二十而嫁,法制张设,未必奉行。何以效之,以今不奉行也。"汉代早婚现象兴起,王室与民间皆然。从《汉书》《后汉书》的记载中可以看到,女子出嫁年龄从十三岁到十九岁都有。结婚即意味着生育,一般情况下不会控制生育的,否则就不必早婚。自古至今,中国民间结婚都要"看日子",目的多数情况下是选择洞房花烛夜要避开新娘的经期,选择排卵期,早生贵子之心一目了然。

在西欧人们的结婚年龄普遍偏大,有利于日常生活与财富的积累。郭爱民对工业化初始阶段英国男女初婚平均年龄的统计表明,坎特伯雷主教辖区1 007对新郎、新娘的平均年龄分别为 26.65 和 23.58 岁，这明显高于中国古代的结婚年龄。古代中国基本上是 20 左右结婚，甚至于 18 岁就结婚。

二、财产分配制度

中国古代实行多子继承制度，目前的学术界认为其产生于商鞅变法的战国时代。《史记·商君列传》说商鞅变法时曾制定"民有二男以上不分异者，倍其赋"及"父子兄弟同室内息者为禁"的法令，《汉书·贾谊传》说"秦人家富子壮则出分"。不过，文献中叙述商鞅变法的一些史籍，仅言及其大力推行析产分户等举措，并没有明言诸子均分制。但是一些间接的论述，足够证明其显然源自商鞅时代，战国时代《慎子·威德》中说："夫投钩以分财，投策以分马，非钩策为均也。使得美者，不知所以德，使得恶者，不知所以怨。此所以塞愿望也。"这里所言"投钩"，后世俗称拈阄，即拈阄均分之意。那么其所说"分财"，又是指何言呢？《后汉书·蔡邕传》载："与叔父从弟同居，三世不分财，乡党高其义。"所以分财即析分家产，"投钩以分财"即均分家产之谓也。此外，《管子·国蓄》中亦有关于"分财"即均分家财的记载："分地若一，强者能守；分财若一，智者能收。智者有什倍人之功，愚者有不赓本之事。然而人君不能调，故民有相百倍之生也。"又，直至明代，对析分家产仍沿袭"分财"这一说法，如《皇明制书》上卷《大明令·户令》载："凡祖父母、父母在者，子孙不许分财异居。其父母许令分析者，听。"总之，说诸子均分制产生于商鞅变法的战国时代，是有其根据的。笔者则认为均分财产与传宗接代人人有责有关，即孝文化所致，因为要求每个男子都要有传宗接代的义务，那么自然就要求每个男子分配其父辈的财产，这才是其根本原因。因此，诸子均分制度的出现应该早于战国，而是在孔子所在的春秋时期就已经产生。

邢铁认为，商鞅是在为耕战目的而与宗法制大家庭争夺人手的过程中强制推行个体小家庭，从而导致了家产继承中的诸子平均析产方式，并通过废除分封制度而使贵族阶层的家产继承方式与之趋同；直到后来把这套制度推行到全国，靠的仍然是行政力量。不过，商鞅的这些做法没有违背，而是顺应了历史发展趋势，因为随着社会经济的发展，宗法制大家庭必然趋于解体，让位于个体小家庭，春秋战国时期社会经济的发展已经达到了这样的临界点。如前所述，商鞅变法前后在山东和中原的广大地区已经自发地出现了大家庭向小家庭转变的明显迹象。商鞅在秦国所推行的制度与这个转变趋势是一致的，只是由于当时秦国相对落后，商鞅利用行政的手段猛推了一掌。

栾成显在《家族制度与中国古代社会经济》一文指出，战国秦汉以后，诸子均分制遂成为家族制度中广为遵循的传统规约，得到普遍实行。

栾成显依据战国以后的文献记载，特别是敦煌文书、徽州文书等遗存的有关析产分户的文书档案，认为诸子均分制的基本原则是：

第一，以房分为析分单位。诸子均分制在析分家产时，虽然按儿子人数平均分配，但这里父亲之下的各个儿子，并非作为瓜分家产的一个个人头，而被视为承继遗产的各个房分的代表。因为在父权家长制的封建社会里，父亲（男子）是一个家庭的代表，居家主地位。故《唐律疏议》卷一二《户婚·同居卑幼私辄用财·疏》中有"兄弟亡者，子承父分"的规定。所以，按子数均分家产，实质即是按家庭房分均分家产。而女儿，因为在家庭中没有地位，所以一般析分家产是没有份的。南宋时尚有"父母已亡，儿女分产，女合得男之半"之法，至明代析分家产时，女儿只能得到一份嫁妆而已。

第二，平均析产。这是分户时普遍遵循的一个基本原则。不仅对应分的土地和赀财按房分平均析分，对家族的其他财产亦基本按此原则处理。在拥有众多人口和土地的富裕之家，析分家产之际，往往还保留一些众存未分的产业，即所谓众业，诸如先茔基地、宗祠产业、会社田产等。这些众业虽不属于正式析分的范围，但多数众业，每个房分合得多少，一般析分的阄书上也都登载分明，其原则也是平均析分。

第三，以私有制为基础。诸子均分家庭财产的对象，主要是父辈遗留的祖产，并非整个家庭的全部财产，各房自己置买的产业，以及妻家带来的赀财等，均不在析分之列。唐代《唐律疏议》卷一二《户婚·同居卑幼私辄用财·疏》明确规定："妻家所得之财，不在分限。"而对各自抓阄取得的承分产业，均强调各管各业，独自经营，不得侵越，即承认其所有权。《徽州千年契约文书》清民国编卷一《康熙二十年刘新晟等立分单》载："自立分单之后，各管各业，无得争论，日后子孙各宜遵守，无得反悔。"对所承分产业拥有所有权的重要证据之一是，受分人对分得的产业有权买卖。当时进行的土地买卖，其田土来源有相当一部分是"承祖摽分"的产业，遗存至今大量的土地买卖契约都证明了这一点。

关于诸子均分制的作用如何，栾成显认为其对地产的瓜分，确有不利于资本积累等消极的一面，特别是造成了小农经济格局。弱小的小农经济实力有限，无法进行扩大再生产，抵御风险的能力差，特别是在中国封建社会向近代转变之际，这一负面影响更为明显。

但诸子均分制在传统社会对地主制经济的作用和影响不止于此。在以分散的小农经济经营方式为主的时代，由于诸子均分制实行私有制，各自独立经营管理，因而大大提高了生产的积极性。古人云："与其合之，或事有所委，不若分之，而责有攸归，俾共知艰难，克自树立。""无分者，人之大害也；有分者，天下之本利也。"这些对于小农家庭来说，是其积极的一面。诸子均分制是比累世同居共财或嫡长子继承制更先进、更适应分散的小农经济的经营管理方式。它是中国封建社会高度发展的产物，是中国封建社会处于较高的发展阶段的一种体现。诸子均分制实为成熟的中国封建社会的运行机制之一。战国以后家族制度中诸子均分制的普遍实行，对其后数千年之久的中国封建社会地主制经济的发展，产生了巨大影响。它对中国古代地主制经济乃至整个封建社会经济的发展与繁荣，无疑起了积极作用。

栾成显提到还应注意，不仅中世纪的西欧各国，古代亚洲一些国家，如日本、朝鲜等，也多实行长子继承制。

赵冈认为，中国这种传统的一次析产分家，诸子均分的继承制对农村经济有很深远的影响。诸子均分制是中国农村过密型生产模式的泉源。完整的土地产权应该包括处分权与受益权。诸子在分家析产以前，已经对其未来应得之产权有所预期。或者说在分家以前，诸子已享有不完全的产权，他们对家产没有处分权，却有受益权。男子在析产分家以前，虽已成年，却不愿离家出外就业，而要留在家里等待分享父母的遗产。他们对析产已有预期，认为已握有部分产权，将来的析产只是过户的形式。他们有预期的产权，也就有受益权，有权共享家中生活上的消费。有些农户，家中劳动力已经过剩，父母的田产有限，将来分家析产，每人能分到的一份为数很小，但是谁也不肯放弃，而另去他地谋生。家中兄弟们有同等的继承权，谁也不能指认谁是剩余劳动者，将之排挤出去。弟兄们一起在家中同吃同住，同在田间工作。这就是过密型农业生产的基础。过密型生产方式在明清时期的农村已很普遍，但在其他国家的历史上很少见。在其他国家，劳动力是可变生产要素，充其量在短期内可能像是固定生产要素，但长期内仍恢复为可变生产要素。在中国农村，劳动力在分家析产以前永远是固定生产要素，一次性析产继承制把弟兄们全都拴在家中，谁也不能赶走谁，直到边际产量达到零时为止。

中国多子继承制度，特别强调平均分配的原则。析产时必须请族中长辈主持，亲友为见证人，预先把待分之家产按房数均分，开列清单，编以字号，各房代表当众拈阄，然后写成文本，称为阄书，当事人与见证人一一签字画押。分配土地时更是格外强调平等原则，要肥瘠均搭，如果父母有肥瘠不同的三块地，兄弟五人分时往往是把三块地的每一块都切割成五等份。

邢铁认为，作为一个通行了两千多年、涉及千家万户的制度，诸子均分制的影响已经大大超出了个体小家庭的院落，作用到了社会生活的各个方面。半个多世纪以前，梁漱溟先生就曾指出，西方之所以由封建社会迅速进入资本主义社会，"即是因为长子继承制之故——因为长子继承制，所以在封建制度中已为他造成一个集中的力量，容易扩大再生产。考之英国社会转变，可资佐证。那么，中国之所以始终形不成工业社会，未始不是由于遗产均分的缘故"，因为财产越分越细，难以产生集约化大生产。梁漱溟先生还指出，诸子平均析产方式强化了中国人的家庭观念，形成了与西方"个人本位社会"所不同的"伦理本位社会"，形成了中国人所特有的人际关系和观念。姑且不论梁漱溟先生所论是否切中肯綮，他起码提出了值得认真思考的问题。

因此邢铁认为，中国古代社会和文化的所有主要特征，似乎都可以追溯到诸子平均析产方式上；把诸子平均析产方式与西欧中世纪的长子继承制作比较时，这个感觉更为明确。

思考题：
1. 古代婚姻制度的形式及影响是什么？
2. 古代财产分配制度的形式及影响是什么？
3. 决定中国古代婚姻制度与财产分配制度的文化因素是什么？

参考文献：
1. 赵冈. 传统农村社会的地权分散过程 [J]. 南京农业大学学报（社会科学版），2002，2（2）：56-62.
2. 邢铁. 我国古代的诸子平均析产问题 [J]. 中国史研究，1995（4）：3-15.
3. 栾成显. 家族制度与中国古代社会经济 [J]. 广东社会科学，2000（1）：63-69.
4. 雷平，王静. 试析中国古代特色婚姻制度——一夫一妻多妾 [J]. 法制与社会，2011（7）：289.
5. 徐旺生. 两重结构、两个不计成本、两个变量与古代的农民问题——中国古代国家与农民关系研究之一 [J]. 古今农业，2006（4）：11-24.

第二节
农民负担

进入阶级社会以后，统治者的所有财富都是由底层农民负担，其负担形式包括土地税、人头税和徭役等，交纳比例在王朝初期一般是收成的十分之一，但是随着王朝中期腐败的开始，农民的负担逐渐加码，到了王朝晚期，农民的负担更加沉重，往往导致农民起义发生。农民负担的交纳形式有实物、货币和劳役等。农民负担开始出现于夏代，直到民国时期。下面分时代分别叙述其具体内容。

一、夏商至春秋时期

夏商至春秋时期的税制是贡、助和彻。耕种公田，夏为五十贡五，商以七十助七，周人则以百亩彻十，其都是以所获十分之一的比例作为税收。到了春秋时期，井田制度崩溃，土地分给农民耕种后，则出现了亩收实物的赋制，其中以鲁国的"初税亩"为最早，即按地的多少征税。

（一）夏商时期的税制

夏代的田税收取标准是《孟子》所说的"夏后氏五十而贡，殷人七十而助。"赵岐注曰："民耕五十亩者，贡上五亩。耕七十亩者，以七亩助公家。"意思都是以十分之一为税。农户将劳动所得献纳于上，而无须到公田上劳动。因此《孟子》所言就是每个农户耕种公家五十亩地，要缴纳五亩地上的收获作为贡赋，十分取一，即所谓"皆什一也"的税制。不过实际上农民的负担并不仅此而已。如《尚书·禹贡》中记载的夏朝贡纳制度，各地还要进贡土特产品。

商代，除了上述十分之一的劳动所得，王朝还要征调大量的民力用于军事、田猎、建筑、造舟车等，这些征役没有一定的时间和数量限制，人民无法抗拒，因此人民的力役负担也是非常沉重的。

（二）西周的税制

西周实行的是彻法。《孟子·滕文公上》："周人百亩而彻。"又说"《诗》云：'雨我公田，遂及我私。'惟助为有公田。由此观之，虽周亦助也。"说明西周是彻、助兼施的。助如前述的标准，是为十分之一，彻则据后人解释，比例也是十分之一。不过，西周时期农民和商代一样，不但要负担田税，还要负担兵役，服兵役的标准以耕地档次为依据。

（三）春秋赋制

随着农耕技术的发展，农作物的产量进一步提高，农民对自己私田上的生产更加关心、尽力，而出现"不肯尽力于公田"的局面。西周末年，已经出现井田制崩溃的现象，到宣王即位时，不再征调大规模农民到周王的籍田上进行无偿劳动，而是将土地分给他们去耕种，然后直接收取一定量的谷物。进入春秋时期，各国都纷纷进行改革。齐桓公在位期间（公元前685年—前643年）任用管仲为相，实行变革，主要措施是"相地而衰征"，就是根据土地的肥沃程度来征收军赋。鲁国曾实行初税亩，初税亩实际上是按亩收取一定量的实物作为税收，这是中国赋税制度史上的一大变革，具有重大意义。

二、战国秦汉时期的税负

（一）战国时期赋税制度

战国时期，由于战争规模增大与频次增加，国家政权职能必然需要得到强化，自耕农的赋役必然日趋苛重。战国初，李悝在估算农民收支细账中有"除什一之税十五石"的计算，亦即十分之一税。但是后来由于经常土木迭兴，戍守无已，徭役负担对农业生产和农民生活的影响，往往更甚于田税、口赋。董仲舒说秦用商鞅之法后，"田租、口赋、盐铁之利二十倍于古"。

（二）秦朝重徭厚赋

秦朝在全国推行郡县制，实行中央集权管理，迅速膨大的国家机器骤然加重了人民的赋税徭役负担。自公元前221年至秦灭亡以前，十数年间的大型徭役，名目多达20余项，秦二世时期甚至是"戍徭无已"。这些徭役，除了少数是用于生产性的建设以外，多数用于劳民伤财、专供统治者享用的非生产性工程。秦建阿房宫，工程浩大。秦筑长城，起临洮至辽东，延袤万余里，仅"河上"一段工程即耗用劳力30万人次。

秦朝赋税徭役除了繁重之外，另以征调急促为突出特征。以严刑峻法确保转输之物、服役之人、应纳赋税等必须限期办竣。陈胜、吴广就是在"谪戍渔阳"的过程中，遇雨失期后被迫起义的。因为按秦律规定，失期当斩，故他们才铤而走险。

（三）两汉轻徭薄赋政策

西汉初统治者总结前朝教训，采取黄老政治和与民休息思想，无为而治，执行轻徭薄赋政策。刘邦提出了"量吏禄、度官用、以赋于民"的赋税原则，由战国时的什一之税降到十五税一。汉惠帝时，"高后女主称制，政不出房户，天下晏然"。在文景时期，正式确立三十税一，算赋由 120 钱降到了 40 钱，甚至有时免除整个国家的田税。汉初至武帝之初七十年间，"国家亡事，非遇水旱，则民人给家足，都鄙廪庾尽满，而府库余财"。刘秀建立东汉后，裁并 400 余县，减少官僚机构，减轻百姓负担，"吏职减损，十置其一"。建武六年（公元 30 年）刘秀下诏令"其令郡国田租三十税一，如旧制"。使军队转业屯田，减少人们服兵役的时间。其后的几位皇帝，如明帝、和帝都执行刘秀政策，"轻刑谨罚，轻徭薄赋"。

不过，两汉轻徭薄赋只是体现在土地税上。除了土地税外，农民还有其他许多赋役。汉代有算赋，征收 15～56 岁男女的人头税，前汉期税率为每人 120 钱一算；口赋亦称口钱，征收对象是 3～14 岁的未成年人，年 23 钱；更赋，实为戍边代役钱；过更 300 钱，践更月庸值 2 000 钱；算訾即财产税，家资万钱一算（120 钱），商人 2 000 钱一算，车征一算，船过 5 丈征一算。以上诸税累计额远远超过田税。低田税政策在以自耕农作为社会主体时，能够促进农业生产的发展。但随着大土地所有制的发展，轻徭薄赋则由对农民的优惠变成了对豪强的优惠。

三、魏晋南北朝时期税负

（一）三国时期的赋税制度

三国时期曹魏对一般民户的赋税征收，实行租调制。曹魏赋税制度与汉代相比，土地税改收获量分成征收为按亩征收，户口税将按人头的货币征收改为按户征收绢锦实物。

（二）北魏赋税制度

北魏初期的租调，基本上按照西晋租调模式。其办法是：按贫富品评本地户口为三等九品，再将租赋总额按品级分摊。均田法颁布后的租调制，以一夫一妇为计征单位，改变了以往以户为单位计征，农民的负担有所减轻，政府的实际收入也有所增加。北齐北周的赋税制度，大致与北魏相同。

东晋南朝时，南渡世族及土著大姓掀起了占山固泽的浪潮。政府禁而不止，于是承认豪强大地主对于占有山泽的私有权,但是限制其过多占有。刘宋初,具体的占山固泽令——"立制五条"问世,这条法令承认原有跨山连泽者的大地产为合法私有。东晋初期,赋税征收沿用西晋租调法;南朝宋齐时恢复到租调合一,以户赀定课;梁陈时按丁征收调布与租米。东晋南朝时人们除了上述负担外,还有沉重的徭役和杂税。

四、隋唐时期税负

隋朝主要实行租调制和以庸代役制。租是田租,成年男子每年向官府交纳定量的谷物;调是人头税,交纳定量的绢或布;庸是纳绢代役。服徭役期间,不去服役的可以纳绢或布,代替劳役。隋代于开皇二年(582年)颁布租调令,规定一夫一妇为"一床",作为课税单位。据《隋书·食货志》记载:"丁男一床,租粟三石,桑土调以绢絁,麻土以布。绢絁以匹,加绵三两。布以端,加麻三斤。单丁及仆隶各半之。未受地者皆不课。有品爵及孝子顺孙义夫节妇,并免课役。"开皇三年(583年)正月又规定:"减调绢一匹为二丈。"开皇十年(590年)五月又规定:"人年五十,免役收庸。"

唐朝前期主要实行租庸调制,规定丁男租粟二石,比隋朝的三石有所减少。调是农民向政府交纳土特产,一般是指绢等物。唐朝规定每丁每年服徭役二十日,闰月加二日,也可以纳物代替服徭役,即所谓"输庸代役"。每天折合绢三尺,或者布三尺七寸五分。服役负担相对减轻,保证了农民的生产时间,有利于农业生产的发展同时也保障了政府的财政收入,巩固了府兵制,使国家富强起来。

安史之乱以后,唐朝失去有效地控制户口及田籍账的能力,土地兼并剧烈,加之急需军费,各地军政长官无须获得中央批准,就可以任意用各种名目摊派,结果导致杂税林立,中央不能检查诸使,诸使不能检查诸州,赋税制度非常混乱,矛盾自然十分尖锐,江南地区出现了袁晁、方清、陈庄等人的起义,苦于赋敛的人民纷纷响应。

大历十四年(779年)五月,唐德宗即位,宰相杨炎建议实行两税法。到建中元年(780年)正月,正式以敕诏公布。两税法的主要内容是:中央根据财政支出定出总税额,各地依照中央分配的数目向当地人户征收;主户和客户,都编入现居州县的户籍,依照丁壮和财产的多少定出户等;两税分夏秋两次征收,夏税限六月纳毕,秋税十一月纳毕;"租庸调"和一切杂捐、杂税全部取消,但丁额不废;两税依户等纳钱,依田亩纳米粟,田亩税以大历十四年的垦田数为准,平均征收。对于没有固定住处的商人,所在州县依照其收入征收三十分之一的税。凡鳏寡孤独不济者,可以免税。除此以外另收者,以枉法论。

五代之际,统治者沿袭唐代的两税法,但由于战乱不止,真正执行时,则是横征暴敛,锱铢必取,已无税制可言,人民苦不堪言。

五、宋元时期税负

宋代的田赋沿袭了唐代所推行的两税法,但又有所不同。唐代杨炎所倡的两税法以"资产"为宗,宋则以"田产步亩"为宗。唐代的两税法包括丁钱与徭役;宋代的两税法仅为田赋,两税之外,复有丁钱与徭役;唐代的两税,钱、米均分夏秋两次征收;宋代的两税则夏税输钱或折绢,秋税输米等。

宋代在乡村摊派赋役,有四种基本形式:一是按田地多寡肥瘠;二是按人丁;三是按乡村主户的户等;四是按家业钱、税等划分乡村主户等级,再以等级确定摊派标准。

元代的田赋,有税粮,有科差。税粮行之于江北地区,叫做丁税、地税,主要取法于租庸调制;行之于江南的叫夏税、秋税,主要沿袭两税法。南方地区还有茶税和棉税。科差在江北有丝料、包银、俸钞,在江南有包银和户钞。另外,无论南方还是北方,除了正额税粮外,元朝政府还加征了税粮,其名目繁多,给人民带来巨大的负担。

六、明朝的赋役赋税政策

(一)明初的赋役政策

明太祖朱元璋即位后对全国户口、土地进行了普查,并在普查基础上编制了黄册和鱼鳞册。黄册又称赋役黄册,内容包括每户户主的姓名及其家庭丁口和土地财产情况。鱼鳞册是土地册,与以人户为经、土地为纬的黄册不同,鱼鳞册以田地为主、地域为经、人户为纬,也各归其本区。册内按区详细地绘出每块田地的形状,标明其步亩、四至方位、质量高下及业主姓名。黄册和鱼鳞册是明代赋役征发的基本依据,依靠基层组织——里、甲来征收。

明代初期的赋役征派包括田赋和徭役两个方面,田赋出于土地,按田地"亩"派征;徭役出于户口人丁,按"户""丁"派征。明初田赋征收仍实行唐宋时期以来的两税法,有夏税,有秋粮。夏税征麦,不超过八月;秋粮征米,不超过次年二月。

明初所定田赋数额总的来说不算沉重,而且当时朱元璋建国以后,即着手丈量土地,所丈量土地数量准确可靠,农民负担比较平均,数额不算大。但是明中期以后,普通民众的田赋负担逐渐加重。究其原因,主要是土地开始集中于少数人之手,大量自耕农和小土地所有者失地破产,赋役征发的基础就动摇了。豪强富户大量隐瞒土地,可以凭借特权地位合法地免除某些赋役。有能力的不承担或少承担国家赋役,没有能力的却承受着越来越沉重的负担。其结果是加剧自耕农和小土地所有者的破产,使没有能力者更加凄惨,被迫或者逃亡,或者投入大户荫庇之下,这导致明政府进一步失去剥削的对象,形成恶性循环。为了改变这一局面,张居正总结当时各地的经验,开始进行赋役制度改革,推行一条鞭法。

(二)万历时的一条鞭法

一条鞭法是嘉靖四十四年(1565年)由浙江巡按庞尚鹏首创的,率先推行于江南地区。后由海瑞推行于闽广,隆庆时江西又正式奏准实行。张居正当政后,在全国推行的一条鞭法的要点如下:一是以州县为计算赋役的基本单位,各州县算各州县的账,赋役总数不变化;二是对过去田赋和徭役的多种不同项目分别加以清理、合并,折成一个总的银数征收;三是徭役折银后不再有力差,政府需雇人充役;四是赋役合并;五是田赋的征收和解运由过去签派民户改为官收官解。

一条鞭法改革是在大规模清丈全国土地的基础上进行的。这一改革使国家增加了财政收入,在一定程度上均平了不同阶层的赋役负担,缓和了社会矛盾。

但是,明后期党争激烈,朝政黑暗,社会矛盾尖锐,已经进入了一个治乱循环的朝代末期,政策纵有千般好,人民实际得利难。一条鞭法实行十余年后,"规制顿紊",特别是万历末期到崇祯时期,为了应付东北新兴的女真政权和镇压农民起义,明政府不得不先后在田赋中加征辽饷、剿饷和练饷等,增赋总额到崇祯末期约达2 000万两,进一步加剧了本来难以消除的内部矛盾,外患和内乱导致明朝灭亡。

七、清朝的赋役赋税政策

清初赋役制度仍沿明制实行地、丁分征,"有田则有赋,有丁则有役"。康熙五十一年(1712年),鉴于丁银征收日益困难,且在民间造成极大苛扰,政府改行"滋生人丁永不加赋",将征丁数额固定下来。雍正时期,进一步实行摊丁入地,取消了对人丁的征课。与丁银征收联系在一起的人丁编审,在"地丁合一"成为全国基本的赋税制度之后,于乾隆时明令废除。

（一）清初的赋役征派基本抄袭明朝的一条鞭法

顺治入关，豁除明末辽饷、剿饷、练饷加派，按照明万历旧额，于顺治年间编成《赋役全书》，总载地亩、人丁、赋税定额及荒、亡、开垦、招徕之数，颁示全国，作为赋役征派的依据。

清代田赋虽以征银为主，但也征收一定的米、麦、豆、草等实物。实物部分的田赋，主要是对山东、河南、江苏、安徽、江西、浙江、湖北、湖南八省征漕粮，每年共400万石，经由运河送至京通各仓，供京师王公百官俸米及八旗兵丁口粮等项之需。

清初的丁银征收极其混乱，主要原因是吏胥和地主豪绅转嫁负担，致使丁银征派贫富倒置，"素封之家多绝户，穷檐之内有赔丁"。穷苦之丁不堪编审派费和来自富者的负担转嫁，大量逃亡漏籍，而政府为保证征收额数，便以现丁包赔逃亡，即缺额由现有的非逃亡丁来顶数，从而引起了更大的混乱问题，既激化了社会阶级矛盾，也不利于国家的财政收入，因而清政府在康熙五十一年实行了改革。

（二）摊丁入亩

康熙五十一年，清政府规定以康熙五十年（1711年）丁册所记的人丁数为准额，此后"滋生人丁永不加赋"，第二年以"万寿恩诏"的形式向全国发布。丁额的固定使丁银征数稳定下来，为摊丁入地创造了条件。以后，随着征丁矛盾的发展，康熙五十五年（1716年），广东经清王朝批准，首先实行了全省摊丁。摊丁入亩制度，标志着中国实行了两千多年的人头税（丁税）的废除。由于征税的依据是土地，政府放松了对户籍的控制，增加了大量可以自由流动的劳动力，对活跃商品经济起推动作用；无地少地的农民摆脱了丁役负担，不再被强制束缚在土地上，进一步松弛了农民对封建国家的人身依附关系，对当时的社会经济，特别是对资本主义萌芽的发展，起到了积极作用。摊丁入亩的实施，直接导致中国人口的爆炸性增长，乾隆六年（1740年）全国人口突破1亿，到道光十四年（1834年），全国人口突破4亿。

八、民国时期的税负

民国前期农民承担的赋税，主要有田赋、盐税、厘金、兵差等。

（一）田赋

军阀时期的田赋正税不断增加，附加税也层出不穷。1912—1928年，田赋正税率增加1.393倍，附加税增加更多。

（二）盐税

12省的统计资料表明，盐税在1909年为1元1角1分。1920年增加至2元8角3分，再加上附加税4元7角8分，合计7元6角1分。20年间增加了6倍，每个人都要吃盐，所以税负无法逃避。

（三）厘金

民国时期，五里一卡，十里一局，货无巨细，均需要纳厘金。厘金的额度原来规定为3%~25%，实际上收取的税额有时达到了30%以上。

（四）兵差

民国时期的兵差是以徭役和实物供应军需而构成的负担。北洋军阀时期，兵差往往超过了地丁税，有些地方的兵差超过地丁税的4倍多。

民国后期，日本占领区的东北地区，每个农民负担的正税和各种附加税，约占农民收入的50%~70%，仅土地税就比以前增长了2~3倍。

1941年，国统区的赋税很重，以四川为例，田赋折征稻谷，每亩收取其十分之六。对于佃农来说，旧中国农村的地租率通常占土地全部产出的40%~50%，在土地肥沃的水田耕作区域，往往要占到60%~70%。除正租外，佃户还受到各种额外剥削，如地主向佃户出租田地时虚增面积，收租时用大斗大秤收租，要求佃户提供一定的无偿劳役，等等。许多地方还盛行预收田租和押租。这些额外剥削，大大加重了佃农的实际负担。

思考题：
1. 历史上农民负担一般占收成的多少？
2. 农民负担一般有几种形式？
3. 摊丁入亩的意义，以及对人口增长的作用是什么？

参考文献：
1. 陈文华. 中国农业通史（夏商西周春秋卷）[M]. 北京：中国农业出版社，2007.
2. 张波. 中国农业通史（战国秦汉卷）[M]. 北京：中国农业出版社，2007.
3. 王利华. 中国农业通史（魏晋南北朝卷）[M]. 北京：中国农业出版社，2009.
4. 曾雄生. 中国农业通史（宋辽夏金元卷）[M]. 北京：中国农业出版社，2014.
5. 闵宗殿. 中国农业通史（明清卷）[M]. 北京：中国农业出版社，2016.
6. 郭文韬，陈仁端. 中国农业经济史论纲[M]. 南京：河海大学出版社，1999.

第三节
郡县制度下国家与农民的关系

春秋战国时期,国家之间的攻击与讨伐不休,其原因是天子的权威降低,诸侯国的力量强大。力量强大者开始先是挟持天子以令诸侯,后来则发展到想要替代周王室的地位。

战国后期,秦国在争霸的过程中因为变法彻底,最后统一天下,建立秦朝。秦朝建立之初,摆在当时决策者面前的是如何建立新的体制,避免此前的诸侯坐大,威胁中央政权的问题。以李斯为代表的一方选择郡县制度,从此开启了两千多年的中央集权体制。这一体制部分地解决了中央统治者所担心的问题,但同时又产生了新的问题,即由于多种原因所造成的高频率、大规模的农民起义,国家与农民之间表现出经常性的冲突关系。

一、郡县制度产生的过程与原因

(一)过程

据司马迁的《史记》记载,秦吞灭六国后,丞相王绾等向秦始皇建议分封诸子,说:"燕、齐、荆地远,不为置王无以填之。"秦始皇让群臣讨论,大多数人赞成,唯独廷尉李斯反对,他的理由是周初分封子弟同姓很多,但后来疏远了,互相攻击讨伐如仇敌,周天子也无法禁止。现在海内已经都是郡县,诸子功臣可以赋税厚加赏赐,较易控制,这才是天下安宁之术。秦始皇听从了他的意见,于是分天下为三十六郡。后来博士淳于越又建议分封,理由是如果仅皇帝一人有海内,而其子弟为匹夫,若有权臣,则难以相救,需师古以治,方能长久。此议又被李斯驳回。秦朝开始行郡县制,不实行分封建国,皇位由其长子继承,依次相传,试图建立一个万世一统的王朝。延续两千多年的郡县制度——中央集权体制,就在这个并不复杂的辩论中诞生了。

(二)原因分析

郡县制度,即地方政府由非血缘关系的官员来管理。秦朝建立不以封王建国为主导,而是由郡县组成的社会,主要是为了避免春秋战国时期诸侯之间的争斗,但是秦朝很快因为横征暴敛而亡,因而无法检验秦朝的郡县制度是否如李斯想象的那样具有合理性。因为秦朝的统治时间太短，政权没有在李斯所担心的贵族势力壮大中葬送，而是被底层农民起义所葬送。

接下来的汉朝开始大封功臣，郡县制度与分封制度并行，同姓与异姓都有封王建国者。但是由于天子与诸王之间无法产生互信，难以和平共处，相互之间存在猜忌，中央专制皇权与地方王国势力的矛盾日益激化，最后不得不削藩，结果同姓与异姓王都被废除。在汉朝的削藩过程中，出现了七王之乱，主要是同姓刘氏诸王造反。从而表明，同姓诸侯不会因为血缘关系而降低对中央政权的威胁，如同五霸七雄一样，依然会重复此前的危局。从这一点来看，李斯一手建立起来的郡县制度，具备一定的合理性。

当巨大的权力诱惑放在两个具有血缘关系的兄弟面前时，利益关系往往大于血缘关系。秦朝灭亡之后，汉朝依然执行这一制度，但实行的是分封制度与郡县制度并存，很快分封的诸王开始谋反，而郡县则没有反，恰如唐代柳宗元在《封建论》中所说"有叛国而无叛郡"，封国的首领与皇帝无法产生相互信任。李斯所担心的问题确实出现了，并在后面的历史时期一再出现，从而也说明李斯的观点切中要害，皇权以外的势力一旦壮大，就会威胁皇权的稳定。

直接通过武力可以获得王权，当时的人们已经清楚地认识到这一点，所以陈胜、吴广起义时，陈胜直言："王侯将相，宁有种乎？看到残暴的秦始皇威风凛凛地巡游时，年青的项羽对其叔父项梁说"彼可取而代之"，而刘邦的想法是"大丈夫当如是"。所谓"皇帝轮流作，明年到我家"。曹操曾经自我评价说："设使国家无有孤，不知当几人称帝，几人称王。"五代时的军阀安重荣也说："天子宁有种耶，兵强马壮者为之耳。"王夫之在《读通鉴论》中说到五代时野心家们个个蠢蠢欲动时慨叹，"称帝称王者如春雨之蒸菌，不择地而发。……延及于石、刘之代，而无人不思为天子矣。"也就是说从战国秦汉开始，上到王公贵族，下到平民百姓，都知道皇帝不是什么上天安排的，而是竞争而来的。

在丛林法则下存在重新洗牌欲望，王权与其他势力无法产生互信。中国的皇帝作为一国之主，要防范所有人，没有人可以信任，连他的儿子都不能信任，因为很多方面充满着不确定性。

首先，外部的失败者可能卷土重来。当所有人都有资格参与这个大的竞争与博弈，也就意味着角逐永远没有结束的那一天。兵家胜败充满了不确定性，失败者如果东山再起，胜负难说难料，刘项之争就充分说明这一点。项羽在垓下一战失败后，实际上是战略性放弃。唐朝杜牧在《题乌江亭》一诗中感叹："江东子弟多才俊，卷土重来未可知。"

其次，内部也存在巨大的重新洗牌的欲望。开国皇帝不可能万岁，其位置也需要向后代传递。如何传递？是传给长子还是传给能力强者，这中间也存在很大的变数。太子位置的竞争一直没有停止，实际上取天下的战争一结束，争斗的场域就由外部转移到内部，即在宫廷中皇子之间，开辟了另外一个战场，展开下一任的皇位之争。皇子背后的妃子之间的内斗也一直不断。因为继承制度并不能约束他们的欲望。秦二世不惜手足相残，干脆将其他兄弟包括长兄扶苏全部杀掉，以绝后患。

所有的人都不值得信任，怎么办？秦朝的丞相李斯最先替秦始皇考虑，先从内部着手，不赋予皇太子以外所有皇子实权，地方由流动的官员管理，但是不能让其世袭，退休以后回原籍。然后针对外部的势力，双管齐下，一是对于任何有实力的势力，都要格外防范，于是对关东六国的残余势力——豪强和贵族，抽其筋骨，强制性地使其迁徙到咸阳，让其脱离其原有的势力范围，监视其一举一动，防止其势力重新崛起壮大。二是实行重农抑商政策，怕商人一旦富裕起来，就会有非分之想。

但是，当所有的人都不值得信任时，在现实中是无法防范的。往往解决一个问题，会相应派生出另外一个问题。秦朝以后的历史也充分证明了这一点。此后的历史一直重复着王朝兴亡的规律。王朝初期励精图治，但是中期腐败，后期民不聊生，最后在乱战之中又有人脱颖而出，建立新的王朝。

二、郡县制度下的二重社会结构

郡县制度的具体实施是将广阔的国土划分为若干个行政区，每一行政区都配备一批由中央政府任命的官员，官员向中央政府负责。因不允许中间层发育，这是一种由皇家与平民共同构成的缺乏中间势力的二重社会结构。这个结构的社会主体由鼓励并且事实上存在大比例的弱小的小农组成，而其中的贵族与商人占比不是很高。由于商鞅变法后开始强制分家、一夫一妻多妾的婚姻制度、传宗接代人人有责、财产继承诸子均分制度等对社会产生重要作用，所以中国古代从秦汉时期开始就是一个以小规模家庭为主体的社会。以小农为主的社会结构不是欧洲的橄榄型结构，而是洋葱头型结构，头小底部大，其防范风险的能力较差，整个社会极其不稳定。

在这个结构中，官员并不是一个阶层，只是收税承包人的角色，其职位不允许世袭，且是流动的，异地为官，并带着很大的私利性。因为他们本身与王朝并不能够结成永久的同盟关系，所以很难保证其为民、为国着想，实际上，官员最后多成为皇权的掘墓人。中国古代的官员只是一个虚拟的阶层，常常因为私利，加速属地弱小小农的破产。

三、二重结构下国家与平民之间博弈的几个要素

郡县制度最大的缺陷是由弱小的小农组成的社会，容易引起动荡，而官员成为其中最大的变数与导火索。

在西欧，领主处在经济社会的中介位置发挥着缓冲作用，成为中间层，形成一种君主－领主－平民相互制衡的三重结构；而在中国，贵族，确切地说是官员很容易因为满足自己的私利而腐败，官员始终没有扮演过像西欧封建领主那样的角色。事实上，西欧中间层的建立，目的在于期待它成为一个克服有限理性、节约制度成本与实现经济协调的装置，并且事实上也起到了这种预期作用。然而在中国，由于缺乏这一中间层，以上问题就只有通过周期性的制度震荡来解决了。总体上看，二重结构是一个脆弱的社会结构，影响其稳定的因素很多，虽然其中的稳定因素有时也很强大，但是不稳定因素时常制造麻烦，导致社会动荡，下面我们分别叙述：

（一）有利于统治稳定的因素——两个不计成本

1. 帝王维护统治不计成本

（1）秦开国之初，即强行将关东六国贵族迁到咸阳，以便于控制与监督，同时切断其与原籍的联系，防止与其他势力抱团。宋代初年，杯酒释兵权，给以厚禄。明朝的皇子在封地没有任何权力，只能坐吃等死，不能越雷池一步，否则犯大罪。

（2）对谋反者处以极刑，如诛九族。有时即使文学作品中流露出不满，也会导致杀身之祸，如清代的文字狱让许多文人学子遭到迫害。

（3）建立严格的户籍制度，限制随意迁徙与流动。

（4）抑商，汉代开始抑商，原因是怕商人财富多了，动摇王权。

（5）隋唐开始，通过科举制度笼络人心，缓解部分人向社会上层流动的欲望，打开了平民通向上层社会的通道。李世民看到士人踊跃参加科举考试，发出了"天下英雄，入吾彀中矣"的感叹，在"士人"与"英雄"之间画等号，说明其充分了解社会上时刻有人对政治现状不满，满怀抱负，希望借机改变身份，存在重新洗牌的冲动。李世民自己就是不安分者，杀兄取得皇位，是重新洗牌的受益者，自然更加关注自家天下的安危，对天下的动态更加敏感。

在汉代，思想家董仲舒等还炮制天人感应理论，王朝也尽力把自己塑造成为奉天

承命的地位。但这是一柄双刃剑，一方面可以为王朝的合法性找到依据，另一方面，某一自然灾害的出现会被解读为改朝换代的导火索。

上述措施，一部分是通过吓阻而发挥作用，另外一部分，如科举制度则是通过适当疏导而发挥作用。这些措施在某种程度上维护了皇权的稳定。通过农民起义夺取国家政权，如果失败，后果极其严重。利害相权，底层农民不到万不得已是不会轻易起义的。

2. 传宗接代不计成本

如前面所论，由于婚姻制度，传宗接代人人有责，虽然小农社会的经济实力有限，但是依然将传宗接代视为自己的重大责任，维护家庭的传续，生儿育女是第一要务。在家庭资源有限的情况下，常常是父母放弃自己的一切福祉，为儿女操劳。绝大多数老百姓以平安为目标，不会有其他非分之想，这在某种意义上有利于王朝的稳定。

（二）不利于统治稳定的因素——两个变量与两个重新洗牌

1. 两个变量

秦汉以来的中国社会，维护统治是统治阶层最重要的责任。尽管社会结构包含很多有利因素，但不利因素的作用更大，影响着王朝的稳定。不利于统治稳定的因素之一，便是两个变量。

变量一是搜刮变量，或者说农民的负担变量。理想中的郡县制度设计是非常周全的，王朝初期农民的负担并不高。但要求官员清廉，忍受较低的薪水，然而现实却无法做到，早期的官员因为任命不需要严格的门槛，进入的成本较低，当官发财的想法不是那么迫切。但是到了后来，特别是科举制度实施以后，给予官员巨大的荣誉，进入的门槛奇高，相应的收入却不高。我们知道，任何投入与产出必须成正比例。尽管历史上不乏为民请命、克勤克俭的清官，但是多数官员考试高中后，升官发财的欲望强烈，对权势及财富的渴望促使许多官员逐渐走向腐败的深渊。而聚集财富的主要方法便是搜刮老百姓。吏治开始腐败，就会让农民产生负担变量，越到王朝中后期，农民的负担越重。

变量二是农民的收成变量。秦汉以来的中国社会形成了以种植业为主的农业结构，即主要靠耕种土地维持生计，以获得粮食为目的。这种生产结构受自然界灾害的影响很大，在作物从生长到成熟的过程中，各种来自自然界的危害都会导致作物减收甚至绝收。民间流传的俗语"靠天吃饭"便是最好的写照。单一地以种植业为主的农业结构，与欧洲早期以牧养为主、种植与养殖并举的混合农业结构差别很大。从事混合式农业，一般来说土地面积需求较大，所养殖的动物，即使死亡，如饿死、冻死，也都可以作为食物。而农作物，如粮食作物，如果在生长过程中因灾害死亡，基本上没有食用价值。

中国又是一个灾荒之国,历史上各种自然灾害频繁发生,影响农民的收成。而一旦灾害发生,农民负担加重,两害叠加一起,就极容易引起社会动荡。一旦被野心家利用,改朝换代的悲剧便很可能发生。

2. 两个重新洗牌

一是政治上重新洗牌,即王朝爵位是隔代降封,君子之泽五世而斩,变成平民;官员也非世袭制度,一旦挂冠,即为平民,回到原籍。这种情形不易于在基层形成一个稳定的士绅阶层,以充当缓冲剂,化解王朝的矛盾。因为社会有威望的人容易很快普通化,有时甚至是劣绅化,如近代时期。

二是经济上重新洗牌。这主要表现在以下三个方面:

其一,多子继承制度导致"富不过三代"。老百姓为了传宗接代往往多生多养,加之古代中国的财产继承为多子继承,分家析产,导致"富不过三代",中产富裕阶层自行消解。在传宗接代人人有责的社会文化下,每一个男子都要结婚成家,并负责传宗接代,其财富必然会由其儿子均分。同时土地又可以自由买卖,导致土地向富裕者集中,但是富裕者又因为分家,重新分散,势必因分家导致变穷甚至破产,富裕者如此,穷人则更是不堪。往往在王朝早期,因为战乱而人少地多,老百姓的生产与生活相对宽裕一点,从中期开始兼并加剧,至晚期则贫富不均,多数人或者成为佃农,或者成为雇农,或者沦为流民。流民一多,一有风吹草动,就容易聚众造反。

其二,富裕者周围存在着食利群体,所谓"穷在大路无人问,富在深山有远亲",富裕者周围的食利群体都对其财富有所图,怀抱着吃大户的心态。与此同时,古代中国社会是宗族社会,宗族社会兄弟之间必须"出入相友,守望相助,疾病相扶持"。富帮穷的结果多是富者变穷,社会总是在蚕食富裕阶层。

以上因素共同作用的结果是,贫富转换非常快,所谓"三十年河东,三十年河西",最后的结果往往社会高度同质,形成了由小农组成的社会。而由穷人组成的社会,是很难产生和谐的。

四、二重结构下的国家与农民的关系

我们知道,郡县制度虽然看似相当稳固,但其实在法理上它是一个开放系统,皇帝是可以被取代的,任何人都可以通过竞争而成为新的皇帝。权臣篡夺,底层民变,都没有制度障碍。新生势力只要推翻旧王朝,就可以顺理成章成为新的统治者。

弱小的小农经济薄弱，但责任重大，其内部便孕育着不稳定因素，类似于走钢丝。而皇帝管理着一个有着庞大小农群体的国家，且没有一个人真正值得信任，是另外一种走钢丝。两种走钢丝叠加，蕴藏着巨大的危机。国家与农民之间存在现有制度无法解决的结构性矛盾，两者之间一旦出现问题，往往没有缓冲的可能，直接正面冲突。而原本应缓冲矛盾的官员，在治理国家的过程中，出于个人私利，往往充当了挑起冲突的角色，导致水覆舟现象经常发生。

总体上来看，国家与农民之间存在类似于水与舟的关系，水可载舟，亦可覆舟。

（一）水与舟的关系

在郡县制度下，国家与农民之间存在直接的利益关系，因为国家依靠税收来维持运转。取之于民，用之于民。若所取超过了农民能力与负担的边界，或者所取并未用之于民，则将导致国家与农民之间的关系恶化。作为两者之间媒介的官员，不像欧洲中间层有缓冲矛盾的作用，反而有时激化矛盾，引发冲突。因此，国家与农民之间的关系正如《荀子·王制》所说："君者，舟也；庶人者，水也。水则载舟，水则覆舟。"

这种关系具体表现为，在每朝开国之初，君主贤明而富有权威，又由于皇权具有不稳定性，开国君主通常在处理政务上非常勤奋。当政令畅通时，整个制度的运转效率也较高，因此经历了动荡的社会趋于安定，经济逐渐复兴。新王朝往往在农民起义中产生，打天下的过程多具有戏剧色彩，其领导者多少具有个人魅力，否则很难脱颖而出，所以很容易罩上神秘色彩，如果再刻意演绎，就能够达到君权天授的效果。所以，小的冲突与问题在王朝初期能够解决。但是随着时间的推移，上述支撑制度有效运转的条件会逐一失去，这样，由盛转衰将难以避免，所谓气数已尽，往往一发不可收拾。这其中主要是因为官员的腐败，加重百姓负担。在开国之初通常人口稀少，土地相对宽裕，加之政策鼓励以及社会逐渐安定，人口出现增长，会出现短暂的社会繁荣，但是土地资源是有限的。到了后来，当没有新增加的土地供新增的人口生活，衰退就会出现。历史上唐代延续北魏的均田制度，后来就没有办法执行，因为没有空闲的土地可供分配了。如同今天的家庭联产承包责任制度下，土地一旦分配完毕，就不太容易再分配，成本太高。所以不得已实行"增人不增地，减人不减地"策略。此外，土地可以买卖，这会导致部分人失去土地，土地向少数人集中，贫富开始分化，出现流民。这些结构性矛盾非常难以解决。西欧实行长子继承制度，土地不允许买卖，用低成本的管家来管理属地农民，就不会出现上述结构性矛盾。由于存在诸多的不稳定因素，特别是王朝后期都会产生社会动荡。每到此时，一个新的统治集团便随之涌现出来，并开始重复又一个制度演进周期。

此外，一个穷人占多数的社会是很难产生和谐的，永远受穷也是难以容忍的，穷而求变便是自然现象。这导致一些人试图通过造反，取代王权，改变命运。尽管科举制度释放了其中一部分能量，但通过科举只能做官，不能当皇帝。因为皇权可以通过竞争而来，没有制度上的障碍存在，这是农民起义产生的主观原因，因为上下层通道是开放的。尽管其风险很大，但总有人愿意尝试。而且，在动荡的社会中，农民一旦生存受到威胁，就只能铤而走险，如陈胜、吴广。到了王朝的中后期，往往危机四伏，多种不确定因素共同起作用。

（二）频繁的农民起义与周期性朝代更替

在中国历史上的主要王朝，如秦、汉、隋、唐、元、明，其更替或灭亡主要是由于农民起义造成，仅宋代是灭亡于蒙古族的入侵，而清朝的覆灭也有下层起义的原因。这在世界历史上是绝无仅有的，因为欧洲历史上农民起义规模很小，印度与日本则几乎没有农民起义发生。

关于农民起义产生的原因，国内学术界较有影响力的解释有五种：土地兼并、农民失地说，专制主义中央集权制引发官逼民反说，一体化调节与无组织力量恶性膨胀引发说，灾害引起说及人口膨胀激发影响说。这几种解释涉及的因素都可能造成农民起义。但是都没有点出核心，即皇权可以通过自身的努力以不同的方式及途径而获得这个关键要素。或者说，前提是胜者称王，败者才为寇。因为法理上可以互换身份。而触发因素并不是单一的，常常是多种因素混合的结果，而上述五种解释涉及的因素都是触发点。

评价农民起义的意义，是一个复杂的问题。但是有一点是必须肯定的，社会进步不采取暴力行动，绝对是整个社会的福音。严酷的事实是，历史上如果没有农民起义，腐败政权常常加重底层人民的苦难，导致民不聊生的局面永远无法改变。所以，农民起义在中国这个特定的郡县制度下，具有相当的合理性。

思考题： 　1　郡县制度产生的背景是什么？
　　　　　　2　农民起义是单一因素促成还是多因素的作用？

参考文献：　1　徐旺生. 制度及文化缺陷与秦汉以来的农民起义问题[M]. // 宋亚平. 三农中国（第十三辑）. 武汉：湖北人民出版社，2009：181-190.

2 徐旺生. 两重结构、两个不计成本、两个变量与古代的农民问题——中国古代国家与农民关系研究之一[J]. 古今农业, 2006（4）: 11-24.
3 张杰. 二重结构与制度演进——对中国经济史的一种新的尝试性解释[J]. 社会科学战线, 1998（6）: 12-25.
4 何怀宏. 世袭社会及其解体——中国历史上的春秋时代[M]. 北京: 生活·读书·新知三联书店, 1996.

第四节
移民动因与模式

移民是古代社会生活的主要方面，这一过程开始于最初的人类。当农业发明以后，随着农业的发展，卫生条件的改善，人口增加，就需要向其他地区如周边移民，由此拉开了短距离与长距离的移民历史。人类历史上移民行为一直在持续，直到今天。目前可以确认最早的规模较大的移民行动应该是旧大陆向新大陆的移民，通过今天的白令海峡，早期亚洲的居民移向北美，成为今天印第安人的祖先。在西亚，两河流域的文明向欧洲传播，从南欧洲向北欧洲移民。此后，欧洲人终于发现新大陆后，又开始了一波向美洲的移民。在中国国内，移民的过程也始终不断，著名的有从魏晋南北朝北方向东南一带的移民，明朝洪武时期大移民，清朝湖广填四川、山东河北人闯关东、晋陕一带的人们走西口等。

一、移民动因

关于移民的原因，其最主要的研究框架是 20 世纪五六十年代在西方最为流行的"推-拉"理论。该理论认为，迁出地向迁入地的人口流动，是迁出地的推力与迁入地的引力相互作用的结果。陈孔立在《有关移民与移民社会的理论问题》一文中认为：推力一般是指迁出地存在某些不利因素，迫使人们离家出走，其中包括政治因素、经济因素、自然灾害以及其他特殊的因素，具体原因是经济萧条、失业严重、粮食缺乏、人口过剩、天灾人祸、生态环境恶化、外族入侵、内战爆发、政治迫害、种族歧视、宗教矛盾，等等。例如，早期从欧洲到北美移民的主要原因是：封建暴政和宗教迫害，此外，欧洲商业战争的破坏，使得许多民众极端贫困，有的成为难民。受到"大饥饿"威胁的爱尔兰天主教徒、受到连年歉收的北欧农民、逃脱法国占领军迫害的德国人、逃避英国圣公会霸权的长老会教徒，他们为了谋求生活的改善，寻找新家，冒险远渡重洋，来到美洲。中国历史上的移民大多是失去土地的农民、流人（谪宦、命盗重犯等）、军户、棚民，他们有的是被强迫迁往他乡的，有的是为了寻求生路而不得不"闯关东""走西口"的。福建闽南一带人民向外移民，主要是由于人口压力，地少人多，耕地不足，加上连年的灾荒，人们只好向外谋求生路。在清代前期禁止渡台的情况下，有许多人"偷渡"台湾，主要就是为了谋生。

但是上述的分析显然是不全面的。首先，没有解释中西方移民规模与结果的区别。如果说移民主要是战争等因素的结果，那就难以解释为何中国历史上灾荒发生的频率与农民起义的烈度是欧洲所不能比拟的，但是中国移民的规模与所占领的土地，与欧洲人不可同日而语，须知，宋代中国的国内生产总值（GDP）占到全球的一半。目前世界上最大的移民地是美洲和澳洲，其居民以欧洲人为主，而历史上比其人口密度大很多的中国在向境外移民时，移民规模与其所占有的领地却小得多，且中国移民基本上在新的移居地政治地位低下，直到今天依然如此。如果说东西方之间的移民行为一样，那么移民的结果为什么区别如此之大？

其次，美洲移民并不完全是因为上述所谓的封建暴政和宗教迫害。我们先回顾一下所谓的感恩节的故事。目前所说的版本是：17世纪初期，当时在英格兰，每个人都必须服从国王教堂的规则和统治。有一批英格兰人想拥有自己单独的教堂，他们被称为"分离主义分子"，他们秘密开会，后来国王发现以后，将他们中的一部分人投进监狱。后来，一些人害怕待在英格兰继续受迫害，于是在1608年去了现在的荷兰，但是他们在那里生活得并不如意。虽然没有宗教迫害，但是生活很苦，又必须学习别国的语言，他们害怕自己的孩子忘记了他们的语言和习惯，于是就决定去现在的美洲。但去美洲谈何容易，他们需要船将他们送到美洲，但是他们并不富裕，没有那么多的资金去租船或者买船。最后他们还是找到了解决的办法。他们与英国商人达成一项协议，商人给他们食物和船以及必要的物品，作为回报，他们则答应给商人工作若干年，从美洲弄来木材和皮毛给商人。就这样，他们总共102人包括妇女和小孩，上了名为"五月花"号的大船。经过66天的艰难搏斗，他们通过了大西洋，于1620年12月到达了现在的新英格兰的普利茅斯。第一个冬天是不好受的，各种困难难以想象，到第二年秋天，102人中已有 46 人由于饥、寒和疾病死了。1621 年，在当地的土著居民印第安人的帮助下，他们学会了如何狩猎、捕鱼，学会了种植玉米、南瓜和豆子，获得了一个大丰收，于是决定举行一个盛大的宴会以示庆祝，这个宴会像一个传统的英格兰的丰收节。他们感谢上帝赐给他们食物。第一次宴会在户外举行，有 19 个印第安人参加，他们吃火鸡以及用玉米南瓜做的食物。这个盛大的宴会持续了三天。后来，美国的首位总统乔治·华盛顿在 1789 年正式命名这一节日为国家的纪念日，称之为感恩节。1941 年，美国国会决定将感恩节作为一个合法的节日，时间是每年十一月的第四个星期四。

然而，事实上，最早的欧洲人移民美洲，不是偶然的由宗教迫害所致，而是他们征服文化发展的必然结果。他们解释因为宗教迫害而移民，是为了洗脱他们在殖民过程中对原住民所犯下了难以饶恕的原罪。我们所知的感恩节背后的另外一些不为人知的事实是：首先，这批人原来并不是想到现在的新英格兰的普利茅斯，而是想到当时唯一的英国在美洲的殖民地，现在弗吉尼亚的詹姆斯敦（Jamestown）。其次，在"五月花"号船上的 102 人中，只有 35 人到新世界是因为宗教的原因，其他的 67 人则是因为寻找工作和乐于冒险才踏上这条充满了希望同时也充满了危险的路的。67 比 35，很显然，这批欧洲人到美洲去，主要不是因为宗教的原因，而是由于其他的原因。感恩节的产生只是欧洲人移民美洲过程中的一个花絮而已。

因此讨论中国古代移民时，应该分析存在于其过程中与欧洲移民不同的因素。

移民的产生，如果从中西方的区别的角度来论述，其关键原因与继承制度有关，采取长子继承制度的国家因为单子继承，会从圈地的角度排斥已有土地上的新增加居民，即兄弟当中的无继承权者，促使长子以外的男子向外谋生，这就是移民的高级动因。单子继承制度下的国家，会在人口还没有达到过剩时，就有制度促进其向其他地区移民。而多子继承制度下的国家，则只会在人口相对饱和的背景下开启移民，当然战乱也是促进因素之一。

二、中西方的移民及移民规模

从某种意义上讲，欧洲文明是一种带有征服或殖民性质的移民文明。欧洲文明在某种意义上是从古代希腊一带向北扩展的，欧洲的东南部，包括现在所说的爱琴海及巴尔干半岛地区，是最早接受西亚农耕文明的区域。西亚农耕文明向欧洲的传播沿着两条线路，分别通过在多瑙河中游一带形成的线纹陶文化和沿地中海传播的印纹陶文化而传播。欧洲移民所占有的土地，包括今天欧洲及亚洲北部地区的大片土地，欧洲文明的基础农业特征是在发展驯养和畜牧的基础上逐渐发展种植业，并且种植业首先是为满足牲畜饲料而发展起来的，由于主营畜牧业的习惯，农耕的扩展并非一下子就从西亚迅速传遍全欧洲，而是缓慢传播，根据研究者的测算，欧洲早期农耕推进的速率是每年 1.08 千米，每代人扩展的平均速率为 25 千米，农耕向欧洲腹地传播持续了大约 3 000 年之久。欧洲人，特别是俄罗斯人，对亚洲东北部的移民扩张，使其成为国土最大的现代国家。在东欧洲移民自欧洲向亚洲扩张时，西欧洲移民自 17 世纪初开始向美洲殖民。

中国文明是由本土产生的。黄河流域的文明则是从今天黄河中下游一带开始发源的，其移民的方向是向东南一带，并向海外扩展。但是基本上并非主动的，更大程度上是被动式移民。一个明显的例子是汉代司马迁在《史记·货殖列传》中所描述的载："楚越之地，地广人希，饭稻羹鱼，或火耕而水耨，果隋蠃蛤，不待贾而足，地埶饶食，无饥馑之患……是故江淮以南，无冻饿之人，亦无千金之家。"司马迁所言的江南一带，是一种非常理想的生存之地，但是北方的人们并没有因此而向江南一带移民。真正开始大规模向南方移民始于南北朝时期，此时因北方战乱，人们才开始向南方移民。始于明朝初年的洪武大移民，也是因为灾荒原因，是被动式的。而清朝湖广填四川，是基于官方的鼓励。由于明朝末年的多次战争，四川人口大量减少，已开垦的土地却大量存在，而湖广一带地少人多，因此在政府的招垦下，出现了湖广填四川的移民高潮。到了嘉庆年间，四川人口增加到 2 000 万人，而不得不向周边地区迁移。福建、广东向台湾移民的高潮在乾隆、嘉庆年间，到了嘉庆十六年（1811 年），台湾人口已近 200 万，取得耕地已不容易，移民的人数也就下降了。

三、生活方式与移民模式

众所周知，17 世纪，发生在中西方历史上最大的移民事件，一是中国的湖广填四川，二是欧洲人移民北美，从其中的原因与产生的后果来看，可以得出，中西方生活方式构成了不同的移民模式。

清代从顺治时期开始组织实施的湖广填四川大移民，是由于明末张献忠屠川，导致四川人口大降，康熙二十四年（1685 年）四川只有 1.8 万户，仅 9 万人。清朝初年，清政府采取鼓励移民入川的措施，由全国各地向四川移民，并以优惠政策招抚外逃的四川人，还把招徕移民多少作为地方官员政绩考核的重要内容，到乾隆年间四川人口已达

1 000万，移民人口占到60%以上。

然而，欧洲在"五月花"号上的移民中，真正受宗教迫害的人士，仅仅占1/3，而其中2/3的人口是当时的欧洲无业者，没有工作，只能去冒险。

而再看看此后的结果，就可以发现，过了近300年，至今四川人口已经接近1亿；而差不多同时期，欧洲移民向北美移民，今天的人口仅仅3亿，且其中有相当部分是陆续由其他地区不断移民的结果，但北美的国土地面积是四川的将近20倍，按本地出生人口2亿计，四川人口增长的速度是北美的10倍左右。

中国当时的移民是因为战争人口大减才由政府出面组织的内部移民，而欧洲人则开始了以政府为后盾，向美洲大规模移民。欧洲人到了一个新的土地，则是以占领的方式移民，为欧洲人开辟了一个更加广阔的生存空间。而中国人则迅速地将人口稀少的地区填满，生活方式使然也。

四、历史上的主要移民过程

在西汉，关中地区有关东迁入关中和关中向外迁移的移民，西北地区有汉民族的徙边屯戍和匈奴等少数民族的内徙，东南、西南、东北也都有移民运动发生。东汉末年的军阀混战使中原民众纷纷外逃，大致有七个迁移方向：益州、荆州、江东、幽州、辽东、鲜卑、交州。而河陇一带的羌族则内徙关中等地，参与逐鹿中原。三国鼎立局面形成之后，魏、蜀、吴为了巩固其政权，相互掠夺交界地带的汉族和羌、氐等族民众，强制向冀州、江东、益州迁移。西晋统一时期，中原因连年战乱，人口锐减，田园荒芜，北方匈奴、鲜卑等游牧民族纷纷"慕化"降附，请迁内地，与部分从南方返迁的汉族民众一道，为中原地区经济的恢复和发展做出了贡献。

在魏晋时期，东北的鲜卑族一批又一批迁到了西北地区，改变了当地的民族构成。西晋末年的永嘉之乱，推动了北方人大批涌向长江流域和岭南地区。南移潮一直持续到刘宋。在北魏与齐、梁、陈南北对峙之世，江、淮一带民众又多被掠北迁，孝文帝的改革也促使一些避难江东的中原士族相率慕化北归。北方和东北边外的匈奴、鲜卑、高车、柔然，西北的氐、羌等族一批又一批迁入中原。而已居内地多年的各族民众又由于种种原因，在内地来回迁徙，或返迁边疆。唐朝前期，因隋末动乱而迁入北方边地的人口大部分返回了原籍。安史之乱使中原大地再次成为主战场，人口大量迁出。

两宋时期，宋金、宋元的对峙，一次又一次促成北方民众南迁。同时，女真和蒙古等少数民族在中原定居下来。由北向南迁移，是从西汉末年开始的，基本结束于南宋，持续了一千多年。其中，西晋永嘉之乱、唐朝安史之乱以后的南迁，两宋之际的南徙，是规模和影响最大的三次南迁。每次又可分为若干阶段，高潮起伏。移民规模之大，可从西晋永嘉之后九十万人南迁、南方六人中有一人为北方移民，以及靖康之乱造成五百万人南下窥见一斑。移民迁出地几乎包括今天北方各省，又以黄河中下游的河南、山东、陕西为多。这些移民在一千多年里沿着相同的迁移路线，迁入了上至四川盆地，下至江东的长江流域，下游的江东又为主要迁入区。

明代移民集中在洪武、永乐年间，主要有三类，一是向南北二京和朱元璋故乡凤阳迁移的内聚型移民，二是自狭乡到宽乡的开发型移民，三是戍边卫所移民。其规模在数万和数十万之间。

其中，洪洞移民始于金朝天辅年间。金太祖定山西后就曾徙其实上京。而明初洪武、永乐年间为其高潮所在。山西移民多出自晋中与晋南的太原、平阳、泽州、潞州、辽州、汾州、沁州等府，主要迁往北京以及河南、河北、山东、安徽。由于政府的移民机构设在平阳府洪洞县，移民在此办理迁移手续，出发前往各地，于是相沿成语，洪洞就成了山西移民心目中的故乡。永乐以后，洪洞移民便基本结束了，持续了近50年。

向云南的移民主要形成于洪武年间，以卫所军人及其眷属的身份出现，移民数量近百万。当明朝政府有组织地进行上述移民时，以今江西、湖南、湖北为轴心，也在展开着一场声势浩大的移民运动。具体是在元末，由于战乱，湖北、湖南人口大减，于是明朝初年官方组织江西移民湖北、湖南，史称"江西填湖广"，至今两湖很多人的祖籍是江西。而清朝则是湖广填四川，以麻城县孝感乡作为许多四川人的祖籍最为著名。

在清朝不仅长江流域移民频繁，关东、口外、台湾等边疆地区也开始成为移民的热点区。清顺治年间曾以优惠条件吸引关内汉族民众到辽东耕垦，到康熙七年，又以东北为满族"龙兴之地"废止了招民开垦例，推出了封禁政策，以保"圣地"之纯洁。乾隆、嘉庆年间又多次重申前禁。虽然仍有汉人冒险闯关外，封禁政策还是发挥了约束向关外移民的作用。在19世纪50年代以前，东北除奉天的内地移民较多外，吉林、黑龙江地区长期维持着人烟稀少的状况。直隶、山西等省长城口外的蒙古族游牧区在康熙年间有十余万山东移民前往耕垦。其后，山西、直隶民众也加入了开垦队伍。这些人多春去冬归，定居者为少数。乾隆十三年清廷始限令汉人将所典蒙古地亩归还原主。乾隆三十七年又限制口内汉人到蒙地。嘉庆十二年申令不准私行耕种租佃撂荒。一系列措施也使向口外的移民受挫。

向台湾的移民始于明后期。清康熙二十二年平定反清的郑氏政权以前，移民被严厉查禁。解禁后，福建、广东的移民才又不断迁入台湾西部平原。乾隆年间台湾已有"闽人约数十万，粤人约十余万。"到嘉庆年间，台湾人口已接近200万，大部分为闽、粤移民。

康熙年间，两湖仅宝庆、武冈、沔阳几地迁入四川的移民，就"不下数十万"。如果把雍正、乾隆时期移民高潮的移民也包括在内，保守估计迁入四川的移民在百万以上。湖南、湖北以及四川几乎是移民的社会，这种现象在同时期的其他地区是不存在的。论地域，元明清时期的主要移民运动都存在跨大地理区的现象，两湖移民与其他移民不同的是，来自主要迁出地的移民的主要迁移方向恒定。江西移民绝大部分迁入两湖，而湖南、湖北移民又主要迁往四川。合而论之，由江西向湖南、湖北，由两湖向四川这种由东向西的迁移，表现出极强的惯性。相反，如洪洞移民则缺乏这个主要的迁移方向。因此，应该说两湖移民是这一时期的主流移民，它所表现的由东向西的迁移特征的意义超出了本流域的范围，具有全国性，即改变了秦汉以来由北向南的主流移民方向。

近代还存在沿边多方向的移民。随着内地人口的迅猛增长，黄河、长江流域以及东南沿海地区开发空间的缩小，两大流域的平原、丘陵的开发余地已很少，城镇经济的发展，边疆局势的紧张，清道光以后，向关外、口外、海外、山区、城镇移民形成了热潮。

在东北，由于沙俄在第二次鸦片战争后轻易地割占了黑龙江以北和乌苏里江以东的大片土地，清廷内外出现了"移民实边"的议论，封禁政策渐渐松弛。光绪年间，东三省全部开禁。一时间络绎不绝的移民似潮水般涌向关外，东三省人口迅速增长。咸丰初年奉天的人比乾隆后期增长了三倍多，吉林增长了二倍多。到了民国时期，"闯关东"之潮有增无减，而且多向北部的吉林、黑龙江扩散。"闯关东"的移民以山东籍最多，其次为直隶，再次为河南、山西。

口外蒙地也以同样原因于光绪年间开禁放垦，哲里木盟首先设局招垦，后套地区也迅速跟进。与"闯关东"相比，走口外的移民规模要小得多，中西部广大蒙地招垦成效很小。这与自然条件不如东三省和东部蒙地优越，经办官吏的巧取豪夺都有关系。走口外的移民以山西、河北、陕西为多。

南方各省交界的山区，如闽、浙、赣间的封禁山区，川、陕、鄂间的大巴山和南山老林等也成为移民的目标。从明代到清乾隆年间，这些山区就有"棚民"存在，嘉庆以后至近代继有迁入，其规模比上述方向的移民相比就小得多了。迁往山区的移民多为邻省或本省民众。此外，西北的新疆也曾招徕内地民众前往耕垦。近代移民与以前的移民运动相比,最大的特点是呈多向性。其中,黄河中下游地区的移民"闯关东"和闽、粤移民走海外的规模最大,持续时间最长,是这一时期的主流移民。

向海外的移民自秦代以来不乏其人,但是在近代以前规模都很小。随着清代人口的迅速增长,人口压力加大,东南沿海福建、广东过剩人口纷纷向外寻求生路,于是不得不铤而走险,违禁出走海外谋生。嘉庆以前多迁往台湾。到嘉庆末年因台湾租赋太重,向台湾的移民进入了低潮,闽、粤移民把目光转向了海外。史载:"闽、粤之轻生往海外者,冒风涛、蹈覆溺而不顾,良由生齿日繁、地狭人稠,故无地无家之人,一往海外,鲜回家者。"同时,19世纪初奴隶贸易的废止,使南北美洲和西印度群岛的种植园和矿场主把目光转向了中国。这也导致了中国向海外移民高潮的到来。鸦片战争后,闽、粤出洋华侨的人数剧增。光绪十九年清政府废除了实施两百多年的歧视性禁律,允许华侨回国谋生置业并随时出洋经商。从此,华侨受到了保护和重视。清政府政策的转变,间接反映了向海外移民形成的气势,也必然进一步促进华侨队伍的壮大。光绪前期全球华侨有300万,到宣统三年达到630万。第一次世界大战以后,出洋再掀高潮,民国二十七年全球华侨已有920万。

针对海外移民,中国与西欧存在非常明显的区别。西欧以政府的名义推动向海外移民,更加确切的说法是殖民占领了美洲与澳洲。而中国明清时期则正好相反,不仅不鼓励移民,而是闭关锁国。因而,中国人向外移民,不但不能像欧洲人那样,受到政府的支持保护,恰恰相反的,反而受到严厉的禁止。这一局面持续到光绪年间才有所改变,错失了疏散人口的大好时机。

思考题:
1. 中西方移民的动机与方式的区别是什么?
2. 湖广填四川是在什么背景下形成的?

参考文献:
1. 李德元. 回眸与前瞻:中国海内移民史研究述评[J]. 厦门大学学报(哲学社会科学版),2004(4):22-29.
2. 陈孔立. 有关移民与移民社会的理论问题[J]. 厦门大学学报(哲学社会科学版),2000(2):48-57+144.
3. 徐旺生. 中国古代乡村社会的结构和性质——中国古代国家与农民关系研究之二[J]. 古今农业,2008(1):23-39.
4. 徐旺生. 简论中国古代乡村社会的生活方式与移民模式[J]. 古今农业,2009(2):25-31.

第五节
传统节日与生活民俗

节日是扎根于生产、生活的文化创造。古代中国，以农立国，传统岁时节日多是农业社会与农耕文明的产物。从节日的发生学考察，我们的很多传统节日都和先民祈祝农业丰收，祭祀天地、祖先的传统有着相当紧密的关联。同时，中国的传统节日还集中体现着中华民族的心理特征、审美情趣和价值观念，在民众生活中承载着重要的文化意义和社会功能。

与很多以职业或阶级命名的现代节日不同，中国传统节日大多是全民和多民族参与创造、共同传承的。特别是一些重大传统节日，不分男女老幼，无论宫廷民间，绝大多数人都有参与空间，比如元宵节时，王公大臣、普通百姓、平日"深居"的女性，都共同享有观灯之俗、赏灯之乐；一些貌似是以女性为主角的节日，比如七夕，除常见的"少女乞巧"外，很多地区还流传着"童子乞文""士子曝书"的习俗。而且，中国的很多传统节日都是多民族共享的，例如中秋节在满族、畲族、拉祜族等数十个少数民族中都有流传。

某些重大传统节日可能有其特定的核心文化内涵，但如果我们从一个节日世代传承的过程及其在各地域的文化样态来考察的话，将会认识到，其实很多传统节日具有非常多样化的表现形式和相当丰富的文化内涵。比如，我们现代人可能更多地将重阳节视为一个以敬老、养老、助老为核心的节日，但古代重阳节俗中多含有驱瘟辟灾之举。可见，中国节俗的"传统"其实是一种处在"流动"过程中的文化，而且正是这种依赖于时间、地域的文化流动，才创造了多样化的节俗文化，推动了节俗文化的共享，进而构筑起了蔚为壮观的民族文化图景。

生活需要仪式感，节日使平淡的生活充满色彩。古时，大年初一，孩子们争相上街"卖懵"，希望自己早日告别愚钝；勤于女红的妇人在清明节头簪荠菜花，名曰"眼亮花"，以祈眼清目明；端午节，时人多悬艾、饮蒲酒、送瘟船，以求驱疫免灾、身康体健，等等。公允地说，很多传统节俗实践可能更多的表达的是一种信念的传递，而非传播现代意义上的科学知识，但这种对于未来生活的憧憬，确是积极的、美好的，映射出了我们这个民族数千年来的生活冀望和理想追求，以及乐观进取、旷达向上的民族心态。下面我们分别介绍中国的主要传统节日。

一、春节

春节，旧称元旦、新年，也称作年、年节等，是中华民族最为盛大的传统节日。辛亥革命以后，将公历 1 月 1 日称作元旦，夏历正月初一称作春节。但就我们的民族传统而言，春节往往指的是一个时间段，在中国大多数地区，春节节期始自腊月二十三或二十四，俗称"小年"，一般将正月十五视作春节的结束。当然，民众也常说"进了腊月就是年""没出正月都是年"，也就是说，将腊月和正月两个月都视为我们传统年节的时间范畴。

通常认为，春节起源于原始社会一年一度的"腊祭"，是一个由丰收祭祀活动逐步演变而来的盛大民族节日。汉武帝颁布太初历，将夏历正月初一确定为岁首，年节的一系列风俗随之固定和丰富起来。在传统中国，从腊月二十三到大年三十，人们多会举行祭灶、拆洗被褥、扫舍去尘、推磨做豆腐、置办年货、贴春联、挂灯笼、守岁、吃年夜饭等系列活动。大年初一，全国各地最热闹的年俗就是亲友邻里之间的贺拜新年，在长辈受拜之后，多有给年少者压岁钱的风俗。此外，在正月十五之前，各地多流传着祭祖、扫墓、吃饺子、迎财神、送穷等各具特色的习俗活动。

除旧布新，是年节文化传统内涵的核心。"年"意味着前一个时间周期的结束和一个新的时间周期的开始，因此，我们常常把过年称作是"一元复始、万象更新"的重要时刻。"年"的"更新"含义主要体现在三个方面：一是我们每个人从内到外的更新，比如要理发、洗澡、换新衣，同时还要总结去年、展望来年等；二是整个生活环境的更新，例如要打扫庭舍，贴春联、年画等；三是人际关系的更新。过年的一系列仪式活动中，最重要的是走亲访友、拜贺新年，对于中国人来说，这是强化交流、增强感情的重要时机。

二、元宵节

元宵节，是传统新年过后的第一个月圆之日的节日。古人称正月为"元月"、夜为"宵"，故有"元宵节"之名。此节时值正月十五，俗称"正月半"，也称上元节、元夕、元夜等，在中国传统的节日体系中，它与七月十五的"中元节"和十月十五的"下元节"，合称"三元"。又因是夜有张灯、观灯之俗，故也称"灯节""灯火节""灯夕"等。

一般认为，元宵节张灯可能起源于古人以火驱邪的传统。根据文献记载，元宵张灯至晚在汉代既已出现，时称"上元燃灯"，与祭祀太一神和佛教东传紧密相关。南北朝时，元宵张灯习俗已是蔚然成风。唐玄宗时，规定正月十四、十五、十六官署休假三天，宋太祖时，又增加十七、十八两天，元宵节期从三天增加至五天，张灯时间也随着拓展为五天，这一习俗随之步入大盛时期。过去，人们称正月十五张灯为"正灯"，前一日叫"试灯"，后一日为"阑灯"。有些地区还有"神灯""人灯"和"鬼灯"之说，分别与正月十四、十五和十六张点之灯相对应，而且在摆放空间上也各有其传统规定。

与元宵张灯习俗相关的民俗活动还包括夜游赏灯、猜灯谜，等等。另外，吃元宵也是一项深具节日特色的饮食传统。各地对于"元宵"的称呼不尽相同，比如南方多叫"汤圆"，在不同的历史时期，元宵也被称作"元子""团子"等。根据史书记载，上元夜吃元宵至晚到南宋时已普遍流传开来。此外，有些地区的民众在元宵节期间还会举办迎紫姑祭厕神、过桥摸钉走百病，以及舞狮、踩高跷等丰富多彩的民俗活动。

三、清明节

清明节，时在二十四节气的清明，即每年公历4月5日前后。与中国其他重要的传统节日相比，清明作为一个特定节日，诞生的时间相对较晚，大约形成于唐代，盛行于宋代，并一直传续至今。在清明节气前后，原本有寒食节（清明前一两天）、上巳节（夏历三月初三）两个非常重要的古代传统节日，但随着两大节日的式微，清明节逐步置代和继承了它们的大量习俗，并随之形成自己的特色，从而发展成为一个非常重大的传统节日。

古代清明节的民俗文化活动非常丰富，不仅包括扫墓、祭奠等仪式活动，还包含许多娱乐活动。清明墓祭之俗在先秦时即已存在，至唐时已成定制，因其节俗包含着祭祖事鬼、上坟哭冢等内容，民间亦将其称为"拜扫节""鬼节""哭节"等。又因清明正值暮春时节，人们在扫墓时多结伴郊游、围坐饮宴、抵暮方归，久之便形成了踏青之俗，所以此节又有"踏青节"之名。俗说，清明插柳易活，且可纪年祈寿，民谚云："戴个麦，活一百；戴个花，活百八；插根柳，活百九"，故插柳成俗，此节亦有"插柳节"的别称。除插柳外，清明还有戴杨柳之说，俗说此法不仅可以辟毒，还可保持容颜不老，深受古代青年男女喜爱。另外，中国古代的清明节还有射柳、拔河、蹴鞠、扑蝶、采百草、放风筝、荡秋千等多种娱乐活动。

步入现代社会，清明节的传统娱乐项目逐步被淡化，扫墓与植树之俗得到进一步强化，因此，当代人更多地将清明节视为一个"慎终追远"的传统节日。

四、端午节

五月初五日为端午节，是中国夏季最为盛大的传统节日。端午节历史悠久、文化内涵丰富，且各地有不同的民俗节庆活动，故有许多不同称谓。从字面意思来看，端午即"初五"，指五月的第一个午日。该节时在五月初五，民间也多称其为五月节、端五节、重五节等。

目前，有关端午习俗的记录最早见于《夏小正》，载有在仲夏之午日"蓄采众药、以蠲除毒气"的文字，而"端午"一词最早出自西晋周处的《风土记》。端午节的起源有多种说法，一说源于夏、商、周的夏至习俗，一说源于恶月、恶日之说。但比较而言，汉末之后逐渐定形的"纪念屈原说"在后世传播最广、影响最大。相传，爱国诗人屈原在五月初五投江，楚国百姓纷纷去江边凭吊，当地渔夫划起船只、觅其躯体，当时，人们还恐鱼虾等生物残食三闾大夫，便抛饭团等食物于江中，久而久之，相袭成俗，逐渐形成了在端午节赛龙舟、吃粽子，以纪念屈原的传统。但从各地流传的民间传说来看，除屈原外，端午节始于纪念介子推、伍子胥、曹娥、陈临等其他历史人物的说法同样屡见不鲜。

从历史传统来说，驱邪辟瘟才是端午节的核心文化内涵。五月正值仲夏，古人认为此时节"五毒"横行、灾疫多生，更是将五月称为恶月、毒月，故端午节有大量的禳瘟辟疫习俗。端午节，古人多兰汤沐浴，同时将艾和菖蒲视为除毒之物，有食艾糕、饮艾酒的传统，且有将艾人、艾叶符、蒲人、蒲剑等辟邪之物悬于门首、置于屋内或随身携带的习俗，以求身体康健。有些地区亦将此日称为"采药日"，谓端午为"天医星降临日"，所采之药最佳。另外，古人认为，仲夏之月诸事多需避讳，故有五月初五接嫁女归宁的习俗，称"躲端午"。

抗战时期，知识分子为纪念爱国诗人屈原，也将此节称为"诗人节"，但这是一个相当晚近的"传统"了。

五、七夕节

夏历七月初七是中国的传统节日七夕节,这也是秋季开始之后的第一个比较重要的节日。此节月、日两"七"相重,故民间也将七夕称作"重七""双七"。古人将七月称作兰月,所以七夕夜又称"兰夜"。在古代社会,七夕夜最重要的习俗是陈列瓜果、拜织女,穿针以乞巧,因此七夕节也称"巧夕""瓜果会""穿针节""乞巧节"等。从传统上来说,七夕节是一个以女性为主角的古代节日,除乞巧外,山西蒲城县等地旧时还有逢七夕娘家接新嫁女避节的习俗,所以民间亦将其称作女节、女儿节、少女节等。

根据文献记载,七夕的乞巧节俗至晚在汉代业已形成,《西京杂记》载"汉彩女常以七月七日穿七孔针于开襟楼"。至魏晋南北朝时,牛郎织女传说已经广为流传,其节俗文化内涵变得更加丰富。相传,织女本是天帝之孙,善织云锦天衣,因忙于机杼,无暇整理容貌,天帝怜惜,准许其嫁与天河之西的牛郎,但织女在出嫁后却荒废了织纴,天帝大怒,便责令织女回到天河之东,只允许两人一年相会一次。届时,喜鹊将在银河之上搭桥,以助牛女会面。因此"天河会"也被称作"鹊桥会"。此外,民间亦有将端午索串谷穗扔至屋顶的风俗,认为此举可协助喜鹊完成"鹊桥渡"。

除乞巧外,旧时民间相传牛女离别之际必洒泪,是夜多有贮七夕夜之露水的习俗,认为此水拭目可使人眼秀目明,沐发可使头发黑亮、不存垢腻。过去,有些地区的民众俗信七月初七为牛的生日,有插桂花枝于牛角,为牛庆祝生日的习俗。在少女乞巧的同时,很多地方还流传着童子乞文以告别愚钝之俗。此外,七夕节亦有曝衣、晒书等节俗活动。

六、中秋节

中秋节期为夏历八月十五,恰逢三秋之半,时值仲秋之中,故名中秋节、仲秋节,民间俗称"八月节"。此时节的月夜清澄、皎亮,且每月十五日正是月圆之时,因此,人们也多称中秋节为"月节""月夕""团圆节"等。

中华民族对月亮的感情极为深厚,我们的传统节日基本都是根据月亮朔望变化而制定的太阴历来安排的。在众多传统节日中,中秋节尤是一个以月亮为中心而发展起来的传统节日。根据文献记载,早在先秦之前,我们的先人已有在中秋之夜迎寒和祭月的习俗了。魏晋南北朝时,在传统祭月、拜月仪式的基础上,又演化出赏月、咏月之俗。

唐宋之时，宫廷与民间的赏月之风大兴，同时玩月、吃月饼、观潮等活动也纳入节俗，北宋太宗年间始定八月十五为中秋节。迨至明清，中秋节又增加了食蟹、供奉兔儿爷、烧斗香和摸秋等多种习俗。

团圆是中秋节的核心主题，反映着中国人值此时节最重要的民俗信仰。人们俗信，中秋之夜的月亮最圆、最亮。除祭月古风外，这种"月满"之象可能是催生"团圆"之情的重要自然现象基础。例如，苏轼曾感慨"人有悲欢离合，月有阴晴圆缺，此事古难全"。至于明代，《帝京景物略》已将中秋节称作团圆节。旧时中秋，民间有接归宁媳妇回夫家过节的习俗。而且，中秋节物多带"团圆"之名，比如月饼称团圆饼、当天饮酒称团圆酒，聚餐，则多称团圆饭，等等。

七、重阳节

重阳节，时在九月初九。传统阴阳学说称"九"为阳数，而此节月、日的数字均为"九"，两九相重，故称重阳节，民间也俗称"重九节"。

有关重阳节的缘起，有许多不同的说法，包括求寿说、尝新说、辟邪说和大火星祭仪说，等等。从重阳传统节俗来说，登高、插茱萸和赏菊多与求寿、辟邪相关。登高之俗古已有之，但重阳登高之俗大概始于汉代。旧时，人们俗信重阳登高可消灾免难。民间传言，此俗缘于"桓景辟灾"的故事。相传，桓景做人正直而感动了火神，并在火神的指引下，在重阳之日举家迁到山顶之上，从而避免了大火焚家可能带来的巨大损失。后人效仿桓景之举，相沿成习，便出现了重阳登高之俗。魏晋南北朝以降，重阳登高又添加了秋游、赋诗作文、宴饮等游玩吟赏之趣。另外，又因该节时值深秋，草木之色多枯黄，民间亦有登高"辞青"之说。

重阳节也称茱萸节。茱萸熟于重阳，民众以为此时的茱萸气味最烈、功效最好，可避恶气、御初寒。旧时重阳，多有插茱萸、佩茱萸、泛酒茱萸之风，俗说此法可禳灾祛病、延年益寿。重阳以茱萸辟邪禳灾之俗在西汉时业已存在。除茱萸外，重阳之时盛开的还有菊花。汉代已有饮菊花酒以益寿的习俗，唐宋时，簪菊、赏菊之风大盛，而簪菊不仅有辟邪之意，更有装饰之功能。因此，重阳节也被人称作"菊花节"。此外，民间俗说九月初九为休息日，多有迎出嫁之女归宁之俗。此俗起源甚早，至明代，时人已将重阳节谓之"女儿节"了。

2012年12月，全国人民代表大会常务委员会修订通过将每年农历九月初九设定为

"老年节"，重阳节俗传统中的益寿、敬老民俗得到进一步弘扬。

中国是一个历史悠久的、统一的多民族国家，各民族在共同传承这些重大传统节日的同时，还创造出许多具有本民族特色的节日和节庆文化。比如，满族纪念族名诞生的"颁金节"，蒙古族庆祝农牧丰收的"那达慕"，回族以"献祭""献牲"为主要仪式的"古尔邦节"，藏族以藏戏演出和晒佛仪式为主要节俗的"雪顿节"，彝族的"火把节"，傣族的"泼水节"，等等。

近年来，中国对传统节日的重视程度越来越高，如春节、清明节、端午节、中秋节等重大的传统民族节日均被纳入国家法定节假日，结合秋分节庆传统，设立了中国农民丰收节，等等。中国的传统节日正在积极融入当代生活，并焕发出更强的时代魅力。

思考题：
1. 结合实例，探讨影响节日文化变迁的因素。
2. 传统节日的功能及影响是什么？
3. 如何推动传统节日的当代复兴？

参考文献：
1. 乔继堂，任明，朱瑞平.中国岁时节令辞典（修订版）[M].北京：中国社会科学出版社，1998.
2. 刘魁立.中国节典：四大传统节日[M].合肥：安徽教育出版社，2008.
3. 刘宗迪.七夕[M].北京：生活·读书·新知三联书店，2013.
4. 刘魁立.过大年是我们生活的歌[N].人民日报，2020-1-30（8）.

后 记

习近平总书记2013年12月在中央农村工作会议上的讲话和2019年中央一号文件关于农耕文化的论述，推动我们于2020年在人民出版社合作出版了《中国农业发展简史》一书，该书撰写目的是为想了解中国悠久农耕历史的人们提供一个简明的读本，出版之时，正值"四史教育"开展之际，人们自然想进一步了解与之相关的中国农耕文明的历史，所以社会反响热烈。但是该书主要从历史发展的脉络进行叙述，而且限于篇幅，有关中华和谐共生的农耕文明智慧和具体内涵的展示并不完整和透彻，限制了人们对中华优秀传统农耕文化的认识、了解与传承。2021年8月教育部印发《加强和改进涉农高校耕读教育工作方案》，要求"将耕读教育相关课程作为涉农专业学生必修课，编写中华农耕文明等教材，强化有关中华农耕文明、乡土民俗文化、乡村治理等课程教学"；"加强耕读教育实践基地建设，支持涉农高校依托农科教基地、农业文化遗产地、国家现代农业园等社会资源，以及农民丰收节、美丽乡村建设等活动，建设一批耕读文化教育实践基地，打造一批劳动教育品牌项目。"这些要求给了我们编写本教材的决心和动力。而目前整个农林院校，还没有一本以专题形式，分门别类系统地叙述中华悠久农耕文明成就与智慧的教材，因此我们责无旁贷，编写本教材是时代赋予我们的历史使命。

我们在编写之前，充分考虑各农林院校存在开设《中华农耕文明概论》课程的需要，邀请相关院校的农史研究方面的青年才俊，参与本教材的编写，具体承担章节编写情况如下：

西南大学历史文化学院教授田阡编写第三章第五节、第九章第三、四、五节、第十章第四节，中国社会科学院经济研究所研究员徐建青编写第二章第二节；中国农业大学马克思主义学院副教授尹北直编写第四章第二节；北京科技大学科技史与文化遗产研究院副教授宋元明编写第四章第四、五节；东南大学人文学院副教授李昕升编写第一章第四节、第六章第四、五节；南京农业大学马克思主义学院讲师陈加晋编写第八章第一、二、三、四、五节；华南农业大学人文与法学学院副教授赵艳萍编写第五章第三节，副教授陈志国编写第九章第一、二节，华南农业大学公共管理学院副教授王宇丰编写第六章第二节；中国科学院自然科学史研究所副研究员杜新豪编写第五章第二节，第六章第三节；山东农业大学公共管理学院副教授高国金编写第八章第六、七节；西北大学科学史高等研究院讲师陈明编写第七章第一、二、七节；西北农林科技大学人文社会发展学院副教授卫丽编写第三章第一、二节；青岛农业大学人文社会科学学院副教授包艳杰编写第七章第四节；潍坊科技学院农圣文化研究中心副教授刘志国编写第三章第三、四节；绵阳师范学院民间文化研究中心副研究员陈桂权编写第四章第三节；中国农业博物馆农业历史研究部研究员唐志强编写第二章第四节、第八章第八节，研究员李建萍编写第二章第三节、第七章第六节，副研究员付娟编写了第六章第六节，副研究员于湛瑶编写第二章第一、二节，副研究员张建军编写第十章第五节，其余各章总共14节由中国农业博物馆的徐旺生研究员承担。

传承农耕文明，走可持续发展道路，是当前中国农业发展的方向之一。我们期待本教材能够为传承农耕文明贡献力量。

田　阡　徐旺生

2023 年 12 月

郑重声明

高等教育出版社依法对本书享有专有出版权。任何未经许可的复制、销售行为均违反《中华人民共和国著作权法》，其行为人将承担相应的民事责任和行政责任；构成犯罪的，将被依法追究刑事责任。为了维护市场秩序，保护读者的合法权益，避免读者误用盗版书造成不良后果，我社将配合行政执法部门和司法机关对违法犯罪的单位和个人进行严厉打击。社会各界人士如发现上述侵权行为，希望及时举报，我社将奖励举报有功人员。

反盗版举报电话　　（010）58581999　58582371
反盗版举报邮箱　　dd@hep.com.cn
通信地址　北京市西城区德外大街4号　高等教育出版社知识产权与法律事务部
邮政编码　100120

读者意见反馈

为收集对教材的意见建议，进一步完善教材编写并做好服务工作，读者可将对本教材的意见建议通过如下渠道反馈至我社。

咨询电话　400-810-0598
反馈邮箱　gjdzfwb@pub.hep.cn
通信地址　北京市朝阳区惠新东街4号富盛大厦1座　高等教育出版社总编辑办公室
邮政编码　100029

防伪查询说明

用户购书后刮开封底防伪涂层，使用手机微信等软件扫描二维码，会跳转至防伪查询网页，获得所购图书详细信息。

防伪客服电话　　（010）58582300